모아
에너지관리
산업기사 실기

전면개정

핵심이론 + 과년도 문제풀이

모아합격전략연구소

모아북스

2026년 에너지관리산업기사시험 한눈에 보기

[왜 에너지관리산업기사인가?]

에너지관리산업기사는 에너지의 생산·공급·사용과정에서 효율을 극대화하고 설비를 안전하게 운전·관리할 수 있는 역량을 인증하는 국가기술자격증입니다. 최근 기후위기 대응과 탄소중립 정책 강화, 건축·설비의 복합화·자동화 추세가 맞물리며 기업과 공공기관에서 전문 인력의 수요가 꾸준히 증가하고 있습니다. 과거에는 열 및 보일러 중심 실무 자격으로 인식되던 반면, 현재는 에너지 진단·운영·분석을 아우르는 '응용 기술자' 자격으로 자리매김하고 있습니다. 앞으로는 신재생에너지, 스마트 에너지 시스템, 탄소 배출 관리 등과 접목되며 역할이 더 확장될 전망입니다.

[시험과목 및 합격기준]

에너지관리산업기사

구분	필기	실기
시험과목	• 열 및 연소설비 • 열설비 설치 • 열설비운전 • 열설비안전관리 및 검사기준	열설비취급 실무
검정방법	객관식 4지 택일형, 과목당 20문항 총 80문항(과목당 30분)	필답형(1시간 30분, 60점) + 작업형(종합응용배관작업 약 3시간, 40점)
합격 기준	100점을 만점으로 하여 과목당 40점 이상, 전과목 평균 60점 이상	100점을 만점으로 하여 60점 이상

[2026년 시험 예상 일정]

필기시험

회별	원서접수(휴일 제외)	시험시행
제1회	1.12(월) ~ 1.15(목)	2.6(금) ~ 3.3(화)
제2회	4.13(월) ~ 4.16(목)	5.9(토) ~ 5.29(금)
제3회	7.20(월) ~ 7.23(목)	8.8(토) ~ 8.31(월)

실기시험

회별	원서접수(휴일 제외)	시험시행
제1회	3.23(월) ~ 3.26(목)	4.18(토) ~ 5.8(금)
제2회	6.22(월) ~ 6.25(목)	7.18(토) ~ 8.5(수)
제3회	9.21(월) ~ 9.24(목)	10.31(토) ~ 11.20(금)

※ 정확한 시험일정과 관련된 정보는 Q-Net에서 확인하시길 바랍니다.

"모아교육그룹이 함께 만들어갑니다!"

소방기술사 / 소방시설관리사 / 소방설비기사 / 소방설비산업기사 / 소방실무 / 소방안전관리자 / 화재감식평가(산업)기사

전기안전기술사 / 건축전기설비기술사 / 발송배전기술사 / 전기응용기술사 / 정보통신기술사 / 전기기능장 / 전기기사 / 전기산업기사 / 전기기능사

화공안전기술사 / 산업안전기사 / 에너지관리기사 / 에너지관리산업기사 / 에너지관리기능사 / 공조냉동기계기사 / 공조냉동기계산업기사 / 공조냉동기계기능사

건축기계설비기술사 / 건축설비기사 / 건축설비산업기사 / 가스기사 / 가스산업기사 / 가스기능사 / 위험물기능장 / 위험물산업기사 / 위험물기능사

건설안전기사 / 대기환경기사 / 식품안전기사 / 산업위생관리기사 / 승강기기능사 / 설비보전기사 / 설비보전기능사

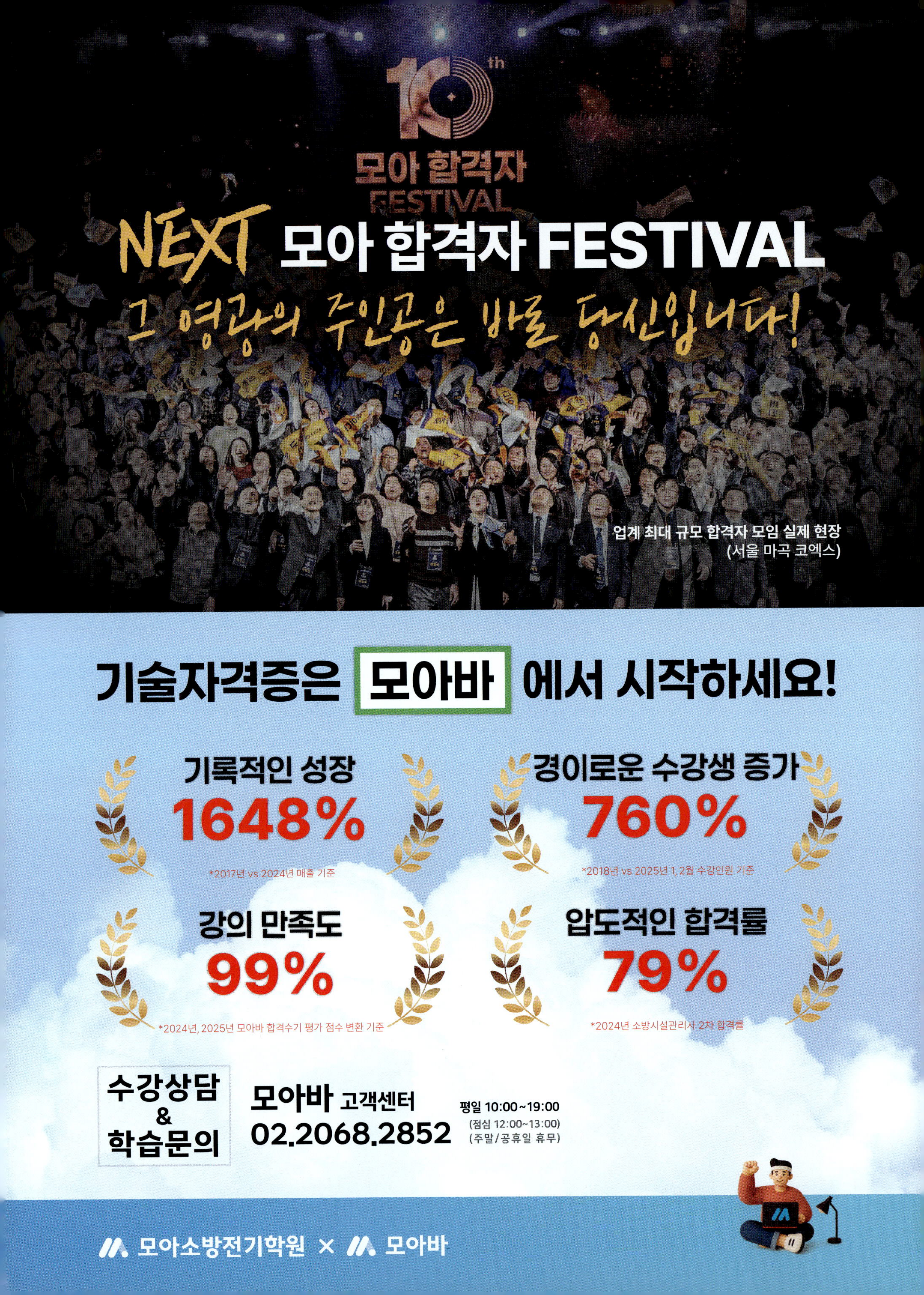

NEXT 모아 합격자 FESTIVAL
그 영광의 주인공은 바로 당신입니다!

업계 최대 규모 합격자 모임 실제 현장
(서울 마곡 코엑스)

기술자격증은 모아바 에서 시작하세요!

기록적인 성장
1648%
*2017년 vs 2024년 매출 기준

경이로운 수강생 증가
760%
*2018년 vs 2025년 1,2월 수강인원 기준

강의 만족도
99%
*2024년, 2025년 모아바 합격수기 평가 점수 변환 기준

압도적인 합격률
79%
*2024년 소방시설관리사 2차 합격률

| 수강상담 & 학습문의 | 모아바 고객센터 02.2068.2852 | 평일 10:00~19:00 (점심 12:00~13:00) (주말/공휴일 휴무) |

모아소방전기학원 × 모아바

실기 대비 학습전략

핵심 공식 암기 + 계산 반복 숙달

- 필답형 시험으로 변경된 후 계산문제 비중이 증가
- 공식 유도과정에 집중하기보다는 문제를 보고 풀이 순서를 떠올릴 수 있도록 학습
- 열효율, 엔탈피, 단위변환, 전열량 등 빈출 공식 및 숫자를 우선 암기
- 설비는 구조를 그림을 직접 그려보며 파악하기

기출문제 200선 활용

- 출제기준 변경 전 과거 문제를 선별하여 수록
- 빠르게 훑은 후 지엽적인 답안은 가볍게 회독
- 자세히 학습하기보다는 회독수를 늘리는 것에 집중

유형별 오답노트 만들기

- 계산문제는 오답유형이 반복되므로 틀린 문제는 바로 기록
- '틀린 이유 → 적용 공식 → 정답 풀이 순서'의 구조로 정리
- 단순 공식만 암기하기보다 문제 유형에 따라 사용해야 할 공식을 매칭시키며 학습할 것

나만의 암기노트 만들기

- 각 과목별 핵심 개념, 공식, 단위를 노트로 정리
- 모든 공식 옆에는 단위를 함께 기록하여 단위환산에 대비하기
- 단순 필기노트가 아닌 시험 전날 30분 복습용 요약서로 만들기

계산문제 완전정복

- 출제기준 변경 후 계산문제의 비중 증가
- 주제별 계산문제들을 모아 한번에 정리
- 반복 연습을 통해 계산 실수를 줄이는 습관 들이기
- 각 문제를 유형화하여 문제 푸는 시간 줄이기

이 책의 활용방법

Step 01. 학습 준비

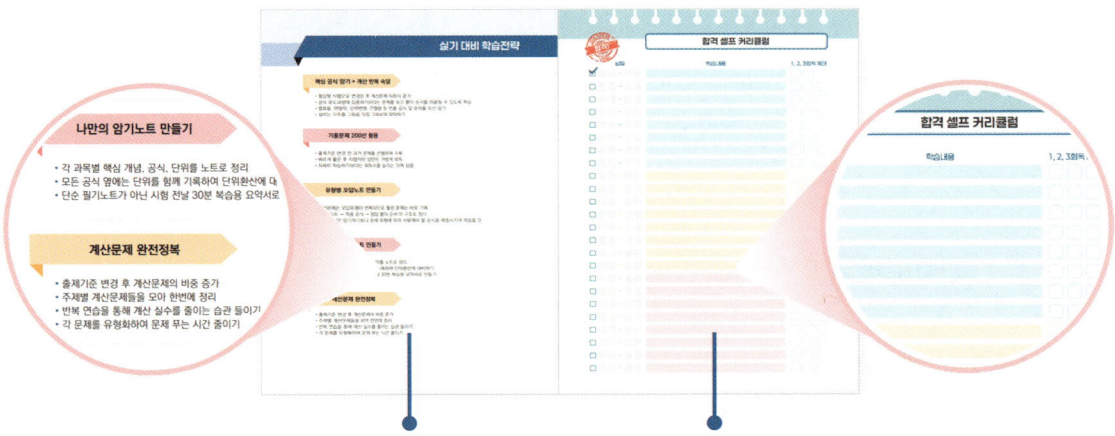

교재에 최적화된 수험 준비 방향을 제시하여 어떤 식으로 학습해야 할지 쉽게 파악할 수 있습니다.

학습 계획을 스스로 설정하고, 정해진 분량을 체크하며 학습 루틴을 형성할 수 있도록 도와주는 맞춤형 진도표입니다.

Step 02. 효율적인 이론 학습

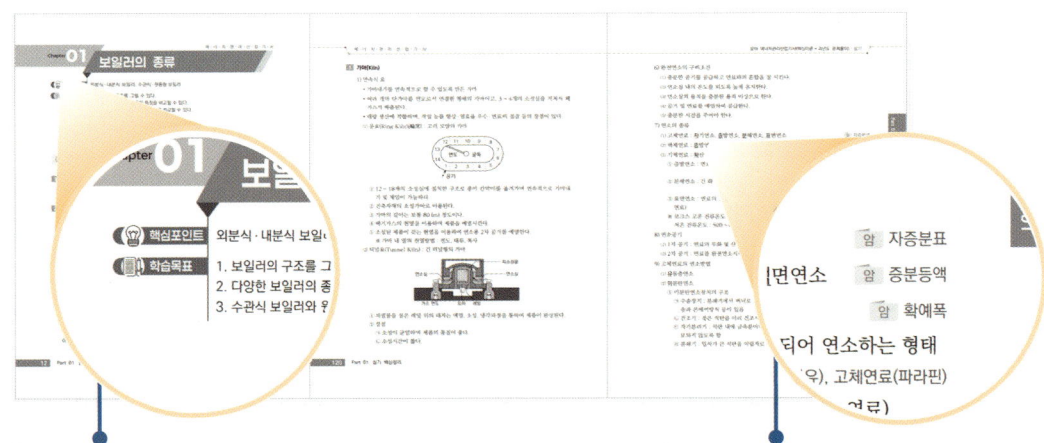

각 챕터마다 학습목표와 핵심포인트를 명확히 제시해 수험생이 학습 방향을 쉽게 파악하고 효율적으로 학습할 수 있도록 구성했습니다.

중요한 개념을 보다 쉽게 이해하고 암기할 수 있도록 다양한 그림과 도식을 함께 수록했습니다. 또한 중요한 내용은 쉽게 떠올릴 수 있게 암기팁을 준비했습니다.

Step 03. 과년도 기출문제 및 실전 모의고사

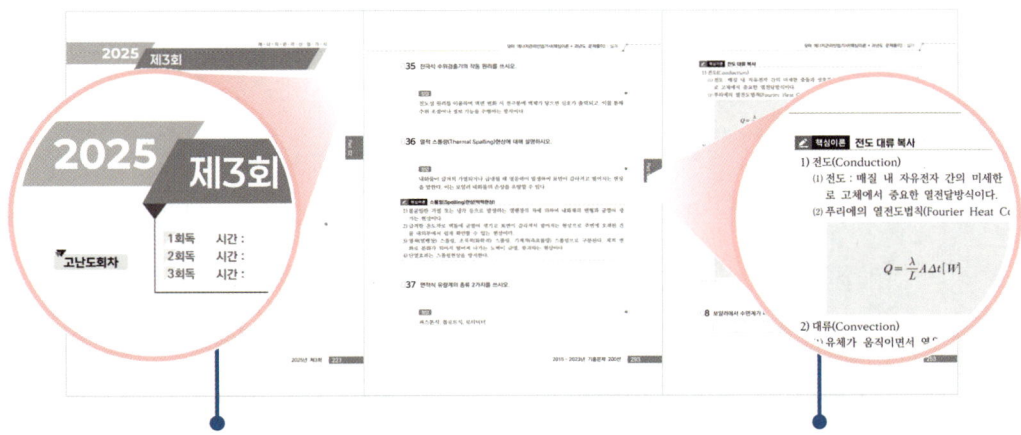

과년도와 모의고사, 총 18회차의 문제로 다양한 문제유형을 접할 수 있습니다. 또한 관련 이론을 상세히 기술하여 문제풀이 과정의 학습효율을 극대화했습니다.

문제 출제방식 변경 이전 기출문제에서 핵심문제를 선별하여 200제를 추가로 수록했습니다.

[추천! 1개월 초단기 로드맵 - 하루 3시간 기준]

에너지관리산업기사

주차	학습목표	주요 내용
1주차	이론 개념 잡기	• 과목별 핵심 개념 및 용어 정리 • 단위 환산, 열효율, 연비 등 기본 계산공식 암기 • 노트로 핵심 키워드 및 자주 출제되는 개념 정리
2주차	계산문제 완전정복 + 최신 필답형 과년도 학습	• 단원별 대표 계산문제 집중 풀이 • 필답형 최신 3개년 기출분석 + 출제유형 파악 • 계산문제 풀이 패턴 정리하기 • 필답형, 문장형 서술 대비 연습
3주차	기출문제 200선 회독으로 지엽 문제 파악	• 과거 기출 200선 압축 정리 및 반복 풀이 • 오답노트 작성 + 지엽 개념 암기 • 실전형 단답 정리, 약점은 단원별로 보완 학습
4주차	실전 모의고사 10회 + 총정리	• 실제 시험시간 기준으로 모의고사 10회 풀이 • 채점 후 오답패턴 분석 및 단원별 복습 • 최종 핵심 요약노트 복습 및 암기 확인

합격 셀프 커리큘럼

	날짜	학습내용	1, 2, 3회독 체크
☑	~		☐ ☐ ☐
☐	~		☐ ☐ ☐
☐	~		☐ ☐ ☐
☐	~		☐ ☐ ☐
☐	~		☐ ☐ ☐
☐	~		☐ ☐ ☐
☐	~		☐ ☐ ☐
☐	~		☐ ☐ ☐
☐	~		☐ ☐ ☐
☐	~		☐ ☐ ☐
☐	~		☐ ☐ ☐
☐	~		☐ ☐ ☐
☐	~		☐ ☐ ☐
☐	~		☐ ☐ ☐
☐	~		☐ ☐ ☐
☐	~		☐ ☐ ☐
☐	~		☐ ☐ ☐
☐	~		☐ ☐ ☐
☐	~		☐ ☐ ☐
☐	~		☐ ☐ ☐
☐	~		☐ ☐ ☐
☐	~		☐ ☐ ☐
☐	~		☐ ☐ ☐
☐	~		☐ ☐ ☐
☐	~		☐ ☐ ☐

합격자가 인정한 이 책의 가치

아직 길이 보이지 않아도 괜찮습니다. 차근차근 쌓아가는 과정이 결국 합격으로 이어집니다.
이번 도전이 두렵지 않도록, 우리가 함께 걸어가겠습니다.
첫 시험, 첫 도전, 그리고 첫 합격. 모아북스가 여러분의 출발점이 되어 드리겠습니다.

실전 대비하는 데에 도움이 많이 됐어요!

"그림이 많아서 어려운 개념이나 복잡한 도식도 한눈에 들어왔어요. 각 챕터마다 핵심포인트가 잘 정리되어 있어서 복습하기도 좋고, 핵심 계산문제만 따로 모아둔 모음집이 있어서 실전 대비하는 데에 도움이 됐습니다. 시험 전에 OX퀴즈로 가볍게 점검하고 들어가니 좀 더 자신있게 응시할 수 있었어요."

오〇〇 (전공자)

바쁜 중에도 효율적으로 공부할 수 있었습니다.

"퇴근 후 짧은 시간에 공부하는데도 학습 방향성이나 로드맵이 명확히 제시되어 있어서 진도 관리가 쉬웠습니다. 핵심 내용으로 구성된 OX퀴즈나 이론파트에서 한 번씩 나오는 암기팁 덕분에 헷갈리는 부분도 금방 암기되더군요. 실전 모의고사나 점수표 구성이 제 실력을 객관적으로 판단하는 데에 아주 유용했던 것 같습니다."

이〇〇 (경력자)

처음 도전하는 사람도 흐름이 잘 잡혀요.

"비전공자인데 챕터별 학습목표와 핵심포인트 덕분에 공부 방향이 뚜렷해졌어요. 그림 자료가 풍부해서 이해하기 쉬웠고, OX퀴즈로 복습하면서 기억도 오래 가요. 계산문제는 별도로 정리돼 있어서 제가 어려워하거나 헷갈리는 부분만 골라서 부분만 집중적으로 연습할 수 있었어요."

김〇〇 (비전공)

오랜만에 공부해도 막히지 않고 잘 따라갈 수 있었습니다.

"처음엔 어떻게 공부해야 할지 막막했는데, 각 단원의 핵심포인트가 잘 정리되어 있어 공부의 흐름을 잡기 좋았습니다. 중요한 부분마다 암기팁이 표시되어 있어 암기하기도 수월했고, 과년도 문제와 모의고사를 풀며 자신감을 붙일 수 있었어요. 주요 개념을 설명해주는 그림이 많아서 학습하기 한 층 더 쉬웠습니다."

박〇〇 (재취업)

목차

PART 01 실기 핵심정리

Chapter 01 　보일러의 종류 ·················· 12
　　OX퀴즈 / 22

Chapter 02 　보일러의 부속장치 ·············· 23
　　OX퀴즈 / 66

Chapter 03 　보일러 계산 ····················· 68
　　OX퀴즈 / 74

Chapter 04 　연소설비 ························ 75
　　OX퀴즈 / 98

Chapter 05 　연소 계산 ····················· 100
　　OX퀴즈 / 118

Chapter 06 　요로 ·························· 119
　　OX퀴즈 / 125

Chapter 07 　내화물 ························ 126
　　OX퀴즈 / 133

Chapter 08 　보일러제어 ···················· 134
　　OX퀴즈 / 140

Chapter 09 　보일러배관 및 밸브 ············ 141
　　OX퀴즈 / 168

Chapter 10 　에너지 관련 기준 ·············· 169
　　OX퀴즈 / 179

계산문제 완전정복 ···························· 180

PART 02

과년도 기출문제

2025년 제1회	202
2025년 제2회	212
2025년 제3회	221
2024년 제1회	229
2024년 제2회	238
2024년 제3회	247
2023년 제2회	257
2023년 제4회	268

PART 03

기출문제 200선

2015~2023년 기출문제 200선 ·········· 278

PART 04

실전 모의고사

제1회	358
제2회	367
제3회	376
제4회	384
제5회	391
제6회	398
제7회	406
제8회	415
제9회	424
제10회	434

PART 05

작업형 이론 및 공개문제

Chapter 01	시험 기준	444
Chapter 02	강관 및 동관 조립	448

에·너·지·관·리·산·업·기·사

Part **01**

실기 핵심정리

Chapter 01 보일러의 종류

핵심포인트 외분식·내분식 보일러, 수관식·원통형 보일러

학습목표
1. 보일러의 구조를 그릴 수 있다.
2. 다양한 보일러의 종류와 특징을 비교할 수 있다.
3. 수관식 보일러와 원통형 보일러를 비교할 수 있다.

01 보일러

1 보일러
밀폐된 용기 내부에 물이나 열매체를 넣어 가열하여 증기 또는 온수를 발생시켜 난방하는 장치

2 보일러 3대 구성요소
1) 본체 : 동(드럼)과 관으로 되어 있으며 노 내에서 연료의 연소열을 받아 동 내의 수 또는 열매체를 가열하여 증기 또는 온수를 발생시키는 부분
2) 연소장치 : 연료를 공급하여 연소시켜 열을 발생시키는 장치
3) 부속장치 : 보일러의 효율적인 운전 및 안전운전을 위한 장치로 급수장치, 송기장치, 폐열회수장치, 제어장치, 분출장치, 안전장치, 처리장치 등이 있음

3 보일러 분류
1) 사용장소 : 육용 보일러, 선박용 보일러
2) 동의 축심(설치방향) : 횡형 보일러, 입형 보일러
3) 노(연소실)의 위치 : 내분식 보일러, 외분식 보일러
4) 사용형식 : 원통형 보일러, 수관보일러, 기타 보일러
5) 이동여하 : 정치보일러, 운반보일러
6) 본체구조 : 원통보일러, 수관보일러, 특수보일러

7) 물의 순환방식 : 자연순환식, 강제순환식

8) 가열 형식 : 직접식, 간접식

9) 재질별 : 강철제 보일러, 주철제 보일러

10) 매체별 : 증기, 온수, 열매체

11) 사용연료별 : 유류, 가스, 석탄, 목재, 폐열, 특수연료

4 노의 위치에 따른 보일러의 분류

1) 외분식 보일러

   연소실이 동의 외부에 위치한 보일러[수관식 보일러, 원통형 보일러(횡연관보일러)]

   ⑴ 연소실의 용적이 크다.

   ⑵ 완전연소가 용이하다.

   ⑶ 연소율이 높아 연소실의 온도가 높다.

   ⑷ 연료의 선택범위가 넓다.

   ⑸ 연소실 개조가 용이하다.

   ⑹ 설치장소를 많이 차지한다.

   ⑺ 복사열의 흡수가 작다(노벽을 통한 열손실이 많다).

2) 내분식 보일러

   연소실이 동의 내부에 위치한 보일러(대부분의 원통형 보일러)

   ⑴ 연소실의 용적이 작다.

   ⑵ 완전연소가 어렵다.

   ⑶ 설치장소를 적게 차지한다.

   ⑷ 역화의 위험성이 크다.

   ⑸ 복사열의 흡수가 많다.

5 보일러의 종류

원통형	입형		입형 횡관식, 입형 연관식, 코크란(입형 횡연관식)	
	횡형	노통	코르니시(노통 1개), 랭커셔보일러(노통 2개)	암 코일
		연관	횡연관식, 기관차, 케와니보일러	
		노통 연관	스코치, 브로든 카프스, 하우덴 존슨, 노통연관패키지보일러	
수관식	자연순환식		바브콕(경사각 15°), 츠네키치(경사각 30°), 타쿠마(경사각 45°), 야로우, 가르베(경사각 90°), 2동 D형, 3동 A형, 방사 4관, 스터링(곡관형) 보일러	암 바가야로
	강제순환식		베록스, 라몬트보일러	암 베라
	관류식		엣모스, 슐쳐, 벤슨, 람진보일러	암 엣슐벤람
주철제	주철제 증기보일러, 주철제 온수보일러			
특수 보일러	특수액체 보일러		수은, 다우섬, 모빌섬, 카테크롤액, 시큐리티	
	특수연료 보일러		버케스(사탕수수찌꺼기), 흑액, 소다회수, 바아크보일러 – 연료 : 산업폐기물	
	폐열보일러		리히, 하이네보일러	
	간접가열 보일러		슈미트, 레플러보일러	

※ 보일러효율 : 관류식 > 수관식 > 노통연관 > 연관 > 입형

6 원통(둥근)형 보일러

1) 기관 본체를 둥글게 제작하여 입형이나 횡형으로 설치하는 보일러
2) 내부에 노통, 연소실, 연관 등이 설치되어 있으며 구조상 고압용으로 하는 것은 곤란하고 용량이 큰 것은 적당하지 않다.
3) 구조가 간단하며 최고사용압력 1 [MPa] 이하 증발량 10 [ton/h] 미만의 보일러가 많이 사용된다.
4) 장점
　(1) 구조가 간단하고 취급이 용이하다.
　(2) 가격이 저렴하다.

(3) 수부가 커 보유수량이 많아 부하변동에 대응하기 쉽다.
(4) 내부 청소, 수리 보수가 쉽다.
(5) 증발속도가 느려 스케일에 대한 영향이 적고 급수처리가 쉽다.
(6) 전열면의 대부분이 수부 중에 설치되어 있어 물의 대류가 쉽다.

5) 단점
(1) 수관식에 비하여 보일러효율이 낮다.
(2) 보일러 운행 후 증기발생 소요시간이 길다.
(3) 파열 시 피해가 크므로 구조상 고압 대용량에 부적합하다.
(4) 내분식 보일러로 동의 크기에 연소실의 크기가 제한을 받으므로 전열면적이 작다.
(5) 보유수량이 많아 파열 시 피해가 크다.

6) 노통(Flue Tube)보일러
(1) 종류 : 랭커셔보일러(노통이 2개), 코르니시보일러(노통이 1개)
 ※ 노통 : 연료를 연소시켜 연소가스를 발생시키는 둥글게 제작된 금속판으로 양쪽 경판에 부착되어 있다.
  ① 노통(연소실)은 금속으로 되어 있다.
  ② 평형 노통과 파형 노통이 있다.
(2) 장점
  ① 구조가 간단하여 제작이 용이하고 취급이 쉽다.
  ② 청소나 검사가 용이하다.
  ③ 부하 변동에 적응하기 쉽다.
  ④ 급수처리가 간단하다.
  ⑤ 내부청소가 쉬우며 고장이 적어 수명이 길다.
(3) 단점
  ① 파열 시 보유수량이 많아 피해가 크다.
  ② 증기 발생시간이 길다.
  ③ 고압이나 대용량에는 사용상 문제가 있다.
  ④ 전열면적에 비해 보유수량이 많아서 습증기 발생이 많다.
  ⑤ 내분식 보일러로 연소실 크기가 제한을 받는다.
  ⑥ 전열면적이 적어 증발량이 적다.
  ⑦ 효율이 낮다.
  ⑧ 많은 연료가 소모된다.

(4) 노통보일러에서 알아두어야 할 것
　① 갤로웨이관(Galloway Tube) 설치목적
　　　㉠ 전열면적을 증가시킨다.
　　　㉡ 보일러수의 순환을 촉진시킨다.
　　　㉢ 화실의 벽을 보강시킨다.
　② 아담슨조인트(Adamson Joint)
　　　㉠ 평형 노통의 신축작용을 좋게 하기 위하여 노통의 둘레방향으로 약 1 [m]마다 설치하는 이음을 말한다.
　　　㉡ 설치목적으로는 평형 노통의 신축작용 흡수, 노통의 강도보강이 있다.
　　　※ 코르니시보일러의 노통을 한쪽으로 편심하여 부착하는 이유는 물의 순환을 원활하게 하기 위해서 편심시켜 노통을 설치하는 것이다.
　③ 브레이징 스페이스(Breathing Space)
　　　㉠ 노통의 상부와 가셋트 스테이 사이의 공간으로 열에 의한 압축응력을 완화시키기 위한 경판의 적절한 탄성을 유지하기 위한 탄력구역이다. 브레이징 스페이스가 불충분하면 그루빙(Grooving)이라는 부식이 발생한다.
　　　㉡ 강판의 두께에 따른 브레이징 스페이스

경판 두께	브레이징 스페이스
13 [mm] 이하	230 [mm] 이상
15 [mm] 이하	260 [mm] 이상
17 [mm] 이하	280 [mm] 이상
19 [mm] 이하	300 [mm] 이상
21 [mm] 이하	320 [mm] 이상

　④ 그루빙(Grooving, 구식) : 경판에 가늘고 길게 도랑모형(V자형, U자형)으로 생기는 부식으로 브레이징 스페이스를 충분히 주거나 반복적 열응력을 피하고, 노통 플랜지 만곡부의 반지름을 크게 하며 재료의 온도 변화가 급격하지 않도록 하면 방지된다.
　⑤ 스테이(Stay, 버팀) : 강도가 부족한 부분에 부착하여 강도를 보강하여 변형이나 파손방지

7) 연관식 보일러 : 노통보일러에서 다소 개량된 보일러이며 기관차보일러, 기관차형 보일러, 횡연관보일러가 있다.
   (1) 장점
      ① 노통보일러에 비해 전열면적이 커서 전열효과가 좋다.
      ② 급수처리가 까다롭지 않다.
      ③ 노통보일러에 비해 부하 변동에 응하기가 쉽다.
   (2) 단점
      ① 외분식은 열손실이 크다.
      ② 노통보일러에 비해 내부 청소가 불편하다.
      ③ 연관의 길이에 제한을 받고 대용량설비에는 부적당하다.

8) 노통연관식 보일러 : 연관보일러의 단점을 보완한 것으로, 보일러 동 내에 노통과 연관을 조립하여 설치한 이상적인 둥근 보일러의 대표급이다.
   (1) 장점
      ① 전열효율이 좋다.
      ② 내분식이여서 열손실이 적다.
      ③ 둥근 보일러 중 효율이 85 ~ 90 [%]로 가장 좋다.
   (2) 단점
      ① 구조가 복잡하므로 청소 및 수리점검이 까다롭다.
      ② 급수처리가 까다롭다.
      ③ 증발속도가 빨라 과열로 인한 스케일부착이 쉽다.

9) 연관과 수관의 배열
   (1) 연관의 배열 : 바둑판형(정방향)
      물의 저항을 감소시켜 보일러수의 순환을 좋게 하기 위함이다.
   (2) 수관의 배열 : 다이아몬드형(마름모꼴형, 지그재그형)
      연소가스 접촉에 의한 전열을 양호하게 하기 위함이다.

7 수관식 보일러(Water Tube Boiler)

1) 특징
   (1) 지름이 작은 상부의 기수드럼과 하부의 물드럼 사이에 다수의 수관을 연결시켜 만든 외분식 보일러이다.
   (2) 보일러수의 유동방식에 따른 분류 : 자연순환식, 강제순환식, 관류식

2) 장점

　(1) 외분식 보일러로 연소실의 형상이 다양하며, 전열면적이 크다.

　(2) 전열면적이 커서 원통형에 비해 효율이 좋다.

　(3) 보유수량이 적어 파열 시 피해가 적다.

　(4) 파열 시 피해가 적어 구조상 고압 대용량에 적합하다.

　(5) 보일러수의 순환이 좋아 증기발생시간이 빠르다.

　(6) 용량에 비해 경량이다.

　(7) 효율이 좋다.

　(8) 운반 및 설치가 용이하다.

　(9) 과열기 및 공기예열기 등의 설치가 용이하다.

3) 단점

　(1) 부하변동에 따른 압력 변화 및 수위변동이 크다.

　(2) 부하변동에 대응하기 어렵다.

　(3) 증발속도가 빨라 스케일이 부착되기 쉽다.

　(4) 구조가 복잡하여 제작 및 청소, 검사, 수리가 어렵다.

　(5) 가격이 비싸다.

　(6) 급수조절이 어렵다(연속적인 급수를 요한다).

　(7) 취급에 기술을 요한다.

　(8) 급수를 철저히 처리하여 사용해야 한다.

4) 수관식 보일러의 종류

　(1) 자연순환식 수관보일러

　　① 순환력을 크게 하는 방법

　　　㉠ 수관의 관지름을 크게 하여 물의 유동저항이 적어지게 한다.

　　　㉡ 방해판을 설치하여 연소가스와 수관과의 접촉이 많게 한다.

　　　㉢ 강수관의 가열을 피한다.

　　　㉣ 기수분리를 신속하고 충분히 행한다.

　　　㉤ 보일러 본체의 높이를 높게 한다.

　　　㉥ 수관의 배치를 수평보다 경사지게 한다.

② 베플판(Baffle Plate)
  ㉠ 수관보일러의 화로나 연도 내에 있어 연소가스의 흐름을 필요한 방향으로 유도하기 위해 설치되는 내화성의 판 또는 칸막이를 이야기한다.
  ㉡ 내열 주물에 내화재를 접착시켜 만드는 경우 내화벽돌로 구성하는 경우가 있다.
  ㉢ 장점
    ⓐ 수관의 청소가 용이하다.
    ⓑ 구조가 간단하여 제작 시 간편하다.
    ⓒ 관의 교체가 용이하다.
    ⓓ 원통형 보일러에 비해 고압, 대용량이다.
  ㉣ 단점
    대용량 보일러에는 부적당하다.

(2) 강제순환식 수관보일러
  ① 장점
    ㉠ 관수의 순환이 좋다.
    ㉡ 증기 생성속도가 빠르다.
    ㉢ 관경을 작게 하여도 무방하다(수관의 배치가 자유롭다).
    ㉣ 관의 두께가 작아도 되며 전열효과가 높다(효율이 좋다).
    ㉤ 단위시간당 전열면의 열부하가 매우 높다.
  ② 단점
    ㉠ 관수의 농축속도가 빨라서 급수처리가 까다롭다.
    ㉡ 노즐이나 순환펌프가 있어야 한다.
    ㉢ 각기 수관을 흐르는 관수의 속도가 일정하게 유지되어야 한다.

(3) 관류보일러
  ① 드럼이 없이 긴 수관의 한 끝에서 급수펌프로 압송된 급수가 긴 관을 지나면서 예열부, 증발부, 과열부를 순차적으로 관류되어 다른 끝으로 과열증기가 나가는 강제순환식 수관보일러로 단관식과 다관식이 있다.
  ② 급수처리법이나 자동제어장치가 발달함에 따라 고압, 대용량 및 콤팩트한 소형용으로서도 널리 사용되며 물의 임계압력을 넘는 초임계압력의 보일러에는 모두가 관류식이 채용된다.

8 주철제 보일러

1) 주물로 제작된 보일러로서 내부구조를 복잡하게 하여 전열면적이 비교적 큰 형식의 저압 보일러이다.
2) 각 섹션을 용량에 알맞게 조절하여 사용한다.
3) 섹션의 수는 약 20개 정도로, 전열면적은 50 [m^2] 정도까지가 보통이다.
4) 주철로 만든 상자모양의 섹션으로 구성된 조립식 보일러이다.
5) 주로 난방용의 저압증기 온수보일러로 사용되고 있다.
6) 소형 난방용에 주로 사용된다.
7) 장점
   (1) 저압이므로 파열사고 시 피해가 적다.
   (2) 주물제작으로 복잡한 구조로 제작이 가능하다.
   (3) 내열, 내식성이 우수하다.
   (4) 섹션 증감으로 용량조절이 용이하다.
   (5) 전열면적이 크고 효율이 높다.
8) 단점
   (1) 인장 및 충격에 약하다.
   (2) 고압, 대용량에 부적당하다.
   (3) 구조가 복잡하므로 내부청소 및 검사가 곤란하다.

9 특수 열매체보일러

1) 물 대신 특수유체를 사용하여 낮은 압력에서 고온의 증기 및 고온도의 액체를 공급하기 위해 사용하는 보일러이다.
2) 유체(열매체)의 종류 : 수은, 다우섬, 모빌섬, 카네크롤, 세큐리티
3) 특징
   (1) 급수처리장치 및 청관제 주입장치가 필요 없다.
   (2) 부식이 잘 되지 않으므로 내용연수가 길다.
   (3) 겨울철에도 동결의 우려가 없다.
   (4) 열매체들은 대부분 석유정제과정에서 얻어지는 것으로 인화성 및 인체에 해를 주기 때문에 안전밸브를 밀폐식 구조로 해야 한다.

(5) 낮은 압력(0.2 [MPa])에서 고온의 증기(250 ~ 300 [℃])를 얻을 수 있다.
(물로 300 [℃] 증기를 얻기 위해서는 8 [MPa] 정도의 압력이 필요)

10 수관식 보일러와 원통형 보일러의 비교

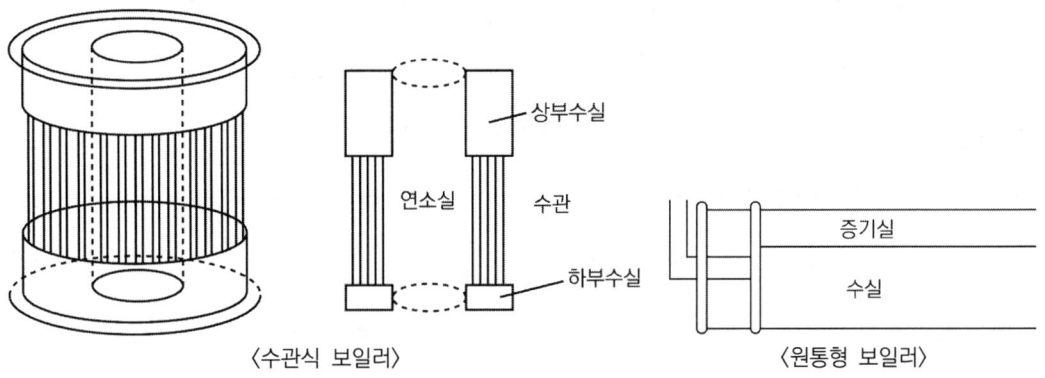

〈수관식 보일러〉　　　　　　　　　　〈원통형 보일러〉

구분	수관식 보일러	원통형 보일러
보유수량	적음	많음
파열 시 피해	작음	큼
압력 변화	큼	작음
부하변동에 대한 대응	어려움	쉬움
급수처리	복잡함	간단함
급수조절	어려움	쉬움
전열면적	큼	작음
증기발생시간	짧음	긺
효율	높음	낮음
용도	고압, 대용량	저압, 소용량
구조	복잡함	간단함
가격	비쌈	저렴함
난이도	어려워 기술을 필요로 함	쉬움

※ 원통형으로 제작하는 이유 : 원에 가까워질수록 내압에 대한 강도가 커지기 때문이다.

01 OX퀴즈

※ OX 퀴즈로 최다빈출 개념을 쉽게 정리하고 기출 유형까지 미리 익혀보세요.

1 보일러란 개방된 용기 내부에서 가열하여 난방하는 장치이다. [O] [X]

2 보일러의 3대 구성요소에는 본체, 연소장치, 부속장치로 이루어져 있다. [O] [X]

3 수관식 보일러는 원통형 보일러에 비해 압력 변화가 작다. [O] [X]

4 보일러는 노의 위치에 따라 내분식 보일러, 외분식 보일러로 분류할 수 있다. [O] [X]

5 내분식 보일러는 연료의 선택범위가 넓다. [O] [X]

6 노통보일러에서 랭커셔보일러는 노통이 1개이고 코니시보일러는 노통이 2개이다. [O] [X]

7 노통에는 평형 노통과 파형 노통이 있는데 평형 노통은 파형 노통에 비해 제작이 쉽고 가격이 저렴하다는 특징이 있다. [O] [X]

8 브레이징 스페이스가 과하게 커지면 그루빙이라는 부식이 발생한다. [O] [X]

9 연관의 배열을 바둑판형으로 하면 물의 저항을 감소시켜 보일러수의 순환을 좋게 할 수 있다. [O] [X]

10 주철제 보일러는 내부구조를 간단하게 한다. [O] [X]

11 물 대신 특수유체를 사용하는 보일러를 특수 열매체보일러라고 한다. [O] [X]

12 수관식 보일러는 고압대용량에 적합한 보일러이다. [O] [X]

정답 01 (X) 02 (O) 03 (X) 04 (O) 05 (X) 06 (X) 07 (O) 08 (X) 09 (O) 10 (X) 11 (O) 12 (O)

1 보일러란 밀폐된 용기 내부에 물이나 열매체를 넣어 가열하여 증기 또는 온수를 발생시켜 난방하는 장치이다.
3 수관식 보일러가 더 크다.
5 외분식 보일러의 특징이다.
6 랭커셔보일러는 노통이 2개이고, 코니시보일러는 노통이 1개로 이루어져 있다.
8 그루빙은 브레이징 스페이스가 불충분할 시 발생한다.
10 주철제 보일러는 내부구조를 복잡하게 하여 전열면적이 비교적 큰 형식의 저압보일러이다.

Chapter 02 보일러의 부속장치

핵심포인트 안전밸브, 급수펌프, 인젝터, 블로우다운, 계측장치, 폐열회수장치

학습목표
1. 보일러 안전장치의 종류와 목적을 이해할 수 있다.
2. 보일러 급수장치 및 계측장치의 종류와 설치목적을 이해할 수 있다.
3. 폐열회수장치의 구조를 이해할 수 있다.

01 안전장치

보일러 사용 중 이상사태 발생 시 이를 조치하고, 사고를 미연에 방지하기 위한 장치

1 안전밸브(Safety Valve)

1) 설치목적 : 증기보일러에서 동(Shell) 내의 증기압력이 제한압력 이상으로 상승할 때 자동적으로 밸브가 열려 증기를 분출시켜 압력 초과로 인한 파열사고를 미연에 방지하는 장치이다.

2) 보일러 본체에는 2개 이상 설치해야 하며 50 [m^2] 이하의 증기보일러에는 1개 이상 설치할 수 있다.

3) 독립된 과열기 또는 재열기에는 입구 및 출구에 각각 1개 이상의 안전밸브를 설치하여야 한다.

4) 부착방법
  (1) 보일러 본체의 검사가 용이한 곳에 부착한다.
  (2) 증기부에 부착한다.
  (3) 밸브 축에 수직으로 부착한다.

5) 종류
  (1) 중추식 : 추의 중력을 이용하여 분출 압력을 조정하는 형식
  (2) 지렛대식 : 지렛대와 추를 이용하여 추의 위치를 좌우로 이동시켜 추의 중력으로 분출압력을 조정하는 형식
  (3) 스프링식 : 스프링의 탄성을 이용하여 분출압력을 조정하는 형식

2 가용전(가용플러그)

1) 노통보일러와 같은 내부연소식 보일러에서 이상 저수위에 따른 과열사고를 방지하기 위하여 사용한다.
2) 설치목적 : 노통보일러의 과열사고방지를 하기 위해 설치하는 안전장치이다.
3) 설치위치 : 노통 또는 화실의 상부에 설치한다.

3 방폭문

1) 설치목적 : 연소실 내 가스폭발 발생 시 폭발가스 및 압력을 대기로 방출시켜 파열사고를 미연에 방지하는 안전장치이다.
2) 설치위치 : 폭발가스로 인해 인명피해 및 화재의 위험이 없는 보일러연소실 후부 및 좌우측에 설치한다.
3) 종류 : 스프링식(밀폐식)은 강제통풍방식에, 스윙식(개방식)은 자연통풍방식에 사용된다.

4 화염검출기

1) 사용목적 : 연소실 내의 화염상태를 감시하여 실화 및 불착화 시 그 신호를 전자밸브로 보내 연료를 차단, 연소실 내 연료의 누설을 방지하여 연소가스폭발을 방지하는 안전장치이다.
2) 종류
   (1) 플레임 아이(Flame Eye : 광학적 화염검출기) : 적외선 가시광선 및 자외선이 영역별로 다르게 검출되는 특성 이용

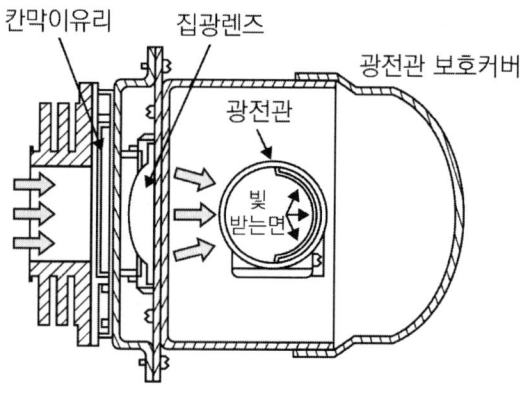

(2) 플레임 로드(Flame Rod : 전기전도 화염검출기) : 화염이 가지는 전기전도성을 이용

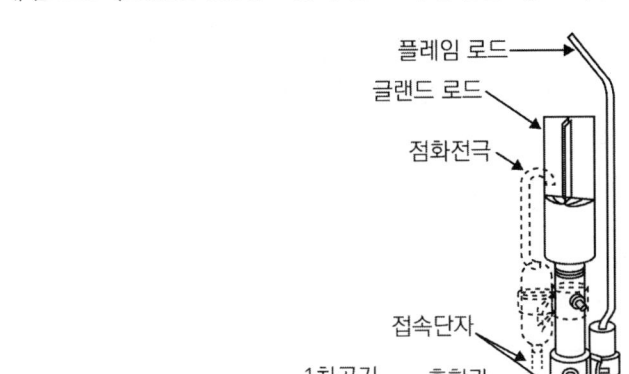

(3) 스택 스위치(Stack Switch : 열적 화염검출기) : 화염의 열을 통한 바이메탈의 신축작용을 이용

5 수위경보장치(고저수위 차단장치)

1) 설치목적 : 보일러 내의 수위가 규정수위 이상 또는 이하가 될 경우에 자동적으로 경보를 발하여 그 신호를 전자밸브에 보내 연료를 차단하고 과열사고 등을 방지하는 안전장치이다.

2) 종류
   (1) 플로트식 : 물과 증기의 비중차를 이용
   (2) 전극식 : 관수의 전기전도성을 이용
   (3) 차압식 : 관수의 수두압차를 이용
   (4) 코프식 : 금속관의 열팽창을 이용

3) 수위제어방식
   (1) 단요소식(1요소식) : 보일러의 수위만을 검출하여 급수량을 조절하는 방식
   (2) 2요소식 : 수위와 증기유량을 동시에 검출하는 방식이다.
   (3) 3요소식 : **수**위, **증**기유량, **급**수유량을 동시에 검출하는 방식이다.　　암 수증급(수준급)

4) 주의사항

　(1) 통수관 크기는 호칭지름 25 [mm] 이상이 되도록 하여야 한다.

　(2) 가급적 2개를 별도의 통수관에 각기 연결하여 사용하는 것이 좋다.

　(3) 분출관과 수면계의 배출관을 같이 통합 연결하지 않도록 한다.

　(4) 통수관에 부착되는 밸브는 개폐상태를 명확히 표시하여야 하며, 직렬로 2개 이상 부착되지 않는다.

6 증기압력제한장치

1) 설치목적 : 보일러의 압력이 조정압력에 도달하면 자동적으로 접점을 단락하여 전자밸브를 닫아 연료를 차단하여 보일러를 보호하는 안전장치이다.

2) 작동원리 : 압력 변화에 따라 기내의 벨로즈가 신축하여 수은 스위치가 작동하여 전기회로를 개폐한다.

02 급수장치

보일러동 내부로 급수를 공급시키기 위한 일련의 장치이다.

1 급수펌프(Feed Water Pump)

1) 왕복동식 : 왕복운동으로 압력을 얻어 액체를 압축하고 이송

　　예 워싱턴펌프, 웨어펌프, 플런저펌프

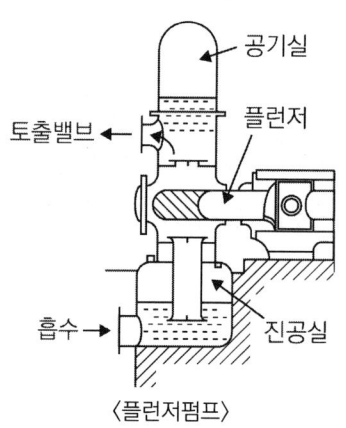

〈플런저펌프〉

2) 회전식(원심식) : 임펠러를 회전시켜 원심력을 이용하여 액체를 압축하고 이송

예 터빈펌프, 볼류트펌프

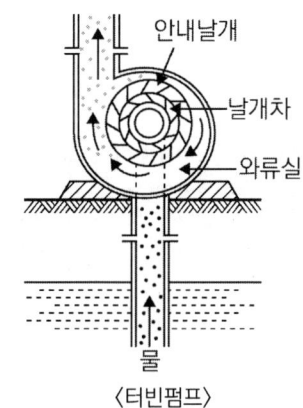

〈터빈펌프〉

3) 구비조건

(1) 부하변동에 대응할 수 있을 것

(2) 저부하에서도 효율이 좋을 것

(3) 고온 및 고압에 충분히 견딜 수 있을 것

(4) 회전식은 고속회전에 안전할 것

(5) 작동이 확실하고 조작과 보수가 용이할 것

(6) 병렬 운전에 지장이 없을 것

4) 펌프 운전 중 발생하는 이상현상

(1) 캐비테이션현상(Cavitation, 공동현상)

유체의 낮은 증기압에 의해 발생하며 펌프의 흡입압력이 부족하면 물이 증발하여 기포가 생기고 이로 인하여 소음 및 진동이 발생하는 현상이다.

(2) 서징현상(Surging, 맥동현상)

보일러에서 급수나 부하의 급격한 변동, 수질 불량 등에 의해 펌프의 송출압력과 송출유량 사이에 주기적인 변동이 일어나는 현상이다.

(3) 워터해머(Water Hammering, 수격작용)

펌프에서 물을 압송하고 있을 때 정전 등으로 급히 펌프가 멈춘 경우와 수량조절밸브를 급히 개폐한 경우 등 관 내의 유속이 급변하면서 물에 심한 압력 변화가 생기는 현상이다.

2 인젝터(Injecter)

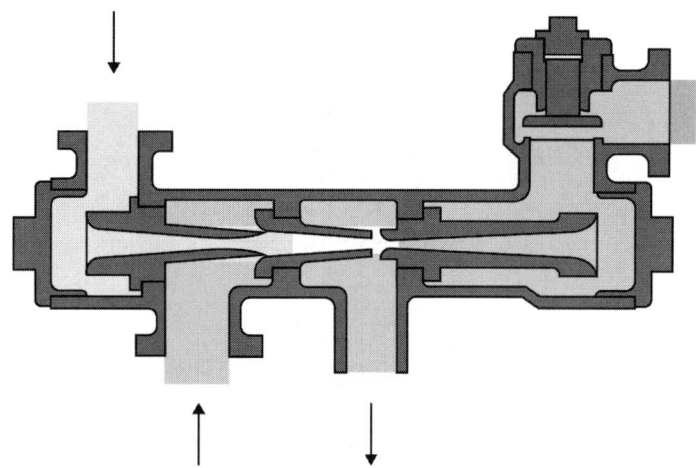

1) 증기의 열에너지를 운동에너지로 전환시키고 다시 압력에너지로 바꾸어 급수하는 비동력용 급수장치이다. 즉, 보일러에서 발생하는 증기의 분사력을 이용하여 급수하는 저압보일러용 급수장치이다.

2) 급수원리(증기의 분사력 이용) : 보일러에서 발생한 증기의 열에너지가 운동에너지, 압력에너지로 변화되면서 급수가 되는 원리를 이용한다.

3) 장점
   (1) 구조가 간단하고 취급이 용이하다.
   (2) 설치장소를 적게 차지한다.
   (3) 증기와 물이 혼합되어 급수가 예열되는 효과가 있다.
   (4) 가격이 저렴하다.

4) 단점
   (1) 양수효율이 낮다.
   (2) 급수량 조절이 어렵다.
   (3) 이물질의 영향을 많이 받는다.

5) 작동 불능 원인
   (1) 내부 노즐에 이물질이 부착되어 있는 경우
   (2) 체크밸브가 고장 난 경우
   (3) 부품이 마모되어 있는 경우

(4) 급수의 온도가 너무 높을 경우(328 [K] 이상)

(5) 증기 압력이 너무 높거나(1 [MPa] 이상) 너무 낮을 경우(0.2 [MPa])

(6) 흡입관로 및 밸브로 인하여 공기가 유입되었을 경우

(7) 인젝터 자체가 과열되었을 경우

(8) 노즐이 막히거나 확대되었을 경우

(9) 증기 속에 수분이 다량 혼입되었을 경우

6) 인젝터의 작동 순서 : 급수밸브(토출밸브)를 연다. → 흡수밸브를 연다. → 증기 흡입밸브를 연다. → 인젝터 핸들을 연다.

7) 인젝터의 정지 순서 : 인젝터 핸들을 닫는다. → 증기 흡입밸브를 닫는다. → 흡수밸브를 닫는다. → 급수밸브(토출밸브)를 닫는다.

3 응축수탱크(Condensate Water Tank)

1) 설치목적 : 각 증기 소비처에서 발생한 응축수를 보일러에 재사용하기 위하여 응축수를 모아두는 역할을 한다.

2) 응축수 : 증기가 열을 방출하여 다시 물이 된 것으로 결수, 복수라고도 한다. 응축수탱크 내의 온도는 60~80 [℃] 정도이다.

3) 응축수 재사용 시 이점

(1) 급수처리 비용절감 : 불순물의 함량이 적어 비용이 절감된다.

(2) 폐수 비용절감

(3) 급수의 질 향상

(4) 보일러효율 증대

(5) 증기발생시간이 단축됨

4) 크기 : 펌프용량의 2배 이상으로 한다(응축수펌프용량은 응축수 발생량의 3배 이상으로 한다).

4 분출(Blow Down)장치

관수 중 유지분이나 부유물 또는 관수 중의 불순물을 낮게 하고 pH를 조정하기 위해 설치하는 것

1) 분출목적
   (1) 물의 순환 촉진
   (2) 스케일 부착방지
   (3) 관수 pH 조절
   (4) 관수 농축방지
   (5) 가성취화방지
   (6) 프라이밍, 포밍방지
   (7) 고수위 운전방지
   (8) 부식방지
   (9) 세관작업 후 불순물 제거

2) 분출시기
   (1) 보일러 가동 직전
   (2) 연속가동 시 열부하가 가장 낮을 때
   (3) 비수나 프라이밍이 일어날 때

3) 분출작업 시 주의사항
   (1) 관수 중 불순물 농도를 분석하여 분출량을 측정한다.
   (2) 분출은 2명이 한 조로 하여 이상 감수를 방지한다.
   (3) 분출은 가급적 시동 전 또는 부하가 가장 가벼울 때 한다.
   (4) 1일 1회 이상 분출하되 신속히 작업한다.
   (5) 2대의 보일러를 동시에 분출하여서는 안 된다.
   (6) 비수현상이나 관수 농축이 예상될 때 분출을 행한다.
   (7) 분출 시에는 콕을 먼저 열고 밸브를 나중에 연다.

03 계측장치

1 계측기의 구비조건

1) 구조가 간단하고 취급이 용이할 것
2) 견고하고 신뢰성이 있을 것
3) 가격이 저렴하고, 구입이 용이하며, 보수가 용이할 것
4) 원격제어(Remote Control)가 가능하며, 연속측정이 가능할 것

2 단어

1) 측정 : 기계, 기구, 장치 등을 이용하여 물질의 양 또는 상태를 결정하기 위한 조작
2) 측정량 : 측정 대상이 되는 양
3) 측정치 : 측정을 통해 얻는 수치
4) 측정기(계측기) : 측정에 사용되는 기계 또는 기기
5) 제어편차 : 목표치에서 제어량을 뺀 값

3 계측과 제어의 목적

1) 열설비의 고효율화
2) 안전위생관리
3) 자동제어로 인한 노동력 절감
4) 조업조건의 안정화

4 오차(Error) : 측정결괏값과 그 참값과의 차

1) 계통오차 : 일정한 원인에 의해 발생하는 오차
   (1) 이론오차 : 이론식 또는 관계식 중에 가정을 설정하거나 생략 시 발생할 수 있는 오차
   (2) 계기오차 : 계측기 자신이 가지는 고유오차(기차)
   (3) 개인오차 : 측정자 습관에 의한 오차

2) 과실오차 : 측정자 부주의로 인한 오차 　　　예 측정치를 잘못 읽거나 기록하는 경우

3) 우연오차 : 예측할 수 없는 원인에 의한 오차, 측정환경에 의한 오차

　(1) 절대오차 : 측정값 - 참값

　(2) 백분율오차 = $\dfrac{\text{절대오차}}{\text{참값}} \times 100\,[\%]$

　(3) 교정 : 참값 - 측정값

　(4) 백분율교정 = $\dfrac{\text{교정}}{\text{측정값}} \times 100\,[\%]$

　(5) 정확도 : 오차가 작은 정도

　(6) 정밀도 : 측정값의 흩어짐의 정도

　(7) 계급 : 계측기가 가지고 있는 오차의 정도 0.2 ~ 2.5급의 범위에서 다섯 가지 계급으로 분류된다.

5 계측기의 측정방법

1) 보상법 : 측정량의 크기가 거의 같은 미리 알고 있는 양의 분동을 준비하여 분동과 측정량의 차이로부터 측정량을 구하는 방식

　(1) 장점 : 측정량이 작거나 큰 경우에도 측정할 수 있다.

　(2) 단점 : 분동의 준비와 사용이 어렵고, 측정량과 분동의 크기가 거의 같아야 하므로 분동의 준비가 까다롭다.

2) 편위법 : 측정량을 알고 있는 기준량과 비교하여 측정량을 구하는 방식

　(1) 조작이 간단하고 비용이 저렴하나 정밀도가 낮다.

　(2) 스프링저울은 편위법을 이용한 측정기구이다.

3) 치환법 : 측정량과 기준량을 치환하여 2회의 측정결과로부터 구하는 측정방식

4) 영위법 : 측정량을 측정하는 동안 일정한 값을 유지시키는 방식. 온도, 압력, 전압, 전류 등의 측정에 사용

　(1) 측정하고자 하는 상태량과 독립적 크기를 조정할 수 있는 기준량과 비교하여 측정, 계측하는 방법이다.

　(2) 측정하고자 하는 상태량과 기준량을 동일한 조건에서 측정한다.

　(3) 측정된 두 값의 차이를 구한다.

　(4) 구한 차이를 기준량의 변화량으로 나누어 측정하고자 하는 상태량을 계산한다.

6 압력 측정(압력계)

1) 액주식 압력계(마노미터) : 액주관 내에 물이나 수은(Hg)을 봉입, 압력차에 의한 액주의 높이 차로 압력을 측정하는 방식

$P = \gamma h \, [Pa]$ P : 압력 [Pa], γ : 액의 비중량 $[N/m^3]$, h : 액의 높이차 [m]

※ 액주식 압력계에 사용되는 액체의 구비조건
  ① 온도변화에 의한 밀도변화가 적을 것
  ② 점성이 적을 것
  ③ 팽창계수가 적을 것
  ④ 화학적으로 안정될 것
  ⑤ 휘발성, 흡수성이 적을 것
  ⑥ 모세관현상이 작을 것
  ⑦ 액면은 항상 수평으로 만들어야 하며 액주의 높이를 정확하게 읽을 수 있을 것

(1) U자관 압력계
  ① U자 모양의 유리관에 물, 기름, 수은 등을 넣어 한쪽 관에 측정하고자 하는 대상의 압력을 도입하여, 양쪽 액의 높이차에 의하여 압력을 측정한다.
  ② U자관의 크기는 특수 용도의 것을 제외하고는 보통 2 [m] 정도이다.
  ③ 저압측정에 사용된다.

(2) 경사관식 압력계
  ① U자관 압력계를 변형한 형태
  ② 측정관을 경사시켜 눈금을 확대하므로 미세압을 정밀측정할 수 있다.
  ③ $P_1 - P_2 = \gamma h$, $h = l \sin\theta$ → $P_1 - P_2 = \gamma l \sin\theta$ [θ : 유리관의 경사각]

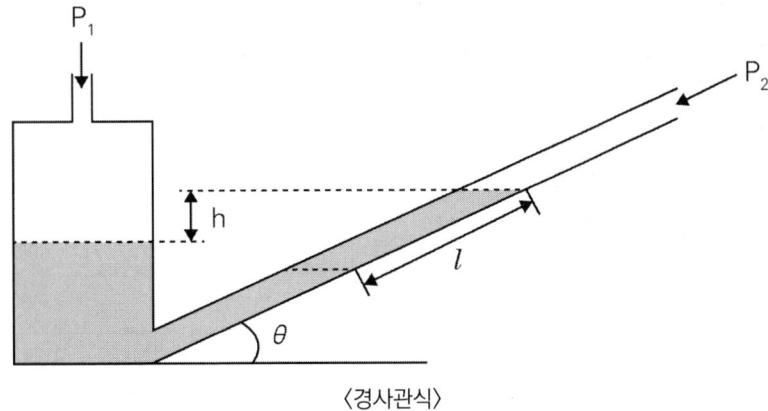

〈경사관식〉

(3) 플로트(Float) 액주형 압력계 : 액주의 높이 변화에 따라 움직이는 플로트를 이용하여 압력변화를 기계적 또는 전기적 방식으로 변환하여 측정하는 압력계

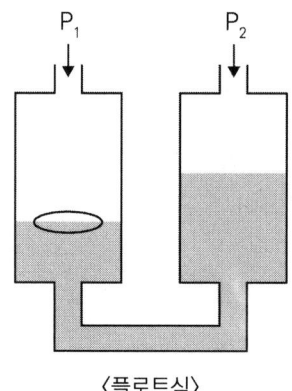

〈플로트식〉

(4) 링밸런스 압력계(환상천평식 압력계)
　① 원형 관에 액체(수은 또는 기름)를 채우고 양쪽의 압력차에 의해 발생하는 회전력과 추의 복원력이 평형을 이룰 때 압력을 측정하는 방식
　② 특징
　　㉠ 원격전송이 가능하다.
　　㉡ 회전력이 크므로 기록이 쉽다.
　　㉢ 평형추의 증감, 취부장치의 이동에 의하여 측정범위를 변경할 수 있다.
　　㉣ 측정범위는 25 ~ 3000 [mmAq]이다.
　　㉤ 저압가스의 압력측정에 사용된다.
　　㉥ 드래프트 게이지로 주로 사용된다.
　③ 주의사항
　　㉠ 진동 및 충격이 없는 장소에 수평 또는 수직으로 설치
　　㉡ 온도변화가 적은 장소일 것
　　㉢ 부식성 가스나 습기가 적은 장소에 설치
　　㉣ 압력원과 가까운 장소에 설치
　　㉤ 도입관은 굵고 짧게
　　㉥ 보수점검이 원활한 장소에 설치

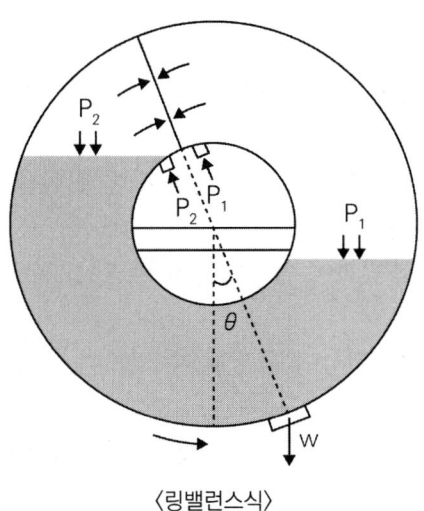

〈링밸런스식〉

(5) 침종식 압력계
① 종 모양의 플로트를 액체 속에 담그고 기체 압력에 따라 플로트가 위아래로 변위되는 원리를 이용하여 압력을 측정하는 장치이다. 플로트의 편위는 내부 압력에 비례한다.
② 저압 기체의 압력측정에 적당하다.

2) 탄성식 압력계 : 탄성체에 압력에 의한 힘을 가했을 때 생기는 변형량을 측정하여 압력을 구하는 계측기

(1) 부르동관식(Bourdon Type) 압력계

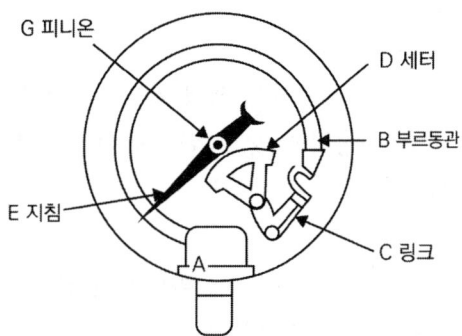

① 부르동관식 압력계는 타원형 단면을 가진 곡선형의 탄성관(부르동관)에 압력을 가했을 때 관이 펴지려는 성질을 이용하여 그 끝단의 변위를 기계적으로 지침으로 전달해 압력을 측정하는 계기이다.
② 탄성식 압력계 중에서 가장 높은 압력을 측정할 수 있다.
③ 탄성체의 재질과 구조에 따라 측정할 수 있는 압력 범위가 달라진다.
④ 부르동관 형식 : C형, 외선형, 나선형

(2) 벨로즈식(Bellows Type) 압력계
① 얇은 금속 띠를 주름진 원통 형태로 만든 벨로즈의 탄성 변형을 이용하여 압력을 측정하는 장치이다.
② 압력에 따라 벨로즈가 팽창 또는 수축하고 이 변위를 기계적 또는 전기적 신호로 변환하여 압력을 표시한다.
③ 압력에 따라 탄성 복원력이 발생하는데 이 탄성 복원력은 벨로즈의 변형을 일정하게 유지시켜 준다.
④ 측정 중 히스테리시스현상이 발생할 수 있으며 이를 방지하기 위해 코일 스프링을 조합한 구조가 사용된다.
  ※ 히스테리시스현상 : 상승하는 압력일 때와 하강하는 압력일 때의 지침 지시값이 일치하지 않는 현상
⑤ 주로 저압, 진공압, 차압 측정에 적합하며, 자동제어장치의 압력 검출용으로 많이 사용된다.

(3) 다이어프램식(Diaphragm Type) 압력계 : 다이어프램의 변형을 측정하여 압력을 측정하는 방식
① 다이어프램은 점도가 높은 액체에 노출되면 점착력에 의하여 변형이 저하될 수 있다.
② 부식성 액체에도 사용이 가능하며 먼지가 침착되어도 변형을 측정하는 데 큰 영향을 미치지 않는다.
③ 다이어프램은 작은 변형에도 민감하게 반응하므로 대기압과의 차가 적은 미소압력의 측정에 적합하다.
④ 감도가 좋으며 정확성이 높다.
⑤ 고무, 스테인리스, 인청동 등의 탄성 재질 박판을 사용한다.

3) 전기식 압력계 : 압력을 직접 측정하지 않고 압력 자체를 전기저항, 전압 등의 전기적 양으로 변환하여 측정하는 계기이다.
  (1) 저항선식 압력계
    ① 구리 - 니켈저항선에 압력을 가했을 때 단면적이 감소하고, 이에 따라 저항이 증가하는 원리를 이용하여 압력을 측정한다.
    ② 검출부가 소형이며 응답속도가 빠르며 초고압에서 미압까지 측정 가능하다.
  (2) 자기 스테인리스식 압력계
    ① 강자성체에 기계적 힘을 가하면 자화상태가 변화하는 자기변형을 이용한 압력계이다.
    ② 초고압용 압력계로 이용된다.

(3) 압전식(피에조식) 압력계 : 수정, 티탄산, 바륨 등과 같은 압전 물질이 외력을 받았을 때 발생하는 기전력, 즉 압전현상을 이용해 압력을 측정하는 장치
① 원격측정이 용이하다.
② 반응속도가 빠르다.
③ 지시, 기록, 자동제어와 결속이 용이하다.
④ 정밀도가 높다.
⑤ 측정이 안정적이다.
⑥ 구조가 간단하며 소형이다.
⑦ 가스폭발 등 급속한 압력변화 측정에 유리하다.
⑧ 응답이 빨라 급격한 압력변화를 측정한다.

4) 표준 분동식 압력계(피스톤 압력계) : 램 실린더, 기름탱크, 가압펌프 등으로 구성된 압력계
 (1) 램에 가압된 압력이 실린더 내의 기름을 밀어올려 분동을 위로 움직이게 한다.
 (2) 분동의 상하운동은 시침이나 지침으로 표시된다.
 (3) 분동에 의하여 압력을 측정하는 형식으로 다른 탄성식 압력계의 기준, 일반교정용, 검정용 표준지표로 주로 사용된다.
 (4) 정확도가 높고 내구성이 우수하며 응답속도가 빠르다.

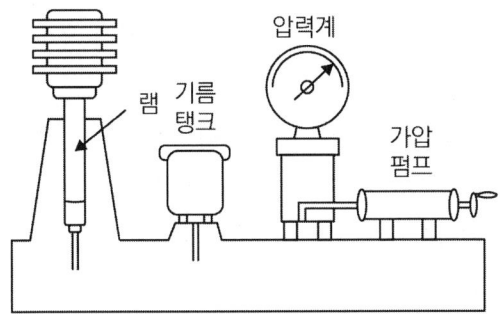

5) 진공 압력계
 (1) 대기압 이하의 압력을 측정하는 계기
 (2) 저진공에는 U자관이나 탄성식이 사용되지만 고진공에서는 기체의 성질을 이용한 진공계가 사용된다.

7 유량 측정(유량계)

1) 용적식 유량계 : 유체의 부피를 측정하여 유량을 산출하는 유량계
   ⑴ 공기의 유량에 의해 움직이는 부품의 회전수를 측정하여 유량을 계산하는 유량계
   ⑵ 로터와 케이스, 피스톤, 실린더 등을 이용해 유체를 일정 용적 내에 가둬두고 방출하기를 반복하며 단위시간당 횟수에서 유량을 얻는다. 정밀도가 높다는 장점이 있지만 압력 손실이 크다는 단점이 있다.
   ⑶ 유량을 누적하여 측정하는 방식이기 때문에 적산식 유량계라고 불린다. 측정유체의 맥동에 의한 영향이 적다. 점도가 높은 유량의 측정도 가능하다. 고형물의 혼입을 막기 위해 입구 측에 여과기가 필요하다.
   ⑷ 오벌미터(내구성 우수, 설치 간단, 액체만 측정 가능, 기체유량 측정 불가능), 피스톤형, 루트형 가스미터, 루츠, 로터리팬, 로터리피스톤

2) 면적식 유량계 : 공기의 흐름을 막아서 유량을 측정하는 유량계로, 차압을 일정하게 하고 교축기구의 면적을 바꿔서 측정함
   ⑴ 반드시 수직으로 설치하여야 하여 불필요한 파이프가 생겨나서 부가적인 압력손실이 있고, 고점성 유체부식성 유체에 적합하다. 또한 정밀 측정이 어렵다.
   ⑵ 플로트형(로터미터), 게이트형, 피스톤형
      로터미터 : 유체가 흐르는 단면적이 변함으로써 직접 유체의 유량을 읽을 수 있는 유량측정기기

3) 차압식 유량계 : 공기의 흐름에 의해 생기는 차압을 측정하여 유량을 계산하는 유량계
   ⑴ 구조가 간단하고, 가동부가 없어 기계적 특성변화가 거의 없어 정도가 좋다.
   ⑵ 대부분의 유체에 적용할 수 있고 고온·고압의 현장에도 사용 가능하며, 압력손실도 적고 정밀도도 매우 높다.
   ⑶ 측정범위가 넓은 편이다.
   ⑷ 오리피스, 벤튜리관, 플로우노즐
      ① 벤튜리유량계 : 관로에 벤튜리관을 설치하여 유체의 흐름에 의해 발생하는 압력차를 측정하여 유량을 계산한다.

② 오리피스유량계 : 관로에 오리피스판을 설치하여 유체의 흐름에 의해 발생하는 압력차를 측정하여 유량을 계산한다. 압력 측정 위치는 오리피스 플레이트의 형상과 유체의 상태에 따라 달라진다.

㉠ 플랜지탭(Flange Tap) : 오리피스 플레이트의 플랜지에 압력센서를 설치하는 방법으로 오리피스 전후 25 [mm]의 위치에 설치한다. 설치가 간편하고 정확도가 높으나 오리피스 플레이트의 크기가 작거나 파이프의 직경이 큰 경우에는 사용하기 어렵다.

㉡ 코너탭(Corner Tap) : 오리피스 플레이트의 모서리에 압력센서를 설치하는 방법이다. 오리피스 플레이트의 크기와 파이프 직경에 관계없이 사용할 수 있으나 압력 센서가 오염될 가능성이 높으며 정확도가 낮다.

㉢ 베나탭(Vena Tap) : 오리피스 플레이트의 상류 측과 하류 측에 압력센서를 설치하는 방법이다. 상류 측은 오리피스 플레이트로부터 파이프 직경의 1배 거리, 하류 측은 파이프 직경의 0.3 ~ 0.8배 거리에 설치한다. 비교적 높은 측정 정확도를 제공한다.

③ 플로우노즐유량계 : 관로에 플로우노즐을 설치하여 유체의 흐름에 의해 발생하는 압력차를 측정하여 유량을 계산한다.

4) 전자유량계 : 전도성 유체의 유속을 측정하는 유량계

　(1) 전도성 액체에 한하여 사용할 수 있다. 응답이 빠른 편이고 압력손실이 거의 없다.

　(2) 높은 내식성을 유지할 수 있다. 유체의 점도, 온도, 압력 등에 영향을 받지 않는다.

　(3) 미소한 측정전압에 대하여 고성능의 증폭기가 필요하다.

5) 피토관유량계 : 배관에 직접 삽입하여 사용하는 유량계로 관의 단면적에 영향을 받지 않는다.

　(1) 구조가 간단하고 설치가 쉽다.

　(2) 다양한 유체에 사용이 가능하다.

　(3) 유체의 흐름이 불규칙하면 정확한 측정이 어렵기 때문에 피토관을 유체흐름의 방향으로 일치시켜야 한다.

　(4) 더스트가 많은 유체에 사용하면 측정 오차가 발생할 수 있다.

　(5) 압력차를 측정하기 위해서는 유체의 흐름이 충분히 강해야 한다.

8 액면 계측(액면계)

1) 직접측정식 : 액면의 위치를 직접 관측에 의하여 측정하는 방법

   (1) 유리관식(직관식) 액면계 : 유리관 또는 플라스틱의 투명한 세관을 측정탱크에 설치하여 탱크 내 액면변화를 직접 계측하는 방식

   (2) 검척식 액면계 : 개방형 탱크나 저수조의 액면을 자(검척봉)로 직접 계측하는 방식

   (3) 부자식(Float) 액면계
   ① 액면에 띄운 부자의 높이를 통해 액면을 측정하는 방식이다.
   ② 액면이 심하게 움직이는 곳에 사용하기 적합하지는 않다.
   ③ 원리 및 구조가 비교적 간단하다.
   ④ 액체의 압력에 영향을 받지 않아 고압에서도 사용 가능하다.
   ⑤ 고온밀폐탱크의 압력까지 측정 사용이 가능하고 조작력이 크기 때문에 자력조절에도 사용된다.
   ⑥ 액면 상, 하 한계에 경보용 리미트 스위치를 설치할 수도 있다.

2) 간접측정식 : 액면위치와 일정 관계가 있는 양을 측정하는 방법

   (1) 압력검출식 액면계
   ① 탱크 내에 압력계를 설치하여 액면을 측정하는 장치
   ② 저점도의 액체 측정용으로 기포식, 다이어프램식이 있다.

   (2) 차압식 액면계
   ① 기준 수위와 측정 액면 사이의 압력차를 측정하여 액위를 측정하는 방식
   ② 고압 밀폐형 탱크의 측정에 적합하다.
   ③ 종류로는 다이어프램과 U자관식이 있고, 정압을 측정함으로써 액위를 구할 수 있다.

   (3) 편위식 액면계
   ① 액중에 잠겨 있는 플로트의 깊이에 의한 부력으로부터 토크 튜브의 회전각이 변화하여 액면을 지시하여 지시침이 움직이는 방식
   ② 아르키메데스의 부력의 원리를 이용하여 액면을 측정하고 있는 방식이다.
   ③ 고압밀폐탱크의 액면제어용이다.

(4) 정전용량식 액면계
　① 서로 마주보는 두 전극 사이에 전압을 인가하여 전극 사이의 정전용량(물질 유전율의 함수)을 측정하는 방식으로 액면을 측정하는 장치
　② 피측정물의 유전율변화를 이용하여 액면을 측정하는 방식
　③ 피측정물의 유전율이 온도에 따라 변화되는 곳에서는 정확한 측정이 어렵다.
　④ 측정범위가 넓고 구조가 간단하여 보수가 용이하다.
　⑤ 습기가 있거나 전극에 피측정제를 부착하는 곳에서는 정전용량이 변화하여 정확한 측정이 어렵다.

(5) 전극식(저항전극식) 액면계
　① 전도성 액체 내부에 전극을 설치하여 낮은 전압을 이용한다.
　② 액면을 검지하여 자동 급·배수제어장치에 이용된다.
　③ 고유저항이 큰 액체에서는 사용이 어렵다.
　④ 내식성 재료의 전극봉이 필요하다.
　⑤ 저압변동이 큰 곳에서 사용해서는 안 된다.

(6) 초음파식(음향식) 액면계
　① 액면에 초음파를 반사되는 초음파의 시간을 측정하는 방식으로 액면을 측정한다.
　② 측정범위가 매우 넓고 정도가 높은 액면계이다.
　③ 완전히 밀폐된 고압탱크와 부식성 액체에 대해서도 측정이 가능하다.
　④ 긴 거리는 통과할 수 없다.

(7) 기포식 액면계 : 관을 삽입하여 관을 통해 압축공기를 보내 압력을 조절하여 공기가 관 끝에서 기포를 일으키게 하면 압축공기의 압력은 액압력과 동등하다고 생각되므로 압축공기의 압력을 측정하여 액면을 측정한다.

(8) γ선(방사선) 액면계 : 액면에 방사선을 조사하여 흡수된 방사선의 양을 측정하는 방식으로 액면을 측정한다.

9 가스분석계

1) 측정방법
　(1) 체적감소에 의한 방법(흡수분석법) : 오르사트법, 헴펠법, 게겔법
　(2) 화학분석법 : 적정법, 중량법, 분별연소법
　(3) 연소분석법 : 폭발법, 완만연소법, 분별연소법
　(4) 기기분석법 : 가스크로마토그래피(캐리어가스 : H_2, Ar, He, Ne), 질량분석법, 적외선 분광법

(5) 시험지분석법

① 암모니아(NH_3) : 적색리트머스 – 청변

② 아세틸렌(C_2H_2) : 염화제1동 착염지 – 적변

③ 포스겐($COCl_2$) : 해리슨 시험지 – 심등색

④ 일산화탄소(CO) : 염화파라듐지 – 흑변

⑤ 황화수소 : 연당지 – 황갈색

⑥ 시안화수소 : 초산벤젠지 – 청변

2) 화학적 가스분석계 : 화학반응을 이용한 성분분석

(1) 오르사트(오르자트)식 연소가스분석계

① 시료가스를 흡수시켜 흡수 전후의 체적변화를 측정하여 분석하는 방법이다.

② 분석 순서 및 흡수제의 종류

㉠ CO_2(KOH 30 [%] 수용액) → O_2(알칼리성 피로갈롤) → CO(암모니아성 염화제1동 용액)

㉡ N_2 = 100 – (CO_2 + O_2 + CO)

③ 특징

㉠ 구조가 간단하며 취급이 용이하다.

㉡ 숙련되면 고정도를 얻는다.

㉢ 수분은 분석할 수 없다.

㉣ 분석 순서를 달리하면 오차가 발생한다.

(2) 자동화학식 CO_2계

① 오르사트 가스분석법과 원리는 같으나 유리실린더를 이용하며, 연속적으로 가스를 흡수시켜 용적변화로 인하여 가스를 분석한다. KOH 30 [%] 수용액으로 CO_2 용적 감소를 측정하여 농도를 측정한다.

② 특징

㉠ 선택성이 좋다.

㉡ 흡수제의 선택으로 산소와 일산화탄소 분석이 가능하다.

㉢ 측정치를 연속적으로 얻을 수 있다.

㉣ 조성 가스가 많아도 높게 측정되며, 유리부분이 많아 파손되기 쉽다.

(3) 연소열식 O_2계
　① 측정해야 할 가스와 수소 등의 가연성 가스를 혼합하고 촉매에 의한 연소를 시켜 반응열이 산소 농도에 따라 비례함을 이용하여 가스를 분석한다.
　② 특징
　　㉠ 가연성 가스가 필요하다.
　　㉡ 원리가 간단하고 취급이 용이하다.
　　㉢ 측정가스의 유량변화는 오차의 원인이다.
　　㉣ 선택성이 있다.
　　㉤ 오리피스나 마노미터 및 열전대가 필요하다.

(4) 미연소가스계(CO + H_2 가스분석)
　① 시료 중 미연소가스에 산소를 공급하여 백금을 촉매로 연소시켜 온도 상승에 의한 휘스톤 브릿지회로의 측정 셀 저항선의 저항변화로부터 측정한다.
　② 특징
　　㉠ 측정실과 비교실의 온도를 동일하게 유지하여야 한다.
　　㉡ 산소를 별도로 준비하여야 한다.
　　㉢ 휘스톤 브릿지회로를 사용한다.

(5) 헴펠식(Hempel Type) 가스분석장치
　① 시료 기체를 가스뷰렛을 통해 흡수관으로 보내어 흡수시키는 방식으로 가스 성분을 분석하는 장치
　② 흡수되는 가스 : 흡수제
　　㉠ CO : 암모니아성 염화제1동 용액　　㉡ O_2 : 알칼리성 피로갈롤용액
　　㉢ CO_2 : 30 [%] KOH 수용액　　　　㉣ C_mH_n : 진한 황산
　③ 흡수되는 순서
　　$CO_2 \rightarrow C_mH_n \rightarrow O_2 \rightarrow CO$

3) 물리적 가스분석계 : 가스의 비중, 열전도율, 자성 등 물리적 성질을 이용한 성분분석
(1) 열전도율형 CO_2계
　① CO_2의 열전도율이 공기보다 매우 적다는 성질을 이용한 것이다.
　　※ 가스의 열전도율 : 수소 > 메테인(메탄) > 공기 > 이산화탄소
　② 특징
　　㉠ 원리나 장치가 비교적 간단하다.
　　㉡ 열전도율이 큰 수소가 혼입되면 측정오차의 영향이 커진다.
　　㉢ 질소 산소 일산화탄소의 농도가 변해도 이산화탄소 측정오차는 거의 없다.

(2) 밀도식 CO_2계
　① 이산화탄소의 밀도가 공기보다 1.5배 크다는 성질을 사용하여 가스의 밀도차에 의해 수동 임펠러의 회전토크가 달라져 레버와 링크에 의해 평형을 이루어 이산화탄소의 농도를 지시하도록 되어 있다.
　② 특징
　　㉠ 보수와 취급이 용이하고 구조적으로 견고하다.
　　㉡ 측정가스와 공기의 압력과 온도가 같으면 오차를 일으키지 않는다.
　　㉢ 이산화탄소 이외의 가스 조성이 달라진다면 측정오차에 영향을 줄 수 있다.

(3) 가스크로마토그래피(Gas Chromatography)법
　① 흡착제를 충전한 통 한쪽에 시료를 이동시킬 때 친화력이 각 가스마다 다르기 때문에 이동속도 차이로 분리되어 측정실 내로 들어오면서 측정하는 것으로 O_2, NO_2를 제외한 다른 성분가스를 모두 분석할 수 있다.
　② 분석 시에는 고체 충전제를 넣고 캐리어 가스인 H_2, Ar, He, N_2 등의 혼합된 시료를 칼럼 속에 통하게 하여 측정한다.
　③ 특징
　　㉠ 여러 종류의 가스분석이 가능하다.
　　㉡ 가스의 분자량이나 극성을 이용하여 가스를 분리하여 측정하는 방법이다.
　　㉢ 기체의 확산속도 차이를 이용한 분석장치이다.
　　㉣ 분리성능이 우수하기 때문에 미량 성분의 분석이 가능하다.
　　㉤ 컬럼의 종류와 구성에 따라 다양한 분리성능을 갖출 수 있어 분리성능이 좋고 선택성이 우수하다.
　　㉥ 응답속도는 보통 1분에서 10분 정도로 다소 느리다.
　　㉦ 시료를 컬럼을 통해 운반하는 시간이 필요하기 때문에 동일한 가스의 연속측정이 불가능하다.
　　㉧ 선택성이 좋다.
　　㉨ 고감도 측정이 가능하다.
　　㉩ 캐리어가스가 필요하다.

(4) 적외선 가스분석계
　① 적외선 스펙트럼의 차이를 이용하여 분석하며, N_2, O_2, H_2 이원자 분자가스 및 단원자분자의 경우를 제외한 대부분의 가스를 분석할 수 있다.
　② 가스의 분자 진동에 의해 발생하는 적외선 흡수 스펙트럼을 이용하여 가스를 분석하는 방법이다.

③ 특징
  ㉠ 선택성이 우수하다.
  ㉡ 측정 농도 범위가 넓고 저농도 분석에 적합하다.
  ㉢ 연속분석이 가능하다.
④ 주의사항 : 측정가스의 먼지나 습기의 방지에 주의가 필요하다.

(5) 자기식 O_2계(산화 농도 측정용)
  ① 가스의 성질을 이용하여 농도를 측정하는 방법
  ② 산소의 경우 상자성체에 속하기 때문에 산소가 자장에 대해 흡인되는 성질을 이용한 것이다.

(6) 세라믹식 O_2계
  지르코니아(ZrO_2)를 원료로 한 세라믹 파이프를 850[℃] 이상 유지하면서 가스를 통과시키면 산소이온만 통과하여 산소농담전자가 만들어진다. 이때 농담전기의 기전력을 측정하여 O_2 농도를 분석한다.

(7) 용액 도전율 가스분석계
  ① 시료가스를 흡수용액에 흡수시켜 용액의 도전율변화를 통해 가스를 분석
  ② 가스의 전기 전도성에 따라 전류의 흐름이 달라지는 원리를 이용하여 가스를 분석하는 방법

10 온도계

1) 온도(Temperature)
  (1) 건구온도(Dry Bulb Temperature) : 일반적인 온도계로 측정한 온도
  (2) 습구온도(Wet Bulb Temperature) : 온도계 감온부를 젖은 헝겊으로 감싸고 측정한 온도(증발잠열에 의한 온도)
  (3) 노점온도(Dewpoint Temperature) : 습공기 수증기 분압이 일정한 상태에서 수분의 증감 없이 냉각할 때 수증기가 응축하기 시작하여 이슬이 맺는 온도

2) 접촉식 온도계
  온도를 측정하고자 하는 피측정 물체에 측온부를 접촉시켜 온도를 측정하는 방식
  (1) 특징
    ① 측정범위가 넓고 측정 오차가 비교적 적으며 정밀측정이 가능하다.
    ② 피측정체의 내부 온도를 측정한다.
    ③ 이동물체의 온도측정이 곤란하다.
    ④ 일반적으로 1000[℃] 이하의 저온 측정용이다.

(2) 유리체온도계 : 유리관 안에 액체를 채워 넣고, 액체의 부피변화를 이용하여 온도를 측정   예 베크만온도계 : 미세한 온도변화를 측정하기 위한 특수 유리체온도계
  ① 구조
    ㉠ 유리관 : 수은이 흐르는 유리관으로, 상단에는 수은을 봉입하는 공간이 있다.
    ㉡ 수은 : 온도에 따라 부피가 변하는 수은을 사용한다.
    ㉢ 눈금 : 온도에 따라 수은의 이동량을 나타내는 눈금이다.
  ② 특징
    ㉠ 정밀도가 높아 0.01 [℃]까지 측정할 수 있다.
    ㉡ 저온용으로 적합하며, -20 ~ 150 [℃] 정도의 측정온도 범위이다.
    ㉢ 응답성이 느려 급격한 온도변화에는 적합하지 않다.
(3) 압력식 온도계 : 부피 또는 압력변화를 이용하여 온도를 측정
(4) 열전대온도계 : 두 개의 금속을 접합하여 생기는 열기전력을 이용하여 온도를 측정
  ※ 제벡(Seebeck)효과 : 성질이 다른 두 금속의 접점에 온도차를 두면 열기전력이 일어나는 현상
  ① 특징
    ㉠ 내구성이 뛰어나고 다양한 온도 범위에서 사용할 수 있다.
    ㉡ 비교적 높은 온도 측정에 사용된다.
    ㉢ 사용 금속은 열기전력이 크고 온도증가에 따라 연속적으로 상승해야 한다.
    ㉣ 기준접점의 온도를 일정하게 유지해야 한다.
    ㉤ 장점 : 좁은 장소의 온도를 계측하기 용이하다.
    ㉥ 단점 : 기준 접전장치가 필요하다.
  ② 보호관 : 열전대 센서를 보호하고 외부 환경으로부터 격리하기 위한 역할
    ㉠ 보호관의 종류
      ⓐ 석영관 : 사용온도가 약 1000 [℃]이며 내열성, 내산성이 우수하나 환원성 가스에 기밀성이 약간 떨어진다.
      ⓑ 카보런덤관 : 사용온도가 약 1250 ~ 1700 [℃]이며 용융금속에 강하다.
      ⓒ 자기관 : 사용온도가 약 1350 ~ 1500 [℃]이며 용융금속에 강하다.
      ⓓ 황동관 : 사용온도가 약 250 [℃] 정도로 저온용이다.
      ⓔ 동관 : 사용온도가 약 250 [℃] 정도로 저온용이다.
      ※ 사용온도가 높은 순서 : 자기관 > 석영관 > 동관

③ 시스(Sheath) 열전대온도계
  ㉠ 금속 보호관 내부에 열전대선과 충전물을 밀봉하여 내구성과 응답성이 뛰어난 고성능 열전대온도계이다.
  ㉡ 보호관 속에는 일반적으로 마그네시아와 알루미나의 혼합물이 충전된다.
④ 열전대 금속 특성 및 성능 비교

기호	사용금속(+, −)	측정온도 범위 [℃]
B	백금 − 30 [%] 로듐, 백금 − 6 [%] 로듐	600 ~ 1700
R	백금 − 13 [%] 로듐, 백금	0 ~ 1600
S	백금 − 10 [%] 로듐, 백금	0 ~ 1600
K	크로멜(Cr), 알루멜(Al)	−200 ~ 1200
E	크로멜(Cr), 콘스탄탄(Cu − Ni)	−200 ~ 800
J	철(Fe), 콘스탄탄(Cu − Ni)	−40 ~ 750
T	구리(Cu), 콘스탄탄(Cu − Ni)	−200 ~ 350

  ㉠ 백금 · 백금 · 로듐온도계는 안정성이 양호하여 표준용으로 사용된다.
  ㉡ 온도가 1 [℃] 변할 때 발생하는 열기전력의 크기
    철콘스탄탄(IC) > 동콘스탄탄(CC) > 크로멜 · 알루멜(CA) > 백금 · 백금로듐(PR)

(5) 바이메탈온도계 : 두 개의 금속을 접합하여 온도변화에 따른 열팽창의 정도를 이용하여 온도 측정
  ① 측온범위는 −50 ~ 500 [℃]이다.
  ② 구조가 간단하다.
  ③ 오래 사용 시 히스테리시스오차가 발생한다.
  ④ 자동온도조절이나 온도 보상장치에 이용된다.
  ⑤ 온도변화에 따른 응답이 느리다.

(6) 저항식 온도계 : 온도에 따라 저항값이 변하는 측온저항체를 이용하여 온도를 측정

$$R = R_0(1 + \alpha \Delta T)$$

α : 저항온도계수, R_0 : 초기온도에서의 저항
R : 현재온도에서의 저항, ΔT : 온도변화

  ① 전기신호로 온도를 출력할 수 있으므로 자동제어에 적용할 수 있다.
  ② 백금저항온도계 : 백금의 전기저항변화를 이용하여 온도를 측정한다.
    ㉠ 0 [℃]에서 100 [Ω]이 되도록 설계된 저항소자를 사용한다.
    ㉡ 저항온도계수는 작으나 안정성이 좋아서 장기간 사용해도 측정값의 변화가 거의 없다.
    ㉢ 센서 구조나 설치방식에 따라 시간이 지연될 수 있다.

③ 측온저항체의 구비조건
  ㉠ 온도 측정장치와 호환되어야 한다.
  ㉡ 저항의 온도계수가 커야 한다.
  ㉢ 온도와 저항의 관계가 연속적이어야 한다.
  ㉣ 저항값이 온도 이외의 조건에서 변하지 않아야 한다.
  ㉤ 측온저항체 사용온도 범위
    ⓐ 구리(Cu) : 0 ~ 120 [℃]
    ⓑ 백금(Pt) : -200 ~ 500 [℃]
    ⓒ 니켈(Ni) : -50 ~ 150 [℃]
    ⓓ 서미스터 : -100 ~ 300 [℃]
    ※ 서미스터의 재질 : 니켈, 코발트, 망간, 구리, 철 등의 산화물

3) 비접촉식 온도계

측정 대상에 직접 닿지 않고 적외선 등의 복사 에너지를 감지하여 온도를 측정

(1) 방사온도계 : 피측정물에서 방출되는 방사에너지의 세기를 측정
  ① 구조가 간단하고 견고하다.
  ② 방사율에 의한 보정량이 크지만 연속측정이 가능하고 기록이나 제어가 가능하다.
  ③ 1000 [℃] 이상의 고온에 사용하며, 이동물체의 온도 측정이 가능하다(50 ~ 3000 [℃] 측정).
  ④ 발신기를 이용하여 기록 및 제어가 가능하다.
  ⑤ 측온체와의 사이에 수증기나 연기 등의 영향을 받는다.
  ⑥ 스테판 - 볼츠만의 법칙
    물체가 방출하는 복사 에너지는 절대온도의 네제곱에 비례한다.

$$E = \sigma \epsilon T^4$$

E : 단위면적당 복사에너지 $[W/m^2]$
σ : 스테판 - 볼츠만상수 $= 5.67 \times 10^{-8} [W/m^2 K^4]$
ϵ : 방사율, T : 절대온도 $[K]$

(2) 광고온계(Optical Pyrometer)

물체가 방출하는 빛의 밝기를 기준광원과 비교하여 온도를 측정하는 비접촉식 온도계
  ① 피측정물과 전구를 동시에 비추어 피측정물의 휘도와 내장된 전구 필라멘트의 휘도를 육안으로 비교하여 측정한다.
  ② 측정자 간의 오차가 발생하기 쉬운 기기이다.
  ③ 고온측정이 가능하다(700 ~ 3000 [℃] 측정 가능, 900 [℃] 이하인 경우 오차 발생).
  ④ 정확도가 높지만 연속측정이나 자동제어에 응용할 수 없다.

(3) 광전관온도계

고온 물체의 밝기를 두 개의 광전관(광센서)으로 자동 비교하여 온도를 측정
① 응답속도가 빠르고, 온도의 연속측정 및 기록이 가능하며 자동제어가 가능하다.
② 이동하는 물체의 온도측정이 가능하다.
③ 개인오차가 없으나 구조가 복잡하다.
④ 700 ~ 3000 [℃]까지 측정 가능하다.

(4) 색온도계

광감지기를 사용하여 물체에서 방출되는 빛의 파장(색)을 측정한다.
① 특징
 ㉠ 방사율에 의한 영향이 적다.
 ㉡ 광흡수에 영향이 적으며 응답이 빠르다.
 ㉢ 구조가 복잡하며 주위로부터 빛 반사의 영향을 받는다.
 ㉣ 750 [℃] 정도부터 측정이 가능하다.
② 온도에 따른 색 변화
 ㉠ 600 [℃] : 어두운 색
 ㉡ 800 [℃] : 붉은 색
 ㉢ 1000 [℃] : 오렌지색
 ㉣ 1200 [℃] : 노란색
 ㉤ 1500 [℃] : 눈부신 황백색
 ㉥ 2000 [℃] : 매우 눈부신 흰색
 ㉦ 2500 [℃] : 푸른기가 있는 흰백색

11 열량계

1) 봄브(Bomb)식 열량계

(1) 액체와 고체연료의 발열량을 측정하는 열량계로 연료와 산소를 밀폐된 용기인 봄브에 넣고 폭발시켜 발생하는 열량을 측정하는 방식으로 작동한다.
(2) 액체와 고체연료의 발열량을 정확하게 측정할 수 있는 장점이 있다.
(3) 측정원리
 ① 열량계용기에 액체 또는 고체연료를 일정량 담는다.
 ② 폭발실에 산소를 채우고 연료를 폭발시킨다.
 ③ 연소에 의해 발생한 열이 열량계용기를 가열시킨다.
 ④ 열전대를 통해 열량계용기의 온도 상승을 측정한다.

2) 융커스식 열량계

 (1) 기체연료의 발열량 측정에 가장 많이 사용된다.

 (2) 열량측정 시 시료가스온도 및 압력을 측정한다.

 (3) 구성요소로는 가스 계량기, 압력 조정기, 기압계, 온도계, 저울 등이 있다.

3) 클리브랜드식 열량계 : 액체연료의 발열량을 측정하는 열량계

4) 태그식 열량계 : 기체연료의 발열량을 측정하는 열량계

5) 금속 열량계 : 고체, 액체의 비열을 측정하는 데 사용하는 열량계

04 매연 분출장치(수트 블로어)

연소가 시작되면 분진, 회, 클링커, 탄화물, 카본, 그을음 등의 부착으로 열전도가 방해되어 매연 분출기로 그을음을 불어내기 위한 기구이다.

1 역할

물, 증기, 공기를 고압으로 분사하여 보일러 전열면에 부착된 그을음 등을 제거하는 장치로 주로 수관식 보일러에 사용한다.

2 주의사항

1) 부하가 50 [%] 이하일 때는 수트 블로어 사용 금지

2) 소화 후 수트 블로어 사용 금지(폭발 위험)

3) 수트 블로우를 진행하기 전에 충분한 드레인을 실시한다.

4) 한 곳을 장시간 불어대지 않는다.

5) 분출횟수와 시기는 연료종류, 분출위치, 증기온도 등에 따라 결정한다.

6) 소화한 직후 고온의 연소실에서는 진행하지 않아야 한다.

7) 수트 블로우 작업 시 댐퍼의 개도를 열어 통풍력을 크게 한 후 작업을 수행한다.

3 종류

1) 롱 리트랙터블형 : 고온 전열면에 사용

긴 분사관의 선단에 2개의 노즐을 설치 후 전·후진 + 회전을 주어 증기 및 공기를 동시 분사시키는 방식으로 고온의 전열면에 사용

2) 숏 리트랙터블형 : 저온 전열면에 사용

보일러 노벽 등에 부착하는 그을음, 찌꺼기를 제거하는 데 적합하며 짧은 분사관 선단에 1개의 노즐을 설치하여 증기 또는 압축공기를 분사

3) 건타입형 : 일반전열면에 사용

숏 리트렉터블형과 비슷하나 회전은 하지 않고 고온의 연소가스에 과열되는 것을 방지하기 위해 전·후진동작을 신속히 해야 함

4) 로터리형 : 연소실 노벽에 사용

회전을 하면서 청소하는 것으로 롱 리트렉터블형과 달리 전·후진을 하지 않고 고정되어 회전하는 정치형이며 보일러의 연도 등의 저온의 전열면, 절탄기 등에 사용

5) 에어히터 클리너형 : 관형 공기예열기 그을음 제거장치

관형 공기예열기의 그을음을 불어내기 위한 특수구조의 그을음 제거장치

05 열회수장치

1 폐열회수장치

※ 순서 : 연소실 → 과열기 → 재열기 → 절탄기 → 공기예열기 → 굴뚝   _암 과재절예

1) 과열기(Super Heater)

(1) 동에서 발생한 습포화증기의 수분을 제거한 후 압력은 올리지 않고 건도만 높인 후 온도를 올리는 기구

(2) 과열기 부착 시 장점

① 보일러 열효율 증대

② 부식방지

③ 증기의 마찰손실 감소

(3) 과열기 부착 시 단점
① 가열표면의 온도를 일정하게 유지하기 힘들다.
② 가열장치에 큰 열응력이 발생한다.
③ 과열기 표면에 고온부식이 발생하기 쉽다(고온부식을 일으키는 성분 : 바나듐).
④ 직접 가열 시 열손실이 증가한다.

(4) 연소가스와 증기의 흐름
① 병류형 : 연소가스와 과열기 내 증기의 흐름방향이 같다.
② 향류형 : 연소가스와 과열기 내 증기의 흐름방향이 반대이다.
③ 혼류형 : 병류형과 향류형이 혼합된 형식이다.
※ 흐름에 따른 온도효율의 크기 : 향류형 > 혼류형 > 병류형

2) 재열기

(1) 과열증기가 고압터빈 등에서 열을 방출한 후 온도의 저하로 팽창되어 포화온도까지 하강한 과열증기를 고온의 열가스나 과열증기로 재차 가열시켜 저온의 과열증기로 만든 후 저압터빈 등에서 다시 이용하는 장치

(2) 열효율 증가, 저압터빈의 날개 부식을 감소시키기 위하여 설치한다.

3) 절탄기(截炭機, Economizer : 급수예열기)

(1) 폐가스(배기가스)의 여열을 이용하여 보일러에 급수되는 급수의 예열기구

(2) 절탄기 부착 시 장점
① 부동팽창방지
② 일시 불순물 및 경도 성분 와해
③ 연료의 절약
④ 보일러효율 및 증발력 증대

(3) 절탄기 부착 시 단점
① 통풍저항이 커져 통풍력이 감소한다.
② 연소가스의 온도 저하로 저온부식이 발생할 우려가 있다.
③ 연도 내의 청소 및 점검이 어려워진다.
④ 설비비가 비싸고 취급에 기술을 요한다.

(4) 절탄기 사용 시 주의사항
① 절탄기는 점화하기 전에 공기를 빼고 물을 가득 채워야 한다.
② 절탄기 내의 급수는 부식방지를 위해 공기 등의 불응축가스를 제거시킨 후 사용한다.
③ 저온부식을 방지하기 위해 절탄기 출구 측 배기가스온도를 노점온도 이상이 될 수 있도록 조절하여야 한다.

4) 공기예열기(Air Pre Heater)

⑴ 배기가스 여열을 이용하여 연소실에 투입되는 공기를 예열한다.

⑵ 종류(열원에 의한 방식)

① 전열식 : 관형, 판형
연소가스를 열교환기 형식으로 공기를 예열하는 방식이다.

② 재생식 : 회전식, 고정식, 이동식, 융그스트롬식(회전재생식)
축열실에 연소가스를 통과시켜 열을 축적한 후 공기를 예열하는 방식이다.

③ 증기식 : 연소가스를 대신하여 증기로 공기를 예열하는 방식이다.

⑶ 공기예열기 설치 시 장점

① 노 내의 온도 상승으로 연소가 잘 된다.

② 과잉 공기량을 줄여도 된다.

③ 저질 연료의 연소도 가능하다.

④ 보일러효율이 향상된다.

⑷ 공기예열기 설치 시 단점

① 통풍저항이 커져 통풍력이 감소한다.

② 온도 저하로 인한 저온부식이 발생할 우려가 있다.

③ 조작범위가 넓어진다.

④ 연도 내 청소 및 점검이 어려워지고 설비비가 비싸며 취급에 기술을 요한다.

2 열교환기(Heat Exchanger)

열교환기란 서로 온도가 다르고 고체 벽으로 분리된 두 유체 사이에 열교환을 수행하는 장치이다. 난방, 공기조화, 동력발생, 폐열회수 등에 널리 이용된다.

1) 원통 다관식(Shell & Tube) 열교환기

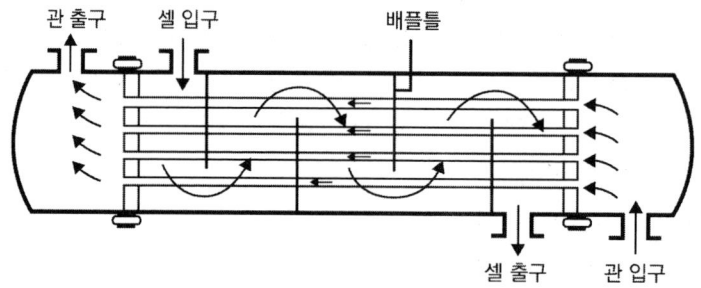

(1) 가장 널리 사용되고 있는 열교환기이다.
(2) 폭넓은 범위의 열전달량을 얻을 수 있다.
(3) 적용범위가 매우 넓다.
(4) 신뢰성과 효율이 높다.

2) 이중관식(Double Pipe Type) 열교환기

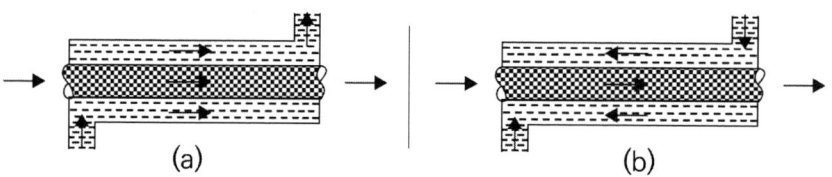

(1) 외관 속에 전열관을 동심원상태로 삽입하여 전열관 내 외관동체의 환상부에 각각 유체를 흘려서 열교환시키는 구조이다.
(2) 구조는 비교적 간단하며 가격도 싸고 전열면적을 증가시키기 위해 직렬 또는 병렬로 같은 치수의 것을 쉽게 연결시킬 수 있다.
(3) 그러나 전열면적이 증대됨에 따라 다관식에 비해 전열면적당의 소요용적이 커져 가격이 비싸지므로 전열면적이 20 [m^2] 이하인 것에 많이 사용된다.

3) 판형(Plate Type) 열교환기

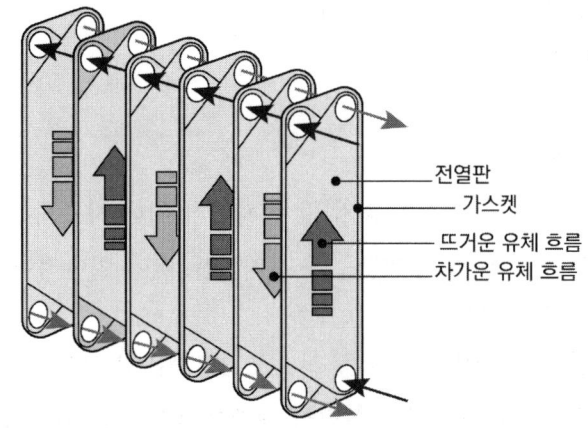

- 전열판
- 가스켓
- 뜨거운 유체 흐름
- 차가운 유체 흐름

(1) 유로 및 강도를 고려하여 요철형으로 프레스 성형된 전열판을 포개서 교대로 각기 유체가 흐르게 한 구조의 열교환기이다.

(2) 전열면을 개방할 수 있는 형식의 고무나 합성수지 가스킷을 사용하고 있어 고온 또는 고압용으로서는 적당하지 않다.

06 송기장치

보일러에서 발생한 증기를 증기 사용처에 공급하는 장치

1 기수분리기(Steam Separator)

1) 설치목적 : 수관식 보일러의 증기 속에 함유된 수분을 분리하여 증기의 건도를 높이는 장치이다.

2) 종류

(1) 사이클론형 : 원심력을 이용

(2) 베플식 : 방향전환을 이용(관성력)

(3) 스크러버형 : 파도형의 다수강판을 조합한 것(장애판, 방해판 이용)

(4) 건조스크린형 : 여러 겹의 그물망을 이용

3) 기수분리기 설치 시 장점

 ⑴ 배관의 부식 및 수격작용을 방지한다.

 ⑵ 열효율을 향상시킨다.

2 주 증기밸브(Stop Valve)

1) 역할 : 보일러에서 발생한 증기를 송기 및 정지하기 위해 사용되는 밸브이다.

2) 부착위치 : 보일러동 상부 증기 취출구에 부착하는 것이 일반적이고, 과열기가 있는 경우 과열기 출구 측에 부착한다.

3) 강도 : 최고사용압력 이상이어야 한다. 적어도 0.7 [MPa] 이상의 압력에는 견뎌야 한다.

 ⑴ 물이 고이는 위치에 스톱밸브가 설치될 때에는 물빼기를 설치하여야 한다.

 ⑵ 주 증기밸브로 가장 많이 사용되는 밸브는 앵글밸브이다.

 ⑶ 주 증기밸브 개폐 시는 서서히 3분의 1회전한다.

3 증기트랩(Steam Trap)

1) 증기계통이나 증기관 방열기 등에서 고인 응축수(드레인)를 연속 응축수탱크로 배출시키는 기구

2) 구비조건

 ⑴ 유체에 대한 마찰저항이 적어야 한다.

 ⑵ 공기빼기를 할 수 있어야 한다.

 ⑶ 작동이 확실해야 한다.

 ⑷ 내식성이 커야 한다.

 ⑸ 내구력이 있어야 한다.

 ⑹ 작동 시 소음이 적고 수격작용에 강해야 한다.

 ⑺ 구조가 간단해야 한다.

 ⑻ 응축수를 연속적으로 배출할 수 있어야 한다.

 ⑼ 정지 후에도 응축수를 빼기가 가능해야 한다.

3) 증기트랩 부착 시 장점
   (1) 수격작용방지
   (2) 열설비효율 저하 감소
   (3) 응축수에 의한 부식방지
   (4) 관 내 유체의 흐름에 대한 마찰저항 감소

4) 증기트랩 종류
   (1) 기계적 트랩(응축수와 증기의 비중차) : 플로트식(레버, 프리), 버킷식(상향, 하향)
   (2) 온도조절트랩(응축수와 증기의 온도차) : 바이메탈식, 벨로즈식, 다이어프램식
   (3) 열역학적 트랩(응축수와 증기의 열역학적 특성차) : 오리피스식, 디스크식

종류	장점	단점
상향 버킷식	• 작동이 확실하다. • 동결로 인한 폐쇄가 없다. • 증기 손실이 없다. • 환수관을 트랩보다 높게 배관할 수 있다.	• 대형이라 다루기 불편하다. • 배출능력이 미약하다.
하향 버킷식	• 배출능력이 크다. • 응축수의 유입구와 유출구의 차압이 80 [%] 정도까지 차이가 나도 배출이 가능하다.	• 시공 시 부착이 불편하다. • 수평부착 이외는 안 된다. • 기동 시에 반드시 공기빼기가 되어야 한다. • 증기 손실이 많다.
플로트식	• 연속배출이 가능하다. • 증기 누출이 거의 없다. • 작동 시 소음이 나지 않는다. • 공기빼기가 필요 없다. • 플로트와 밸브시트의 교환이 용이하다.	• 겨울에 동결 우려가 있다. • 수격작용의 방지가 필요하다.
벨로즈식	• 소형이다. • 응축수의 온도조절이 가능하다. • 배출능력이 우수하다.	• 워터해머에 약하다. • 고압에 부적당하다. • 과열증기에 부적당하다.
바이메탈식	• 동결 우려가 없다. • 배출능력이 우수하다. • 장착은 수평 및 수직 모두 가능하다.	• 과열증기에 부적당하다. • 개폐 시 온도차가 크다. • 바이메탈의 특성이 변화한다.

종류	장점	단점
오리피스식	• 과열증기 사용이 가능하다. • 가동 시 공기빼기가 불필요하다. • 설치방법이 자유롭다. • 소형이다.	• 정밀하여 마모 시 문제가 따른다. • 증기 누설이 많다. • 배압의 허용도가 30 [%] 미만이다.
디스크식 (충격식)	• 소형이고, 구조가 간단하다. • 고장이 적다. • 과열증기 사용이 적당하다. • 기동 시 공기빼기가 불필요하다. • 증기온도와 동일한 응축수의 배출이 가능하다.	• 최저 작동압력차가 0.3 [kg/cm^2]이다. • 작동 시 소음이 크다. • 증기의 누설이 많다. • 배출능력이 미약하다. • 배압의 허용도가 50 [%] 이하이다.

4 증기 축열기(Steam Accumulator)

1) 역할 : 보일러 저부하 시 잉여의 증기를 일시 저장하였다가 과부하 또는 응급 시 증기를 방출하는 장치이다.

2) 종류 : 정압식, 변압식

3) 증기축열기 설치 시 장점 : 부하변동에 따른 압력 변화가 적고 연료소비량이 감소하며 보일러용량이 부족해도 된다.

5 송기 시 발생하는 이상현상

1) 프라이밍(Priming : 비수현상)
비수현상으로, 주 증기밸브 급개 시 수면으로부터 끊임없이 물방울이 비산하면서 수위를 불안정하게 하는 현상이다.

2) 포밍(Foaming : 물거품 솟음현상)
관수 중 용해 고형물, 유지류 등의 불순물로 인한 거품의 층을 형성하는 단계이며 심해지면 프라이밍으로 이어질 수 있다.

(1) 프라이밍과 포밍이 유발될 때의 장해
① 보일러수 전체가 현저하게 동요하고 수면계 수위를 확인하기 어렵다.
② 증기과열기에 보일러수가 들어가 증기온도나 과열도가 저하하여 과열기를 더럽힌다.
③ 보일러 내의 수위가 급히 내려가고 저수위 사고를 일으키는 위험이 있다.

④ 안전밸브가 더러워지거나 수면계의 통기구멍에 보일러수가 들어가거나 하여 이들의 성능을 해친다.
⑤ 증기와 더불어 보일러로부터 나온 수분이 배관 내에 고여 워터해머를 일으켜 손상을 끼칠 수 있다.

(2) 프라이밍과 포밍의 원인
　① 증기 부하가 과대한 경우
　② 관수가 농축되었을 때
　③ 고수위
　④ 주 증기밸브의 급개
　⑤ 관수에 유지분, 부유물, 불순물이 많을 때

(3) 프라이밍, 포밍이 일어났을 때의 대처
　① 연소량을 가볍게 한다.
　② 주 증기밸브를 닫고 수위의 안정을 기다린다.
　③ 관수의 일부를 취출하고 물을 넣는다.
　④ 안전밸브, 수면계, 압력계, 연락관을 시험한다.
　⑤ 수질검사를 실시한다.

3) 캐리오버(Carry Over : 기수공발현상)
(1) 공기 중에 불순물이 물방울에 섞여서 옮겨가는 현상이다.
(2) 발생 원인은 프라이밍의 발생 원인과 같다.
　※ 캐리오버로 인하여 나타날 수 있는 현상
　　㉠ 수격작용 발생
　　㉡ 증기배관 부식
　　㉢ 증기의 열손실로 인한 열효율 저하

4) 워터해머(Water Hammering : 수격작용)
증기관 속에 고여 있는 응축수가 송기 시 고온, 고압의 증기에 밀려 관의 굴곡부분을 강하게 치는 현상이다.

(1) 수격작용(워터해머)을 방지하기 위한 순서
　① 증기를 집어넣는 측의 주 증기관, 증기배관 등에 있는 밸브를 만개하고 드레인을 완전 배출한다.
　② 주 증기관 내에 소량의 증기를 통하여 관을 따뜻하게 한다.
　③ 난관이 순조롭게 된 다음 주 증기밸브를 처음에는 약간 열고 다음에 단계적으로 서서히 연다.

07 증기설비

1 주 증기밸브

1) 역할 : 보일러에서 발생한 증기를 송기 및 정지하기 위해 사용되는 밸브이다.
2) 부착위치 : 보일러동 상부 증기 취출구에 부착하는 것이 일반적이고, 과열기가 있는 경우 과열기 출구 측에 부착한다.
3) 강도 : 최고사용압력 이상이어야 한다. 적어도 0.7 [MPa] 이상의 압력에는 견뎌야 한다.
   (1) 물이 고이는 위치에 스톱밸브가 설치될 때에는 물빼기를 설치하여야 한다.
   (2) 주 증기밸브로 가장 많이 사용되는 밸브는 앵글밸브이다.
   (3) 주 증기밸브 개폐 시는 서서히 3분의 1회전한다.

2 감압밸브

1) 증기 통로의 면적을 증감하여 유속의 변화를 일으켜 고압의 증기를 저압의 증기로 만드는 밸브이다.
2) 목적
   (1) 고압의 증기를 저압으로 만든다.
   (2) 고정적인 증기압력을 유지한다.
   (3) 고압, 저압 증기로 사용이 동시에 가능하다.
3) 작동방법에 의한 분류 : 벨로즈형, 다이어프램형, 피스톤형
4) 구조에 의한 분류 : 스프링식, 추식
5) 설치방법 : 감압밸브는 가능하면 사용처에 가깝게 설치

3 증기헤더(Steam Header)

보일러에서 발생한 증기를 한 곳에 모아 일시 저장한 후 사용처에 알맞게 보내주는 장치이며 그 크기는 주 증기관 지름의 2배 이상으로 한다.

1) 장점
   (1) 송기 및 정지가 편리하다.
   (2) 불필요한 증기의 열손실을 방지한다.
   (3) 증기의 부족을 일부 해소할 수 있다.

4 증기트랩(Steam Trap)

1) 증기계통이나 증기관 방열기 등에서 고인 응축수(드레인)를 연속 응축수탱크로 배출시키는 기구

2) 구비조건
   (1) 유체에 대한 마찰저항이 적어야 한다.
   (2) 공기빼기를 할 수 있어야 한다.
   (3) 작동이 확실해야 한다.
   (4) 내식성이 커야 한다.
   (5) 내구력이 있어야 한다.
   (6) 작동 시 소음이 적고 수격작용에 강해야 한다.
   (7) 구조가 간단해야 한다.
   (8) 응축수를 연속적으로 배출할 수 있어야 한다.
   (9) 정지 후에도 응축수를 빼기가 가능해야 한다.

3) 증기트랩 부착 시 장점
   (1) 수격작용방지
   (2) 응축수가 지닌 폐열을 이용하므로 열효율 증가
   (3) 응축수에 의한 부식방지
   (4) 관 내 유체의 흐름에 대한 마찰저항 감소
   (5) 응축수 회수로 인한 연료 및 급수 비용 절약

4) 증기트랩 종류
   (1) 기계적 트랩(응축수와 증기의 비중차) : 플로트식(레버, 프리), 버킷식(상향, 하향)
   (2) 온도조절트랩(응축수와 증기의 온도차) : 바이메탈식, 벨로즈식, 다이어프램식
   (3) 열역학적 트랩(응축수와 증기의 열역학적 특성차) : 오리피스식, 디스크식

5 증기 축열기(Steam Accumulator)

1) 역할 : 보일러 저부하 시 잉여의 증기를 일시 저장하였다가 과부하 또는 응급 시 증기를 방출하는 장치이다.

2) 종류 : 정압식, 변압식

3) 장점 : 부하변동에 따른 압력 변화가 적고 연료소비량이 감소하며, 보일러용량이 부족해도 된다.

08 펌프

1 펌프와 송풍기의 상사법칙

구분	송풍기	펌프
상사법칙	• 풍량(Q) $\dfrac{Q_2}{Q_1} = \dfrac{N_2}{N_1} \times \left(\dfrac{D_2}{D_1}\right)^3$ • 풍압(P) $\dfrac{P_2}{P_1} = \left(\dfrac{N_2}{N_1}\right)^2 \times \left(\dfrac{D_2}{D_1}\right)^2$ • 축동력(L) $\dfrac{L_2}{L_1} = \left(\dfrac{N_2}{N_1}\right)^3 \times \left(\dfrac{D_2}{D_1}\right)^5$ 회전수 : N [rpm] 임펠러 직경 : D [mm]	• 유량(Q) $\dfrac{Q_2}{Q_1} = \dfrac{N_2}{N_1} \times \left(\dfrac{D_2}{D_1}\right)^3$ • 양정(H) $\dfrac{H_2}{H_1} = \left(\dfrac{N_2}{N_1}\right)^2 \times \left(\dfrac{D_2}{D_1}\right)^2$ • 축동력(L) $\dfrac{L_2}{L_1} = \left(\dfrac{N_2}{N_1}\right)^3 \times \left(\dfrac{D_2}{D_1}\right)^5$ 회전수 : N [rpm] 임펠러 직경 : D [mm]

2 펌프의 점검(펌프 운전 중 발생하는 이상현상)

1) 캐비테이션현상(Cavitation, 공동현상)

   유체의 낮은 증기압에 의해 발생하며 펌프의 흡입압력이 부족하면 물이 증발하여 기포가 생기고 이로 인하여 소음 및 진동이 발생하는 현상이다.

2) 서징현상(Surging, 맥동현상)

   보일러에서 급수나 부하의 급격한 변동, 수질 불량 등에 의해 펌프의 송출압력과 송출유량 사이에 주기적인 변동이 일어나는 현상이다.

3) 워터해머(Water Hammering, 수격작용)

   펌프에서 물을 압송하고 있을 때 정전 등으로 급히 펌프가 멈춘 경우와 수량조절밸브를 급히 개폐한 경우 등 관 내의 유속이 급변하면서 물에 심한 압력 변화가 생기는 현상이다.

09 온수설비

1 팽창탱크

물의 팽창에 따른 위험을 방지하기 위하여 설치하는 탱크를 팽창탱크라고 한다. 팽창수로 인한 배관 내의 체적과 압력이 높아지게 되어 설치기기나 배관이 파손될 수 있다. 따라서 물의 팽창이나 수축과 같은 체적변화 및 발생하는 압력을 흡수하기 위하여 설치한다.

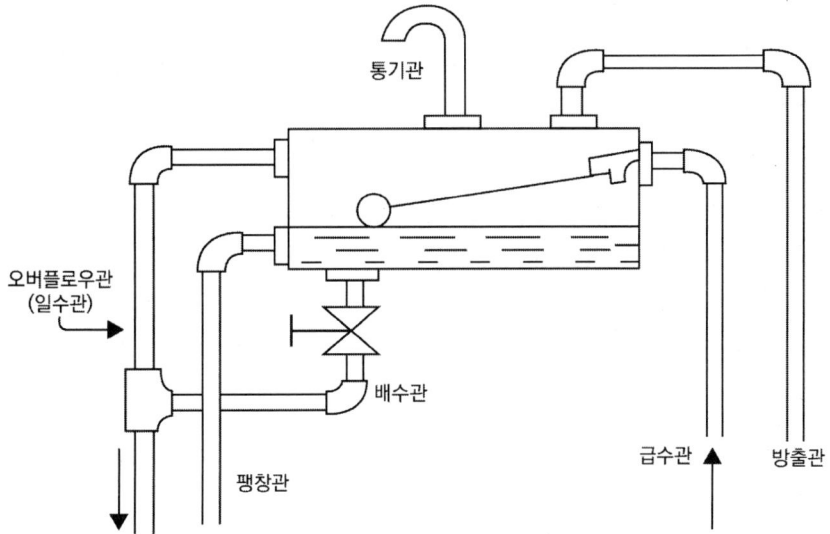

1) 팽창탱크의 종류

   (1) 개방식 팽창탱크

   ① 체적팽창에 의한 온수의 수위가 높아지면 탱크 내 물이 넘치지 않도록 오버플로우관을 통해 분출시킨다.
   ② 팽창관이란 물을 온수로 가열할 때마다 배관 내 체적팽창한 수량을 팽창탱크로 배출하는 관이므로 보일러에서 팽창탱크에 이르는 팽창관의 도중에는 온수의 흐름을 방해하는 밸브류를 설치하면 안 된다.
   ③ 설치비가 적게 들지만 유지보수가 까다롭다.
   ④ 오버플로우에 의한 손실 및 배관 부식의 단점이 있다.
      일수관 : 개방식 팽창탱크에 설치되는 관

(2) 밀폐식 팽창탱크
① 배관을 완전히 밀폐시킴으로써 공기흡입을 막아 배관부식현상이 없다.
② 증발 또는 오버플로우에 의한 배관수 손실이 없어 유지보수가 거의 필요 없다.
③ 구조가 복잡하고 부대설비가 비싸다.
④ 주로 고온수난방에 사용한다.
⑤ 압력변동을 완화시키기 위하여 상부에 압축공기관을 설치한다.

2 방열기(라디에이터, Radiator)

실내에 설치하여 증기 또는 온수의 잠열과 현열을 이용하여 실내공기를 데우는 장치

1) 방열기 종류

    (1) 주형 방열기
        ① 종류 : 2주형(Ⅱ), 3주형(Ⅲ), 3세주형(3), 5세주형(5)
        ② 방열면적 : 한쪽당 표면적으로 나타낸다.

    (2) 벽걸이 방열기(주철제)
        ① 횡형(W - H)
        ② 종형(W - V)

2) 방열기 배치

    (1) 설치장소 : 외기와 접한 창밑에 설치
    (2) 배치거리 : 벽에서 50 ~ 60 [mm] 떨어진 곳에 설치

3) 방열기 부속장치

    (1) 방열기밸브 : 방열기 입구에 설치해서 증기나 온수의 유량을 수동적으로 조절하는 밸브
    (2) 방열기트랩 : 방열기 출구에 설치하는 열동식 트랩이며 응축수를 환수관에 보내는 역할을 한다.

4) 소요 방열면적 계산

$$\text{소요 방열면적 [m}^2\text{]} = \frac{\text{시간당 난방부하}[kJ/h]}{\text{방열기의 방열량}[kJ/m^2 \cdot h]}$$

5) 상당방열면적(EDR)

    (1) 방열기의 방열면적당 보일러의 능력을 의미한다.
    (2) 표준방열면적이라고 부르기도 한다.
    (3) 방열량은 방열면적 1 [m²]당 1시간 동안 난방에 필요로 하는 열량의 값으로 표시한다.

(4) 방열기 표준방열량
  ① 증기 : 650 [kcal/m²h], 2730 [kJ/m²·h]
    (방열기 내 평균 증기온도 102도, 실내온도 18.5도 기준)
  ② 온수 : 450 [kcal/m²h], 1890 [kJ/m²·h]
    (방열기 내 평균 온수온도 80도, 실내온도 18.5도 기준)

(5) 난방부하

$$Q = q \times EDR$$

Q : 난방부하
q : 표준방열량
EDR : 상당방열면적

(6) 방열기 쪽수 계산(섹션수)

$Q = q \times A \times n \Rightarrow n = \dfrac{Q}{q \times A}$

Q : 난방부하 [kcal/h][kW]
q : 표준발열량(온수 450 [kcal/m²h] 523 [W/m²],
  증기 650 [kcal/m²h] 756 [W/m²])
A : 쪽당 방열면적 [m²/쪽], n : 쪽수(섹션수) [쪽]

종별	기호
2주형	II
3주형	III
3세주형	3
5세주형	5
벽걸이형(수직)	W - V

02 OX퀴즈

※ OX 퀴즈로 최다빈출 개념을 쉽게 정리하고 기출 유형까지 미리 익혀보세요.

1 안전장치는 보일러 사용 중 이상사태 발생 시 이를 조치하고, 사고를 미연에 방지하기 위한 장치이다. [O][X]

2 안전밸브, 방출밸브, 가용전 등은 안전장치에 속한다. [O][X]

3 방출관을 갖추고 있을 때도 방출밸브를 1개 이상 무조건 갖추어야 한다. [O][X]

4 연소실 내의 화염상태를 감시하여 실화 및 불착화 시 그 신호를 전자밸브로 보내 연료를 차단, 연소실 내 연료의 누설을 방지하여 연소가스 폭발을 방지하는 안전장치는 방폭문이다. [O][X]

5 부속장치 중 보일러동 내부로 급수를 공급시키기 위한 일련의 장치를 급수장치라고 한다. [O][X]

6 원심펌프에서 터빈펌프는 안내날개가 있다. [O][X]

7 증기의 열에너지를 압력에너지로 전환시키고 다시 운동에너지로 바꾸어 급수하는 비동력용 급수장치는 급수펌프라고 한다. [O][X]

8 인젝터의 작동 순서는 급수밸브를 열고 흡수밸브를 연 후 증기 흡입밸브를 열고 인젝터 핸들을 여는 것이다. [O][X]

9 급수탱크 설치 시 지하에 설치하는 경우 지하수 등이 유입되지 않도록 주의하여야 한다. [O][X]

10 증기보일러에서 동 내부의 수면위치를 계측하는 장치를 수면계라고 한다. [O][X]

정답 01 (O) 02 (O) 03 (X) 04 (X) 05 (O) 06 (O) 07 (X) 08 (O) 09 (O) 10 (O)

3 방출관을 갖출 때에는 방출밸브를 대체할 수 있다.
4 화염검출기이다.
7 인젝터이다.

11 서로 온도가 다르고, 고체 벽으로 분리된 두 유체 사이에 열교환을 수행하는 장치는 열교환기라고 한다. O X

12 수트 블로어는 열교환기의 종류 중 하나이다. O X

13 열교환장치는 과열기 → 절탄기 → 재열기 → 공기예열기 → 굴뚝 순서로 이루어진다. O X

14 프라이밍은 수위를 안정적으로 하는 현상이다. O X

15 공기 중에 불순물이 물방울에 섞여서 옮겨가는 현상을 캐리오버라고 한다. O X

정답 11 (O) 12 (X) 13 (X) 14 (X) 15 (O)

12 매연 분출장치로 보일러 전열면의 외측에 붙어 있는 그을음 및 재를 압축공기나 증기를 분사하여 제거하는 장치이다.

13 과열기 → 재열기 → 절탄기 → 공기예열기 → 굴뚝이다.

14 프라이밍은 수면으로부터 끊임없이 물방울이 비산하면서 수위를 불안정하게 하는 현상이다.

Chapter 03 보일러 계산

핵심포인트 입열, 출열, 열효율, 전도, 대류, 복사, 열관류율, LMTD

학습목표
1. 보일러 계산을 위한 기본단위 및 지표를 이해할 수 있다.
2. 입열항목과 출열항목을 구분할 수 있다.
3. 전열의 종류와 정의를 이해할 수 있다.

01 보일러 계산

1 보일러용량

증기보일러의 용량은 최대 연속부하(정격부하)상태에서 1시간에 발생하는 증발량으로 [kg/h], [ton/h]으로 표시한다.

2 기본 단위 및 지표

1) ppm(parts per million) : 백만분의 1단위
   물 1 [L] 중에 함유된 불순물의 양을 [mg]으로 표시한 것

2) ppb(parts per billion) : 10억분의 1단위

3) epm(equivalents per million) : 물 1 [L] 중에 용해되어 있는 물질을 [mg] 당량수로 나타낸 것

4) 탁도 : 물의 흐린 정도
   증류수 1 [L] 중에 정제카올린 1 [mg]이 함유하고 있는 색과 동일한 색의 물을 탁도 1도라고 한다.

5) 경도 : 수중에 녹아 있는 칼슘과 마그네슘의 비율을 표시한 것

6) pH : 용액 내 수소이온 농도의 지수

$$pH = -\log(H^+)$$

H^+ : 용액 내 수소이온 농도 [mol/L]

 (1) 산성 : pH 7 미만

 (2) 중성 : pH 7

 (3) 염기성 : pH 7 초과

7) pOH : 용액 내 수산화이온 농도의 지수

$$pOH = -\log(OH^-)$$

OH^- : 용액 내 수산화이온 농도 [mol/L]

pH와의 관계 : $pH + pOH = 14$

02 열정산

열정산이란 내연기관 등에서 공급된 열량 중 얼마만큼이나 유효하게 작업에 이용되고, 각종 손실비율은 어떻게 되는가를 측정하는 일을 말함

1 열정산의 목적

1) 열손실 파악
2) 보일러 성능 개선 자료 수집(열설비 구축자료)
3) 조업방법 개선
4) 보일러효율 파악

2 입열 항목

1) 연료의 발열량(저위발열량)
2) 연료의 현열
3) 공기의 현열
4) 노 내 분입증기에 의한 입열

3 출열 항목

1) 유효열 : 발생증기 보유열(온수 발생 보유열)
2) 손실열
 (1) 노벽 방산 손실열
 (2) 배기가스에 의한 손실열
 (3) 미연소분에 의한 손실열
 (4) 불완전연소에 의한 손실열

4 순환열

입열, 출열에 포함되므로 열정산 시 제외

1) 노 내 분입증기 보유열
2) 증기축열기 흡수열량

03 보일러의 열효율

1 입·출열법

보일러에 들어간 열(입열)과 실제로 나온 열(출열)을 비교해 효율을 구하는 방법

$$열효율(\eta) = \frac{유효열}{입열} \times 100 \, [\%]$$

$$= \frac{G(h'' - h')}{G_f \times H}$$

G : 실제증발량 [kg/h]
h'' : 발생증기 엔탈피 [kJ/kg]
h' : 급수 엔탈피 [kJ/kg]
G_f : 연료 사용량 [kg/h]
H : 발열량 [kJ/kg]

2 손실열법

보일러에서 빠져나가는 손실열을 계산해서 효율을 구하는 방법

$$열효율(\eta) = \frac{입열 - 손실열}{입열} \times 100 \, [\%] = (1 - \frac{손실열}{입열}) \times 100 \, [\%]$$

04 전열

1 전도(Conduction)

1) 전도 : 매질 내 자유전자 간의 미세한 충돌과 상호작용을 통해 열이 전달되는 현상으로, 주로 고체에서 중요한 열전달방식이다.

2) 푸리에의 열전도법칙(Fourier Heat Conduction Law)

$$Q = \lambda A \frac{\Delta t}{L} [W]$$

Q : 전도열량 [W]
λ : 열전도계수 [W/m·K]
L : 물질의 두께 [m]
A : 전열면적 [m²]
Δt : 물질의 표면온도 [K]

※ 열전도계수 : $\frac{1}{K} = \frac{x_1}{K_1} + \frac{x_2}{K_2} + \frac{x_3}{K_3} \cdots = \sum_{i=1}^{n} \frac{x_i}{K_i}$

※ 원통에서의 열전도 : $Q = \frac{2\pi LK}{\ln\left(\frac{r_2}{r_1}\right)}(t_1 - t_2)$

2 대류(Convection)

1) 유체가 움직이면서 열을 함께 옮기는 현상으로, 온도 차이에 따른 밀도 변화로 인해 발생한다.

2) 뉴턴의 냉각법칙(Newton's Cooling Law)

$$Q = \alpha A (t_w - t_\infty) [W]$$

α : 대류열전달계수 [W/m²·K]
A : 대류전열면적 [m²]
t_w : 벽면온도 [K]
t_∞ : 유체온도 [K]

3) 누셀트수(Nusselt Number) : 대류 열전달의 강도를 나타내는 무차원수, 즉 대류에 의한 열전달이 전도에 비해 얼마나 잘 일어나는지를 나타내는 비율

$$N = \frac{\alpha L}{\lambda}$$

α : 대류열전달계수 [W/m²·K]
λ : 열전도계수 [W/m·K]
L : 물질의 두께 [m]

3 복사(Radiation)

1) 물질의 이동이나 매질 없이 물체가 전자기파를 방출하여 열을 전달하는 현상이다.
2) 스테판 볼츠만의 법칙(Stefan - Boltzmann Law)

$$Q = \epsilon \sigma A T^4 \, [W]$$

ϵ : 방사율 ($0 < \epsilon < 1$)
σ : 스테판 - 볼츠만 상수
($\sigma = 5.67 \times 10^{-8} \, W/m^2 K^4$)
A : 전열면적 [m^2]
T : 물체표면온도 [K]

4 열관류율(열통과율)

1) 열관류율 K : 벽이나 창 등을 통해 단위면적당 단위온도차에서 전달되는 열의 양

$$K = \frac{1}{R}$$

K : 열관류율 [$W/m^2 \cdot K$]
R : 열저항 [$m^2 \cdot K/W$]

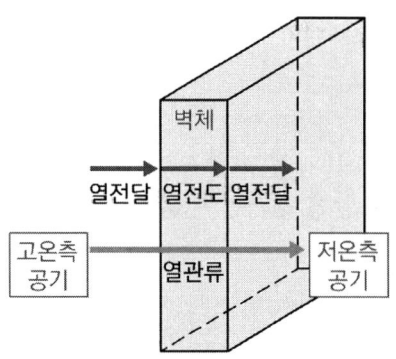

2) 열저항 R : 열의 흐름을 방해하는 정도를 나타내는 값으로, 값이 클수록 열이 잘 전달되지 않고 단열 성능이 우수함을 의미

$$R = \frac{1}{\alpha_1} + \sum \frac{l}{\lambda} + \frac{1}{\alpha_2}$$

α_i : 내측 열전달계수 [$W/m^2 \cdot K$]
α_o : 외측 열전달계수 [$W/m^2 \cdot K$]
λ : 물질의 열전도계수 [$W/m \cdot K$]
l : 물질의 두께 [m]

즉, $K = \dfrac{1}{R} = \dfrac{1}{\dfrac{1}{\alpha_1} + \sum \dfrac{l}{\lambda} + \dfrac{1}{\alpha_2}} \, [W/m^2 K]$

3) 통과한 열량(열 손실량)

$$q[W] = KA\Delta t$$

K : 벽체의 열관류율 [W/m²·K]
A : 벽체의 면적 [m²]
Δt : 온도차 [K]

5 대수 평균온도차(LMTD, Logarithmic Mean Temperature Difference)

열교환기에서 두 유체 사이의 온도차가 위치에 따라 달라질 때 전체 열전달을 계산하기 위해 사용하는 평균온도차

$$LMTD = \frac{\Delta t_1 - \Delta t_2}{\ln \dfrac{\Delta t_1}{\Delta t_2}}$$

α_i : 내측 열전달계수 [W/m²·K]
α_o : 외측 열전달계수 [W/m²·K]
λ : 물질의 열전도계수 [W/m·K]
l : 물질의 두께 [m]

1) 대향류(향류형) : 두 유체가 서로 반대 방향으로 흐르면서 열을 교환하는 방식

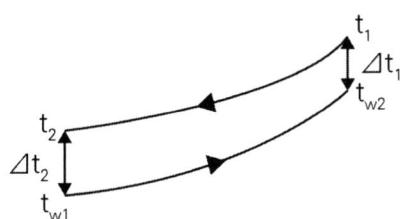

- $\Delta t_1 = t_1 - t_{w2}, \Delta t_2 = t_2 - t_{w1}$

2) 평행류(병류형) : 두 유체가 같은 방향으로 흐르면서 열을 교환하는 방식

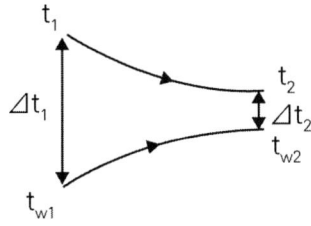

- $\Delta t_1 = t_1 - t_{w1}, \Delta t_2 = t_2 - t_{w2}$

03 OX퀴즈

※ OX 퀴즈로 최다빈출 개념을 쉽게 정리하고 기출 유형까지 미리 익혀보세요.

1. 열정산의 목적은 열손실을 파악하기 위해서이다. [O] [X]
2. 출열에 연료의 현열이 포함된다. [O] [X]
3. 순환열은 입열과 출열에 모두 포함되므로 제외하고 열정산을 한다. [O] [X]
4. 급수온도는 절탄기 입구에서 측정한다. [O] [X]
5. 스테판-볼츠만의 법칙에서 복사열은 온도의 4제곱에 비례한다. [O] [X]
6. 1 [ppm]은 10만분의 1만큼의 오염물질이 포함된 것을 말한다. [O] [X]
7. 탁도는 물의 흐린 정도를 의미한다. [O] [X]
8. pH 8은 약산성이다. [O] [X]

정답 01 (O) 02 (X) 03 (O) 04 (O) 05 (O) 06 (X) 07 (O) 08 (X)

2. 연료의 현열은 <u>입열</u>이다.
6. 1 [ppm]은 <u>100만분</u>의 1만큼의 오염물질을 포함한 것을 말한다.
8. 산성은 pH 7 이하로 pH 8은 <u>약염기성</u>이다.

Chapter 04 연소설비

핵심포인트: 연소장치, 보염장치 통풍장치, 매연, 집진장치, 연소실 부착물, 폭발현상

학습목표:
1. 연료의 종류에 따른 연소방식을 구분할 수 있다.
2. 연소장치, 보염장치, 통풍장치, 집진장치의 특징을 파악하고 차이점을 설명할 수 있다.

01 연소방식과 연소장치

1 액체연료의 연소방식

1) 기화연소 : 액체를 가연성 증기로 기화시켜 연소하는 방식 　　예) 가솔린, 등유, 경유

   종류 : 심지식, 증발식, 포트식 등

2) 무화(분무)연소 : 점성이 높은 연료를 안개와 같이 무화시켜 연소하는 방식 　예) 중유

   (1) 목적
   ① 연료의 단위중량당 표면적을 크게 하여 연료와 공기의 접촉면적을 크게 한다.
   ② 공기와의 혼합을 좋게 하여 완전연소가 가능하게 한다.

   (2) 무화 시 직접적인 영향을 미치는 요소
   ① 연료의 <u>밀</u>도　　　　　　② 연료의 표<u>면</u>장력
   ③ 연료의 점<u>성</u>계수　　　　④ 미<u>립</u>자의 크기　　　　암) 밀면성립

2 액체연료의 연소장치

1) 오일버너의 선정 기준

   (1) 유량조절범위를 고려하여야 한다.
   (2) 가열조건과 노의 구조에 적합하여야 한다.
   (3) 자동제어의 경우 버너형식과의 관계를 고려하여야 한다.
   (4) 버너용량이 가열용량에 알맞아야 한다.

2) 오일버너의 종류

(1) 압력(유압)분무식 버너

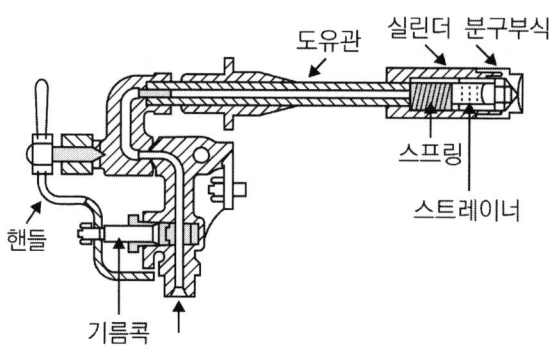

〈압력분사식 버너〉

① 연료 자체의 압력에 의해 노즐(팁)에서 고속으로 분출하여 미립화시키는 버너이다.
② 노즐에 공급된 연료가 전부 분사되는 비환류형 버너(1 : 2)와 일부가 분사되는 환류형 버너(1 : 3)가 있다.
③ 유량조절범위가 가장 좁아 부하변동이 큰 보일러에는 부적합하다.
④ 분무 각도 : 40 ~ 90°
⑤ 유압 : 0.4 ~ 2 [MPa], 유압이 0.5 [MPa] 이하이면 무화가 불량해진다.
⑥ 구조가 간단하다.
⑦ 분사유량은 유압의 제곱근에 비례한다.
⑧ 대용량 버너 제작에 용이하다.
⑨ 보일러 가동 중 버너 교환이 가능하다.
※ 유량조절방법
  ㉠ 버너수를 증감(가감)하는 방법
  ㉡ 버너팁을 교체하는 방법
  ㉢ 환류형 압력분무식 버너를 사용하는 방법
  ㉣ 플렌저식 압력분무식 버너를 사용하는 방법

(2) 고압기류식 버너(2유체 버너)

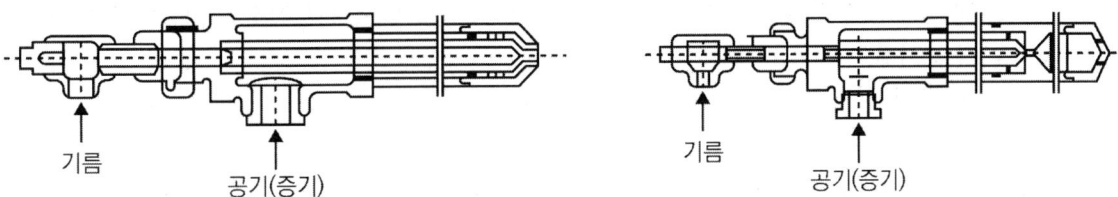

〈고압기류식 버너〉

① 공기 또는 증기의 운동 에너지(0.2 ~ 0.7 [MPa])에 의해 오일을 무화시키는 버너이다.
② 혼합방식에 따라 내부 혼합형과 외부 혼합형, 중간 혼합형으로 분g류한다.
③ 유량조절범위(1 : 10)가 가장 넓은 버너로 부하변동이 큰 보일러에 적합하다.
④ 점도가 높은 연료도 비교적 무화가 잘 된다.
⑤ 분무 각도는 30°로 가장 작아 화염 길이가 가장 길다.
⑥ 무화용 증기로는 과열증기가 좋다(습한 증기는 연소상태가 불량해진다).

(3) 저압기류식 버너
① 무화매체의 압력 : 0.001 ~ 0.02 [MPa]
② 유량조절범위에 따라 연동식(1 : 6)과 비연동식(1 : 5)으로 나누어진다.
③ 유압 : 0.03 ~ 0.05 [MPa]
④ 분무 각도 : 30 ~ 60°

(4) 회전분무식 버너
① 고속으로 회전하는 회전컵에 연료가 공급되어 회전컵의 원심력에 의해 회전컵 내면에 액막을 형성한다. 이때 회전컵 선단에서 연료가 얇은 액막상태로 반지름 방향으로 분출되고, 회전컵 외부에서는 무화용 공기가 고속으로 분출되어 연료의 액막과 충돌하여 무화가 이루어진다.
② 분무컵의 회전속도에 따라 직접식(3000 ~ 3500 [rpm]), 간접식(7000 ~ 10000 [rpm])으로 나누어진다.
③ 연료의 점도 변화에 따른 성능 변화가 비교적 적기에 중소형 보일러에 가장 보편적으로 사용된다.
④ 유압은 거의 필요하지 않다(유압이 가장 작은 버너는 회전분무식 버너이다).
⑤ 부속설비가 없으며 화염이 짧고 안정한 연소를 얻을 수 있다.
⑥ 버너의 구조가 간단하고 자동화 적용이 용이하다.
⑦ 분무 각도 : 40 ~ 80°
⑧ 유량조절범위 : 1 : 5

(5) 건타입 버너(유압식과 기류식을 병합)
① 버너의 각 부분의 기기가 기능적으로 조합된 형식의 버너로 전자동 적용이 용이하다.
② 유압이 0.7 [MPa] 이상이다.
③ 버너 자체에 송풍기가 설치되어 있다.

(6) 증발식 버너
① 기화성이 좋은 경질유 액체연료(등유, 경유)에 사용한다.
② 가정용의 난방용이나 온수가열용으로 사용, 공업용으로는 부적합하다.
③ 유량조절범위 - 1 : 4

(7) 유량조절범위

방식	고압기류식	저압기류식	회전분무식	증발식	압력분무식
유량조절범위	1 : 10	1 : 6, 1 : 5	1 : 5	1 : 4	1 : 3, 1 : 2

암 고저회 10 5(고저회먹고싶오)

(8) 분무 각도

방식	압력분무식	회전분무식	저압기류식	고압기류식
분무 각도	40 ~ 90°	40 ~ 80°	30 ~ 60°	30°

암 압회저고(앞에저거)

(9) 오일버너의 화염이 불안정한 원인
① 분무유압이 비교적 낮을 경우
② 연료 중 슬러지 등 협잡물이 들어 있는 경우
③ 무화용 공기량이 적절하지 않은 경우
④ 연료용 공기 과다로 노 내 온도가 저하될 경우

(10) 보일러의 버너용량 Q
보일러가 일정량의 증기를 발생시키기 위해 필요한 연료소비량

$$Q = \frac{2,256D}{H_\ell S \eta} [L/h]$$

D : 보일러 상당증발량 [kg/h]
H_ℓ : 연료저위발열량 [kJ/kg]
S : 연료비중 [kg/L]
η : 보일러효율

3) 오일프리히터(기름예열기, Oil Pre Heater)
기름을 예열하여 점도를 낮추어 유동성 및 무화를 좋게 하여 완전연소에 도움을 준다.

4) 송유관

벙커C유는 보온을 철저히 하거나 이중배관을 사용하여 온도 저하에 의한 점도 증대로 송유가 막히는 것을 방지할 수 있게 해야 한다.

5) 서비스탱크

중유저장탱크에 이상이 생겼을 시 원활한 운전을 하기 위해 중유탱크에서 보일러에 필요한 기름을 받아 저장하는 보조탱크이다.

6) 오일 여과기(Oil Strainer)

오일 중 포함된 불순물 및 이물질을 분리한다.

7) 연료펌프

(1) 송유펌프 : 저장탱크에서 서비스탱크까지 연료유를 공급한다.

(2) 급유펌프 : 서비스탱크에서 버너까지 연료유를 공급한다.

8) 릴리프밸브

설비 내부 압력이 지나치게 높아졌을 때 압력을 자동으로 외부로 배출한다.

9) 유량계

기름의 사용량을 측정한다.

10) 온도계

(1) 버너 입구의 급유온도를 측정하기 위하여 설치한다.

(2) 서비스탱크, 버너 입구, 오일프리히터에 설치한다.

11) 유압계

압송펌프출구에 설치해 무화에 필요한 기름의 압력을 측정한다.

3 기체연료의 연소방식과 연소장치

1) 확산연소방식과 연소장치

(1) 확산연소방식

① 버너의 연료노즐에서는 연료만을 분출하고, 연소실에서 연료가스와 공기가 혼합되는 외부혼합연소방식

② 산업용 보일러에 주로 사용

(2) 특징
　① 부하에 따른 조절범위가 넓다.　　② 가스와 공기를 예열공급이 가능하다.
　③ 화염이 길다.　　　　　　　　　　④ 역화의 위험성이 적다.
　⑤ 탄화수소가 적은 가스에 적합하다.
　　　　　　　　　　　　　　　　　　　　　　　예 고로가스, 발생로가스

(3) 연소장치
　① 포트형 버너 : 평로나 대형 가마에 적합, 내화재로 만든 화구에서 공기와 가스를 따로 연소실에 송입하여 연소시키는 방식으로 대형 가마에 적합하다.
　② 선회형 버너 : 고로가스와 같은 저질가스연소에 사용한다.
　③ 방사형 버너 : 천연가스와 같은 양질가스에 사용한다.

2) 예혼합연소방식과 연소장치

(1) 예혼합연소방식
　① 연료가스와 공기를 미리 혼합하여 연소실로 분출하는 내부혼합연소방식이다.
　② 소형 보일러에 주로 사용한다.
　③ 역화방지기능이 있어야 한다.

(2) 특징
　① 부하에 따른 조절범위가 좁다.
　② 가스와 공기를 예열공급하기 불가능하다.
　③ 화염이 짧다.
　④ 역화의 위험성이 크다.
　⑤ 탄화수소가 많은 가스에 적합하다.
　　　　　　　　　　　　　　　　　　　　　　　예 LPG

3) 부분예혼합연소방식과 연소장치

(1) 부분예혼합연소방식
　확산연소와 예혼합연소의 중간방식으로, 소형 보일러에 주로 이용

(2) 가스버너의 분류
　① 운전방식별 분류 : 자동 버너, 반자동 버너
　② 연소용 공기의 공급 및 혼합방식
　　㉠ 유도혼합식 : 적화식, 분젠식
　　㉡ 강제혼합식 : 내부혼합식, 외부혼합식, 부분혼합식

(3) 기체연료용 버너의 구성요소
　① 가스량 조절부
　② 공기/가스 혼합부
　③ 보염부

(4) 가스버너의 종류

버너형식			1차 공기량 [%]	버너 종류
유도 혼합식	적화식		0	파이프버너, 어미식 버너, 충염버너
	분젠식	세미 분젠식	40	-
		분젠식	50 ~ 60	링버너, 슬릿버너, 적외선버너
		전1차 공기식	100	적외선버너, 중압분젠버너
강제 혼합식	내부혼합식		90 ~ 120	고압버너, 표면연소버너, 리본버너
	외부혼합식		0	고속버너, 라디언트 튜브버너, 액중 연소버너, 휘염버너, 혼소버너, 산업용 보일러버너
	부분혼합식		-	내부, 외부 혼합식 혼용

암 분젠링슬적

02 보염장치

1 보염장치의 정의

화염을 보호하는 장치

2 보염장치의 설치목적

1) 연료와 공기의 혼합을 좋게 한다.
2) 연소를 촉진시키기 위해 사용되는 장치이다.
3) 연소용 공기의 흐름을 조절하여 준다.
4) 확실한 착화가 이루어지도록 한다.
5) 화염의 안정을 도모한다.
6) 화염의 형상을 조정한다.
7) 국부과열을 방지한다.
8) 화염의 편류현상을 막아준다.

3 보염장치의 종류

1) 버너타일(Burner Tile) : 연소실 입구나 내부에 설치하여 화염을 유지시키는 타일형 부품
   (1) 분무류와 타일벽 사이에 와류 또는 저속부가 형성되어 화염 소멸을 방지함으로써 화염을 안정시킨다.
   (2) 오일의 분무입자와 연소용 공기의 혼합 및 미립자의 기화를 촉진하고, 화염 형상을 조절하여 노 내의 복사열로부터 버너의 선단부를 보호한다.

2) 보염기(Stabilizer) : 연료와 공기가 안정적으로 섞이도록 하여 화염을 안정화시키는 장치
   (1) 버너에서 착화를 확실히 한다.
   (2) 화염이 꺼지지 않도록 화염의 안전을 도모하는 장치이다.

3) 윈드박스(Wind Box) : 연소용 공기를 버너에 고르게 공급하는 밀폐된 공간
   (1) 압입 통풍기에서 공급하는 연소용 공기를 받아들이기 위해 버너가 있는 보일러 벽면에 설치하는 상자형 방이다.
   (2) 공기 통로 내에서 동압인 연소용 공기를 정압으로 바꾸어 노 내로의 공기 흐름을 균일하게 하는 역할을 한다.
   (3) 공기와 분무연료와의 혼합을 촉진시킨다.

4) 에어레지스터(Air Register) : 윈드박스를 통해 유입된 공기의 풍량과 방향을 조절하는 장치
   (1) 공기의 흐름을 조정한다.
   (2) 분무기로 노 내에 분사된 연료에 연소용 공기를 유효하게 공급하여 연소를 좋게 한다.

03 통풍장치

1 정의

1) 통풍 : 연소에 필요한 공기 및 연소가스가 연속적으로 흐르는 흐름

2) 통풍방식의 분류

자연통풍		• 배기가스와 외기의 온도차(비중차, 밀도차)에 의하여 이루어지는 통풍방식이다. • 굴뚝 높이와 연소가스의 온도에 따라 일정한 한도를 갖는다.
강제통풍	압입통풍	연소실 입구에 송풍기를 설치해서 연소실로 공기를 밀어 넣는 방식이다.
	흡입통풍	연도 내에 송풍기를 설치해 연소가스를 흡입하여 빨아내는 방식이다.
	평형통풍	압입통풍방식과 흡입통풍방식을 병행하는 통풍방식이다.

2 자연통풍방식

1) 배기가스와의 외기의 온도차에 이루어지는 통풍방식이다.

2) 가스의 유속은 3 ~ 5 [m/s] 정도이다.

3) 통풍저항이 작은 소규모 보일러에 사용된다.

4) 외기의 온도와 습도 등에 영향을 많이 받는다.

5) 강한 통풍력은 얻기 힘들고 통풍력 조절이 어렵다.

3 이론통풍력 Z

연돌의 높이, 온도, 밀도차이에 의해 생기는 자연배기력

$$Z = 273H \times \left[\frac{r_a}{T_a} - \frac{r_g}{T_g}\right] [mmH_2O]$$

$$Z = 355H \times \left[\frac{1}{T_a} - \frac{1}{T_g}\right] [mmH_2O]$$

Z : 이론통풍력 [mmH$_2$O]
H : 연돌의 높이 [m]
r_a : 외기의 비중량 [kgf/m^3]
r_g : 배기가스의 비중량 [kgf/m^3]
T_a : 외기의 절대온도 [K]
T_g : 배기가스의 절대온도 [K]

4 강제통풍방식

1) 압입통풍방식 : 연소실 입구에 송풍기를 설치해서 연소실로 공기를 밀어 넣는 방식
   (1) 송풍기의 고장이 적고 점검 및 보수가 용이하다.
   (2) 가스의 유속은 8 [m/s] 정도까지 취할 수 있다.
   (3) 연소실 내의 압력이 정압(+)이 되어 완전연소가 용이하다.
   (4) 송풍기의 동력소비가 흡입통풍방식에 비하여 적다.
   (5) 연소용 공기를 예열하여 사용이 가능하다.

2) 흡입통풍방식 : 연도 내에 송풍기를 설치해 연소가스를 흡입하여 빨아내는 방식
   (1) 고온의 연소가스와 직접 접촉하므로 마모의 우려가 있다.
   (2) 유속은 10 [m/s] 정도까지 취할 수 있다.
   (3) 노내압이 부압(-)되어 냉공기의 침입의 우려가 있다.

3) 평형통풍방식 : 압입통풍방식과 흡입통풍방식을 병행하는 통풍방식
   (1) 동력소비 및 설비비가 많이 든다.
   (2) 유속은 10 [m/s] 이상이다.
   (3) 강한 통풍력을 얻을 수 있으며, 노내압 및 통풍력 조절이 가능하다.
   (4) 통풍저항이 큰 대형 보일러나 고성능 보일러에 널리 사용되고 있다.
   (5) 노내압을 정, 부압으로 조절 가능하다.

5 송풍기의 종류

1) 원심식
   (1) 터보형
      ① 후향 날개구조를 가진다.
      ② 풍압변동에 대해 풍량 변화는 비교적 적고 병렬운전에도 적합하다.
      ③ 압입통풍방식 보일러용으로 가장 많이 사용된다.
      ④ 성능 및 효율이 좋다.
      ⑤ 구조가 간단하다.
      ⑥ 적은 동력으로 큰 풍량을 얻을 수 있다.
      ⑦ 고온, 고압 및 대용량에 적합하다.

(2) 플레이트형

① 방사형 날개구조를 가진다.

② 구조가 견고하며 부식에 잘 견딘다.

③ 주로 회진이 많은 흡입송풍기나 미분탄장치의 배탄기 등에 사용된다.

④ 플레이트 교체가 쉽다.

(3) 다익(시로코)형

① 전향 날개구조를 가진다.

② 구조상 고온, 고압 및 고속, 대용량에 부적합하다.

③ 효율 및 풍량에 비해 동력소비가 크다.

④ 회전차의 지름이 작다.

⑤ 소형 경량으로 제작비가 싸다.

※ 효율 및 풍압이 큰 순서 : 터보형 > 플레이트형 > 다익형

2) 축류식(프로펠러형)

(1) 풍압은 풍량의 증가와 함께 감소한다.

(2) 지하실의 환기 및 배기용으로 사용된다.

(3) 저압 및 대풍량을 요하는 경우에 사용된다.

6 송풍기의 소요동력 및 소요마력

송풍기를 작동시키는 데 필요한 에너지

1) 소요동력 [kW]

$$\frac{P_t Q}{102 \times 60\eta} = \frac{P_t Q}{6120\eta} [kW]$$

P_t : 풍압 [mmH$_2$O], Q : 풍량 [m³/min]

η : 송풍기의 효율 [%]

2) 소요마력 [PS]

$$\frac{P_t Q}{75 \times 60\eta} [PS]$$

P_t : 풍압 [mmH$_2$O], Q : 풍량 [m³/min]

η : 송풍기의 효율 [%]

7 연도

노에서 발생한 고온 고압의 연소가스를 연돌에 유입시킬 때까지의 통로

1) 길이가 짧을수록 통풍력이 좋아진다.
2) 연도의 보온재로 규산칼슘, 암면, 규조토같이 고온에 견디는 무기질 보온재를 사용해야 한다.

8 연돌

1) 연돌의 성질
   (1) 높이가 높을수록 통풍력이 증가한다.
   (2) 상부단면적이 클수록 통풍력이 증가한다.
   (3) 매연을 멀리 확산시켜 대기오염을 줄인다.
   (4) 보온처리 시 배기가스와 외기의 온도차가 커서 통풍력이 증가한다.
   (5) 외기온도가 낮으면 통풍력은 증가한다.

2) 연돌의 높이 H

$$H = \frac{Z}{273\left(\dfrac{\gamma_a}{T_a} - \dfrac{\gamma_g}{T_g}\right)} [m]$$

Z : 이론통풍력 [mmH$_2$O]
r_a : 외기의 비중량 [kgf/m^3]
r_g : 배기가스의 비중량 [kgf/m^3]
T_a : 외기의 절대온도 [K]
T_g : 배기가스의 절대온도 [K]

9 통풍력의 크기에 따른 영향

1) 너무 클 경우
   (1) 보일러의 증기발생이 빨라진다.
   (2) 열효율이 낮아진다.
   (3) 연소율이 증가한다.
   (4) 연소실 열부하가 커진다.
   (5) 연료소비가 많아진다.
   (6) 배기가스온도가 높아진다.

2) 너무 작은 경우
   (1) 열효율이 낮아진다.
   (2) 연소율이 낮아진다.
   (3) 연소실 열부하가 작아진다.
   (4) 배기가스온도가 낮아져 저온부식의 원인이 된다.
   (5) 통풍이 불량해진다.
   (6) 역화의 위험이 커진다.
   (7) 완전연소가 어렵다.

10 댐퍼

공기의 유량이나 흐름방향을 조절하는 장치

1) 공기댐퍼(회전식 댐퍼)
   (1) 1차 공기댐퍼 : 연료의 무화에 필요한 공기를 조절하는 댐퍼로, 입구에 설치한다.
   (2) 2차 공기댐퍼 : 연료의 완전연소에 필요한 공기를 조절하는 댐퍼로, 송풍기 덕트에 설치한다.

2) 연도댐퍼
   (1) 연도 내에 설치
   (2) 작동방법에 의한 분류
      ① 승강식 : 중·대형 보일러
      ② 회전식 : 소형 보일러
   (3) 형상에 의한 분류
      ① 스필리티형 : 분기 시에 사용
      ② 다익형 : 대형 덕트에 사용
      ③ 버터플라이 : 소형 덕트에 사용

3) 댐퍼 부착 이유
   (1) 통풍력을 조절한다.
   (2) 배기가스 흐름을 차단하여 배기가스 역류를 방지한다.
   (3) 주연소, 부연소가 있는 경우 가스의 흐름을 바꾼다.

04 매연 및 배기가스

1 매연

1) 정의
   (1) 연소 이후 발생하는 유해 성분
   (2) 황산화물, 질소산화물, 일산화탄소, 그을음, 분진

2) 매연 농도계의 종류
   (1) 링겔만 농도표 : 매연 농도의 규격표(0 ~ 5도)와 배기가스를 비교하여 측정하는 방법
   (2) 매연 포집 중량계 : 연소가스의 일부를 뽑아내어 석면이나 암면의 광물지 섬유 등의 여과지에 포집시켜 여과지의 중량을 전기 출력으로 변환하여 측정하는 방법
   (3) 광전관식 매연 농도계 : 연소가스에 복사광선을 통과시켜 광선의 투과율을 산정하여 측정하는 방법이다.
   (4) 바카라치 스모그 테스터 : 일정 면적의 표준 거름종이에 일정량의 연소가스를 통과시켜 거름종이 표면에 부착된 부유 탄소입자들의 색 농도를 표준번호가 있는 색 농도와 육안으로 비교하여 매연 농도번호를 표시하는 방법이다.

3) 링겔만 농도표

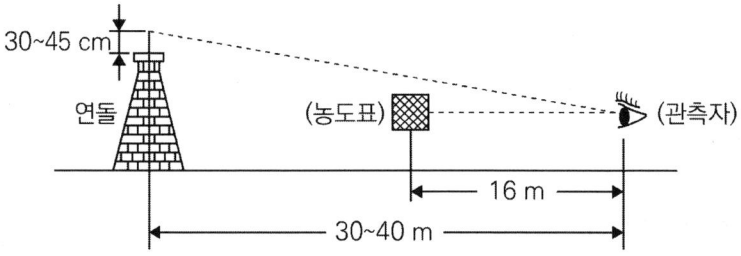

   (1) 연기의 농도 측정에 사용하는 표로, 두께가 서로 다른 검은 선을 그어 0 ~ 5도까지 검은색이 차지하는 면적으로 구별한 것이다. 연돌 상부에서 30 ~ 45 [cm]에서 연기의 농도를 측정하고, 관측자로부터 16 [m]의 거리에 이 표를 세운 후 연돌의 출구에서 30 ~ 40 [m] 정도 거리의 연기 색과 비교한다.
   (2) 1도 증가에 따라 매연 농도는 20 [%] 증가하며, 번호가 클수록 농도표는 검은 부분이 많이 차지한다.

(3) 보일러 운전 중 매연 농도가 2도 이하(매연 농도 40 [%])로 유지해야 한다.

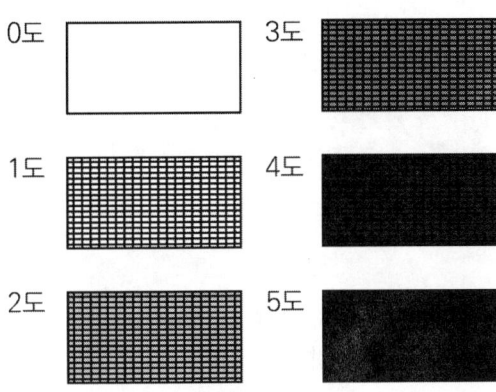

〈매연 농도의 규격표〉

4) 보일러 운전 중 연기색
   (1) 흑색 또는 암흑색 : 공기의 공급이 부족한 상태, 화염 : 암적색, 온도 : 600 ~ 700 [℃]
   (2) 백색 또는 무색 : 공기가 과잉공급된 상태, 화염 : 회백색, 온도 : 1500 [℃]
   (3) 엷은 회색 : 공기의 공급량이 알맞은 상태, 화염 : 오랜지색, 온도 : 1000 [℃]

5) 매연발생의 원인
   (1) 보일러의 구조나 연소장치에 알맞지 않은 연료를 사용하는 경우
   (2) 연료와 공기의 혼합이 잘 되지 않는 경우
       ① 중유의 분무구와 공기분출구와의 위치 불량
       ② 버너의 중유 분사각도나 공기분사 각도의 편심
       ③ 공급공기압력의 저하나 공기공급량의 부족
   (3) 연소용 공기가 부족한 경우
       ① 공기공급용 통풍 덕트나 댐퍼의 변형 및 고장
       ② 연도의 결함이나 파손으로 공기의 누출
       ③ 공기공급량의 조절불량
       ④ 통풍기의 성능저하
   (4) 연소장치가 불안전 또는 고장인 경우
   (5) 취급자의 지식이나 기술이 미숙한 경우
   (6) 연소실의 용적이 작은 경우
   (7) 분무입자가 커 무화가 불량인 경우
   (8) 통풍력이 부족하거나 과할 경우

⑼ 연소실온도가 낮은 경우
⑽ 연료의 질이 좋지 않은 경우
    ※ 연소배기가스 중 가장 많이 포함된 기체는 질소이다.

2 폐가스의 오염방지

1) 질소산화물(NO_x)

   ⑴ 발생 원인
      ① 연소 시 공기 중의 질소와 산소가 반응하여 생성된다.
      ② 연소온도가 높고 과잉공기량이 많을수록 발생량이 증가한다.
   ⑵ 방지대책
      ① 연소가스 내의 질소산화물을 습식법, 건식법 등으로 제거
      ② 연소온도를 낮게 하기
      ③ 과잉공기량 감소
      ④ 노내압 낮추기
      ⑤ 노 내 가스의 잔류시간 단축
      ⑥ 질소 함량이 적은 연료를 사용
      ⑦ 연소가스가 고온으로 유지되는 시간을 짧게 하기
      ⑧ 약간의 과잉공기와 연료를 급속히 혼합하여 연소
      ⑨ 연소가스 중의 산소 농도를 낮게 하기
      ⑩ 2단 연소
      ⑪ 농담연소
      ⑫ 배기가스 재순환연소

2) 황산화물(SO_x)

   ⑴ 발생 원인 : 연료 중의 황분이 산화하여 생성
   ⑵ 방지대책
      ① 연소가스 중 아황산가스를 습식법과 건식법으로 제거한다.
      ② 굴뚝을 높게 하여 대기 중으로 확산이 용이하게 한다.
      ③ 황분이 적은 연료를 사용한다.
      ④ 액체연료는 정유과정에서 접촉수소화 탈황법으로 탈황한다.

3) 일산화탄소(CO)

   (1) 발생 원인 : 탄소의 불완전연소에 의하여 생성

   (2) 방지대책

      ① 연소실의 용적을 크게 하여 반응에 충분한 체류시간을 주어 완전연소시킨다.

      ② 연소가스 중 연소법과 세정법으로 일산화탄소를 제거한다.

      ③ 충분한 양의 공기를 공급하여 완전연소시킨다.

      ④ 연소실의 온도를 적당히 높여 완전연소시킨다.

4) 매진

   (1) 배기가스 중에 함유된 분진이다.

   (2) 주성분은 비산회와 그을음이다.

   (3) 비산회는 연료 중의 회분이 미분되어 배기가스 중에 함유되고, 그을음은 불완전연소 결과 생성되는 미연소탄소의 덩어리이다.

   (4) 방지대책

      ① 완전연소시킨다.

      ② 회분이 적은 연료를 사용한다.

      ③ 건식 집진장치나 습식 집진장치를 이용하여 연소가스 중의 매진을 제거한다.

05 집진장치

1 집진장치의 역할

배기가스 중 분진 등의 유해물질을 제거

2 집진장치의 종류

건식 집진장치	습식(세정식) 집진장치	전기식 집진장치

① 중력식
   중력 침강식, 다단 침강식
② 관성력식
   충돌식, 반전식
③ 원심력식
   사이클론식, 멀티클론식
④ 여과식(백필터 : Bag Filter)
   원통식, 평판식, 역기류 분사형
⑤ 음파 집진장치
	① 유수식
	   전류형 스크러버, 로터리 스크러버, 피이보디 스크러버
	② 가압수식
	   벤튜리 스크러버, 사이클론 스크러버, 제트 스크러버, 충진탑, 포종탑, 분무탑
	③ 회전식
	   타이젠 워셔식, 임펄스 스크러버
		코트렐식

3 각 집진기의 집진원리 및 특성

1) 중력식

⑴ 특별한 장치 없이 중력에 의해 호퍼로 자연 침강시켜 분진을 포집하는 방식이다.

⑵ 입자의 크기와 비중이 클수록 하강되는 속도가 빠르다. 그러면 분진의 분리는 용이하나 효율은 좋지 않다.

⑶ 침강식 내의 가스유동이 균일할 때 효율이 향상된다.

⑷ 먼지부하변동 및 유량 변화에 대한 적응성이 낮고, 시설규모가 크다.

⑸ 구조가 간단하다.

⑹ 설비유지비가 저렴하다.

⑺ 집진실 내에 들어오는 함진가스의 유속을 1 ~ 2 [m/s] 정도로 감소시켜 관성력을 잃게 하여 침강하도록 한다.

⑻ 압력손실은 5 ~ 10 [mmAq] 정도로 적다.

⑼ 집진효율은 40 ~ 60 [%] 정도이다.

⑽ 미세먼지의 포집효율이 낮다.

⑾ 함진량이 많은 배기가스의 1차 집진장치로 많이 사용된다.

2) 관성력식

  ⑴ 함진가스를 방해판 등에 충돌시켜 기류의 방향을 반사시켜 분진에 관성력을 주어 기류에서 떨어져 나가게 하는 현상을 이용하여 분리하는 방식이다.

  ⑵ 방향 전환횟수가 많을수록 압력손실이 커지고 집진율은 높아진다.

  ⑶ 충분한 용적을 갖고 있어야 한다.

  ⑷ 방향전환을 하는 가스의 곡률 반지름이 작을수록 미세한 먼지를 분리·포집할 수 있다.

  ⑸ 출구가스속도가 느릴수록 미세한 입자가 제거된다.

  ⑹ 구조가 간단하다.

  ⑺ 고온가스의 처리가 가능하므로 굴뚝 또는 배관 내에 장착하여 이용될 때가 많다.

  ⑻ 1차 집진장치로 많이 이용된다.

  ⑼ 집진효율은 50 ~ 70 [%] 정도이다.

  ⑽ 압력손실은 10 ~ 100 [mmAq] 정도이다.

  ⑾ 충돌식은 일반적으로 충돌 직전의 각속도가 크고 장치 출구의 가스속도가 작을수록 집진율이 높아진다.

3) 원심력식(사이클론)

  ⑴ 함진가스에 선회운동을 주어 분진입자에 작용하는 원심력에 의하여 입자를 분리하는 방식이다.

  ⑵ 내통경을 크게 하고 처리가스속도를 빠르게 하면 분리속도가 빨라지고 미세한 입자를 분리할 수 있다.

  ⑶ 사이클론이 소형일수록 성능이 향상된다.

  ⑷ 처리가스량이 많아질수록 내통지름이 커져서 미세한 입자의 분리가 어렵다.

  ⑸ 집진율을 높이기 위하여 소구경의 사이클론을 다수 병렬로 설치한다.

  ⑹ 함진가스의 충돌로 인하여 집진기의 마모가 쉽다.

  ⑺ 압력손실은 입구의 헤드의 4배 정도이다.

4) 여과식(백필터식)

  ⑴ 함진가스를 목면, 유리섬유, 비닐, 나일론, 테프론, 양모 등의 여과제에 통과시켜 분진입자를 분리하고 포집하는 집진장치이다.

  ⑵ 내면여과, 표면여과방식으로 구분된다.

  ⑶ 작동식에 따라 간헐식(고집진율)과 연속식(고농도의 함진가스 처리용)으로 분류된다.

  ⑷ 여과용 재료는 내열성, 내산성, 내알칼리성, 흡수성, 기계적 강도 등을 고려해야 한다.

(5) 여과재의 모양에 따라 원통식, 평판식 및 완전 자동형인 역기류 분사식이 있다.
(6) 100 [℃] 이상의 고온가스, 습가스, 부착성 가스에는 백(Bag)의 마모가 쉬워 부적합하다.
(7) 미립자의 크기에 관계없이 사용 가능하다.
(8) 집진효율이 가장 좋으나 유지비가 많이 든다.
(9) 압력손실은 100 ~ 200 [mmAq]로 비교적 크기 때문에 운전비가 많이 든다.
(10) 외형상의 여과속도가 느릴수록 미세한 입자를 포집할 수 있다.
(11) 여과속도

$$V = \frac{Q}{A} [m/s]$$

Q : 처리가스량 [m³/s]
A : 유효여과제의 총면적 [m²]

5) 세정식

(1) 함진가스를 세정액 또는 액막에 충돌시키거나 접촉시켜 액에 의해 포집하는 습식 집진장치이다.
(2) 세정집진장치는(확산력과 관성력이 주된 방식) 배기의 습도 증가에 의해 입자가 서로 응집한다.
(3) 미립자의 확산에 의하여 액적과의 접촉을 좋게 한다.
(4) 물에 잘 녹거나 부착성이 높은 분진은 세정장치가 막히는 등 장애가 생길 위험이 있다.
(5) 세정수의 동결방지대책이 필요하다.
(6) 입자를 핵으로 한 증기의 응결에 의하여 응집성을 증가시킨다.
(7) 대체적으로 구조가 간단하다.
(8) 처리가스량에 비해 장치의 고정면적이 작다.
(9) 미립자에 대한 집진효율이 좋다.
(10) 먼지의 재비산이 없다.
(11) 가동부분이 적고 조작이 간편하다.
(12) 포집 분진의 취출이 용이하고 큰 동력을 필요로 하지 않는다.
(13) 연속운전이 가능하며 입도, 습도 및 가스의 종류 등에 대한 영향을 적게 받는다.
(14) 고온가스, 가연성, 폭발성, 유해가스의 처리가 가능하다.
(15) 부식성 가스와 먼지를 중화시킬 수 있다.
(16) 비교적 큰 압력손실을 견딜 수 있다.
(17) 세정용수가 많이 필요하여 따로 급수배관을 설비하여야 한다.
(18) 오수처리시설도 갖추어야 한다.

⑲ 집진물을 회수할 때는 탈수, 여과, 건조 등을 하여야 하므로 별도의 장치가 필요하다.

⑳ 운전비용이 많이 든다.

6) 전기식(코트렐식)

(1) 분진을 코로나(Corona) 방전에 의하여 하전시키고, 쿨롱 힘을 이용하여 집진하는 방식이다.

(2) 현재까지 가장 많이 사용하고 있는 집진장치로서 집진효율도 높다.

(3) 형식의 분류 : 하전형식 및 건식, 습식

(4) 습식은 건식에 비해 집진극 면이 깨끗하여 항상 강전계를 이루며 처리가스속도도 2배 이상 높일 수 있다.

(5) 습식은 대량의 폐기물(슬러지)를 생성하는 문제가 있다.

(6) 배기가스의 온도는 500 [℃] 전후이다.

(7) 폭발성 가스까지 처리된다.

(8) 각종 공기조화장치나 제약회사, 병원의 수술실 등에서 많이 이용된다.

(9) 집진효율이 99.9 [%] 이상이다.

(10) 전기집진장치에서 포집입자의 직경은 0.1 [μm] 이하의 미세입자까지도 포집이 가능하다.

(11) 미세입자의 포집도 가능하다.

(12) 압력손실이 적어 송풍기에 따른 동력비가 적게 든다.

(13) 낮은 압력손실로 대량의 가스처리가 가능하다.

(14) 처리가스량이 많아 경제적이기 때문에 대용량의 고성능 집진장치로 많이 이용된다.

(15) 전기집진기를 통과할 때 다이옥신이 생성된다.

(16) 처리가스의 속도가 크면 재비산이 발생한다.

(17) 건식에서는 1 ~ 2 [m/s] 이하로 정한다. 이 범위에서는 하전시간이 많을수록 더욱 집진효율이 높아진다.

(18) 고전압장치 및 정전설비를 갖추어야 한다.

(19) 시설비가 매우 많이 든다.

06 연소실 부착물, 폭발, 폭굉현상

1 연소실 부착물

1) 클링커(Klinker) : 연소 중 생긴 재가 용융되어 덩어리 형태가 된 것
2) 버드 네스트(Bird Nest) : 스토커연소나 미분탄연소에 있어 석탄재의 용융이 낮은 경우 화로 출구의 연소가스온도가 높은 경우에는 재가 용융상태 그대로 과열기나 재열기 등의 전열면에 부착, 성장하여 흡사 새의 둥지처럼 된 것
3) 신더(Cinder) : 석탄 등이 타고 남은 재

   ※ 수트 블로어(Soot Blower) : 배기가스와 접촉되는 보일러 전열면으로 증기나 압축공기를 직접 분사시켜서 보일러의 회분, 그을음 등 열전달을 막는 퇴적물을 청소하고 쌓이지 않도록 유지하는 설비다.

2 증기운 폭발(Vapor Cloud Explosion)

1) 가연성 물질이 대기 중에 퍼져 있다가 적당한 연소범위를 이룰 때 점화되면서 폭발하는 현상이다.
2) 점화위치가 방출점에서 멀수록 그만큼 가연성 증기가 많이 유출된 것이므로 폭발 위력이 크다.
3) 증기운의 크기가 클수록 점화될 가능성이 커진다.

3 기상폭발

액체연료의 증기가 공기와 혼합되어 일정 농도 이상이 되었을 때 점화에 의해 폭발하는 현상

1) 가스폭발
2) 분무폭발
3) 분진폭발
4) 증기운폭발
5) 비등액체폭발
6) 분해폭발
7) 박막폭발

4 응상폭발

폭발물의 분자가 응집되어 액체 또는 고체상태인 폭발

1) 수증기폭발 : 고온의 금속과 같은 물질이 물과 닿았을 때 발생하는 비등현상에 의한 폭발

2) 증기폭발 : 액체를 급속하게 가열했을 때 발생하는 비등현상에 의한 폭발

3) 전선폭발 : 금속선에 큰 전류가 흐르면서 열에 의한 고온 고압의 금속가스가 발생하여 팽창하여 폭발

5 폭굉(Detonation)현상

혼합기체가 음속 이상의 속도로 순간적으로 폭발하는 현상으로, 충격파를 동반한다.

04 OX퀴즈

※ OX 퀴즈로 최다빈출 개념을 쉽게 정리하고 기출 유형까지 미리 익혀보세요.

1 안개와 같이 분사하여 연소시키는 방식을 기화연소방식이라고 한다.　　　　O X

2 압력 분무식 버너에서 연료의 점도가 크면 무화가 곤란해진다.　　　　　　O X

3 유량조절범위는 고압기류식 > 회전분무식 > 압력분무식 순서대로 크다.　　O X

4 가스버너의 가스 유출속도 증가 시 난류현상이 생겨 완전연소가 잘 되며 불꽃이　O X
엉클어지면서 화염이 짧아진다.

5 연소용 공기의 흐름을 막기 위하여 보염장치를 설치한다.　　　　　　　　O X

6 통풍방식에는 자연통풍과 조작통풍이 있다.　　　　　　　　　　　　　　O X

7 자연통풍은 배기가스와 외기의 온도차에 의해서 이루어지는 통풍방식이다.　O X

8 연도의 길이가 길수록 통풍력이 좋아진다.　　　　　　　　　　　　　　　O X

9 연돌의 높이가 높을수록 자연통풍력이 증가한다.　　　　　　　　　　　　O X

정답 01 (X) 02 (O) 03 (O) 04 (O) 05 (X) 06 (X) 07 (O) 08 (X) 09 (O)

1 안개와 같이 분사하여 연소시키는 방식은 <u>무화연소방식</u>이다.
5 보염장치는 연소용 <u>공기의 흐름을 조절</u>하기 위하여 사용한다.
6 통풍방식은 자연통풍과 <u>강제통풍</u>으로 나눌 수 있다.
8 연도의 길이가 <u>짧을수록</u> 통풍력이 좋아진다.

10 자연환기는 동력은 필요하지 않아 일정한 환기량을 확보할 수는 없다. ⬜O ⬜X

11 원심식 송풍기는 흡입구의 댐퍼의 개도에 의하여 조절한다. ⬜O ⬜X

12 댐퍼의 부착 이유는 공기의 흐름을 막기 위해서이다. ⬜O ⬜X

13 링겔만 농도표는 매연 농도의 규격표를 사용하여 측정하는 방법이다. ⬜O ⬜X

14 링겔만 농도표의 농도 규격표는 10 [%]씩 증가한다. ⬜O ⬜X

15 보일러 운전 중 연기 색이 백색 또는 무색인 경우는 공기의 공급이 부족한 상태이다. ⬜O ⬜X

16 집진장치는 배기가스 중의 유해물질을 제거하고 대기오염을 방지하기 위하여 설치하는 장치이다. ⬜O ⬜X

17 여과식 집진장치는 집진효율이 가장 좋으며 가격이 저렴하다. ⬜O ⬜X

18 가스분석계는 크게 화학적 가스분석계와 물리적 가스분석계로 나눌 수 있다. ⬜O ⬜X

19 증기운 폭발은 폭발보다 화재가 더 많다. ⬜O ⬜X

20 폭굉현상은 물리적 반응현상이다. ⬜O ⬜X

정답 10 (O) 11 (O) 12 (X) 13 (O) 14 (X) 15 (X) 16 (O) 17 (X) 18 (O) 19 (O) 20 (X)

12 댐퍼의 부착 이유는 통풍력을 조절하는 등 가스의 <u>흐름을 바꾸기 위해서</u>이다. 가스가 새어나가는 것을 막기 위해서가 아니다.
14 링겔만 농도표는 0도에서 5도까지 <u>20 [%]</u>씩 증가한다.
15 연기 색이 백색 또는 무색인 경우는 공기의 공급이 <u>과잉공급</u>된 상태이다.
17 여과식 집진장치는 집진효율이 가장 좋으나 <u>유지비가 많이 든다.</u>
20 폭굉현상은 충격파에 의한 <u>화학반응현상</u>이다.

Chapter 05 연소 계산

핵심포인트 액체연료, 기체연료, 고체연료, 연소온도, 이론공기량, 열정산, 르샤틀리에공식

학습목표
1. 연료의 정의와 종류 및 특성을 이해하고, 연소에 필요한 연료의 조건을 설명할 수 있다.
2. 보일러의 연소 계산에 필요한 요소들을 이해하고 공식을 암기하여 적용할 수 있다.
3. 열정산에 필요한 공식의 쓰임을 정확히 이해할 수 있다.

01 연소 기초

1 연료(Fuel)

1) 연료의 주요 성분

　(1) 휘발분

　　연료를 가열할 때 건류가스가 되는 휘발성 성분
　　→ 긴 화염, 검은 연기(매연), 그을음 발생

　(2) 고정탄소

　　연료 중 휘발분을 제거했을 때 남는 순수한 탄소 성분
　　→ 짧은 화염 발생

　(3) 수분

　　연료에 포함되어 있는 물기
　　→ 기화열에 의한 열손실 발생, 착화성이 나빠짐, 발열량 감소

　(4) 회분

　　연료연소 후 타지 않고 남는 재
　　→ 연소효율과 발열량을 낮춤, 보일러 문제 유발

2) 공업분석

　(1) 연료를 4가지 주요 성분으로 나누어 측정하는 분석방법

　(2) 휘발분 [%] + 고정탄소 [%] + 수분 [%] + 회분 [%] = 100 [%]

　　※ 공업분석에서 계산만으로 산출 가능한 성분 : 고정탄소

3) 연료의 구비조건

　⑴ 연소 시 회분(Ash) 등이 적을 것

　⑵ 양이 풍부하고 저렴할 것

　⑶ 운반 및 저장, 취급이 용이할 것

　⑷ 발열량이 클 것

　⑸ 공기 중에서 쉽게 연소될 수 있는 것

　⑹ 사용하기에 위험성이 적을 것

　⑺ 인체에 유해하지 않을 것

　⑻ 공해 요인이 적을 것

4) 연료의 3대 가연 성분

　⑴ 탄소(C)

　　① 연료의 주된 발열 성분

　　② 연소 시 이산화탄소(CO_2)를 만들며 많은 열 발생

　　　→ 발열량 및 연료의 품질 판단에 영향

　⑵ 수소(H)

　　연료의 부가적 발열 성분

　　→ 고위발열량과 저위발열량의 차이를 만드는 핵심 성분

　　※ 액체연료에서 발열량에 크게 기여함

　⑶ 황(유황)(S)

　　연소 시 이산화황(SO_2), 삼산화황(SO_3)을 과열을 발생시킴

　　→ 대기오염 및 저온부식의 원인, 연료의 질 저하

5) 연료의 분류

　⑴ 고체연료

장점	단점
① 간단한 연소장치 ② 저렴한 가격 ③ 노천야적이 가능하다. ④ 인화폭발의 위험성이 적다. ⑤ 취급 및 저장이 쉽다.	① 연료 품질이 균일하지 못해 연소효율이 낮다. ② 연소 시 과잉공기 많이 필요하다. ③ 완전연소가 어렵다. ④ 매연과 회분이 많다.

　　※ 연료비 = 고정탄소 [%]/휘발분 [%]

　　　연료 내 고정탄소의 양과 휘발분의 비율로, 연료가 얼마나 천천히 오래 타는지 나타냄

(2) 미분탄 연료

무연탄이나 갈탄을 파쇄기로 파쇄한 후 자기분리기로 철분을 제거한 다음 건조기에서 건조시킨 다음 분탄화된 것을 미분기에서 미분한 것

장점	단점
① 연료의 선택범위가 넓다. ② 대규모 보일러에 적합하다. ③ 적은 과잉공기(20 ~ 40 [%])로 완전연소 가능하다. ④ 연소조절이 용이하다. ⑤ 기체, 액체연료와 혼합연소가 쉽다.	① 노재가 상하기 쉽다(∵ 연소실 고온). ② 소규모 보일러에는 부적합하다. ③ 연소실 용적이 커야 한다. ④ 재, 회분 등의 비산(Fly Ash)이 심하여 반드시 집진기가 필요하다. ⑤ 설비비가 많이 든다. ⑥ 마모부분이 많아 유지비가 많이 든다. ⑦ 분쇄에 따른 소비동력이 증대된다.

(3) 액체연료

장점	단점
① 완전연소가 잘 되어 그을음이 적다. ② 단위중량당 발열량이 높다. ③ 적은 공기로 완전연소가 용이하다. ④ 품질이 일정하다. ⑤ 계량이나 기록이 용이하다. ⑥ 수송과 저장 및 취급이 용이하다.	① 인화 및 역화의 위험성이 크다. ② 가격이 비싸다. ③ 고온연소로 인해 국부과열을 일으키기 쉽다.

(4) 기체연료

장점	단점

① 자동제어에 적합하다.
② 확산연소가 가능하여 연소 시 공기가 적게 소요된다.
③ 매연발생과 대기오염이 적다.
   (회분 생성 없음)
④ 연소효율(연소열/발열량)이 높다.
	① 수송이나 저장이 불편하다.
	   (큰 시설 필요)
	② 설비비 및 가격이 비싸다.
	③ 누설에 의한 역화, 폭발 등 위험이 크다.
	④ 단위용적당 발열량이 적다.

※ 기체연료 가스홀더의 종류 : 저압식(유수식, 무수식), 고압식   암 유무고(요뭐고)

2 연료의 특징

1) 액체연료
   (1) 종류
      ① 석유계
         ㉠ 인화점 : 가솔린(휘발유)(-20 [℃]) → 등유(30 ~ 60 [℃]) → 경유(50 ~ 70 [℃]) → 중유(60 ~ 150 [℃])   〔암〕 호두과자
         ㉡ 비중 : 중유 > 경유 > 등유 > 가솔린(휘발유)
         ㉢ 중유의 분류 : 점도에 따라 A급, B급, C급으로 분류
            ⓐ A급 : 점도가 낮아 예열이 필요 없고, 소형 보일러 등의 연료로 사용
            ⓑ B급 및 C급 : 점도가 높아 사용 시 반드시 예열이 필요
            ※ 중유의 비중은 0.85 ~ 0.99
      ② 타르계(석탄계)
         ㉠ 탄화수소비(C/H)가 14 정도로 높아 화염의 방사율이 크다.
         ㉡ 석유계와 혼합하여 사용하면 슬러지(침전물, 찌꺼기)가 생성된다.
         ㉢ 황성분에 의한 영향이 적다.
         ㉣ 점도 및 인화점이 높다.
   (2) 중유의 첨가제(조연제)
      ① **유**동점 강하제 : 저온에서도 연료가 굳지 않게 한다.
      ② **연**소촉진제 : 연료가 더 잘 타도록 분무성을 향상시킨다.
      ③ **부**식방지제 : 연소 후 생성물로 인한 금속의 부식을 방지한다.
      ④ **회**분개질제 : 회분의 융점을 높여 고온부식을 방지한다.
      ⑤ **슬**러지 분산제(안정제) : 슬러지의 생성을 방지한다.
      ⑥ **탈**수제 : 수분을 분리시킨다.   〔암〕 유연부회슬탈(유연했는데 부해져서 슬개골 탈골)
   (3) 석유제품의 비중이 크면 나타나는 현상
      ① 발열량이 감소한다.   ② 인화 및 착화온도가 높아진다.
      ③ 탄화수소비(C/H)가 커진다.   ④ 화염의 방사율이 커진다.
      ⑤ 화염의 휘도가 커진다.   ⑥ 점도가 증가한다.
   (4) 점도 : 점성의 정도
      ① 점도가 너무 높을 때
         ㉠ 송유가 어려워짐   ㉡ 무화가 어려워짐
         ㉢ 버너선단에 카본(탄소)이 부착함   ㉣ 연소상태가 불량해짐

② 점도가 너무 낮을 때
　　㉠ 연료 과다소비
　　㉡ 역화의 원인
　　㉢ 연소상태 불안정

(5) 탄화수소비(C/H)
　① 고체연료 > 액체연료 > 기체연료
　② 중유 > 경유 > 등유 > 가솔린

(6) 유동점 : 액체가 흐를 수 있는 최저온도(= 응고점 + 2.5 [℃])

(7) 인화점 : 가연물이 점화원에 의해 불이 붙는 최저온도

(8) 착화점(발화점) : 가연물이 점화원 없이 스스로 불이 붙는 최저온도
　① 착화점이 낮아지는 조건
　　㉠ 증기압 및 습도가 낮을수록　　㉡ 압력이 높을수록
　　㉢ 분자구조가 복잡할수록　　　㉣ 발열량이 높을수록
　　㉤ 산소 농도가 클수록　　　　　㉥ 온도가 상승할수록

　　※ 연료의 착화온도
　　　• 프로페인(프로판) : 460 ~ 520 [℃]
　　　• 석탄 : 330 ~ 450 [℃]
　　　• 목탄(역청탄) : 320 ~ 420 [℃]
　　　• 무연탄 : 400 ~ 500 [℃]
　　　• 중유 : 530 ~ 580 [℃]
　　　• 갈탄 : 250 ~ 450 [℃]
　　　• 장작 : 250 ~ 300 [℃]
　　　• 셀룰로이드 : 180 [℃]
　　　• 코크스 : 500 ~ 600 [℃]
　　　• 소금 : 800 [℃]
　　　• 메테인(메탄) : 615 ~ 682 [℃]

(9) 최소 점화(착화)에너지(MIE) : 가연성 혼합기체를 점화시키는 데 필요한 최소 에너지

(10) 연소점(Fire Point) : 인화한 후 점화원을 제거한 후에도 연소가 유지되는 최소온도

(11) 세탄가 : 액체연료에서 착화성을 수치로 나타낸 것

(12) 비중표시법 API(American Petroleum Institute)

$$\text{API} = \left[\frac{141.5}{\text{비중}} - 131.5\right]$$

2) 기체연료

석유계 기체연료	석탄계 기체연료	혼합계 기체연료
• 천연가스(유전) • 액화석유가스(LPG) • 오일가스	• 천연가스(탄전) • 석탄가스 • 수성 가스 • 발생로가스	• 중열 수성 가스

(1) 액화천연가스(LNG, Liquefied Natural Gas)
  ① 주성분 : 메테인(메탄)(CH_4)
  ② 액화조건 : 천연가스를 상압하에서 $-162\,[℃]$로 냉각시켜 액화
  ③ 공기보다 가벼움

(2) 액화석유가스(LPG, Liquefied Petroleum Gas)
  ① 주성분 : 프로페인(프로판)(C_3H_8), 뷰테인(부탄)(C_4H_{10})
  ② 액화조건 : 상온에서 6 ~ 8 $[kg/cm^2]$ 정도로 가압하여 액화시킨다.
  ③ 특징
    ㉠ 기화잠열이 커서(90 ~ 100 [kcal/kg]) 냉각제로도 이용 가능하다.
    ㉡ 비중이 공기보다 크기 때문에 누설 시 폭발의 위험이 크다(비중 : 1.5 ~ 2.0).
    ㉢ 연소속도가 완만하여 완전연소 시 많은 과잉공기가 필요하다.
    ㉣ 인화폭발의 위험성이 크다.
    ㉤ 상온, 대기압에서는 기체상태이다.
  ④ 주의사항
    ㉠ 용기의 전락 또는 충격을 피한다.
    ㉡ 직사광선을 피하고, 용기의 온도가 40 [℃] 이상이 되지 않게 한다.
    ㉢ 찬 곳에 저장하고 공기의 유통을 좋게 한다.
    ㉣ 주위 2 [m] 이내에는 인화성 및 발화성 물질을 두지 않는다.
    ※ 액화석유가스(LPG)를 저장하는 가스설비의 내압성능은 상용압력의 1.5배 이상의 압력으로 내압시험을 실시했을 때 이상이 없어야 한다.

(3) 발생로가스 : 코크스, 석탄 등을 적열상태로 가열하여 공기 또는 산소를 보내 불완전연소시켜 얻은 기체연료

3 연소(Combustion)

가연물이 공기 중의 산소와 급격한 산화반응을 일으켜 빛과 열을 수반하는 현상

1) 연소의 3요소

 (1) <u>가연물</u>

 (2) <u>산소공급원</u>

 (3) <u>점화원</u>   암 가산점

  ① 가연물이 되기 위한 조건

   ㉠ 발열량이 클 것   ㉡ 산소와의 결합이 쉬울 것

   ㉢ 열전도율이 작을 것   ㉣ 활성화 에너지가 작을 것

  ② 가연물이 될 수 없는 물질

   ㉠ 흡열반응 물질(질소 및 질소산화물)

   ㉡ 포화산화물(이미 연소가 종료된 물질 : CO_2, H_2O, SO_2 등)

   ㉢ 불활성 기체(헬륨, 네온, 아르곤 등)

2) 연소속도(산화속도)

 (1) 층류 연소속도 : 화염이 균일한 속도로 전파되는 상태에서의 연소속도

 (2) 측정방법 : 비누거품법, 슬롯노즐버너법, 평면화염버너법

3) 연소 시 화염

 (1) 산화염 : 과잉산소를 함유하는 화염

 (2) 환원염 : 산소가 부족하여 일산화탄소 등의 미연분을 함유하는 화염

4) 연소범위(폭발범위)

 (1) 가연물질이 공기(산소)와 혼합하여 연소할 때 필요한 혼합가스의 농도범위를 말한다.

 (2) 하한치가 낮고 범위가 넓을수록 위험하다.

 (3) 폭발범위가 가장 넓은 가스는 아세틸렌이고 그 다음은 수소이다.

5) 연소온도 : 화염의 온도

 (1) 연소실 내 연소온도를 높이는 방법

  ① 완전연소시킨다.

  ② 열 발생량이 높은 연료를 사용한다.

  ③ 연료와 공기를 예열시켜 연소속도를 크게 한다.

  ④ 이론공기에 가깝게 하여 연소시킨다.

  ⑤ 노벽을 통한 복사 열손실을 줄인다.

6) 완전연소의 구비조건

　⑴ 충분한 공기를 공급하고 연료와의 혼합을 잘 시킨다.

　⑵ 연소실 내의 온도를 되도록 높게 유지한다.

　⑶ 연소실의 용적을 충분한 용적 이상으로 한다.

　⑷ 공기 및 연료를 예열하여 공급한다.

　⑸ 충분한 시간을 주어야 한다.

7) 연소의 종류

　⑴ 고체연료 : **자**기연소, **증**발연소, **분**해연소, **표**면연소　　　　　암 자증분표

　⑵ 액체연료 : **증**발연소, **분**해연소, 분무연소, **등**심연소(심화연소), **액**면연소　암 증분등액

　⑶ 기체연료 : **확**산연소, **예**혼합연소, **폭**발연소　　　　　암 확예폭

　　① 증발연소 : 연료의 표면에서 발생한 가연성 증기와 공기가 혼합되어 연소하는 형태

　　　　　　　　　　　　　　　　　예 액체연료(가솔린, 등유, 경유), 고체연료(파라핀)

　　② 분해연소 : 긴 화염을 발생하면서 연소(휘발분이 많은 고체연료 및 중유연료)

　　　　　　　　　　　　　　　　　　　　　　　　예 목재, 석탄, 중유

　　③ 표면연소 : 연료의 표면에서 새파란 단염을 내면서 연소하는 형태(휘발분이 없는 연료)

　　　　　　　　　　　　　　　　　　　　　　예 코크스, 목탄(숯)

　　※ 코크스 고온 건류온도 : 1000 ~ 1200 [℃]

　　　　저온 건류온도 : 500 ~ 600 [℃]

8) 연소공기

　⑴ 1차 공기 : 연료의 무화 및 산화에 필요한 공기(버너로 직접 공급)

　⑵ 2차 공기 : 연료를 완전연소시키기 위해 필요한 공기(통풍장치에 의해 공급)

9) 고체연료의 연소방법

　⑴ **유**동층연소

　⑵ **미**분탄연소

　　① 미분탄연소장치의 구조

　　　㉠ 수송장치 : 분쇄기에서 버너로 또는 저장실로 미분탄을 운반하는 장치로 공기수송과 콘베어방식 등이 있음

　　　㉡ 건조기 : 젖은 석탄을 미리 건조시켜 분쇄성을 좋게 함

　　　㉢ 자기분리기 : 석탄 내에 금속분이나 딱딱한 물체가 있으면 분리시켜 분쇄기가 마모되지 않도록 함

　　　㉣ 분쇄기 : 입자가 큰 석탄을 미립자로 만드는 장치로, 중력이나 원심력을 이용함

(3) **화**격자연소 　　　　　　　　　　　　　　　　　　　　　　　　　　　　　암 유미화

10) 연소장치

고체연료(화격자연소)		미분탄연료(버너연소)
고정화격자연소	기계화격자(스토커)연소	
• 화격자 소각로 • 로터리 킬른 소각로 • 유동층 소각로 • 다단식 소각로	• 산포식 스토커 • 체인 스토커 • 하급식 스토커 • 계단식 스토커	• 선회식 버너 • 교차식 버너

※ 연료의 공급방식에 따라 수분식과 기계분식으로 나누기도 한다.

※ 산포식 스토커를 이용한 강제통풍일 때 일반적인 화격자 부하는 150 ~ 200 [kg/m² · h]이다.

11) 불꽃연소 : 가연성 기체와 공기가 혼합기체를 형성하여 연소하는 일반적인 기체상태 연소로 불꽃을 발하면서 연소하는 형태

(1) 연소속도가 매우 빠르다.

(2) 연쇄반응을 수반한다.

(3) 시간당 방출열량이 많다.

(4) 가솔린연소가 이에 해당한다.

(5) 연소사면체(불꽃)에 의한 연소이다.

(6) 표면연소에 비해 발열량이 크고 연소속도가 빠르다.

02 연소 계산

1 연소 계산

1) 연소의 3요소

(1) **가**연 성분 : 탄소(C), 수소(H), 황(유황)(S)

(2) **산**소공급원

(3) **점**화원 　　　　　　　　　　　　　　　　　　　　　　　　　　　　　　　　암 가산점

2) 원자량 및 분자량

물질명	원소기호	원자량	분자식	분자량 [kg/kmol]
수소	H	1	H_2	2
탄소	C	12	C	12
질소	N	14	N_2	28
산소	O	16	O_2	32
황(유황)	S	32	S	32
아황산가스	-	-	SO_2	64
물	-	-	H_2O	18
일산화탄소	-	-	CO	28
탄산가스	-	-	CO_2	44
메테인(메탄)	-	-	CH_4	16
에테인(에탄)	-	-	C_2H_6	30
프로페인(프로판)	-	-	C_3H_8	44
뷰테인(부탄)	-	-	C_4H_{10}	58
공기	혼합물			29

3) 아보가드로의 법칙(Avogadro's Law)

　(1) 온도와 압력이 일정할 경우 같은 부피에는 같은 수의 분자가 포함되어 있다.

　(2) 표준상태(0 [℃], 1기압)에서 1 [mol]의 부피는 22.4 [L], 분자수는 6.023×10^{23}개

4) 공기의 조성비

　(1) 체적 1 [Nm^3]당 산소 0.21 [Nm^3], 질소 0.79 [Nm^3]

　(2) 질량 1 [kg]당 산소 0.232 [kg], 질소 0.768 [kg]

Chapter 05. 연소 계산

5) 연소반응식

(1) 일반식 $C_aH_b + \left(a + \dfrac{b}{4}\right)O_2 \rightarrow aCO_2 + \dfrac{b}{2}H_2O$ 　　　　　　　　　　　　　암　애사비

물질명	연소반응식
수소(H_2)	$H_2 + \dfrac{1}{2}O_2 \rightarrow H_2O$
일산화탄소(CO)	$CO + \dfrac{1}{2}O_2 \rightarrow CO_2$
메테인(메탄)(CH_4)	$CH_4 + 2O_2 \rightarrow CO_2 + 2H_2O$
아세틸렌(C_2H_2)	$C_2H_2 + \dfrac{5}{2}O_2 \rightarrow 2CO_2 + H_2O$
에틸렌(C_2H_4)	$C_2H_4 + 3O_2 \rightarrow 2CO_2 + 2H_2O$
에테인(에탄)(C_2H_6)	$C_2H_6 + \dfrac{7}{2}O_2 \rightarrow 2CO_2 + 3H_2O$
프로필렌(C_3H_6)	$C_3H_6 + \dfrac{9}{2}O_2 \rightarrow 3CO_2 + 3H_2O$
프로페인(프로판)(C_3H_8)	$C_3H_8 + 5O_2 \rightarrow 3CO_2 + 4H_2O$
부틸렌(C_4H_8)	$C_4H_8 + 6O_2 \rightarrow 4CO_2 + 4H_2O$
뷰테인(부탄)(C_4H_{10})	$C_4H_{10} + \dfrac{13}{2}O_2 \rightarrow 4CO_2 + 5H_2O$

6) 이론산소량(O_o) : 연료를 산화시키기 위한 이론적 최소 산소량

(1) 고체 및 액체연료

　① 질량 계산식

　　연료 1 [kg]을 연소시킬 때 필요한 이론산소량 O_o [kg/kg]

$$O_o = 2.67C + 8\left(H - \dfrac{O}{8}\right) + S$$

C, H, O, S : 연료 1 [kg] 중 각 원소의 질량비율

※ 계수 산출법 : $\dfrac{필요한\ 산소의\ 질량}{각\ 원소의\ 질량}$

$C : \dfrac{32}{12} = 2.67,\ H : \dfrac{16}{2} = 8,\ S : \dfrac{32}{32} = 1$

※ 유효수소수 $\left(H - \dfrac{O}{8}\right)$: 실제연소에 영향을 주는 수소의 양

② 체적 계산식

연료 1 [kg]을 연소시킬 때 필요한 이론산소량 O_o [Nm³/kg]

$$O_o = 1.867C + 5.6\left(H - \frac{O}{8}\right) + 0.7S$$

C, H, O, S : 연료 1 [kg] 중 각 원소의 질량비율

※ 계수 산출법 : $\dfrac{22.4 \times 필요한\ 산소의\ 몰수}{각\ 원소의\ 질량}$

$C : \dfrac{22.4}{12} = 1.867$, $H : \dfrac{22.4 \times \frac{1}{2}}{2 \times 1} = 5.6$, $S : \dfrac{22.4}{32} = 0.7$

(2) 기체연료

연료 1 [Nm³]을 연소시킬 때 필요한 이론산소량 O_o [Nm³/Nm³]

$$O_o = 0.5H_2 + 0.5CO + 2CH_4 + 2.5C_2H_2 + \cdots - O_2$$

C, H, O, S : 연료 1 [kg] 중 각 원소의 부피비율

※ C_aH_b의 계수 : $a + \dfrac{b}{4}$

암 애사비

7) 이론공기량(A_o)

연료 1 [kg] 또는 1 [Nm³]를 완전연소시키는 데 필요한 최소 공기량

(1) 고체 및 액체연료

① 질량 기준 계산식

$$A_o = \frac{O_o}{0.232} \text{ [kg/kg]}$$

O_o : 연료 1 [kg]을 연소시키는 데 필요한 이론산소량 [kg/kg]
0.232 : 공기 중 산소의 질량비

② 체적 기준 계산식

$$A_o = \frac{O_o}{0.21} \text{ [Nm}^3\text{/kg]}$$

O_o : 연료 1 [kg]을 연소시키는 데 필요한 이론산소량 [Nm³/kg]
0.21 : 공기 중 산소의 부피비

(2) 기체연료

$$A_o = \frac{O_o}{0.21} \text{ [Nm}^3\text{/Nm}^3\text{]}$$

O_o : 연료 1 [Nm³]을 연소시키는 데 필요한 이론산소량 [Nm³/Nm³]
0.21 : 공기 중 산소의 부피비

Chapter 05. 연소 계산

8) 실제공기량(A)

연료를 연소시킬 때 실제로 공급된 공기량

$$A = A_o + A_s = mA_o$$

A_o : 이론공기량
A_s : 과잉공기량
m : 공기비

9) 공기비(m)

이론공기량에 대한 실제공기량의 비

※ 당량비 : 공기비의 역수

(1) 완전연소 시

$$m = \frac{21}{21 - O_2(\%)} = \frac{\frac{N_2}{0.79}}{\left(\frac{N_2}{0.79}\right) - \left(\frac{3.76\,O_2}{0.79}\right)} = \frac{N_2}{N_2 - 3.76\,O_2}$$

(2) 불완전연소 시

$$m = \frac{N_2}{N_2 - 3.76(O_2 - 0.5\,CO)}$$

※ $m = \dfrac{A}{A_o} = \dfrac{A}{A - A_s} = \dfrac{N_2}{N_2 - \dfrac{\text{질소 부피비}}{\text{산소 부피비}}(O_2 - 0.5\,CO)}$

※ $\dfrac{N_2}{O_2} = \dfrac{0.79}{0.21} = 3.76$

(3) 최대탄산가스율에 의한 공기비 계산

$$m = \frac{CO_{2\max}}{CO_2} = \frac{21}{21 - O_2(\%)}$$

10) 공기비가 클 때 나타나는 현상

(1) 연소에 영향을 미친다(열효율, CO배출량, 노 내 온도).

(2) 연소실 내 연소 온도가 낮아진다.

(3) 배기가스에 의한 열손실이 커진다.

(4) 황산량의 증가로 저온부식의 원인이 된다.

(5) NO_2의 발생이 심하여 대기오염을 유발한다.

11) 공기비가 작을 때 나타나는 현상

    (1) 미연소연료에 의한 열손실이 증가한다.

    (2) 불완전연소에 의해서 매연이 증가한다.

    (3) 연소효율이 감소한다.

    (4) 미연가스에 의하여 폭발사고의 위험성이 증가한다.

12) 최대탄산가스율($CO_{2\max}$)

    연료 1 [kg] 또는 1 [Nm³]을 이론공기량으로 완전연소시킨다고 가정했을 때 생성되는 이산화탄소(CO_2)의 이론적인 최대량

    $$CO_{2\max} = \frac{CO_2}{G_0} \times 100 = \frac{1.867C + 0.7S}{G_0} \times 100 \, [\%]$$

    G_0 : 이론연소가스량 [Nm³/kg]
    C, S : 연료 중 원소 질량비 [kg/kg]

    (1) 완전연소 시

    $$CO_{2\max} = \frac{21 \times CO_2[\%]}{21 - O_2[\%]}$$

    (2) 불완전연소 시

    $$CO_{2\max} = \frac{21[CO_2(\%) + CO(\%)]}{21 - O_2(\%) + 0.395CO(\%)}$$

13) 연소가스량

    연료 1 [kg] 또는 1 [Nm³]을 완전연소시킬 때 생성되는 가스량

    (1) 이론 건연소가스량(G_{od})

    G_{od}[kg/kg] = (1 - 0.232)A_o + 3.67C + 2S + N

    G_{od}[Nm³/kg] = (1 - 0.21)A_o + 1.867C + 0.7S + 0.8N

    (2) 실제 건연소가스량(G_d) = 이론 건연소가스량(G_{od}) + 과잉공기량($(m-1)A_o$)

    G_d[kg/kg] = (m - 0.232)A_o + 3.67C + 2S + N

    G_d[Nm³/kg] = (m - 0.21)A_o + 1.867C + 0.7S + 0.8N

(3) 이론 습연소가스량(G_{ow}) = 이론 건연소가스량(G_{od}) + 연소생성 수증기량

G_{ow}[kg/kg] = G_{od} + (9H + W)
  = (1 - 0.232)A_o + 3.67C + 2S + N + (9H + W)

G_{ow}[Nm³/kg] = G_{od} + 1.244(9H + W)
  = (1 - 0.21)A_o + 1.867C + 0.7S + 0.8N + 1.244(9H + W)

(4) 실제 습연소가스량(G_w) = 이론 습연소가스량(G_{ow}) + 과잉공기량($(m-1)A_o$)

G_w[kg/kg] = (m - 0.232)A_o + 3.67C + 2S + N + (9H + W)

G_w[Nm³/kg] = (m - 0.21)A_o + 1.867C + 0.7S + 0.8N + 1.244(9H + W)

14) 발열량 : 연료가 완전연소할 때 발생하는 총 에너지

(1) 단위

① 고체 및 액체연료 : [kcal/kg] 또는 [kJ/kg]

② 기체연료 : [kcal/Nm³] 또는 [kJ/Nm³]

※ 1 [cal] = 4.2 [J]   암 1칼사이줄

(2) 종류

① 고위발열량(H_h) : 수증기의 증발잠열을 포함한 총 에너지

② 저위발열량(H_ℓ) : 수증기의 증발잠열을 포함하지 않은 총 에너지

$$H_\ell = H_h - 600(9H + W) \text{[kcal/kg]}$$
$$= H_h - 2512(9H + W) \text{[kJ/kg]}$$
$$H_\ell = H_h - 480 \times (H_2O \text{몰수}) \text{[kcal/Nm}^3\text{]}$$

H, W : 연료 중 각 성분의 질량비 [kg/kg]

(3) Dulong의 식

$$H_h = 8100C + 34000\left(H - \frac{O}{8}\right) + 2500S \text{ [kcal/kg]}$$

C, H, O, S : 연료 중 각 성분의 질량비 [kg/kg]

※ 표준상태에서 고위발열량과 저위발열량의 차이는 9702 [cal/mol]

※ 기체연료의 발열량 비교

연료	액화석유가스 (LPG)	천연가스 (LNG)	오일가스	증열수성가스	석탄가스	발생로가스	수성가스	고로가스
발열량 [kcal/Nm³]	22300	10500~11000	3000~10000	5100	5000	1100	2800	900

암 석천오증석발수고(석천이형 오늘 중으로 삭발 수고)

2 연소온도

1) 연소온도

   (1) 이론연소온도 t_0 : 열손실이 전혀 없다고 가정할 때의 연소가스온도

   $$t_o = \frac{H_\ell}{G_v C} + t \, [℃]$$

   G_v : 연소가스량 [Nm³/kg]
   C : 연소가스 정압 비열 [kJ/Nm³·℃]
   t : 기준온도 [℃]
   H_ℓ : 저위발열량 [kJ/kg]

   (2) 실제연소온도 t_a : 공기 및 연료의 현열 등을 고려한 연소가스온도

   $$t_a = \frac{H_\ell + Q_a + Q_f}{G_v C} + t \, [℃]$$

   G_v : 연소가스량 [Nm³/kg]
   C : 연소가스 정압 비열 [kJ/Nm³·℃]
   Q_a : 공기의 현열 [kJ/kg]
   Q_f : 연료의 현열 [kJ/kg]
   t : 기준온도 [℃]
   H_ℓ : 저위발열량 [kJ/kg]

2) 연소온도에 영향을 미치는 것

   (1) 연료의 단위질량당 발열량
   (2) 공급 공기의 온도
   (3) 연소 시 반응물질 주위의 온도
   (4) 연소용 공기 중 산소 농도
   (5) 연소의 저위발열량
   (6) 공기비

3) 연소온도를 높이는 방법

   (1) 발열량이 높은 연료를 사용한다.
   (2) 연료와 공기를 예열하여 공급한다.
   (3) 이론공기량에 가깝게 공급한다.
   (4) 방사 열손실을 줄인다.
   (5) 완전연소를 한다.

3 열정산(Heat Balance)

1) 정의

　연소장치에 의해 공급되는 입열과 출열과의 관계를 파악하는 것(열감정, 열수지)

2) 목적

　(1) 장치 내의 열의 행방을 파악하기 위해서

　(2) 작업방법을 개선하기 위해서

　(3) 열설비의 신축 및 개축 시 기초자료로 활용하기 위해서

　(4) 열설비의 성능을 파악하기 위해서

　(5) 열효율, 열손실의 파악을 위해서

　※ 열정산의 항목 분류

　　① 입열
　　　㉠ 연료의 저위발열량(연료의 연소열) : 입열항목 중 가장 큰 부분을 차지
　　　㉡ 연료의 현열
　　　㉢ 공기의 현열
　　　㉣ 노 내 분입증기 보유열

　　② 출열
　　　㉠ 미연소분에 의한 열손실
　　　㉡ 불완전연소에 의한 열손실
　　　㉢ 노벽 방사 전도에 의한 열손실
　　　㉣ 배기가스에 의한 열손실 → 가장 큰 부분을 차지
　　　㉤ 과잉공기에 의한 열손실
　　　㉥ 발생증기(수증기) 보유열
　　　㉦ 건연소배기가스의 현열

　　③ 순환열
　　　㉠ 공기예열기 흡수 열량
　　　㉡ 축열기 흡수 열량
　　　㉢ 과열기 흡수 열량

3) 습증기의 비엔탈피 h_x

습증기 1 [kg]가 가진 총 열에너지

$$h_x = h' + x(h'' - h') \\ = h' + x\gamma [kJ/kg]$$

h' : 포화수 비엔탈피 [kJ/kg]
h'' : 건포화증기 비엔탈피 [kJ/kg]
x : 건조도(건도), γ : 물의 증발잠열 [kJ/kg]

※건도 : 습증기에서 수증기가 차지하는 비율

4) 상당증발량 G_e

보일러에서 발생한 증기의 열량을 기준증기량으로 환산한 양

$$G_e = \frac{G_a(h_2 - h_1)}{2256} [kg/h]$$

G_a : 실제증발량 [kg/h]
h_1 : 급수의 비엔탈피 [kJ/kg]
h_2 : 발생증기 비엔탈피 [kJ/kg]

5) 보일러마력(BHP, Boiler Horse Power)

1시간당 100 [℃] 포화수 15.65 [kg]을 100 [℃] 건포화증기로 만드는 능력

$$BHP = \frac{G_a(h_2 - h_1)}{2256 \times 15.65}$$

G_a : 실제증발량 [kg/h]
h_1 : 급수의 비엔탈피 [kJ/kg]
h_2 : 증기의 비엔탈피 [kJ/kg]

6) 보일러효율

$$\eta_B = \frac{G_a(h_2 - h_1)}{G_f \times H_\ell} \times 100 \, [\%] \\ = \frac{G_e \times 2256}{G_f \times H_\ell} \times 100 \, [\%]$$

G_a : 실제증발량 [kg/h]
h_1 : 급수의 비엔탈피 [kJ/kg]
h_2 : 증기의 비엔탈피 [kJ/kg]
G_f : 연료 사용량 [kg/h]
H_ℓ : 연료 발열량 [kJ/kg]

7) 르샤틀리에공식

혼합가스의 상한계 또는 하한계를 계산하는 공식

$$\frac{100}{L} = \frac{V_1}{L_1} + \frac{V_2}{L_2} + \frac{V_3}{L_3}$$

L : 혼합가스의 상한계 또는 하한계
V_1, V_2, V_3 : 각 가스의 체적
L_1, L_2, L_3 : 각 가스의 하한계 또는 상한계

05 OX퀴즈

※ OX 퀴즈로 최다빈출 개념을 쉽게 정리하고 기출 유형까지 미리 익혀보세요.

1 연료는 연소 시 회분이 많아야 한다. 　　　　　　　　　　　　　　　　 O X

2 연료는 인체에 유해하지 않아야 하며 공해 요인이 적어야 한다. 　　　　 O X

3 연료를 이루는 성분으로는 휘발분, 수분, 회분, 이산화탄소로 이루어져 있다. 　O X

4 발열량 증가, 대기오염의 원인, 저온부식의 원인이 되며 연료의 질 저하의 원인이 　O X
되는 가연 성분은 황(S)이다.

5 고체연료의 장점으로는 저렴한 가격과 고체연료비가 클수록 발열량이 크다는 점 　O X
이 있다.

6 액체연료는 재의 처리가 필요 없다. 　　　　　　　　　　　　　　　　 O X

7 기체연료는 확산 연소가 되므로 연소용 공기가 적게 소요된다. 　　　　　 O X

8 중유는 점도에 따라 1급, 2급, 3급으로 분류할 수 있다. 　　　　　　　　 O X

9 연료의 점도가 너무 크면 무화가 어려워진다. 　　　　　　　　　　　　 O X

10 유동점은 응고점보다 2.5 [℃] 높다. 　　　　　　　　　　　　　　　　 O X

정답 01 (X)　02 (O)　03 (X)　04 (O)　05 (O)　06 (O)　07 (O)　08 (X)　09 (O)　10 (O)

1 연소 시 회분은 <u>적어야</u> 한다.
3 휘발분, 수분, 회분, <u>고정탄소</u>로 이루어져 있다.
8 <u>A급, B급, C급</u>으로 분류된다.

Chapter 06 요로

핵심포인트: 연속식 요, 반연속식 요, 불연속식 요, 철강용로, 제강로

학습목표:
1. 가마의 종류를 알고 구분할 수 있다.
2. 노의 종류를 알고 구분할 수 있다.

01 가마 & 노

1 가마 & 노

1) 가마(Kiln, 요) : 재료를 고온으로 가열하여 소성하거나 건조시키는 설비
2) 노(Furnace) : 금속 제련, 열처리, 용융, 연소 등의 목적으로 높은 온도를 발생시키는 산업용 가열설비

2 가마(요)의 분류

1) 조업방법에 따른 분류
  (1) 연속식
    ① 윤요(輪窯 : Ring Kiln) : 시멘트, 벽돌 제조
    ② 터널요 : 도자기 제조
    ③ 반터널요
  (2) 반연속식
    ① 등요 : 옹기, 석기제품 제조
    ② 셔틀요 : 도자기 제조
  (3) 불연속식
    ① 승염식 요(오름 불꽃) : 석회석 제조
    ② 횡염식 요(옆 불꽃) : 토관류 제조
    ③ 도염식 요(꺾임 불꽃) : 내화벽돌, 도자기 제조

3 가마(Kiln)

1) 연속식 요
   - 가마내기를 연속적으로 할 수 있도록 만든 가마
   - 여러 개의 단가마를 연도로서 연결한 형태의 가마이고, 3~4개의 소성실을 거쳐서 폐가스가 배출된다.
   - 대량 생산에 적합하며, 작업 능률 향상·열효율 우수·연료비 절감 등의 장점이 있다.

   (1) 윤요(Ring Kiln)[輪窯] : 고리 모양의 가마

   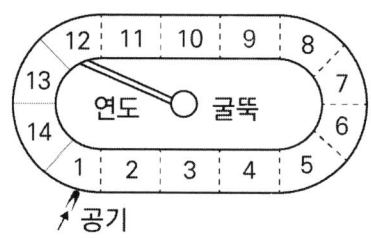

   ① 12~18개의 소성실에 설치한 구조로 종이 칸막이를 옮겨가며 연속적으로 가마내기 및 재임이 가능하다.
   ② 건축자재의 소성가마로 이용된다.
   ③ 가마의 길이는 보통 80 [m] 정도이다.
   ④ 배기가스의 현열을 이용하여 제품을 예열시킨다.
   ⑤ 소성된 제품이 갖는 현열을 이용하여 연소용 2차 공기를 예열한다.
   ※ 가마 내 열의 전열방법 : 전도, 대류, 복사

   (2) 터널요(Tunnel Kiln) : 긴 터널형의 가마

   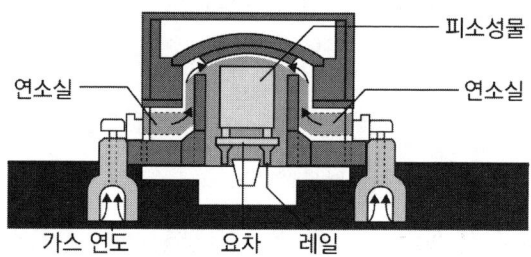

   ① 피열물을 실은 레일 위의 대차는 예열, 소성, 냉각과정을 통하여 제품이 완성된다.
   ② 장점
      ㉠ 소성이 균일하며 제품의 품질이 좋다.
      ㉡ 소성시간이 짧다.

ⓒ 대량생산이 가능하다.
ⓓ 열효율이 높다.
ⓔ 인건비가 절약된다.
ⓕ 자동온도제어가 쉽다.
ⓖ 능력에 비하여 설치면적이 적다.
ⓗ 배기가스의 현열을 이용하여 제품을 예열시킨다.

③ 단점
ⓐ 건설비가 비싸다.
ⓑ 제품을 연속처리해야 하여 생산조정이 곤란하다.
ⓒ 제품의 품질, 크기, 형상에 제한을 받는다.
ⓓ 작업자의 기술이 요망된다.

④ 구성 : 예열대, 소성대, 냉각대, 대차, 푸셔

(3) 반터널요 : 터널을 3~5개 방으로 구분하고, 각 소성실의 온도 범위를 정하고 대차를 단속적으로 이동하며 제품을 소성한다.

(4) 견요 : 수직형 연속식 가마로, 석회석이나 시멘트 클링커 등의 소성에 사용되며 상부에서 원료를 투입하고 하부에서 제품을 배출하는 구조이다.

(5) 회전요(Rotary Kiln) : 원통형의 길고 경사진 회전체로, 내부에 원료를 넣고 가열하면서 회전과 동시에 천천히 이동시키는 연속식 가마이다.
① 시멘트 제조용 가마로 노 내 온도의 분포가 균일하다.
② 건조, 가소, 소성, 용융작업 등을 연속적으로 할 수 있다.
③ 시멘트 클링커의 소성은 물론 석회소성 및 화학공업까지 광범위하게 사용된다.
④ 건식법, 습식법, 반건식법이 있다.
⑤ 원료와 연소가스의 방향이 반대이다.

2) 반연속식 요 : 요업제품을 넣어 소성실에서 한정된 구간까지는 연속적인 소성작업이 가능하지만 소성 작업 이후에는 불을 끄고 냉각을 한 다음 가마내기, 재임을 하는 가마이다.

(1) 등요(오름가마) : 언덕의 경사도가 0.3~0.5 정도인 소성실을 4~5개 인접시켜 설치된 구조로 앞의 소성실의 폐가스와 냉각공기가 보유한 열을 뒷 소성실에서 이용하도록 한다.

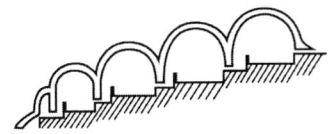

(2) 셔틀요(Shuttle Kiln) : 고정된 가마 내부에 대차를 이용해 제품을 넣고 꺼내는 방식의 불연속식 가마
  ① 1개의 가마에 2개의 대차를 사용한다.
  ② 작업이 간편하고 조업주기가 단축된다.
  ③ 요체의 보유열을 사용할 수 있어 경제적이다.

3) 불연속식 요 : 제품을 넣고, 가열하고, 냉각한 후 꺼내는 일괄처리방식의 가마

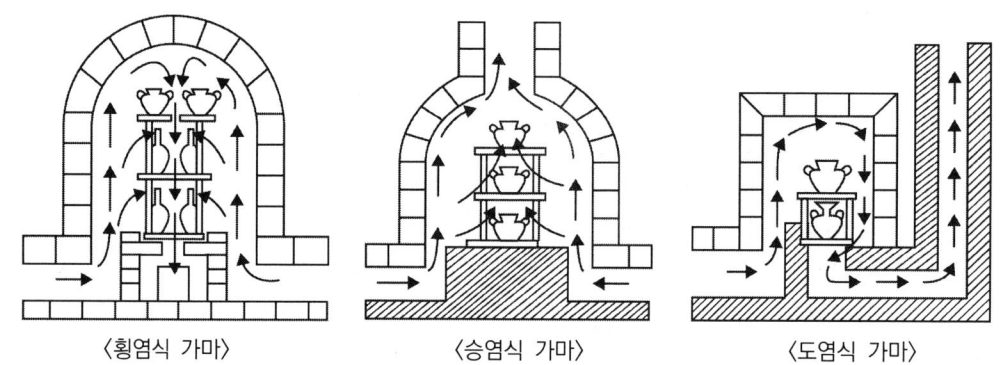

〈횡염식 가마〉   〈승염식 가마〉   〈도염식 가마〉

(1) 승염식 요(Up Draft Kiln) : 오름 불꽃가마
  ① 아궁이에서 발생한 불꽃이 소성실 내를 상승하면서 피가열체를 가열하는 방식이다.
  ② 구조가 간단하나 설비비, 보수비가 비싸다.
  ③ 가마 내 온도가 불균일하다.
  ④ 고온소성에 부적합하다.
  ⑤ 도자기 제조에 쓰인다.

(2) 횡염식 요(Horizontal Draft Kiln) : 옆 불꽃가마
  ① 아궁이에서 발생한 불꽃이 소성실 내에 들어가 수평방향으로 진행하면서 피가열체를 가열하는 방식이다.
  ② 가마 내 온도가 불균일하다.
  ③ 가마 내 입출구 온도차가 크다.

(3) 도염식 요(Down Draft Kiln) : 꺾임 불꽃가마
  ① 연소불꽃이 천장에 부딪힌 다음 바닥의 흡입구멍을 통해 배출되는 구조이다.
  ② 가마 내 온도가 균일하다.
  ③ 연료소비가 적다.

(4) 머플로 : 화염이 직접 닿지 않는 간접가열식 가마

4 노(Furnace)

1) 철강용로 : 철광석을 환원하여 선철을 제조하거나 선철에서 불순물을 제거하고 탄소량을 조절하여 강을 생산하기 위해 사용하는 제철·제강용 고온 가열설비

   (1) 배소로 : 광석이 용해되지 않을 정도로만 가열하여 제련상 유리한 상태로 변화시킨다.
      목적 : 유해 성분 제거, 산화도의 변화, 원광석의 결합수의 제거와 탄산염의 분해

   (2) 괴상화용로(소결로) : 분상의 철광석을 괴상화하여 용광로의 능률을 향상시킨다.

   (3) 용광로(고로) : 제련에 가장 중요한 노로 제철공장에서 선철(Pig Iron)을 제조하는 데 사용된다.
      ① 노체 상부로부터 노구, 샤프트, 보시, 노상으로 구성된 노로서 선철(Pig Iron)제조용으로 사용된다.
      ② 선철을 만들 때 사용되는 주원료 및 부재료 : 석회석, 철광석, 코크스
         ※ 코크스의 역할 : 환원(탈산), 통기성확보, 열원

2) 제강로 : 용광로에서 나온 선철 중 불순물을 제거하고 탄소량을 감소시켜 강철을 만드는 설비

   (1) 평로 : 선철과 고철을 넓고 평평한 노상 위에서 연소열과 반사열로 녹여 강을 만드는 제강로
      ① 노의 양쪽에 축열실을 가지고 있으며 용량은 1회 출강량을 톤으로 표시한다.
      ② 연소온도를 높이고 연료소비량을 줄일 수 있으며, 수직식과 수평식이 있다.
      ③ 축열실 : 배기가스의 현열을 흡수하여 공기의 연료(연소용 공기) 예열에 이용할 수 있도록 한 장치이다.
      ④ 축열실벽돌로는 샤모트벽돌, 고알루미나질벽돌이 사용된다.
         ※ 샤모트(Chamotte)벽돌
            ⓐ 내화점토를 1300 ~ 1500 [℃] 고온으로 구워서 만든 가루인 샤모트를 원료로 하여 만든 산성의 내화벽돌로 다량으로 생산된다.
            ⓑ 일적으로 기공률이 크고 비교적 낮은 온도에서 내스폴링성이 좋다.
            ⓒ 샤모트벽돌은 원료로서 샤모트를 사용하고 성형 및 소결성이 좋은 점토질벽돌을 얻기 위해 미세한 부분은 가소성 생점토를 가하고 있다.

   (2) 전로 : 용융상태의 선철을 강철로 만들기 위하여 고압의 공기나 순수 산소를 취입시켜 산화열에 의해 선철 중의 불순물을 산화시켜 재련하는 노로서 노체가 270° 이상 기울어진다.

   (3) 전기로 : 고온을 얻을 수 있을 뿐만 아니라 온도제어가 자유롭고 취급이 편리하다. 아크로, 저항로, 유도로 등이 있다.

3) 주물용해로 : 주조에 사용할 금속을 고온에서 용해하기 위한 설비

  ⑴ 큐폴라(용선로) : 노 내에 코크스를 넣고 그 위에 소재금속, 코크스, 석회석, 선철을 넣은 후 송풍하여 연소시켜 주철을 용해한다. 이 용선로는 대량의 쇳물을 얻고 다른 용해로보다 효율이 좋으며 용해시간이 빠르다.

  ⑵ 도가니로 : 동합금, 경합금 등의 비철금속 용해로로 사용하며 흑연도가니와 주철제 도가니가 있다.

06 OX퀴즈

※ OX 퀴즈로 최다빈출 개념을 쉽게 정리하고 기출 유형까지 미리 익혀보세요.

1 머플가마는 직접가열이다. [O] [X]

2 승염식 요, 횡염식 요, 도염식 요는 불연속식이다. [O] [X]

3 윤요(輪窯)는 고리모양의 가마이다. [O] [X]

4 터널요는 종이 칸막이가 있다. [O] [X]

5 가늘고 긴 터널형의 가마로 피열물을 실은 레일 위의 대차를 활용하는 가마를 터널요라고 한다. [O] [X]

6 셔틀요는 1개의 가마에 3개의 대차를 사용한다. [O] [X]

7 도염식 요는 꺾임 불꽃가마로 연소불꽃이 천장에 부딪힌 다음 바닥의 흡입구멍을 통해 배출되는 구조이다. [O] [X]

8 노체 상부로부터 노구, 샤프트, 보시, 노상으로 구성된 노로서 선철 제조용으로 사용되는 노를 고로라고 한다. [O] [X]

9 샤모트벽돌에서 가소성 생점토를 가하는 이유는 더 부드럽게 하기 위해서이다. [O] [X]

10 풀림로는 온도를 서서히 냉각하여 강의 입도를 미세화하여 조직을 연화, 내부 응력을 제거하는 열처리로이다. [O] [X]

정답 01 (X) 02 (O) 03 (O) 04 (X) 05 (O) 06 (X) 07 (O) 08 (O) 09 (X) 10 (O)

1 직접가열이 아니라 <u>간접가열</u>이다.
4 종이 칸막이가 있는 요는 <u>윤요</u>이다.
6 셔틀요는 1개의 가마에 <u>2개</u>의 대차를 사용한다.
9 가소성 생점토를 가하는 이유는 <u>성형 및 소결성이 좋은 점토질벽돌을 얻기 위함</u>이다.

Chapter 07 내화물

핵심포인트: 내화물, 내화도, 산성·염기성·중성 내화물

학습목표:
1. 내화물의 정의와 내화도의 의미를 이해할 수 있다.
2. 내화물의 종류에 따른 특성을 구분할 수 있다.

01 내화재

1 내화물

1) 비금속 무기재료로 고온에서 쉽게 무르거나 녹지 않는다.
2) 난연성 재료로서 SK 26(1580 [℃]) 이상의 내화도를 가지며 공업요로 등의 고온 내화벽에 사용되는 것을 말한다.
3) 기능 : 요로 내의 고열을 차단, 열 방산을 막아 효율적으로 열을 이용, 요로의 안정성 유지
4) 구비조건
   (1) 사용온도에 연화 및 변형이 적을 것
   (2) 팽창수축이 적을 것
   (3) 사용온도에 충분한 압축강도를 가질 것
   (4) 내마모성, 내침식성이 클 것
   (5) 고온에서 수축팽창이 적을 것
   (6) 재가열 시 수축이 적을 것
   (7) 사용온도에 적합한 열전도율을 가질 것
   (8) 내스폴링성이 크고 온도 급변화에 충분히 견딜 것

2 내화도

1) 내화물의 품질을 추정하는 방법 중 하나로 인화 변형상태를 나타내는 표준온도를 일반적으로 SK 번호로 표시한다.

2) 제게르콘 번호를 내화도로 표시하며 SK 26의 용융온도는 1580 [℃]이다.

※ 제게르콘 : 내화물의 내화도를 측정하는 온도계

※ 제게르콘 번호(SK번호) : 600 ~ 2000 [℃]의 범위를 20 ~ 50 [℃] 간격으로 59종류로 나누고 각각 번호를 매긴 것

3 열적성질

1) 열적 팽창 : 내화물의 열에 대한 팽창과 수축

2) 하중 연화점 : 축요 후 하중을 받는 내화재를 가열하였을 때 평소보다 더 낮은 온도에서 변형하는 온도를 말한다.

3) 스폴링(Spalling)현상(박락현상) : 급격한 온도차로 벽돌에 균열이 생기고 표면이 갈라져서 떨어지는 현상으로 주변에 오래된 건물 내외부에서 쉽게 확인할 수 있는 현상이다.

4) 슬래킹(Slaking)현상 : 염기성 내화벽돌이 수증기를 흡수하는 성질 때문에 팽창을 일으키며 분해가 되어 노벽에 가루모양의 균열이 생기고 떨어지는 현상이다.

5) 버스팅(Bursting)현상 : 크롬철광을 원료로 하는 내화물(크롬이나 크롬마그네시아벽돌)은 1600 [℃] 이상에서 산화철을 흡수한 후 표면이 부풀어 오르고 떨어져 나가는 현상이다.

4 내화물 제조공정

1) 분쇄(내화원료와 바인더를 일정한 비율로 혼합하여 내화물의 기본적인 성질을 형성)

2) 혼련(분쇄원료에 물이나 첨가제를 사용하여 혼합하는 과정)

3) 성형(일정한 형태로 모양을 만듦)

4) 건조(수분제거)

5) 소성(원료에 열화학적 변화를 일으켜서 내화물의 강도를 가지게 하는 과정)

5 내화물 종류

1) 산성 내화물

   (1) 규석질 내화물

   ① 이산화규소, 규석, 및 석영을 870 [℃] 이상 가열하여 안정화시키고 분쇄 후 결합제를 가하여 성형한다.
   ② 평로용, 전기로용, 코크스용, 유리공업로용
   ③ 내화도(SK 31 ~ 34)와 하중연화온도(1750 [℃])가 높다.
   ④ 고온강도가 매우 크다.
   ⑤ 고온에서 팽창계수가 적고 안정하다.
   ⑥ 열전도율이 비교적 높다.
   ⑦ 가마 천장용, 산성 제강로 등에 사용된다.
   ⑧ 비중이 작다.

   (2) 반규석질 내화물

   ① 규석과 샤모트로 만든 벽돌
   ② 규석내화물과 점토질 내화물의 혼합형이다.
   ③ 내화도 SK 28 ~ 30이다.
   ④ 저온에서 강도가 크며 가격이 싸다.
   ⑤ 수축팽창이 작으며 내스폴링성이 크다.
   ⑥ 용도는 야금로, 배소로, 저온용 벽돌 등이다.

   (3) 납석질 내화물

   ① 납석을 주원료로 한다.
   ② 내화도 SK 26 ~ 34이며 하중연화점이 낮다.
   ③ 슬래그 등의 침입에 의하여 내식성이 우수하다.
   ④ 가열에 의한 잔존 수축이 작고 열전도도가 작다.
   ⑤ 일반요로 큐폴라의 내장형, 금속공업 등에 사용된다.
   ⑥ 일산화탄소에 대한 안정도가 크다.
   ⑦ 압축강도가 크다.

(4) 샤모트질 내화물
① 내화점토를 SK 10 ~ 13 정도로 하소하여 분쇄하여 만든 벽돌을 샤모트벽돌이라 한다.
② 내화도 SK 28 ~ 34이다.
③ 성분범위가 넓고 제작이 쉽다.
④ 가소성이 없어 10 ~ 30 [%] 생점토를 첨가한다.
⑤ 고온강도가 낮으며 가격이 싸다.
⑥ 열팽창, 열전도가 작다.
⑦ 보일러 등 일반가마에 많이 사용된다.

2) 염기성 내화물
(1) 마그네시아 내화물
① 마그네시아를 주원료로 하며 소성 마그네시아 내화물과 성형과정 후 소성과정을 거치지 않고 건조하는 불소성 마그네시아 내화물로 구분된다.
② 소성 마그네시아의 특징
  ㉠ 내화도 SK 36 이상으로 높다.
  ㉡ 염기성 제강로, 전기제강로, 비철금속제강로, 시멘트 소성가마 등에 이용된다.
  ㉢ 슬래킹현상이 발생한다.
  ㉣ 하중연화점이 높고 비중 및 열전도도는 크다.
  ㉤ 열팽창이 크나 내스폴링성이 작다.

(2) 크롬마그네시아 내화물
① 크롬철강과 마그네시아를 주원료로 한다.
② 마그네시아 클링커에 크롬철광을 혼합 성형하여 SK 17 ~ 20 정도로 소성한 것이다.
③ 내화도(SK 42)와 하중연화점이 높다.
④ 용융온도가 2000 [℃] 이상이다.
⑤ 염기성 슬래그에 대한 저항이 크다.
⑥ 염기성 평로, 전기로, 시멘트회전로 등에 이용된다.
⑦ 내스폴링성이 크고 조직이 치밀하고 무겁다.
⑧ 버스팅현상이 발생하나 슬래그에 대한 저항성이 크다.

(3) 돌로마이트 내화물
① 백운석을 주원료로 하여 1600 [℃] 정도로 소성하여 제조하며 돌로마이트는 탄산칼슘과 탄산마그네슘을 주원료로 염기성 제강로에 사용된다.
② 내화도가 SK 36 ~ 39이며 하중연화점이 높다.
③ 염기성 슬래그에 대한 저항이 크다.

④ 산화분위기에는 약하다.
⑤ 내스폴링성이 크다.
⑥ 내침식성은 있으나 내슬래킹성이 약하다.
⑦ 염기성 제강로, 시멘트소성가공, 전기로에 사용된다.

(4) 폴스테라이트 내화물
① 주성분은 Mg_2SiO_4이다.
② 감람석, 사문암 등에 마그네시아 클링커를 배합하여 만든 벽돌이며 주물사로 이용하기도 한다.
③ 내화도 SK 36 이상이고 하중연화점이 높다.
④ 내식성이 좋고 기공률이 크다.
⑤ 사용용도는 반사로 저주파 유도전기로 염기성 평로 등에 사용된다.
⑥ 소화성이 없고 소성온도는 1500 [℃] 내외이다.
⑦ 고온에서 용적 변화가 작고 열전도율이 낮다.

3) 중성 내화물
(1) 고알루미나질 내화물
① 50 [%] 이상의 알루미나를 함유한 내화물이다.
② 내화도 SK 35 ~ 38이다.
③ 내식성 내마모성이 매우 크다.
④ 고온에서 부피 변화가 작다.
⑤ 내열성이 우수하다.
⑥ 강도가 높다.
⑦ 부식에 강하다.
⑧ 급열 또는 급랭에 대한 저항성이 크다.
⑨ 유리가마, 화학공업용로, 회전가마, 터널가마 등에 사용된다.

(2) 크롬질 내화물
① 크롬철강을 분쇄하여 점결제를 혼합하여 성형 및 건조한 내화물이다.
② 내화도가 높다(SK 38).
③ 내마모성이 크다.
④ 하중연화점이 낮고 스폴링이 쉽게 발생한다.
⑤ 산성 노재와 염기성 노재의 접촉부에 사용하여 서로 침식을 방지한다.
⑥ 고온에서 버스팅현상이 발생한다.

(3) 탄화규소질 내화물
　① 탄화규소를 주원료로 사용한다.
　② 내화도와 하중연화점이 상당히 높다.
　③ 고온에서 산화되기 쉽다.
　④ 전기 및 열전도율이 높다.
　⑤ 내스폴링성이 크고 열팽창계수가 작다.
　⑥ 사용용도는 전기저항 발열체, 열교환실의 내화재 등에 사용된다.
　⑦ 내마모성이 크다.
　⑧ 내식성, 내열성이 강하다.
　⑨ 고온의 중성 및 환원성 분위기에서는 화학적으로 안정된다.

(4) 탄소질 내화물
　① 탄소 및 흑연 코크스 무연탄을 주원료로 사용되며 타르 피치 같은 탄소질이나 점토류를 점결제로 사용하여 소성한 내화물이다.
　② 내화도와 전기 및 열전도율이 높다.
　③ 화학적 침식에 강하며, 수축이 작다.
　④ 내스폴링성이 강하다.
　⑤ 큐폴라의 내장, 도가니 등에 사용된다.
　⑥ 공기 중에서 온도가 상승하면 산화한다.
　⑦ 재가열 시 수축이 작다.

4) 부정용 내화물 : 일정한 모양 없이 시공현장에서 원료에 물을 가하여 필요한 모양으로 만든 성형물이다.

(1) 캐스터블 내화물 : 알루미나 시멘트를 배합한 내화콘크리트이다.
　① 접합부 없이 축요한다.
　② 잔존수축이 크고 열팽창이 작다.
　③ 내스폴링성이 크고 열전도율이 작다.
　④ 사용용도는 보일러로, 연도 및 소둔로의 천장 등에 사용된다.
　⑤ 소성이 불필요하고 가마의 열손실이 적다.
　⑥ 시공 후 24시간 만에 사용온도로 상승하여 사용이 가능하다.

(2) 플라스틱 내화물 : 내화골재에 시공성 및 고온에서의 강도를 가지게 하기 위하여 가소성 점토 및 유기질 결합제를 첨가하여 시공한다.
  ① 캐스터블보다 고온에서 사용된다.
  ② 소결력이 좋고 내식성이 크다.
  ③ 팽창 및 수축이 작으며 내스폴링성이 크다.
  ④ 하중 연화온도가 높다.
  ⑤ 내식성, 내마모성이 크다.
  ⑥ 내화도가 SK 35 ~ 37이다.
  ⑦ 해머로 두들겨 사용한다.
  ⑧ 사용용도는 보일러수관벽, 버너 입구, 가마의 응급보수 등에 사용된다.

(3) 내화 모르타르 : 내화벽돌 간의 접합을 위해 사용되는 내화재 분말과 점결재를 혼합하여 만든 고온용 접착재
  ① 경화방법에 따른 분류
      ㉠ 열경성 : 고온에서 세라믹 본드에 의해 경화하는 성질
      ㉡ 기경성 : 공기 중에서 경화하는 성질
      ㉢ 수경성 : 물로 경화하는 성질
  ② 슬래그가 침식하기 쉬운 부분에 보호하고 냉공기의 유입을 방지하며 내화벽돌 결합용이다.
  ③ 구비조건
      ㉠ 시공성 및 점착성이 좋아야 한다.
      ㉡ 화학 성분 및 광물조성이 내화벽돌과 유사해야 한다.
      ㉢ 건조 가열 등에 의한 수축팽창이 작아야 한다.
      ㉣ 적절한 내화도를 가져야 한다.

5) 특수내화물

(1) 지르콘 내화물 : 지르콘($ZrSiO_4$) 원광을 1800 [℃] 정도에서 SiO_2를 휘발시키고 정제시켜 강하게 굽고 물, 유리 등의 결합제를 혼합하여 성형 소성한 내화물이다.
  ① 이상팽창 및 수축이 없고 열팽창계수가 작다.
  ② 내스폴링성이 크고 산화용재에 강하다.
  ③ 사용용도는 실험용 도가니, 대형 가마, 연소관 등에 사용된다.

07 OX퀴즈

※ OX 퀴즈로 최다빈출 개념을 쉽게 정리하고 기출 유형까지 미리 익혀보세요.

1 내화물이란 비금속 무기재료로 고온에서 쉽게 무르거나 녹지 않는다. O X

2 내화재는 재가열 시 수축이 큰 것으로 사용하여야 한다. O X

3 크롬철광을 원료로 하는 내화물이 고온에서 산화철을 흡수하여 표면이 부풀어 떨어져 나가는 현상을 스폴링이라고 한다. O X

4 내화물 제조공정과정은 분쇄 → 혼련 → 성형 → 건조 → 소성 → 소결과정을 거친다. O X

5 납석질 내화물은 산성 내화물이다. O X

6 고알루미나질 내화물은 염기성 내화물이다. O X

7 탄소질 내화물은 탄소 및 흑연 코크스 무연탄을 주원료로 사용한다. O X

정답 01 (O) 02 (X) 03 (X) 04 (O) 05 (O) 06 (X) 07 (O)

2 구비조건은 재가열 시 수축이 적을 것이다.
3 버스팅이라고 하고, 스폴링은 열팽창 차이에 의해 급격한 온도차로 균열이 생기는 것을 이야기한다.
6 중성 내화물이다.

Chapter 08 보일러제어

핵심포인트 시퀀스제어, 피드백제어, ACC, STC, FWC, PID

학습목표
1. 여러 자동제어의 특징에 대해 알아보자.
2. ACC, STC, FWC에 대해 알아보자.
3. 불연속동작과 연속동작에 대해 알아보자.

01 자동제어

1 자동제어의 종류

1) 시퀀스제어
    (1) 미리 정해진 순서에 따라 순차적으로 진행하는 자동제어방식으로 작업자의 개입이 필요하지 않다.
    (2) 특징
        ① 복잡한 작업도 순차적으로 진행할 수 있다.
        ② 작업의 효율성을 높일 수 있다.
        ③ 주로 산업용 자동차 분야에서 사용되며, 공정제어, 설비제어, 검사제어 등에 사용된다.

2) 피드백제어
    (1) 현재의 상태를 측정하여 원하는 상태와의 차이를 피드백으로 받아 제어하는 방식이다.
    (2) 출력 측의 신호를 입력 측에 되돌려주어 출력 측의 신호와 목푯값의 차이를 오차라고 하며 오차를 줄이기 위하여 제어량을 조절한다.
    (3) 특징
        ① 고액의 설비비가 요구된다.
        ② 운영하는 데 비교적 고도의 기술이 요구된다.
        ③ 구조가 복잡하므로 부분적으로 고장이 있으면 전체 생산에 영향을 미친다.
        ④ 수리가 비교적 어렵다.
        ⑤ 출력값을 목푯값에 맞추는 데 효과적이다.
        ⑥ 외부 요인에 의한 영향을 줄일 수 있다.

(4) 서보기구 : 물체의 정확한 위치, 방향, 속도, 자세 등 기계적 변위를 제어량으로 하여 목푯값을 따라가도록 하는 피드백제어의 일종으로 비행기 및 선박의 방향제어 등에 사용된다.

3) 피드포워드제어 : 미래의 상태를 예측하여 그에 맞게 제어하는 방식
    (1) 외란에 의한 제어량 변화를 미리 상정하여 이것에 대응한 제어동작을 수행시켜 응답을 빨리하게 하는 제어방식이다.
    (2) 자체적 정정 동작이 없기 때문에 일반적으로는 피드백제어와 병용하여 사용된다.

4) 인터록(Inter Lock)제어 : 어떤 조건이 충족되지 않으면 충족될 때까지 다음 동작을 저지하는 제어로 보일러 사고를 미연에 방지할 수 있는 안전관리장치이다.
    (1) 저수위 인터록 : 안전저수위까지 수위 감소 시 연료공급 전자밸브를 닫아 보일러 운전을 정지시킨다.
    (2) 압력초과 인터록 : 증기압력이 설정치를 초과할 때 연료공급 전자밸브를 닫아 운전을 정지시킨다.
    (3) 불착화 인터록 : 착화과정에서 착화가 실패할 경우 미연소가스의 폭발 또는 역화를 방지하기 위하여 연료공급 전자밸브를 닫아 운전을 정지시킨다.
    (4) 프리퍼지 인터록 : 송풍기의 고장으로 노 내의 통풍이 되지 않을 경우 연료공급을 차단시켜 운전을 정지시킨다(송풍기 고장 시 연료공급 전자밸브는 열리지 않는다).
    (5) 저연소 인터록 : 운전 중 연소상태가 불량하거나, 급격한 연소로 인하여 저연소 전환이 되지 않을 경우 연료공급 전자밸브를 닫아 연료 공급을 차단시켜 운전을 정지시킨다.

5) 정치제어 : 목푯값이 시간에 따라 변하지 않고 일정한 값을 유지한다.
    (1) 송풍량을 일정하게 공급하려고 할 때 가장 적당한 제어방식
    (2) 송풍기의 토출압력과 실내압력의 차이를 이용하여 송풍량을 제어하는 방식

6) 추치제어 : 목푯값이 시간에 따라 변화하는 제어
    (1) 추종제어 : 제어량 중 서보 기구에 해당하는 값을 제어한다.
    (2) 비율제어 : 목푯값이 어떤 다른 양과 일정한 비율로 변화한다.
    (3) 프로그램제어 : 목푯값이 미리 정해진 시간에 따라 미리 결정된 일정한 프로그램으로 진행된다.

(4) 캐스케이드(Cascade)제어
① 1차 제어장치가 제어량을 측정하여 제어명령을 발하고, 2차 제어장치가 이 명령을 바탕으로 제어량을 조절하는 방식이다.
② 외란의 영향을 최소화하고 시스템 전체의 시간지연을 적게 하여 제어효과를 개선시킨다.
③ 출력 측의 낭비시간이나 시간지연이 큰 프로세스제어에 적합하다.

7) 다수변제어 : 2개 이상의 입력 또는 출력 변수를 갖는 제어를 이야기한다.
8) 프로세스제어 : 온도, 압력, 유량, 습도 등과 같은 프로세스의 상태량에 대한 자동제어를 이야기한다.

2 ABC(보일러 자동제어, Automatic Boiler Control)

1) ACC(연소제어, Automatic Combustion Control)
   (1) 보일러의 부하 변동에 따라 연료와 공기량을 자동으로 조절하여 증기 압력을 일정하게 유지시키는 장치
   (2) 제어량 : 증기압력
       조작량 : 연료량 & 공기량

2) STC(증기온도제어, Steam Temperature Control)
   (1) 보일러로부터 발생한 증기의 온도를 일정하게 유지시키기 위하여 전열량을 제어하는 것
   (2) 제어량 : 증기온도
       조작량 : 전열량

3) FWC(자동급수제어, Automatic Feed Water Control)
   (1) 보일러의 부하변동과 관계없이 보일러의 수위를 항상 일정하게 유지시키기 위하여 급수량을 자동적으로 제어하는 것
   (2) 제어량 : 보일러 수위, 조작량 : 급수량
       ① 단요소식(1요소식) : 보일러의 수위만을 검출하여 급수량을 조절하는 방식
       ② 2요소식 : 수위와 증기유량을 동시에 검출하여 급수량을 조절하는 방식
       ③ 3요소식 : 수위, 증기유량, 급수유량을 동시에 검출하여 급수량을 조절하는 방식

4) SPC(증기압력제어, Steam Pressure Control)
   (1) 보일러 동체 내에 발생하는 증기압력을 유지하기 위하여 연료량과 공기량을 제어하는 것
   (2) 제어량 : 증기압력
       조작량 : 연료량, 공기량

3 불연속 & 연속동작

1) 불연속동작

(1) 2위치동작(On - off동작, 온오프동작)

① 불연속제어의 대표적인 방법으로 설정치와 현재값의 차이가 기준값을 초과하면 출력을 1로 설정, 기준값 이하이면 출력값 0으로 설정하는 방식

② 조작량이 동작신호의 값을 경계로 완전 개폐되는 동작(이산동작)

③ 장점
  ㉠ 불연속 제어동작 중 동작방식이 가장 간단하다.
  ㉡ 조절기의 구조가 간단하다.
  ㉢ 값이 저렴하다.
  ㉣ 시간지연이나 부하변화가 클 경우 적합하다.

④ 단점
  ㉠ 정밀한 제어에는 부적합하다.
  ㉡ 설정값 부근에서 제어량이 일정하지 않다.

(2) 다위치동작

2위치동작에 비해 더욱 세분화된 제어를 할 수 있다.

2) 연속동작

(1) 비례(P)동작(Proportional Action)

① 동작신호에 대하여 조작량의 출력변화가 일정한 비례관계에 있는 제어동작이다.

② 목푯값(설정값)과 제어결과인 검출값의 차이인 편차의 크기에 비례하여 조작부를 제어하는 것이다.

③ 단독으로 사용하지 않고 다른 동작과 조합하여 사용한다.

④ 장점 : 사이클링(상하진동)을 제거할 수 있고 부하변화가 적은 프로세스의 제어에 적합하다.

⑤ 단점 : 잔류편차(오프셋)가 발생하며 부하변화가 큰 제어계는 부적합하다.

(2) 적분(I)동작(Integral Action)

① 출력변화 속도가 편차에 비례하는 제어동작이다.

② 오차가 계속 누적되면 출력이 점점 커진다.

③ 유량제어에 많이 사용된다.

④ 장점 : 잔류 편차(오프셋)을 없애준다.

⑤ 단점 : 진동하는 경향이 있고 급변 시 큰 진동이 발생하며 응답시간이 길어 안정성이 떨어진다.

(3) 미분(D)동작(Differential Action)
   ① 출력 변화가 편차의 시간변화에 비례하는 제어동작이다.
   ② 편차가 일어날 때 정정신호를 크게 주어 제어량을 안정시켜 편차가 커지는 것을 미연에 방지한다.
   ③ 장점 : 진동이 제거되고 응답시간이 빨라져 제어의 안정성이 높아지며 오버슈트를 감소시킨다.

(4) 비례적분(PI)동작 : 비례제어(P제어)에서 발생하는 잔류편차(Off Set)를 없애주는 것이 적분제어(I제어)로, 두 동작의 장점을 조합한 제어동작이다.
   ① 잔류편차(오프셋)가 제거된다.
   ② 부하변화가 넓은 범위의 프로세스에도 적용 가능하다.
   ③ 부하가 급변할 때에는 큰 진동이 생긴다.
   ④ 외란에 대한 응답시간이 길어 제어의 안정성이 떨어진다.

(5) 비례미분동작(PD)동작 : 제어결과에 빨리 도달하도록 미분동작을 조합시킨 제어동작이다.
   ① 진동이 제거된다.
   ② 응답시간이 빨라져 제어의 안정성이 높아진다.

(6) 비례적분미분(PID)동작 : PI동작과 PD동작이 가지는 단점을 제거할 목적으로 조합한 제어동작이다.
   ① 오프셋(잔류편차)이 제거된다.
   ② 진동이 제거된다.
   ③ 응답시간이 가장 빠르다.
   ④ 제어계의 난이도가 큰 경우 가장 적합한 제어동작이다.

02 특성과 응답

1 동특성 & 정특성

1) 동특성(Dynamic Characteristics) : 입력신호인 측정량이 시간적으로 변동할 때 출력신호인 계측기가 지시하는 시간적 동작의 특성
2) 정특성 : 시간에 따라 변하지 않은 변동 없는 동작의 특성   예 감도, 밀도

2 응답

1) 과도응답 : 정상상태(Steady State)에 있는 요소의 입력 측에 어떠한 변화를 주었을 때 출력 측에 생기는 변화의 시간적 경과를 말한다.
2) 스텝응답 : 입력을 단위량만큼 스텝(Step)상으로 변화시켜 평형상태를 상실했을 때의 과도응답을 말한다.
3) 정상응답 : 출력신호가 최종값으로 되는 정상적인 응답을 말한다.

3 과도응답(過渡應答) 특성

1) 지연시간 : 응답이 최초로 목푯값의 50 [%]가 되는 데 요하는 시간
2) 상승시간 : 목푯값의 10 [%]에서 90 [%]까지 도달하는 데 요하는 시간
3) 정정시간 : 응답이 목푯값의 ±5 [%] 이내의 오차 내에 안정되기까지의 시간
4) 오버슈트 : 제어량이 목푯값을 초과하여 처음으로 나타나는 최대초과량

$$\text{오버슈트 백분율} = \frac{\text{최대오버슈트}}{\text{최종목표값}} \times 100\,[\%]$$

5) 낭비시간(Dead Time) : 출력이 입력에 대해 늦어지는 시간
6) 시간정수(Time Constant) : 목푯값의 63 [%]에 도달하는 데 소용되는 시간으로 응답의 빠른 정도를 나타내는 지표로 사용됨

4 신호의 전송방식

신호 전달매체에 따라 전기식, 공기압식, 유압식으로 나눈다.

08 OX퀴즈

※ OX 퀴즈로 최다빈출 개념을 쉽게 정리하고 기출 유형까지 미리 익혀보세요.

1 시퀀스제어는 현재의 상태를 측정하여 원하는 상태와의 차이를 받아 제어하는 방식이다. ⬜O ⬜X

2 미래의 상태를 예측하여 그에 맞게 제어하는 방식은 피드포워드제어이다. ⬜O ⬜X

3 목푯값이 시간에 따라 변하지 않고 유지되는 제어는 추치제어이다. ⬜O ⬜X

4 ACC는 Automatic Combustion Control로 자동연소제어를 이야기한다. ⬜O ⬜X

5 FWC의 2요소식은 수위와 급수유량을 동시에 검출하여 급수량을 조절하는 방식이다. ⬜O ⬜X

6 2위치동작은 불연속동작의 대표적인 예이다. ⬜O ⬜X

7 잔류편차를 없애주는 동작은 적분동작이다. ⬜O ⬜X

정답 01 (X) 02 (O) 03 (X) 04 (O) 05 (X) 06 (O) 07 (O)

1 시퀀스제어는 <u>미리 정해진 순서에 따라 순차적으로 진행하는 자동제어방식</u>이다. 현재의 상태를 측정하여 원하는 상태와의 차이를 피드백 받아 제어하는 방식은 피드백제어이다.
3 추치제어는 목푯값이 시간에 따라 변화하는 제어이고 변하지 않고 유지하는 제어는 <u>정치제어</u>이다.
5 2요소식은 수위와 <u>증기유량</u>을 동시에 검출하여 급수량을 조절하는 방식이다.

Chapter 09 보일러배관 및 밸브

핵심포인트 열원 흐름도, 도시기호, 도시법, 배관재료, 배관이음, 보온재

학습목표
1. 배관도면의 도시기호와 방열기의 도시법에 대해 알아보자.
2. 다양한 배관재료에 대해 알아보자.
3. 배관이음의 종류에 대해 알아보자.
4. 유기질 보온재와 무기질 보온재에 대해 알아보자.

01 배관도면 파악

1 열원 흐름도

보일러에서 연료를 이용하여 열매체를 가열하는 열원에는 증기, 온수, 응축수 등이 있다.

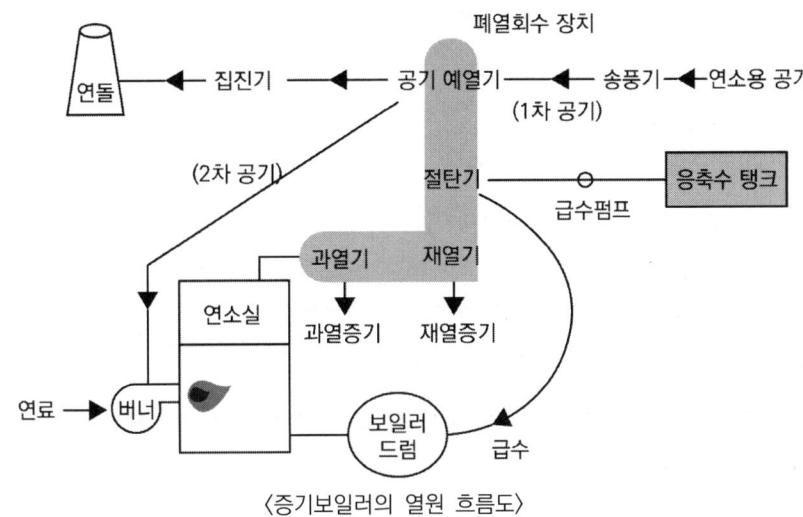

〈증기보일러의 열원 흐름도〉

1) 연료와 공기 예열기를 통해 예열된 연소용 공기가 버너를 통해 연소실에서 연소반응을 일으킨다.
2) 절탄기에서 배기가스의 여열로 급수를 예열한다.

2 배관도면의 도시기호

1) 배관도면의 도시법

   관은 하나의 실선으로 표시하며 동일 도면에서 다른 관을 표시할 때도 같은 굵기선으로 표시한다.

   (1) 유체의 종류, 상태, 목적표시 기호

   문자로 표시하며 관을 표시하는 선 위에 표시하거나 인출선에 의해 도시한다.

   (2) 유체의 종류와 기호
   - ① 공기 : A
   - ② 가스 : G
   - ③ 유류 : O
   - ④ 수증기 : S
   - ⑤ 물 : W

2) 배관의 식별 표시

   공장, 광산, 학교, 극장, 선박, 차량, 항공 보안시설 등에 있어 배관계에서 설치한 밸브의 잘못된 조작을 방지하는 등의 안전을 위하여 배관에 식별 표시를 한다.

   (1) 관 내 물질의 종류를 분별하기 위한 식별색
   - ① 물 : 파랑(청색)
   - ② 증기 : 빨강(적색)
   - ③ 공기 : 흰색(백색)
   - ④ 기름 : 주황(암황적색)
   - ⑤ 가스 : 노랑(황색)
   - ⑥ 산, 알칼리 : 회보라색(회자색)
   - ⑦ 전기 : 연주황(담황적색)

   (2) 물질표시는 관 내 물질의 종류, 명칭을 표시한다.

   (3) 상태표시는 관 내 물질의 상태를 표시한다.

   (4) 안전표시는 안전을 촉구하기 위하여 관에 안전 색채를 칠하며, 위험표시, 소화표시, 방사능 표시가 있다.

3) 방열기의 호칭 및 도시법
   - ① : 쪽수(섹션수)
   - ② : 종별
   - ③ : 형(치수, 높이)
   - ④ : 유입관 지름
   - ⑤ : 유출관 지름

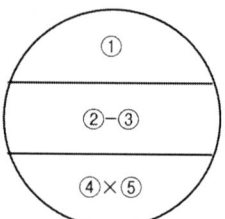

4) 치수기입법

배관도면의 평면도에는 가로, 세로를 표시하는 치수만 치수선에 기입하고, 입면도와 입체도에는 높이를 표시하는 치수만을 기입하는데 이를 EL(Elevation)로 표시한다.

(1) 치수표시 : 치수는 [mm] 단위를 원칙으로 하며 치수선에는 숫자만 기입한다. 각도는 일반적으로 도(°)를 표시한다.

(2) 높이표시

① EL 표시 : 배관의 높이를 표시할 때 기준선으로 기준선에 의해 높이를 표시하는 법
  ㉠ 기준선은 평균 해면에서 측량된 어떤 기준선이며, 옥외배관장치에서의 기준선은 지반면이 반드시 수평이 되지 않으므로 지반면의 최고 위치를 기준으로 하여 150 ~ 200 [m] 정도의 하부를 기준선이라 하며, 배관에서의 베이스라인은 EL±0으로 한다.
  ㉡ EL + 5000 : 관의 중심이 기준면보다 5000 높은 장소에 있다.
  ㉢ EL - 600BOP : 관의 밑면이 기준면보다 600 낮은 장소에 있다.
  ㉣ EL - 300TOP : 관의 윗면이 기준면보다 300 낮은 장소에 있다.
② BOP(Bottom Of Pipe) : EL에서 관 외경의 밑면까지를 높이로 표시할 때
③ TOP(Top Of Pipe) : EL에서 관 외경의 윗면까지를 높이로 표시할 때
④ GL(Ground Level) : 지면의 높이를 기준으로 할 때 사용하고 치수 숫자 앞에 기입
⑤ FL(Floor Level) : 건물 바닥면을 기준으로 하여 높이로 표시할 때

3 배관이음표시

이음종류	연결방법	도시기호	이음종류	연결방법	도시기호
배관이음	나사이음	—+—	신축이음	루프형	⌒
	용접이음 (납땜이음)	—●—		슬리브형	—[ ]—
	플랜지이음	—∥—		벨로즈형	—∧∧∧—
	유니온	—╫—		스위블형	(스위블 기호)
	턱걸이이음	—⌒—			

02 배관재료 준비

1 관 재료 선택 시 고려사항

1) 관 내 흐르는 유체의 화학적 성질
2) 관 내 유체의 사용압력에 따른 허용압력한계
3) 관의 외압에 따른 영향
4) 유체의 온도에 따른 열영향
5) 유체의 부식성에 따른 내식성
6) 열팽창에 따른 신축흡수
7) 관의 중량과 수송조건
8) 관의 이음방법 : 접합, 굽힘, 용접 등 가공성
9) 관을 부설하는 장소와 환경조건

2 재질에 따른 분류

1) 철금속관 : 강관, 주철관, 스테인리스강관
2) 비철금속관 : 동관, 연(납), 알루미늄관
3) 비금속관 : PVC관 PB관, PE관, PPC관, 원심력 철근 콘크리트관(흄관), 석면시멘트관(에터니트관), 도관 등

3 배관의 종류

1) 강관(Steel Pipe) : 일반적으로 각종 수송관 또는 일반배관용으로 광범위하게 사용되며 배관용 강관에는 탄소강관, 수도용 아연 도금강관, 압력배관용 탄소강관 등이 있다. KS 규격에는 강관의 호칭을 mm(A), 또는 inch(B)로 표시한다.

　(1) 강관의 분류
　　① 제조방법에 다른 분류
　　　㉠ 이음매 없는 강관
　　　㉡ 이음매 있는 강관
　　　　ⓐ 단접관　　　　　　ⓑ 전기저항 용접관
　　　　ⓒ 가스 용접관　　　　ⓓ 아크 용접관

② 재질상 분류
  ㉠ 탄소강강관
  ㉡ 스테인리스강강관
  ㉢ 합금강강관
③ 사용되는 분야에 의한 분류
  ㉠ 배관용   ㉡ 수도용
  ㉢ 열교환용   ㉣ 건축의 구조용
④ 표면처리에 의한 분류
  ㉠ 흑관(도금처리를 하지 않은 강관)
  ㉡ 백관(아연도금강관)

(2) 강관의 특징
 ① 관의 접합작업이 용이하다.
 ② 주철관에 비해 내압성이 양호하다.
 ③ 내충격성, 굴요성이 크다.
 ④ 연관, 주철관에 비해 가격이 저렴하다.
 ⑤ 연관, 주철관에 비해 가볍고 인장강도가 크다.
 ⑥ 인성이 풍부하여 나사이음, 플랜지이음, 용접이음 등에 적합하다.
 ⑦ 부식이 발생하기 쉽고 배관 수명이 짧다.

(3) 강관기호
 ① 배관용
  ㉠ 배관용 탄소강관 : SPP
    사용압력이 비교적 낮은 증기·물 등의 유체수송관에 사용되며 아연도금을 한 백관과 도금을 하지 않은 흑관으로 구분된다.
  ㉡ 압력압배관배관용 탄소강관 : SPPS
  ㉢ 고압배관용 탄소강관 : SPPH
  ㉣ 고온배관용 탄소강관 : SPHT
  ㉤ 저온배관용 강관 : SPLT
  ㉥ 배관용 합금강강관 : SPA
  ㉦ 배관용 스테인리스강관 : STS
  ㉧ 배관용 아크용접 탄소강관 : SPW
 ② 수도용
  ㉠ 수도용 아연도금강관 : SPPW
  ㉡ 수도용 도복장강관 : STPW

③ 열전달용
  ㉠ 보일러 열교환기용 탄소강관 : STH
  ㉡ 보일러 열교환기용 합금강강관 : STHB(A)
  ㉢ 보일러 열교환기용 스테인리스강관 : STS × TB
  ㉣ 저온 열교환기용 강관 : STS × TB
④ 구조용
  ㉠ 일반구조용 탄소강관 : SPS
  ㉡ 기계구조용 탄소강관 : SM
  ㉢ 구조용 합금강강관 : STA

(4) 스케줄번호 : 관의 두께를 표시하는 번호

① 스케줄번호(Sch.No) = $10 \times \dfrac{P}{S}$

(P : 사용압력 $[kgf/cm^2]$, S : 허용응력 $[kgf/mm^2]$)

② 스케줄번호(Sch.No) = $1000 \times \dfrac{P}{S}$

(P : 사용압력 $[kgf/mm^2]$, S : 허용응력 $[kgf/mm^2]$)

③ 허용응력 = $\dfrac{\text{인장강도}}{\text{안전율}}$ (통상적으로 안전율은 4)

2) 주철관 : 철과 탄소의 합금계에서 탄소함유량이 2 [%] 이하인 것을 강, 2 [%] 이상인 것을 주철이라 한다. 주철관은 내식성, 내마모성, 내압성이 우수하고 다른 금속관에 비해 내구성이 우수하기 때문에 급수관, 배수관, 도시가스 공급관, 화학공업용관 등 주로 매설관으로 사용된다. 재질에 따라 보통 주철관과 고급 주철관으로 분류할 수 있다.

(1) 주철관의 이음방법
  ① 소켓이음
  ② 플랜지이음
  ③ 특수이음 : 기계적 이음, 빅토릭이음, 타이톤이음

(2) 주철관 특징
  ① 내식성, 내마모성, 내압성이 우수하다.
  ② 매설 시 부식이 적어 매설관에 적합하다.
  ③ 일반관에 비해 강도가 크다.
  ④ 급수, 배수, 통기 및 오수, 가스공업, 화학공업 등 사용처가 다양하다.
  ⑤ 인장강도가 작다.
  ⑥ 용접이 어렵다.

3) 스테인리스강관(Stainless Steel Pipe) : 철에 12 ~ 20 [%] 정도 크롬을 첨가하여 만들어진 것으로 강의 표면에 얇은 보호피막을 만들어 부식진행을 느리게 한다. 상수도의 오염으로 인한 배관의 수명이 짧아지고 부식의 우려가 있기 때문에 스테인리스강관의 사용도가 증대하고 있다.

   (1) 스테인리스강관의 종류
   ① 배관용 스테인리스강관 : 오스테나이트계, 오스테나이트 - 페라이트계, 페라이트계 등이 있으며 내식용, 저온용, 고온용 등의 배관에 사용된다.
   ② 보일러 열교환기용 스테인리스강관 : 오스테나이트계, 오스테나이트 - 페라이트계, 페라이트계 등이 있고, 관 내·외에서 열교환을 목적으로 사용된다.
   ③ 위생용 스테인리스강관
   ④ 배관용 아크용접 대구경 스테인리스강관
   ⑤ 일반배관용 스테인리스강관
   ⑥ 구조 장식용 스테인리스강관
   ⑦ 스테인리스 주름관 : 급탕, 급수, 난방 등에 사용하며, 관을 쉽게 굽힐 수 있고 이음쇠에 쉽게 연결할 수 있다.

   (2) 스테인리스강관의 특징
   ① 내식성이 우수하여 내경의 축소, 저항 증대현상이 적다.
   ② 위생적이다.
   ③ 강관에 비하여 기계적 성질이 우수하다.
   ④ 두께가 얇아 가벼우며 운반 및 시공이 용이하다.
   ⑤ 저온에 대한 충격성이 좋고 한랭지배관이 가능하며 동결에 대한 저항성이 크다.
   ⑥ 나사식, 용접식, 몰코식, 플랜지이음 등 시공이 용이하다.

4) 동관(Copper Pipe) : 동은 전기 및 열전도율이 좋고 내식성이 뛰어나며 전성, 연성이 풍부하여 가공도 용이하다. 또한 판, 봉, 관으로 제조되어 전기재료, 열교환기, 급수관 등에 널리 사용되고 있다. 순도가 높은 동은 지나치게 연하여 기계적 성질이 강하지 못하므로 경질 또는 반경질로 가공 경화시켜 사용한다. 동에 아연, 주석, 규소, 니켈 등의 원소를 첨가하여 기계적 성질을 개량시켜 내열성, 내식성을 증가시킨 황동, 청동, 니켈 동합금 등의 동합금관이 있다.

(1) 동관의 분류
　① 사용된 소재에 따른 분류
　② 질별 분류
　③ 두께별 분류
　④ 용도별 분류
　⑤ 형태별 분류

(2) 동관의 특징
　① 마찰저항 손실이 적다.
　② 무게가 가볍고 매우 위생적이다.
　③ 유연성이 커서 가공하기가 용이하다.
　④ 외부충격에 약하고 가격이 비싸다.
　⑤ 전기 및 열전도율이 좋아 열교환용으로 우수하다.
　⑥ 내식성 및 알칼리에 강하고 산성에는 약하다.
　⑦ 담수에 내식성은 크나 연수에는 부식된다.
　⑧ 전·연성이 풍부하여 가공이 용이하고 동파의 우려가 적다.
　⑨ 아세톤, 에터(에테르), 프레온가스, 휘발유 등 유기약품에는 침식되지 않는다.
　⑩ 가성소다, 가성칼리 등 알칼리성에 내식성이 강하다.
　⑪ 상온공기 속에서는 변하지 않으나 탄산가스를 포함한 공기 중에는 푸른 녹이 생긴다.

(3) 용도 : 열교환기용관, 급수관, 압력계관, 급유관, 냉매관, 급탕관, 기타 화학공업용

5) 연관(Lead Pipe) : 일명 납(Pb)관이라 하며, 연관은 용도에 따라 1종(화학공업용), 2종(일반용), 3종(가스용)으로 나눈다.

(1) 연관 특징
　① 초산, 염산, 질산 등에 침식되나 그 밖의 산에 강하며 알칼리성에 약하다.
　② 내식성이 일반적인 관에 비해 크다.
　③ 전연성이 풍부하여 상온가공이 용이하다.
　④ 해수나 천연수도 안전하게 사용할 수 있다.
　⑤ 중량이 무거워 수평배관 설치 시 늘어지기 쉽다.

6) 알루미늄관(Al관) : 은백색을 띠는 관으로 동 다음으로 전기 및 열전도성이 양호하며 전연성이 풍부하여 가공이 용이하며 열교환기, 선박, 차량, 건축재료 및 화학공업용 재료로 널리 사용된다. 알칼리에는 약하며 해수, 염산, 황산, 가성소다 등에 특히 약하다.

7) 합성수지관(플라스틱관 : Plastic Pipe) : 석유, 석탄, 천연가스 등으로부터 얻어지는 에틸렌, 프로필렌, 아세틸렌, 벤젠 등을 주원료로 하여 제조된 관

   (1) 경질염화비닐관(P.V.C관) : 아세틸렌에 염화수소를 첨가하여 압출성형기로 제조한 관으로 사용온도는 5 ~ 50 [℃] 정도이며, 온도변화가 심한 곳에서 노출배관 시 30 ~ 40 [m]마다 신축이음을 해야 한다.

장점	단점
• 내식성이 크고, 산, 알칼리, 염류 등의 부식에도 강하다. • 가볍고 운반 및 취급이 편리하며 기계적 강도가 높다. • 가격이 싸고 가공 및 접합작업이 쉽다. • 전기 절연 및 열의 부도체이다.	• 열팽창이 커서 신축이 심하다. • 저온에 특히 약하다. • 용제 및 아세톤 등에 침식된다. • 열가소성수지이므로 180 [℃] 정도에서 연화된다.

   (2) 폴리에틸렌관(PE관 : Poly-ethylene Pipe) : 에틸렌에 중합체, 안전체를 첨가하여 압출 성형한 관으로 화학적, 전기 절연 성질이 염화비닐관보다 우수하고 내충격성이 크고 내한성이 좋아 -60 [℃]에서도 취성이 나타나지 않아 한냉지배관으로 적합하나 인장강도가 작다.
   ① 내충격성이 PVC보다 우수하다. ② 내열성이 PVC보다 우수하다.
   ③ 내약품성이 PVC보다 우수하다. ④ 전기절연성이 PVC보다 우수하다.
   ⑤ 전기 화학적 성질이 우수하다. ⑥ 유연성이 풍부하다.
   ⑦ 비중이 0.92 ~ 0.96이다. ⑧ 저온에 강하다.
   ⑨ 가격이 저렴하다. ⑩ 열에는 약하다.

   (3) 폴리부틸렌관(PB관 : Poly-buthylene Pipe) : 폴리부틸렌관은 강하고 가벼우며 내구성 및 자외선에 대한 저항성, 화학작용에 대한 저항성 등이 우수하여 온수온돌의 난방배관, 음용수 및 온수배관, 농업 및 원예용 배관, 화학배관 등에 사용된다. 나사 및 용접배관을 하지 않고 관을 연결구에 삽입하여 그래프링과 오링에 의해 쉽게 접할 수 있다. 강도와 유연성이 커서 곡률반경에 대한 관경의 8배까지 굽힘이 가능하고 내한 내열성이 강한 배관재료이다.

8) 철근 콘크리트관

　⑴ 보통 철근 콘크리트관 : 형틀에 철근을 넣고 콘크리트를 다져서 만든 관으로 조직이 거칠고 기공이 많아 강도가 약하지만 보통 배수관으로 사용된다.

　⑵ 원심력 철근 콘크리트관 : 흄관이라고도 하며, 철망을 원통형으로 엮어 형틀에 넣고 콘크리트를 주입하여 고속으로 회전시켜 균일한 두께의 관으로 성형시킨 관이다. 상하수도, 배수관으로 사용되고 보통압관, 저압관의 2종류와 형상에 따라 A, B, C형의 3종류가 있다.

9) 석면 시멘트관(에터니트관)

　석면과 시멘트를 1 : 5로 혼합하여 롤러로 압력을 가해 성형시킨 관이다. 1종, 2종의 두 종류가 있으며 금속에 비해 내식성이 크며 특히 내알칼리성이 우수하다. 수도용, 가스관, 배수관, 공업용수관 등의 매설관에 사용되며 재질이 치밀하여 강도가 크다.

10) 도관

　점토를 주원료로 하여 성형, 소성하여 만들며 보통관, 후관, 특후관이 있다. 소성 시 내흡수성을 위해 유약을 발라 표면을 매끄럽게 한다.

03 배관이음

1 강관이음

1) 나사이음

　⑴ 강관에 나사를 내어 나사부분에 패킹재를 감고 파이프렌치를 이용해 체결하는 방식

　⑵ 나사이음 사용목적에 따른 분류

　　① 관의 방향을 바꿀 때 : 엘보, 밴드

　　② 관을 도중에서 분기할 때 : 티, 와이, 크로스

　　③ 같은 지름의 관을 직선연결할 때 : 소켓, 유니온, 플랜지, 니플

　　④ 서로 다른 지름의 관을 연결할 때 : 이경 소켓(레듀샤), 이경 엘보, 이경 티, 부싱

　　⑤ 관 끝을 막을 때 : 플러그, 캡

　　⑥ 관의 분해, 수리, 교체를 하고자 할 때 : 유니온, 플랜지

크로스티   소켓   유니온   레듀샤
캡   엘보   용접티

(3) 이음쇠 크기표시법
① 지름이 같은 경우 : 호칭지름으로 표시   예 25 [A] 엘보
② 지름이 2개인 경우 : 큰 치수 먼저 표시한 후 작은 치수 표시   예 25 × 15 [A] 엘보

(4) 파이프의 실제(절단)길이
① 부속이 동일한 경우 : $l = L - 2(A - a)$
② 부속이 다른 경우 : $l = L - [(A - a) + (B - b)]$
(L : 파이프의 전체 길이, l : 파이프의 실제 길이, A : 부속의 중심 길이, a : 나사의 삽입길이)

2) 용접이음
(1) 일반용 맞대기이음쇠 : 배관용 탄소강관에 사용
(2) 맞대기용접, 슬리브용접이음쇠 : 압력배관, 고압배관, 합금강, 스테인리스강관에 사용
(3) 용접이음 특징
① 열에 의한 잔류응력이 발생한다.
② 접합부 누수의 염려가 없다.
③ 접합부 강도가 강하다.
④ 유체 압력손실이 적다.

3) 플랜지이음
(1) 고압 파이프라인 또는 밸브, 펌프, 열교환기 및 각종 기기를 접속시킬 때나 관을 자주 해체하거나 교환할 필요가 있을 때 사용
(2) 플랜지 재질 : 강판, 주철, 주강, 청동, 황동
(3) 플랜지와 배관이음법
① 맞대기용접   ② 나사이음
③ 슬리브용접   ④ 블라인드
⑤ 랩조인트   ⑥ 소켓용접

2 주철관이음

1) 소켓이음(Socket Joint, Hub-type) : 연납(Lead Joint)이라고도 하며 주로 건축물의 배수배관의 지름이 작은 관에 많이 사용된다. 주철관의 소켓 쪽에 삽입구를 넣어 맞춘 다음 마를 단단히 꼬아 감고 정으로 다져 넣은 후 충분히 가열되어 표면의 산화물이 완전히 제거된 납을 한번에 충분히 부어 넣은 후 정을 이용하여 충분히 틈새를 코팅한다.

2) 노허브이음(No Hub-joint) : 소켓이음의 단점을 개량한 것으로 스테인리스 커플링과 고무링만으로 쉽게 이음할 수 있는 방법으로 시공이 간편하고 경제성이 커 현재 오배수관에 많이 사용하고 있다.

3) 플랜지이음(Flange Joint) : 플랜지가 달린 주철관을 플랜지끼리 맞대고 그 사이에 피킹을 넣어 볼트와 너트로 이음한다.

4) 기계식 이음(Mechanical Joint) : 소켓이음과 플랜지이음의 특징을 채택한 것

3 비철금속관이음

1) 동관이음 : 납땜이음, 플레어이음, 플랜지이음

2) 연관(Lead Pipe)이음

3) 스테인리스강관이음 : 나사이음, 용접이음, 플랜지이음, 몰코이음, MR조인트이음 등

4 신축이음(Expansion Joint)

1) 온도차에 의한 신축에 의해 관 접합부나 기기의 접속부가 파손될 우려가 있어 이를 미연에 방지하기 위하여 배관의 도중에 설치하는 것이다.

2) 강관의 경우 직선길이 30 [m]당, 동관은 20 [m]마다 1개 정도 설치한다.

※ 선팽창 길이 : $\Delta l = l \alpha \Delta t$ (α : 선팽창계수, l : 관의 길이, Δt : 온도차)

3) 종류

(1) 슬리브(Sleeve) 신축이음(미끄럼형)

① 본체와 슬리브 파이프로 되어 있다.
② 관의 신축은 본체 속의 미끄럼하는 슬리브관에 의해 흡수된다.
③ 슬리브와 본체 사이에 패킹을 넣어 누설을 방지한다.
④ 단식과 복식 두 가지 형태가 있다.
⑤ 온수 또는 저압증기의 배관에 주로 사용된다.
⑥ 신축량이 넓고 설치공간이 적어도 가능하다.

(2) 벨로즈(Bellows)형 이음(주름통식)
  ① 주름관 모양으로 신축을 잘 흡수한다.
  ② 온도에 따라 일어나는 관의 신축이음쇠를 벨로즈의 변형에 의해 흡수시키는 형식이다.
  ③ 증기관에 널리 사용되며 응력흡수가 용이한 이음방식이다.
  ④ 설치공간을 많이 차지하지 않고 신축에 의한 자체 응력 및 누설이 없지만 고압배관에는 부적합하다.
  ⑤ 주름의 하부에 이물질이 쌓이면 부식의 우려가 있기 때문에 주의하여야 한다.

(3) 스위블(Swivle)형 이음
  ① 2개 이상의 나사 엘보를 사용하여 나사의 회전에 의해 신축이 흡수된다.
  ② 저압의 증기 및 온수난방에 사용된다.
  ③ 넓은 설치 공간을 필요로 하며 천정 수평관 및 옥외배관에 설치한다.
  ④ 지나치게 큰 신축에 대하여는 누설의 염려가 있다.

(4) 루프(Loop)형 신축이음
  ① 신축곡관이라고도 하며 강관 또는 동관 등을 루프(Loop) 모양으로 구부려서 그 휨에 의해 배관의 신축을 흡수하는 형식이다.
  ② 주로 고압증기 옥외배관에 많이 사용된다.
  ③ 설치장소를 많이 차지한다는 단점이 있다.
  ④ 신축에 따른 자체 응력이 발생하고, 곡률 반경은 관지름의 6배 이상으로 한다.
    ※ 신축허용 길이가 큰 순서 : 루프형 > 슬리브형 > 벨로즈형 > 스위블형

(5) 볼조인트(Ball Joint)형 이음
  ① 평면상의 변위뿐 아니라 입체적인 변위까지 흡수하므로 어떠한 신축에도 배관이 안전하고 설치공간이 적다.
  ② 회전과 기울임의 기능이 동시에 가능한 이음이다.
  ③ 설치가 간단하며 시공면적도 크게 요구하지 않는다.
  ④ 기타 신축이음에 비해서 비싸다.

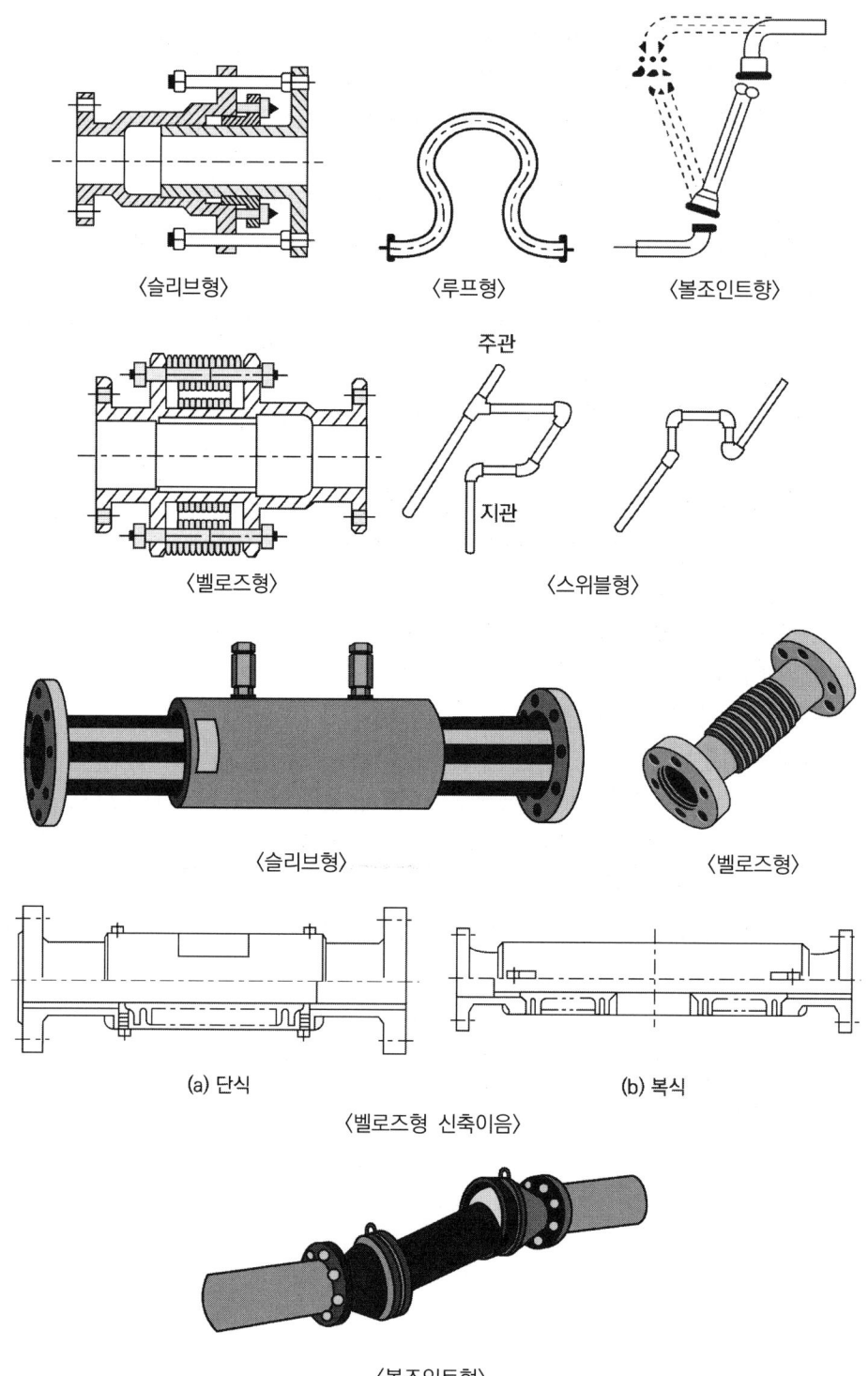

5 플렉시블이음(Flexible Joint)

굴곡이 많은 곳이나 기기의 진동이 배관에 전달되지 않도록 하여 배관이나 기기의 파손을 방지할 목적으로 사용된다.

04 배관상태점검

1 배관의 부속기기 및 용도

1) 배관지지

관의 신축, 동요, 하중 등에 의해 과도한 변형 및 응력이 생기지 않도록 하기 위해 사용

(1) 서포트
① 관을 밑에서 지지하는 것
② 종류
㉠ 리지드 서포트 : 수직방향 변위가 없는 곳에 사용
㉡ 스프링 서포트 : 스프링에 의해 관의 하중에 따라 상하 이동을 허용하는 지지장치
㉢ 파이프 슈 : 관에 직접 접속하여 지지하는 장치
㉣ 롤러 서포트 : 관의 축방향 이동을 자유롭게 하기 위해 롤러를 이용해 지지하는 장치

(2) 행거
① 관을 천장에 걸어 지지하게 하는 장치
② 종류
㉠ 리지드 행거 : 상하방향 변위가 없는 곳에 사용한다.
㉡ 스프링 행거 : 턴 버클 대신 스프링을 사용한 것으로 충격, 진동 등을 흡수한다.
㉢ 콘스탄트 행거 : 배관의 상하 이동을 어느 정도 허용하는 구조로 만들어 관의 지지력을 일정하게 한 것으로 중추식과 스프링식이 있다.

(3) 리스트레인트
① 열팽창 및 중력에 의한 힘 이외의 외력에 의한 배선이동을 제한하는 장치
② 종류
㉠ 앵커 : 관의 이동 및 회전을 방지하기 위해 지지점에 완전히 고정하는 장치로 진동이 심한 곳에 사용
㉡ 스토퍼 : 배관의 일정한 방향과 회전만 구속하고 다른 방향으로는 자유롭게 이동하는 장치
㉢ 가이드 : 배관의 축방향 이동을 안내하고 직각 방향 운동을 구속하는 데 사용

(4) 브레이스
① 펌프, 압축기 등에서 발생하는 진동, 서징, 수격작용, 지진 등에 의한 진동, 충격 등을 완화하는 완충기, 방진기가 있음
② 종류
㉠ 스프링식 : 온도가 높지 않은 배관에 사용
㉡ 유압식 : 규모가 대형인 배관에 사용

※ 관 지지 필요조건
① 밸브류나 장치가 있는 경우 장치 가까이에 지지
② 외부에서의 진동과 충격에 대해 견고할 것
③ 배관시공에 있어서 구배의 조정이 간단하게 될 수 있는 구조일 것
④ 관의 지지 간격에 적당할 것
⑤ 가능한 기존의 보를 이용하여 적정 간격을 유지하며 휘거나 쳐지지 않도록 할 것
⑥ 온도변화에 따른 관의 신축에 대해 대응이 가능할 것

2) 패킹재

회전부, 접합부로부터의 기밀을 유지하기 위해 사용하는 것으로 패킹재 선정은 관 내 유체의 물리적 성질, 화학적 성질, 기계적 성질을 고려하며, 용도별로 플랜지 패킹, 나사용 패킹, 글랜드 패킹이 있다.

※ 패킹재료 선택 시 고려할 사항
① 관 속에 흐르는 유체의 물리적 성질 : 압력, 온도, 밀도, 점도
② 관 속에 흐르는 유체의 화학적 성질 : 부식성, 용해 능력, 휘발성, 인화성, 폭발성
③ 기계적 조건 : 교체의 난이, 진동 유무, 내압과 외압

(1) 플랜지 패킹
  ① 고무 패킹(천연고무, 합성고무[네오프렌])
  ② 석면조인트 시트
    미세한 섬유질의 광물질로서 증기나 온수, 고온의 기름배관에 적합하다.
  ③ 합성수지(테프론) 패킹
    불소와 탄소의 화학적 결합으로 이루어진 폴리테르라플루오로에틸렌의 상품명인 합성수지류로서, 탄성은 부족하나 화학적으로 매우 안정되어 우수한 절연성, 내열성 등의 특징을 가지며 약품, 기름에 침식이 적어 합성수지류의 패킹에 많이 사용한다.
  ④ 오일 실 패킹
    식물성 섬유제품으로 내유성은 좋으나 내열성은 좋지 않다.
  ⑤ 금속 패킹
    납, 주석, 구리 등 금속을 사용하여 탄성이 적다.

(2) 나사용 패킹
  ① 페인트
    고온의 기름배관에는 사용할 수 없다.
  ② 일산화연(납)
    ㉠ 페인트에 소량의 일산화납을 첨가한 것이다.
    ㉡ 냉매배관에 주로 사용된다.
  ③ 액상합성수지
    화학약품에 강하다.

(3) 글랜드 패킹 : 밸브의 회전 부분에 기밀을 유지할 목적으로 사용
  ① 석면각형 패킹   ② 석면
  ③ 아마존 패킹   ④ 몰드 패킹

3) 도료
각종 금속에 녹스는 것을 방지하기 위한 도료
(1) 광명단 도료
    그중 연단과 아마인유를 혼합하여 제조되는 물질은 광명단 도료이며, 내수성, 내알칼리성 및 소지 침투력이 우수하고 방청력이 뛰어나 페인트 칠하기 전 녹스는 것을 방지하기 위해 밑칠하는 데 널리 사용된다.

(2) 합성수지 도료
    합성수지를 기본 원료로 하는 도료로 약품이나 열에 강하고 색채가 선명하며, 굴곡성이 뛰어나고 전기 절연성이 크다.

(3) 알루미늄 도료

알루미늄 분말을 유성 바니시와 혼합한 도료로 열을 잘 반사·발산시켜 방열기 등의 외면에 페인팅한다.

4) 밸브

(1) 게이트밸브, 슬루스밸브

① 일반적으로 가장 많이 사용하는 밸브
② 유체의 흐름을 차단(개폐)하는 대표적인 밸브로 가장 많이 사용
③ 개폐시간이 길다.

(2) 글로브밸브(스톱밸브)

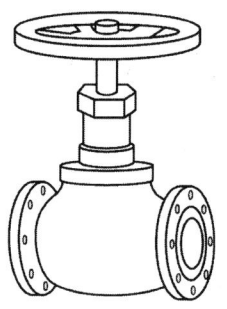

① 직선배관에 주로 설치하며 유입, 유출 방향이 같다.
② 유체에 대한 저항이 크다.
③ 개폐가 쉽고 유량 조절이 용이하다.
※ 디스크 형상 종류 : 평면형, 반구형, 반원형, 원뿔형

(3) 체크밸브(Check Valve)

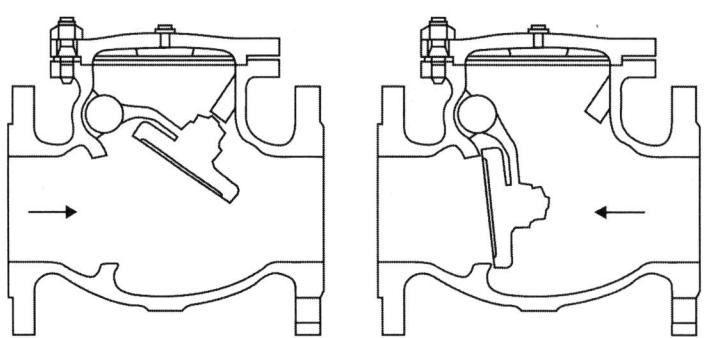

유체를 흐름 방향 한 쪽으로만 흐르게 하여 역류를 방지하는 역류방지밸브이다.

(4) 조정밸브 : 자동으로 밸브의 개도를 조절하여 주는 밸브류

① 감압밸브(Pressure Reducing Valve) : 고압의 압력을 저압으로 유지하여 주는 밸브로서 사용유체에 따라 물과 증기용으로 분류된다. 입구압력에 관계없이 출구 압력을 일정하게 유지시켜 준다.

※ 다이어프램밸브(Diaphragm Valve) : 유체의 흐름이 주는 영향이 비교적 작고, 패킹이 불필요하다. 산 등의 화학 약품을 차단하는 데 사용하는 밸브이다.

② 안전밸브(Safety Valve) : 압력이 규정한도 이상이 되면 자동적으로 밸브가 열려 장치나 배관의 파손을 방지하는 밸브이다. 스프링식과 중추식, 지렛대식이 있다.

③ 전자밸브(Solenoid Valve) : 전자코일에 전류를 흘려서 전자력에 의한 플런저가 들어 올려지는 전자석의 원리를 이용한다.

④ 전동밸브, 공기빼기밸브, 온도조절밸브, 정유량조절밸브, 차압조절밸브, 차압유량조절밸브 등이 있다.

2 배관방식

1) 온수난방

온수를 사용하여 난방하는 방법이다.

(1) 장점

① 난방부하 변동에 따라 온도조절이 가능하다.
② 보일러 취급이 용이하고 소규모 주택에 적당하다.
③ 방열기 표면온도가 낮아서 화상의 염려가 없고 실내의 쾌감도가 높다.
④ 증기난방에 비해 배관이 동결될 우려가 없다.
⑤ 연료비가 비교적 적게 든다.
⑥ 증기트랩이 불필요하다.
⑦ 예열 및 냉각시간이 오래 걸리지만 잘 식지 않는다.

(2) 단점

① 설치 비용이 상대적으로 높다.
② 온도를 세밀하게 조절하기 힘들다.
③ 급작스러운 상황에 즉각적인 반응이 어렵다.

(3) 온수순환방법에 의한 분류
　① 중력순환식 온수난방
　　㉠ 온수온도가 저하되면 무거워지는 것을 이용하여 자연적으로 순환(밀도차 이용)
　　㉡ 보일러 설치는 최하위 방열기보다 낮은 곳에 설치
　② 강제순환식 온수난방
　　순환펌프 등에 의해 온수를 강제순환시키는 방법으로 대규모난방용임

2) 증기난방

증기를 사용하여 난방하는 방법이다.

(1) 장점
　① 잠열을 이용하기 때문에 증기순환이 빠르고 열의 운반능력이 크다.
　② 예열시간이 온수난방에 비해 짧다.
　③ 설비비 및 유지비가 저렴하다.
　④ 한랭지에서 동결의 우려가 적다.
　⑤ 방열면적과 관경을 온수난방보다 작게 할 수 있다.

(2) 단점
　① 방열량 조절이 곤란하다.
　② 방열기 표면온도가 높아 화상의 우려가 있다.
　③ 대류작용으로 먼지가 상승하여 쾌감도가 낮다.

(3) 분류
　① 증기압력 : 고압, 저압, 진공
　② 증기관의 배관방식
　　㉠ 단관식
　　　ⓐ 증기와 응축수를 동일 관 속에 흐르게 하는 방식
　　　ⓑ 구배를 잘못하면 수격작용 발생
　　　ⓒ 소규모난방에 이용
　　　ⓓ 방열기밸브는 하부태핑, 공기빼기밸브는 상부태핑에 설치
　　㉡ 복관식
　　　ⓐ 증기관과 응축수관을 별도로 설치하는 방식
　　　ⓑ 방열기밸브는 상하 어느 쪽에 설치해도 무관
　　　ⓒ 열동식 트랩일 경우 하부태핑에 설치

③ 증기 공급방식
  ㉠ 상향순환식 : 수평주관을 보일러 바로 위에 설치하고 여기에 수직관 또는 분기관을 연결하여 윗층의 방열기에 증기를 공급하는 방식
  ㉡ 하향순환식 : 증기수평주관을 가장 높은 층의 천장에 배관하고 이 수평주관에서 방열기에 공급하는 방식
④ 환수관 배관방식
  ㉠ 건식 환수 : 환수관이 보일러 수면보다 높게 설치되어 환수되는 방식
    ⓐ 환수관은 보일러 표준수위보다 650 [mm] 정도 높은 위치에 배관
    ⓑ 응축수가 체류하기 쉬운 곳에 드레인 포켓과 증기트랩을 설치하여 수격작용을 방지
  ㉡ 습식 환수 : 환수관이 보일러 수면보다 낮게 설치되어 환수되는 방식
    ⓐ 하트포드 접속법 : 저압증기난방의 습식 환수방식
    ⓑ 접속부 누수로 인한 이상 감수현상을 방지하기 위해 하트포드 접속을 해야 한다.
⑤ 응축수 환수방식 : 중력, 기계, 진공

3) 복사난방

벽 속에 가열코일을 묻어서 그 코일 내에 온수를 보내어 그 복사열로 난방하는 방식이다.

(1) 장점
  ① 실내 상부와 하부의 온도차가 적고 온도분포가 균등하여 쾌감도가 높다.
  ② 공기의 대류가 적어서 공기 오염도가 적다.
  ③ 평균온도가 낮아서 열손실이 적다.
  ④ 방열기 설치가 불필요하여 바닥면 이용도가 높다.
  ⑤ 천장이 높은 집에 난방이 적당하다.
  ⑥ 동일 방열량에 대해 열손실이 대체로 적다.

(2) 단점
  ① 단열재시공이 필요하다.
  ② 배관을 벽 속에 매설하기 때문에 시공이 어렵다.
  ③ 난방배관을 매설하기 때문에 시공 및 수리, 방의 모양 변경이 용이하지 않다.
  ④ 고장 시 발견이 어렵고 벽 표면이나 시멘트 모르타르 부분에 균열이 발생한다.
  ⑤ 열용량이 커 예열시간이 길고, 설정온도 도달까지 시간이 많이 소요된다.
  ⑥ 외기온도변화에 따른 조작이 어렵다.
  ⑦ 설비비가 많이 든다.
  ⑧ 바닥두께가 두꺼워진다.

4) 지역난방

1개소 또는 수 개소의 보일러실에서 어떤 지역 내 건물에 증기 또는 온수를 공급하는 난방방식이다. 공장이나 병원 또는 학교, 집단, 주택 등의 난방에서 시가지 전 지역에 걸쳐 난방하는 방식이다.

(1) 장점
① 인건비가 경감된다.
② 각 건물의 난방운전이 합리적이다.
③ 매연이 감소한다.
④ 대규모시설 관리로 고효율이다.
⑤ 각개의 건물에 보일러를 설치하는 경우에 비해 대규모설비가 되어 관리도 완전히 할 수 있어 열효율이 좋고 연료비가 절감된다.
⑥ 건물 내 유효면적의 증가로 열효율이 좋다.
⑦ 설비 합리화에 의해 매연처리 및 폐열 활용이 가능하다.

(2) 단점
상대적으로 시공이 까다롭다.

3 배관 장애 및 점검

1) 온수난방시공
    (1) 단관 중력순환식
        ① 온수가 중력의 힘으로 순환하는 방식이다.
        ② 배관을 주관 쪽으로 앞 내림 구배로 하여 공기가 방열기 쪽으로 빠지도록 해야 한다.
    (2) 복관 중력순환식
        ① 하향공급식 : 공급관, 환수관 모두 선단하향 구배
        ② 상향공급식 : 공급관 선단상향 구배, 환수관 선단하향 구배
    (3) 강제순환식
        배관 내에 에어포켓을 만들어서는 안 된다.
    (4) 역환수식 배관법
        ① 환수관의 길이와 온수관의 길이를 같게 하는 배관방식이다.
        ② 각 방열기마다 온수의 유량 분배가 균일하여 전·후방 방열기의 온수온도를 일정하게 할 수 있는 장점이 있다.
        ③ 환수관의 길이가 길어져 설치비용이 많아지고 추가 배관 공간이 더 요구되는 단점이 있다.

2) 증기난방시공
   (1) 중력환수식(단관 중력환수식, 복관 중력환수식) : 응축수를 중력에 의해 환수하는 방식
   (2) 기계 환수식
      ① 방열기에서 응축수탱크까지는 중력환수, 탱크에서 보일러까지는 펌프를 이용한 강제순환방식이다.
      ② 방열기의 설치위치에 대한 제한을 받지 않는다.
      ③ 응축수가 중력환수 되지 않는 건축물에 사용한다.
   (3) 진공 환수식 : 방열기의 설치장소에 제한을 받지 않는 환수방식으로 증기와 응축수를 진공펌프로 흡입순환시키는 방식
      ① 중력, 기계 환수보다 순환속도가 빠르다.
      ② 구배(기울기)에 구애를 받지 않는다.
      ③ 환수관의 관지름을 작게 할 수 있다.
      ④ 방열량을 광범위하게 조절할 수 있다.
      ⑤ 버큠브레이커를 사용하여 진공을 일정하게 유지해야 한다.
      ⑥ 대규모 건축물의 난방에 적합하다.
      ⑦ 보일러 및 방열기의 설치위치에 제한을 받지 않는다.
   (4) 하트포드(Hart Ford) 배관법
      ① 보일러수가 안전저수위 이하로 내려가지 않도록 하기 위하여 보일러의 물이 유출하는 것을 막기 위해 하는 배관방법이다.
      ② 균형관에 접속하는 환수주관의 분기 위치는 보일러 표준수면에서 약 50 [mm] 아래가 적합하다.

05 보온상태점검

1 보온·단열재의 종류 및 특성, 효과

1) 보온·단열재

   (1) 보냉재 : 저온용 보온재, 외부로부터의 열 유입방지 목적, 흡열을 방지하여 저온 유지

   (2) 보온재 : 무기질 보온재와 유기질 보온재가 있으며 외부로의 열손실을 차단

   (3) 단열재 : 내부의 열을 외부로 옮겨가지 못하도록 열을 차단하는 벽돌

2) 유기질 보온재

   (1) 펠트 : 양모, 우모 등의 동물성 섬유로 만든 것과 삼베, 면, 그 밖의 식물성 섬유를 혼합하여 만든 것이 있으며, 동물성 펠트는 100 [℃] 이하의 배관에 사용한다.

   (2) 텍스류 : 톱밥, 목제, 펄프를 원료로 해서 압축판 모양으로 제작한 것으로 실내 벽, 천장 등의 보온 및 방음용으로 사용된다.

   (3) 코르크 : 액체, 기체의 침투를 방지하는 작용이 있어 보냉, 보온효과가 좋다. 냉수, 냉매배관, 냉각기, 펌프 등의 보냉용에 사용된다.

   (4) 기포성 수지(우레탄 폼) : 합성수지 또는 고무질 재료를 사용하여 다공질 제품으로 만든 것으로 열전도율이 극히 낮고 가벼우며 흡수성은 좋지 않으나 굽힘성은 좋다. 불에 잘 타지 않으며 보온성, 보냉성이 좋다.

3) 무기질 보온재

   (1) 특징 : 일반적으로 안전사용온도 범위가 넓고, 비교적 강도가 높으며 변형이 적다. 최고사용온도가 높아 고온에 적합하다.

   (2) 종류

   ① 석면 : 아스베스토스를 주원료로 하여 만든다.

   ㉠ 장점 : 균열이 생기거나 부서지는 일이 없어 선박과 같은 진동이 심한 곳에서도 사용 가능하다.

   ㉡ 용도 : 400 [℃] 이하의 관, 탱크, 노벽 등의 보온재로 사용한다.

   ※ 약 400 [℃]를 초과하면 탈수 분해된다. 최고 안전사용온도는 550 [℃] 이하이다.

   ② 암면 : 안산암, 현무암에 석회를 섞어 용융시켜 압축 가공하여 섬유모양으로 만든다.

   ㉠ 단점 : 석면에 비해 섬유가 거칠고 굳어서 부서지기 쉽다.

   ㉡ 용도 : 식물성, 동물성, 합성수지 등의 접착제를 써서 띠, 관, 원통형으로 가공하여 400 [℃] 이하의 관, 덕트, 탱크 등의 보온재로 사용된다.

③ 규조토 : 광물질의 잔해 퇴적물로 좋은 것은 순백색이고 부드럽다. 불순물을 함유하고 있는 것은 황색, 회녹색을 띠고 있으며 불순물이 많이 함유된 것이 사용되고 있다.
  ㉠ 단점 : 다른 보온재에 비해 단열효과가 나쁘므로 두껍게 시공해야 한다.
  ㉡ 용도 : 500 [℃] 이하의 관, 탱크, 노벽 등의 보온에 사용된다.
④ 탄산마그네슘 : 염기성 탄산마그네슘 85 [%], 석면 15 [%]를 배합하여 물에 개어서 사용한다.
⑤ 글라스울 : 용융유리를 압축공기, 증기로 원심력을 이용해 섬유화한 것으로 물 등에 의한 화학작용을 일으키지 않으므로 단열, 내열, 내구성이 좋으며 안전사용온도는 300 [℃] 정도이다.
⑥ 규산칼슘 : 석회석과 규조토를 원료로 하여 만든 것을 말한다. 고온용 무기질 보온재로 기계적 강도, 내열성, 내산성, 내마모성이 있어 탱크, 노벽 등에 적합한 보온재이다.
⑦ 세라믹화이버 : 고온용 무기 보온재로 석영을 녹여 만들며 내약품성이 뛰어나고 최고사용온도가 1300 [℃] 정도이다.
⑧ 펄라이트 : 진주암, 흑석 등을 소성·팽창시켜 다공질로 만들고, 접착제와 석면 등 무기질 섬유를 배합하여 성형한 고온용 무기질 보온재로, 최고 안전 사용온도가 600 [℃] 이상이다.

4) 보온재 구비조건
  (1) 열전도율이 작을 것
  (2) 부피, 비중이 작을 것
  (3) 불연성이고, 흡수성, 흡습성이 없을 것
  (4) 사용온도에 있어 내구성이 있고, 변질되지 않을 것
  (5) 다공성이며, 기공이 균일할 것
  (6) 기계적 강도가 크고, 시공성이 좋을 것
  (7) 안전사용온도 범위 내에 있을 것
  (8) 구입이 쉽고 장시간 사용해도 변질이 없을 것

5) 보온재의 열전도율이 작아지는 조건
  (1) 재료의 온도가 낮을수록
  (2) 재료의 습도가 낮을수록
  (3) 재료의 밀도가 작을수록
  (4) 재료의 부피비중이 작을수록
  (5) 재료의 두께가 두꺼울수록
  (6) 재료의 기공률이 클수록

6) 공업요로에서의 단열의 효과

   (1) 요로의 열용량이 작아져 가열온도까지의 시간이 단축된다.

   (2) 열전도도가 작아진다.

   (3) 열확산계수가 작아진다.

   (4) 노 내 온도가 균일해진다.

   (5) 스폴링을 방지할 수 있다.

06 관마찰계수, 인장응력

1 관마찰계수

1) 유체가 관 속을 흐를 때 관벽과의 사이에 마찰저항이 생기는데 이것을 관마찰이라 한다. 관 속의 흐름에서 관 길이 1 [m]에 흐르는 동안의 유체 1 [kg]당의 마찰일량은 유체의 속도 에너지에 비례하고, 관의 안지름에 반비례한다. 이때 비례정수를 관마찰계수라고 한다.

2) 레이놀즈수

   (1) 레이놀즈수(Re)

   $$Re = \frac{\rho VD}{\mu} = \frac{VD}{v} \left(V = \frac{Q}{A} \right)$$

   (ρ : 밀도, D : 유체가 흐르는 직경, μ : 점성계수, v : 동점성계수)

   ① 층류 : 유체 입자가 서로 겹치지 않고 일정한 속도로 흐르는 유동상태(Re < 2100)

   ② 난류 : 입자가 불규칙하고 뒤섞이면서 흐르는 상태(Re > 4000)

   (2) 층류에서의 관마찰계수 : $f = \dfrac{64}{Re}$

2 인장응력

1) 인장응력 : 재료가 잡아당기는 힘(인장력)을 받을 때 단면적에 작용하는 단위면적당 힘

$$\sigma = \frac{F}{A} [N/m^2]$$

σ : 인장응력 $[N/m^2]$

F : 인장력 [N]

A : 단면적 $[m^2]$

2) 배관의 인장응력 : 배관이 내부 압력, 축방향 하중, 온도 변화 등에 의해 잡아당겨질 때 배관재료에 발생하는 응력

(1) 원주방향 인장응력 : 내압에 의해 배관이 둘레 방향으로 벌어지려는 응력

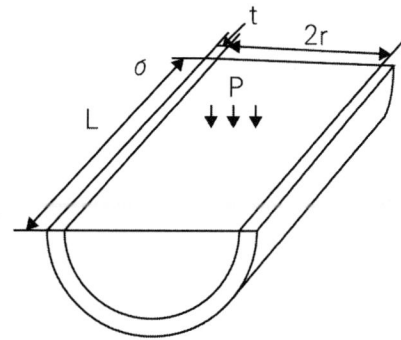

① 벽에 의한 내력의 합 : $\sigma \times 2t \times L$
② 단면상의 유체로부터 작용하는 외력 : $P \times 2r \times L$
③ 원주응력 : $\sigma = \dfrac{dP}{2t} = \dfrac{rP}{t}$

(2) 축방향 인장응력 : 배관의 길이 방향으로 발생하는 인장응력

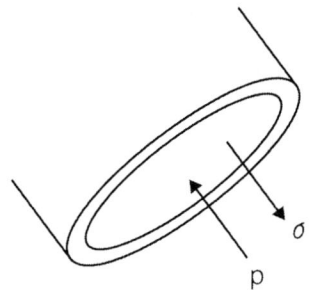

① 벽 단면상에서의 내력의 합 : $\sigma \times 2\pi r \times t$
② 단면상의 유체로부터 작용하는 외력 : $P \times \pi r^2$
③ 축응력 : $\sigma = \dfrac{dP}{4t} = \dfrac{rP}{2t}$

09 OX퀴즈

※ OX 퀴즈로 최다빈출 개념을 쉽게 정리하고 기출 유형까지 미리 익혀보세요.

1 폐열회수장치의 순서는 과열기 → 재열기 → 절탄기 → 공기예열기이다. | O X

2 관 내의 물질이 가스일 경우 식별색은 적색이다. | O X

3 관 재료 선택 시 관 내 흐르는 유체의 화학적 성질을 고려해야 한다. | O X

4 강관의 두께를 표시하는 번호는 스케줄 번호이다. | O X

5 내식성이 일반적인 관에 비해 크며, 해수나 천연수도 안전하게 사용할 수 있는 관은 동관이다. | O X

6 엘보는 관의 방향을 바꿀 때 사용한다. | O X

7 나사이음, 용접이음, 플랜지이음은 주철관이음이다. | O X

8 신축이음은 온도차에 의한 신축에 의한 파손을 미연에 방지하기 위하여 배관 도중에 설치하는 것을 말한다. | O X

9 주름관 모양으로 신축을 잘 흡수하는 신축이음은 벨로즈형 이음이다. | O X

10 서포트는 관을 밑에서 지지하는 것을 이야기하며, 행거는 관을 천장에 걸어 지지하는 장치를 이야기한다. | O X

11 코르크는 무기질 보온재이다. | O X

정답 01 (O) 02 (X) 03 (O) 04 (O) 05 (X) 06 (O) 07 (X) 08 (O) 09 (O) 10 (O) 11 (X)

2 적색은 증기이고, 가스일 경우 식별색은 노랑색인 황색이다.
5 내식성이 일반적인 관에 비해 크며 해수나 천연수도 안전하게 사용할 수 있는 관은 납관인 연관이다.
7 나사이음, 용접이음, 플랜지이음은 강관이음이며 주철관이음으로는 소켓이음, 노허브이음, 플랜지이음, 기계식 이음이 있다.
11 코르크는 유기질 보온재이다.

Chapter 10 에너지 관련 기준

핵심포인트 동체 두께, 관 피치, 노통 두께, 연관 두께, 설치 기준

학습목표
1. 각 기준에서 중요한 부분이 무엇인지 알고 암기할 수 있다.
2. 계산에 필요한 공식들의 필요조건을 알고 문제에 적용할 수 있다.

※ 원문의 표현을 그대로 따랐기에 본문의 번호체계와 일치하지 않을 수 있습니다.

01 열사용기자재의 검사 및 검사면제에 관한 기준

제2장 재료

2.5 재료의 허용응력

계산에 사용하는 재료의 허용인장응력은 〈표 2.1〉에 따른다. 다만 이들 표에 표시하지 않은 재료로서 특별히 인정된 재료에 대해서는 다음에 따른다.

2.5.1 크리프 영역에 달하지 않는 설계온도에서의 허용인장응력

> **용어** 크리프 영역 : 재료가 높은 온도에서 오랜 시간 하중을 받으면 변형이 점점 진행되는 구간

(1) 철강재료 : 철강재료(주조품 및 (2)에 표시하는 강재를 제외한다)의 허용인장응력은 다음 값 중에서 최소인 것으로 한다. 다만 오스테나이트계 스테인리스강 강재로서 사용장소에 따라 약간 큰 변형이 허용되는 부재에 대해서는 설계온도에서의 0.2 [%], 내력의 90 [%]까지를 취할 수 있다.
  (a) 상온에서의 최소 인장강도의 1/4
  (b) 설계온도에서의 인장강도의 1/4
  (c) 상온에서의 최소 항복점 또는 0.2 [%] 내력의 1/1.6
  (d) 설계온도에서의 항복점 또는 0.2 [%] 내력의 1/1.6

(2) 볼트 : 볼트의 허용인장응력은 철강재료는 (1)에서 구한 값 및 다음 값 중의 최소인 것을 취한다. 다만 탄소강 강재 및 저합금강 강재에서의 KS B 0223(전선관 나사)에 적합한 볼트의 허용인장응력은 온도 573 [K]{300 [℃]} 이하(쾌삭강인 경우에는 523 [K]{250 [℃]} 이하)의 범위에서 그 한국산업표준에 표시된 강도구분에 따라, 그것에 대응하는 보증 하중응력의 1/3을 취할 수 있다.
  (a) 상온에서 최소 인장강도의 1/5
  (b) 상온에서 최소 항복점 또는 0.2 [%] 내력의 1/4

제4장 동체

4.1 동체 두께의 제한
동체의 최소두께는 다음의 값 이상이어야 한다.   TIP 기준은 '동체 안지름'

(1) 안지름 900 [mm] 이하인 것은 6 [mm], 다만 스테이를 부착하는 경우는 8 [mm]

(2) 안지름 900 [mm]를 초과하고, 1350 [mm] 이하인 것은 8 [mm]

(3) 안지름 1350 [mm]를 초과하고, 1850 [mm] 이하인 것은 10 [mm]

(4) 안지름 1850 [mm]를 초과하는 것은 12 [mm]

4.5 길이방향으로 배치된 관 구멍부의 강도
동체의 길이방향으로 관 구멍이 일직선상으로 배치된 경우 이 관 구멍부의 강도는 관 구멍이 없는 단면의 강도에 다음에 의하여 산출되는 효율을 곱한 값으로 한다.

TIP 효율 : 구멍으로 인해 실제 강도가 감소된 비율

피치(p) : 인접한 두 구멍 중심 사이의 거리

(1) 관 구멍의 피치가 같을 경우

 이 부분의 효율은 다음 식에 따른다.

$\eta = \dfrac{p-d}{p}$ (η : 효율, p : 관 구멍의 피치 [mm], d : 관 구멍의 지름 [mm])

제5장 경판 및 평판

5.3 오목면에 압력을 받는 스테이가 없는 접시형 또는 전반구형 경판의 최소두께
오목면에 압력을 받는 스테이가 없는 접시형 또는 전반구형 경판의 최소두께는 다음 식에 따른다.

(3) 접시형 경판에서 노통이 부착될 경우

$t = \dfrac{PR}{1.5\sigma_a \eta} + \alpha \left\{ t = \dfrac{PR}{150\sigma_a \eta} + \alpha \right\}$

(3)에서

- t : 경판의 최소두께 [mm]
- P : 최고사용압력 [MPa]{kgf/cm^2}
- R : 전반구형 경판 안쪽면의 반지름 또는 접시형 경판 중앙부에서의 안쪽면 반지름 [mm]
- σ_a : 재료의 허용인장응력 [N/mm^2]{kgf/mm^2}
- η : 경판 자체의 이음효율

 전반구형 경판인 경우에는 경판 자체의 이음의 효율은 물론 경판을 동체에 부착할 때의 효율도 고려한다.

- W : 다음 계산식에 의해 산정하는 경판 형상에 관한 계수

  $W = \dfrac{1}{4}\left(3 + \sqrt{\dfrac{R}{r}}\right)$ 접시형인 경우

- r : 접시형 경판 구석 둥글기 안쪽 반지름 [mm]

  $W = 1$ 전반구형인 경우

- α : 부식여유이며, 1 [mm] 이상으로 한다.

제6장 관판

6.2 연관보일러 관판의 최소두께

연관보일러 관판의 최소두께는 〈표 6.1〉의 값 이상이며, 또한 연관의 바깥지름이 38 ~ 102 [mm]인 경우에는 다음 식의 값 이상이어야 한다.

$t = 5 + \dfrac{d}{10}$ (t : 관판의 최소두께 [mm], d : 관 구멍의 지름 [mm])

〈표 6.1〉 연관보일러 관판의 최소두께

관판의 바깥지름 [mm]	관판의 최소두께 [mm]
1350 이하	10
1350 초과 1850 이하	12
1850을 초과하는 것	14

6.4 연관보일러의 연관의 최소피치

TIP 피치(p) : 인접한 두 구멍 중심 사이의 거리

연관보일러의 연관 최소피치는 다음 식에 따른다.

$p = \left(1 + \dfrac{4.5}{t}\right)d$

여기에서 p : 연관의 최소피치 [mm], t : 관판의 두께 [mm], d : 관 구멍의 지름 [mm]

제7장 화실 및 노통

7.6.2 파형노통의 최소두께

파형노통으로서 그 끝의 평형부 길이가 230 [mm] 미만인 것의 판의 최소두께는 다음 계산식으로 계산한다.

$$t = \frac{10PD}{C} \left\{ t = \frac{PD}{C} \right\}$$

- P : 최고사용압력 [MPa]{kgf/cm^2}
- t : 노통의 최소두께 [mm]
- D : 노통의 파형부에서의 최대내경과 최소내경의 평균치(모리슨형 노통에서는 최소내경에 50 [mm]를 더한 값)
- C : 상수로서 다음에서 정하는 값

노통의 종류	C
파형의 피치가 200 [mm] 이하인 모리슨형 노통으로, 작은 파형의 노통내면 측의 바깥 반지름 r이 큰 파형의 노통외면 측의 안쪽 반지름 R의 1/2 이하이고, 골의 깊이가 32 [mm] 이상인 것	1100
파형의 피치가 200 [mm] 이하인 폭스형 노통으로 골의 깊이가 38 [mm] 이상인 것	985
파형의 피치가 230 [mm] 이하인 브라운형 노통으로 골의 깊이가 41 [mm] 이상인 것	985

7.8 노통과 연관의 틈새

노통연관보일러의 노통 바깥면과 이것에 가장 가까운 연관의 면과는 50 [mm] 이상의 틈새를 두어야 한다. 다만 노통에 파형 또는 보강링 등의 돌기를 설비할 때에는 이들 돌기물의 바깥면과 이것에 가장 가까운 연관의 틈새는 30 [mm] 이상으로 하여도 지장이 없다.

제11장 관, 헤더, 관 부착대 및 플랜지

11.1 연관의 최소두께

연관의 최소두께는 다음 식에 따른다.

(1) 연관의 바깥지름 150 [mm] 이하인 경우

$$t = \frac{Pd}{70} + 1.5 \left\{ t = \frac{Pd}{700} + 1.5 \right\}$$

- t : 연관의 최소두께 [mm]
- P : 최고사용압력 [MPa]{kgf/cm^2}
- d : 연관의 바깥지름 [mm]

제12장 용접

12.2.4.5 그루브 가공

(1) 맞대기용접은 용접방법에 따라서 그루브를 만들어야 한다.

(2) 그루브는 자동용접이 아닌 경우는 판의 두께에 따라서 원칙적으로 〈표 12.3〉과 같아야 한다. 다만 헤더 및 이에 유사한 것은 U자형 대신 V자형으로 할 수 있다.

〈표 12.3〉 판의 두께에 따른 그루브의 형상

판의 두께	그루브의 형상
6 [mm] 이상 16 [mm] 이하	V형, R형 또는 J형
12 [mm] 이상 38 [mm] 이하	X형, K형, 양면 J형 또는 U형
19 [mm] 이상	H형

제15장 용접부의 비파괴시험

15.1.1 방사선 투과시험의 적용

동체판 및 경판의 길이이음과 둘레이음 등의 맞대기 용접부는 그 전체길이에 대하여 방사선 투과시험을 하여야 한다.

(3) 방사선 투과시험 길이계산은 300 [mm] 단위로 하며, 이때 300 [mm] 미만은 300 [mm]로 한다(단, 100 [%] 방사선 투과시험일 경우 길이 계산은 250 [mm] 단위로 한다).

제17장 수면계

17.3 수면계의 부착

유리 수면계는 보일러 사용 중 안전한 수위를 나타내도록 다음에 따라 보일러 또는 수주관에 부착한다. 수주관은 2개의 수면계에 대하여 공동으로 할 수 있다.

(1) 원형 보일러에서는 특별한 경우를 제외하고, 상용수위가 중심선에 오도록 부착하여 최저수위가 다음 〈표 17.1〉의 위치에 있도록 한다.

〈표 17.1〉 수면계의 부착위치

보일러의 종별	부착위치
직립형 보일러	연소실 천정판 최고부(플랜지부 제외) 위 75 [mm]
직립형 연관보일러	연소실 천정판 최고부 위 연관길이의 1/3
수평연관보일러	연관의 최고부 위 75 [mm]
노통연관보일러	연관의 최고부 위 75 [mm]. 다만 연관 최고부분보다 노통 윗면이 높은 것으로서는 노통 최고부(플랜지부를 제외) 위 100 [mm]
노통보일러	노통 최고부(플랜지부를 제외) 위 100 [mm]

(2) 수관식, 그 밖의 보일러에서는 그 구조에 따른 적당한 위치

제19장 압력방출장치

19.2 온수발생보일러(액상식 열매체보일러 포함)

19.2.3 방출관의 크기

방출관은 보일러의 전열면적에 따라 〈표 19.6〉의 크기로 하여야 한다.

〈표 19.6〉 방출관의 크기

전열면적 [m²]	방출관의 안지름 [mm]
10 미만	25 이상
10 이상 15 미만	30 이상
15 이상 20 미만	40 이상
20 이상	50 이상

제22장 설치·시공 기준

22.1 설치장소

22.1.1 옥내 설치

보일러를 옥내에 설치하는 경우에는 다음 조건을 만족시켜야 한다.

(1) 보일러는 불연성 물질의 격벽으로 구분된 장소에 설치하여야 한다. 다만 소용량강철제 보일러, 소용량주철제 보일러, 가스용 온수보일러, 1종 관류보일러(이하 "소형 보일러"라 한다)는 반격벽으로 구분된 장소에 설치할 수 있다.

(2) 보일러 동체 최상부로부터(보일러의 검사 및 취급에 지장이 없도록 작업대를 설치한 경우에는 작업대로부터) 천정, 배관 등 보일러 상부에 있는 구조물까지의 거리는 1.2 [m] 이상이어야 한다. 다만 소형 보일러 및 주철제 보일러의 경우에는 0.6 [m] 이상으로 할 수 있다.

(3) 보일러 동체에서 벽, 배관, 기타 보일러 측부에 있는 구조물(검사 및 청소에 지장이 없는 것은 제외)까지 거리는 0.45 [m] 이상이어야 한다. 다만 소형 보일러는 0.3 [m] 이상으로 할 수 있다.

(4) 보일러 및 보일러에 부설된 금속제의 굴뚝 또는 연도의 외측으로부터 0.3 [m] 이내에 있는 가연성 물체에 대하여는 금속 이외의 불연성 재료로 피복하여야 한다.

(5) 연료를 저장할 때에는 보일러 외측으로부터 2 [m] 이상 거리를 두거나 방화격벽을 설치하여야 한다. 다만 소형 보일러의 경우에는 1 [m] 이상 거리를 두거나 반격벽으로 할 수 있다.

(6) 보일러에 설치된 계기들을 육안으로 관찰하는 데 지장이 없도록 충분한 조명시설이 있어야 한다.

(7) 보일러실은 연소 및 환경을 유지하기에 충분한 급기구 및 환기구가 있어야 하며 급기구는 보일러 배기가스 덕트의 유효단면적 이상이어야 하고 도시가스를 사용하는 경우에는 환기구를 가능한 한 높이 설치하여 가스가 누설되었을 때 체류하지 않는 구조이어야 한다.

(8) 보일러의 연도는 내식성의 재질을 사용하거나 배기가스 중 응축수의 체류를 방지하기 위하여 물 빼기가 가능한 구조이거나 장치를 설치하여야 한다.

22.5 계측기
22.5.1 압력계
22.5.1.2 압력계의 부착
증기보일러의 압력계 부착은 다음에 따른다.

(1) 압력계는 원칙적으로 보일러의 증기실에 눈금판의 눈금이 잘 보이는 위치에 부착하고 얼지 않도록 하며, 그 주위의 온도는 사용상태에 있어서 KS B 5305(부르동관 압력계)에 규정하는 범위 안에 있어야 한다.

(2) 압력계와 연결된 증기관은 최고사용압력에 견디는 것으로서 그 크기는 황동관 또는 동관을 사용할 때는 안지름 6.5 [mm] 이상, 강관을 사용할 때는 12.7 [mm] 이상이어야 하며, 증기온도가 483 [K]{210 [℃]}를 초과할 때에는 황동관 또는 동관을 사용하여서는 안 된다.

(3) 압력계에는 물을 넣은 안지름 6.5 [mm] 이상의 사이폰관 또는 동등한 작용을 하는 장치를 부착하여 증기가 직접 압력계에 들어가지 않도록 하여야 한다.

(4) 압력계의 코크는 그 핸들을 수직인 증기관과 동일방향에 놓은 경우에 열려 있는 것이어야 하며 코크 대신에 밸브를 사용할 경우에는 한눈으로 개폐 여부를 알 수가 있는 구조로 하여야 한다.

(5) 압력계와 연결된 증기관의 길이가 3 [m] 이상이며 내부를 충분히 청소할 수 있는 경우에는 보일러의 가까이에 열린 상태에서 봉인된 코크 또는 밸브를 두어도 좋다.

(6) 압력계의 증기관이 길어서 압력계의 위치에 따라 수두압에 따른 영향을 고려할 필요가 있을 경우에는 눈금에 보정을 하여야 한다.

제23장 설치검사 기준
23.2.1.3 수압시험압력
(1) 강철제 보일러
    ⓐ 보일러의 최고사용압력이 0.43 [MPa]{4.3 [kgf/cm^2]} 이하일 때에는 그 최고사용압력의 2배의 압력으로 한다. 다만 그 시험압력이 0.2 [MPa]{2 [kgf/cm^2]} 미만인 경우에는 0.2 [MPa]{2 [kgf/cm^2]}로 한다.

    ⓑ 보일러의 최고 사용압력이 0.43 [MPa]{4.3 [kgf/cm^2]} 초과 1.5 [MPa]{15 [kgf/cm^2]} 이하일 때에는 그 최고사용압력의 1.3배에 0.3 [MPa]{3 [kgf/cm^2]}를 더한 압력으로 한다.

    ⓒ 보일러의 최고사용압력이 1.5 [MPa]{15 [kgf/cm^2]}를 초과할 때에는 그 최고사용압력의 1.5배의 압력으로 한다.

제24장 계속사용검사 기준

24.3.3 검사주기

개방검사 주기 등 검사방법은 다음 각 호에 따른다.

24.3.3.2 연속 2년 자체검사, 3년째는 개방검사

(1) 설치한 날로부터 15년 이내인 보일러 및 관련 압력용기로서, 검사기관이 인정하는 순수처리에 대한 수질시험성적서를 검사기관에 제출하여 인정을 받은 검사대상기기

(2) 순수처리라 함은 다음 각 호 수질 기준을 만족하여야 한다.

  (a) pH(298 [K]{25 [℃]}에서) : 7 ~ 9
  (b) 총경도(mg $CaCO_3$/L) : 0
  (c) 실리카(mg SiO_2/L) : 흔적이 나타나지 않음
  (d) 전기 전도율(298 [K]{25 [℃]}에서의) : 0.5 [$\mu s/cm$] 이하

제25장 계속사용검사 중 운전성능검사 기준

25.2.4 보일러의 성능시험방법

보일러의 성능시험방법은 KS B 6205(육상용 보일러의 열 정산방식) 및 다음에 따른다.

(1) 유종별 비중, 발열량은 〈표 25.3〉에 따르되 실측이 가능한 경우 실측치에 따른다.

〈표 25.3〉 유종별 비중 및 발열량

유종	경유	B-A유	B-B유	B-C유
비중	0.83	0.86	0.92	0.95
저위발열량 (kJ/kg {kcal/kg})	43116 {10300}	42697 {10200}	41441 {9900}	40814 {9750}

(2) 증기건도는 다음에 따르되 실측이 가능한 경우 실측치에 따른다.

  • 강철제 보일러 : 0.98
  • 주철제 보일러 : 0.97

(3) 측정은 매 10분마다 실시한다.

(4) 수위는 최초 측정 시와 최종측정 시가 일치하여야 한다.

(5) 측정기록 및 계산양식은 검사기관에서 따로 정할 수 있으며, 이 계산에 필요한 증기의 물성치, 물의 비중, 연료별 이론공기량, 이론배기가스량, CO_2 최대치 및 중유의 용적보정계수 등은 검사기관에서 지정한 것을 사용한다.

제33장 스테이 및 스테이에 의해서 지지하는 판

33.5 길이 방향 스테이 또는 경사스테이의 핀 이음에 의한 부착

길이 스테이 또는 경사스테이를 핀 이음에 의해서 부착할 경우에는 핀이 2면에 전단력을 받도록 하고, 또한 핀의 단면적을 스테이의 소요 단면적의 3/4 이상으로 하며 스테이 휠 부분의 단면적을 스테이 소요 단면적의 1.25배 이상으로 한다.

제46장 설치·시공 기준

46.1 압력용기의 설치

46.1.2 옥내 설치

압력용기를 옥내에 설치하는 경우에는 다음에 따른다.

(1) 압력용기와 천정과의 거리는 압력용기 본체 상부로부터 1 [m] 이상이어야 한다.

(2) 압력용기의 본체와 벽과의 거리는 0.3 [m] 이상이어야 한다.

(3) 인접한 압력용기와의 거리는 0.3 [m] 이상이어야 한다. 다만 2개 이상의 압력용기가 한 장치를 이룬 경우에는 예외로 한다.

(4) 유독성 물질을 취급하는 압력용기는 2개 이상의 출입구 및 환기장치가 되어 있어야 한다.

46.1.3 설치상태

압력용기의 설치는 다음에 따른다.

(1) 기초가 약하여 내려앉거나 갈라짐이 없어야 한다.

(2) 압력용기 본체는 바닥보다 100 [mm] 이상 높이 설치되어 있어야 한다.

(3) 압력용기와 접속된 배관은 팽창과 수축의 장애가 없어야 한다.

(4) 압력용기 본체는 보온되어야 한다. 다만 공정상 냉각을 필요로 하는 등 부득이한 경우에는 예외로 한다.

(5) 압력용기의 본체는 충격 등에 의하여 흔들리지 않도록 충분히 지지되어야 한다.

(6) 횡형식 압력용기의 지지대는 본체 원둘레의 1/3 이상을 받쳐야 한다.

(7) 압력용기의 사용압력이 어떠한 경우에도 최고사용압력을 초과할 수 없도록 설치되어야 한다.

(8) 압력용기를 바닥에 설치하는 경우에는 바닥 지지물에 반드시 고정시켜야 한다.

46.2 부속장치

46.2.2 압력계

⑴ 압력용기에는 압력계 또는 이것을 대신할 수 있는 장치를 부착해야 한다. 다만 2개 이상의 압력용기가 모여서 한 장치를 이루고 각 용기가 같은 압력을 받도록 되어 있는 경우에는 1개의 압력계를 부착할 수 있다.

⑵ 압력계의 최고눈금은 최고사용압력의 1.5 ~ 3배인 것이어야 한다.

⑶ 압력계의 코크는 사이폰관에 부착하여야 하고, 그 핸들이 수직방향에서 열려 있는 상태가 되어야 하며, 코크를 대신하여 밸브를 부착할 때는 밸브의 개폐상태를 한눈에 볼 수 있는 것이어야 한다.

⑷ 하나의 압력용기 안에서 서로 상이한 압력이 작용하는 경우에는 각각 별도의 압력계를 설치하여야 한다. 다만 직접 설치하지 않아도 압력을 알 수 있는 곳은 제외한다.

02 에너지관리 기준

제12조(열발생설비점검 및 보수)

① 열발생설비의 본체 및 부속장치, 보온 및 단열부의 정기적인 점검 및 보수를 실시하여 양호한 상태를 유지하도록 한다.

② 열발생설비의 전열면과 기타 전열에 관한 부분은 그을음·스케일 및 기타 부착물 등의 예방과 제거를 실시하여 전열성능의 저하를 방지한다.

③ 제2항의 그을음과 연료손실 관계는 별표 2와 같고, 보일러 스케일 두께에 따른 연료손실과 관벽의 온도는 〈별표 3〉과 같다.

〈별표 3〉 보일러 스케일 두께에 따른 연료손실과 관벽의 온도(제12조 제3항 관련)

스케일두께 [mm]	0.5	1	2	3	4	5	6
연료의 손실 [%]	1.1	2.2	4.0	4.7	6.3	6.8	8.2

10 OX퀴즈

※ OX 퀴즈로 최다빈출 개념을 쉽게 정리하고 기출 유형까지 미리 익혀보세요.

1 동체의 최소두께는 스테이를 부착하는 경우는 6 [mm] 이상이어야 한다. ☐ O ☐ X

2 용접부에서 부분 방사선 투과시험의 검사길이 계산은 100 [mm] 단위로 한다. ☐ O ☐ X

3 보일러 성능시험 시 측정은 매 10분마다 실시한다. ☐ O ☐ X

4 압력용기를 옥내에 설치하는 경우 압력용기와 천정과의 거리는 압력용기 본체 상부로부터 1 [m] 이상이어야 한다. ☐ O ☐ X

5 압력용기 본체는 바닥보다 100 [mm] 이상 높이 설치되어 있어야 한다. ☐ O ☐ X

6 압력계의 최고눈금은 최고사용압력의 1.5 ~ 3배인 것이어야 한다. ☐ O ☐ X

정답 01 (X) 02 (X) 03 (O) 04 (O) 05 (O) 06 (O)

1 동체의 최소두께는 스테이를 부착하는 경우 8 [mm] 이상이어야 한다.
2 용접부에서 부분 방사선 투과시험의 검사길이 계산은 300 [mm] 단위로 한다.

# 계산문제 완전정복

01 성능계수(성적계수)

1. 냉동기의 성능계수

$$\epsilon_R = \frac{Q_2}{Q_1 - Q_2} = \frac{Q_2}{W_c}$$

Q_1 : 방출되는 열량
Q_2 : 흡수한 열량
W_c : 시스템에 공급한 일

2. 열펌프의 성능계수

$$\epsilon_H = \frac{Q_1}{Q_1 - Q_2} = \frac{Q_1}{W_c} = 1 + \epsilon_R$$

Q_1 : 방출되는 열량
Q_2 : 흡수한 열량
W_c : 시스템에 공급한 일

예제 01

어떠한 냉동기의 성적계수가(COP)가 3.7이다. 입력되는 전력이 시간당 100 [kW]라면 냉방 출력은 몇 [kcal/h]인지 계산하시오.

해설 냉동기의 성능계수

$\epsilon_R = \dfrac{Q_2}{Q_1 - Q_2} = \dfrac{Q_2}{W_c}$ 이므로

$Q_2 = \epsilon_R \times W_c = 3.7 \times 100 \times 860 = 318200\,[kcal/h]$

정답 318200 [kcal/h]

예제 02

성능계수가 2.5인 증기압축 냉동 사이클에서 냉동용량이 5 [kW]일 때 소요일은 몇 [kW]인지 구하시오.

해설 냉동기의 성능계수

$$\epsilon_R = \frac{Q_e}{W_c} \rightarrow W_c = \frac{Q_e}{\epsilon_R} = \frac{5}{2.5} = 2\,[kW]$$

정답 2 [kW]

예제 03

냉동기가 저온체에서 300 [kW]의 열을 흡수하여 고온체로 400 [kW]의 열을 방출한다. 이 냉동기의 성능계수는 얼마인지 구하시오.

해설 냉동기의 성능계수

$$COP_r = \frac{Q_2}{W} = \frac{Q_2}{Q_1 - Q_2} = \frac{300}{400-300} = \frac{300}{100} = 3$$

정답 3

02 공기량(A_o)

1. 이론산소량(O_o) : 연료를 산화시키기 위한 이론적 최소 산소량

(1) 고체 및 액체연료

① 질량 계산식

연료 1 [kg]을 연소시킬 때 필요한 이론산소량 O_o [kg/kg]

$$O_o = 2.67C + 8\left(H - \frac{O}{8}\right) + S$$

C, H, O, S : 연료 1 [kg] 중 각 원소의 질량비율

② 체적 계산식

연료 1 [kg]을 연소시킬 때 필요한 이론산소량 O_o [Nm³/kg]

$$O_o = 1.867C + 5.6\left(H - \frac{O}{8}\right) + 0.7S$$

C, H, O, S : 연료 1 [kg] 중 각 원소의 질량비율

(2) 기체연료

연료 1 [Nm³]을 연소시킬 때 필요한 이론산소량 O_o [Nm³/Nm³]

$$O_o = 0.5H_2 + 0.5CO + 2CH_4 + 2.5C_2H_2 + \cdots - O_2$$

C, H, O, S : 연료 1 [kg] 중 각 원소의 부피비율

※ C_aH_b의 계수 : $a + \dfrac{b}{4}$

암 애사비

2. 이론공기량(A_o) : 연료 1 [kg] 또는 1 [Nm³]를 완전연소시키는 데 필요한 최소 공기량

(1) 고체 및 액체연료

① 질량 기준 계산식

$$A_o = \frac{O_o}{0.232} \text{[kg/kg]}$$

O_o : 연료 1 [kg]을 연소시키는 데 필요한 이론 산소량 [kg/kg]

0.232 : 공기 중 산소의 질량비

② 체적 기준 계산식

$$A_o = \frac{O_o}{0.21} \text{[Nm}^3\text{/kg]}$$

O_o : 연료 1 [kg]을 연소시키는 데 필요한 이론 산소량 [Nm³/kg]

0.21 : 공기 중 산소의 부피비

3. 실제공기량(A_a)

(1) $A_a = A_o + A_s$(과잉공기량) $= m \cdot A_o$ [m(공기비) > 1.0]

$$\therefore m = \frac{A_a}{A_o} = 1 + \frac{A_s}{A_o} = 1 + \frac{A_a - A_o}{A_o}$$

$$A_s = (m-1)A_o$$

- 과잉공기율 = (m - 1) × 100 [%]

예제 01

공기비가 1.2일 때 메탄 100 [Sm³]을 완전연소시키는 데 필요한 공기량은 몇 [Sm³]인지 계산하시오.

해설 이론공기량

메탄의 완전연소반응식
$CH_4 + 2O_2 \rightarrow CO_2 + 2H_2O$
이론산소량 $O_o = 2 \times 100$
이론공기량 $A_0 = \dfrac{O_o}{0.21} = \dfrac{2 \times 100}{0.21}$
실제공기량 $A = mA_o = \dfrac{2 \times 100 \times 1.2}{0.21} = 1142.86$ [Sm³]

정답 1142.86 [Sm³]

예제 02

액체연료 1 [kg]을 연소시킬 때 탄소(78 [%]), 수소(12 [%]), 산소(3 [%]), 황(2 [%]), 기타(5 [%])일 경우 이론공기량 [Nm³/kg]을 구하시오.

해설 이론공기량

$O_0 = 1.867C + 5.6(H - O/8) + 0.7S$
   $= 1.867 \times 0.78 + 5.6 \times (0.12 - 0.03/8) + 0.7 \times 0.02 = 2.12$ [Nm³/kg]
$A_0 = O_0/0.21 = 2.12/0.21 = 10.1$ [Nm³/kg]

정답 10.1 [Nm³/kg]

예제 03

질량조성이 탄소 70 [%], 수소 20 [%], 회분 10 [%]이다. 이 액체연료 50 [kg]을 연소시키기 위해 필요로 하는 이론공기량은 몇 [Nm³]인가?

해설 이론공기량

$$O_0 = 1.867C + 5.6\left(H - \frac{O}{8}\right) + 0.7S = 1.867 \times 0.7 + 5.6 \times 0.2 = 2.4269$$

$$\fallingdotseq 2.43 \, [Nm^3/kg]$$

$$A_0 = \frac{O_0}{0.21} = \frac{2.43}{0.21} = 11.57 \, [Nm^3/kg]$$

11.57 × 50 = 578.5 [Nm³]

정답 578.5 [Nm³]

예제 04

액체연료 1 [kg]을 완전연소시켰을 때 질량조성이 탄소 70 [%], 수소 20 [%], 산소 2 [%], 황 3 [%], 기타 5 [%]라고 할 때의 이론산소량 [Nm³]을 구하시오.

해설 이론공기량

$$O_0 = 1.867C + 5.6\left(H - \frac{O}{8}\right) + 0.7S$$

$$= 1.867 \times 0.7 + 5.6 \times \left(0.2 - \frac{0.02}{8}\right) + 0.7 \times 0.03 = 2.4339 \, [Nm^3]$$

정답 2.43 [Nm³]

예제 05

에틸렌 20 [g]을 완전연소시키는 데 380 [g]의 공기가 소요되었다. 이때 다음 물음에 답하시오.

1) 연소반응식을 쓰시오.
2) 과잉공기량 [g]을 구하시오.

해설 이론공기량

(1) $C_2H_4 + 3O_2 \rightarrow 2CO_2 + 2H_2O$

(2) 이론산소량 = $\dfrac{3 \times 32}{28} \times 20 = 68.57 [g]$

이론공기량 = $\dfrac{O_0}{0.232} = \dfrac{68.57}{0.232} = 295.56 [g]$

과잉공기량 = 실제공기량 - 이론공기량 = 380 - 295.56 = 84.44 [g]

정답 1) $C_2H_4 + 3O_2 \rightarrow 2CO_2 + 2H_2O$ 2) 84.44 [g]

03 이론통풍력

1. 연돌의 이론통풍력

$$Z = 273H \times \left[\frac{r_a}{T_a} - \frac{r_g}{T_g} \right]$$

Z : 이론통풍력 [mmH$_2$O]
H : 연돌의 높이 [m]
r_a : 외기의 비중량 [kgf/m^3]
r_g : 배기가스의 비중량 [kgf/m^3]
T_a : 외기의 절대온도 [K]
T_g : 배기가스의 절대온도 [K]

2. 연돌의 높이

$$H = \frac{Z}{273\left(\frac{\gamma_a}{T_a} - \frac{\gamma_g}{T_g}\right)}$$

Z : 이론통풍력 [mmH$_2$O]
H : 연돌의 높이 [m]
r_a : 외기의 비중량 [kgf/m^3]
r_g : 배기가스의 비중량 [kgf/m^3]
T_a : 외기의 절대온도 [K]
T_g : 배기가스의 절대온도 [K]

예제 01

굴뚝의 높이가 50 [m]이고, 배기가스의 평균온도가 200 [℃]이고, 비중량이 1.34 [kgf/Nm^3]이며, 외기의 온도는 25 [℃]이고, 비중량이 1.29 [kgf/Nm^3]일 때 이론통풍력 [mmH$_2$O]은 어떻게 되는가?

해설 이론통풍력

$$Z = 273H \times \left[\frac{r_a}{T_a} - \frac{r_g}{T_g} \right]$$

$$Z = 273 \times 50 \times \left(\frac{1.29}{273.15 + 25} - \frac{1.34}{273.15 + 200} \right) = 20.40 \, [mmH_2O]$$

정답 20.40 [mmH$_2$O]

예제 02

연돌의 통풍력을 측정한 결과 527 [Pa], 배기가스의 평균온도는 200 [℃], 외기온도는 20 [℃]일 때 실제 굴뚝의 높이는 몇 [m]인가? (단, 대기의 비중량은 1.264 [kgf/m³], 배기가스의 비중량은 1.327 [kgf/m³], 실제통풍력은 이론통풍력의 80 [%]이다)

해설 굴뚝의 높이

(1) 이론통풍력

$$Z = 273H \times \left[\frac{r_a}{T_a} - \frac{r_g}{T_g}\right] [mmH_2O]$$

1 [atm] = 760 [mmHg] = 101325 [Pa] = 101.325 [kPa] = 10.332 [mH₂O]

        암 백일상이오(101.325)

        암 물 넣으면 삼삼(33)하다. 삼삼이(332)

(2) 실제통풍력

$$Z' = 0.8 \times Z = 0.8 \times 273 \times h \times \left(\frac{1.264}{273+20} - \frac{1.327}{273+200}\right) = 527[Pa] \times \frac{10332[H_2O]}{101325[Pa]}$$

$h = 163.11 [m]$

정답 163.11 [m]

예제 03

연돌의 통풍력을 측정한 결과 2.5 [mmAq], 배기가스의 평균온도 90 [℃], 외기온도 10 [℃]일 때 실제 굴뚝의 높이는 몇 [m]인가? (단, 표준상태에서 공기의 밀도는 1.295 [kg/m³], 배기가스의 밀도는 1.423 [kg/m³], 실제통풍력은 이론통풍력의 80 [%]이다)

해설 굴뚝의 높이

이론통풍력 $Z = 273H \times \left[\dfrac{r_a}{T_a} - \dfrac{r_g}{T_g}\right]$

실제통풍력 $Z_{real} = Z \times 0.8$

$\therefore Z_{real} = 273H\left(\dfrac{r_a}{273+t_a} - \dfrac{r_g}{273+t_g}\right) \times 0.8$

$2.5 = 273 \times h \times \left(\dfrac{1.295}{273+10} - \dfrac{1.423}{273+90}\right) \times 0.8$

$h = 17.45\,[m]$

정답 17.45 [m]

04 보일러의 열효율

1. 입·출열법

보일러에 들어간 열(입열)과 실제로 나온 열(출열)을 비교해 효율을 구하는 방법

$$\text{열효율}(\eta) = \dfrac{\text{유효열}}{\text{입열}} \times 100\,[\%]$$

$$= \dfrac{G(h'' - h')}{G_f \times H}$$

G : 실제증발량 [kg/h]
h'' : 발생증기 엔탈피 [kJ/kg]
h' : 급수 엔탈피 [kJ/kg]
G_f : 연료 사용량 [kg/h]
H : 발열량 [kJ/kg]

2. 손실열법

보일러에서 빠져나가는 손실열을 계산해서 효율을 구하는 방법

$$\text{열효율}(\eta) = \dfrac{\text{입열} - \text{손실열}}{\text{입열}} \times 100\,[\%] = \left(1 - \dfrac{\text{손실열}}{\text{입열}}\right) \times 100\,[\%]$$

예제 01

15.2 [kW]의 증기원동소가 시간당 2 [kg]의 연료를 사용하고 있다. 연료의 발열량이 41900 [kJ/kg]일 때 이 증기원동소의 열효율 [%]을 구하시오.

해설 열효율

$$\text{열효율}(\eta) = \frac{\text{유효열}}{\text{입열}} \times 100 \, [\%] = \frac{15.2 \, [kW] \times 3600 \, [s/h]}{41900 \, [kJ/kg] \times 2 \, [kg/h]} \times 100 \, [\%] = 65.30 \, [\%]$$

TIP 1 [kW] = 3600 [kJ/h]

정답 65.30 [%]

05 연속 방정식(질량보존법칙)

유체의 질량은 시간에 따라 보존된다.

$$Q = \rho A V = C \, [kg/s]$$

Q : 유량 [kg/s], ρ : 밀도 [kg/m³]
A : 단면적 [m²], V : 유체의 속도 [m/s]

예제 01

비체적 0.15 [m³/kg]인 유체가 압력 1.2 [MPa], 유속 20 [m/s]로 지름 25 [mm]의 오리피스를 통과할 때 유체의 질량유량 [kg/s]을 구하시오. (단, 소수점 셋째자리까지 구하시오)

해설 질량유량

$$Q = \rho A V = C \, [kg/s]$$

단면적 $A = \frac{\pi d^2}{4}$, 비체적은 밀도의 역수이므로

$$Q = \frac{\pi d^2}{4v} V = \frac{\pi \times 0.025^2}{4 \times 0.15} \times 20 = 0.065 \, [kg/s]$$

정답 0.065 [kg/s]

예제 02

물이 압력 1 [MPa], 유속 10 [m/s]로 지름 30 [mm]의 오리피스를 통과할 때 이 물의 질량유량 [kg/s]을 구하시오. (단, 물의 밀도는 1000 [kg/m³]로 한다)

해설 질량유량

$$Q = \rho A V = C [kg/s]$$

단면적 $A = \dfrac{\pi d^2}{4}$ 이므로

$$Q = \rho \dfrac{\pi d^2}{4} V = 1000 \times \dfrac{\pi \times 0.03^2}{4} \times 10 = 7.07 [kg/s]$$

정답 7.07 [kg/s]

06 열전달

1. 열손실량

$$Q = KA \Delta t [W]$$

K : 열관류(통과)계수 [W/m²·K]
A : 전열면적 [m²]
Δt : 온도차이 [K]

2. 열유속(流俗) : 단위면적당 흐르는 열량

$$q = \dfrac{Q}{A} = \dfrac{KA \Delta t}{A} = K \Delta t [W/m^2]$$

K : 열관류(통과)계수 [W/m²·K]
A : 전열면적 [m²]
Δt : 온도차이 [K]

3. 열관류(통과)계수 : 단위면적당 단위온도차에 의해 전달되는 열량

$$K = \frac{1}{R} = \frac{1}{\frac{1}{\alpha_1} + \frac{\ell}{\lambda} + \frac{1}{\alpha_2}} \, [W/m^2 \cdot K]$$

K : 열관류율 [W/m² · K]
R : 열저항 [m² · K/W]
ℓ : 재료의 두께 [m]
λ : 열전도율 [W/m · K]
α_1 : 내측 유체 열전달률 [W/m² · K]
α_2 : 외측 유체 열전달률 [W/m² · K]

예제 01

직육면체인 노의 내벽을 내화벽돌(λ_1 = 5 [W/m · ℃])로 쌓고 다음에 0.3 [m]의 두께로 단열벽돌(λ_2 = 0.9 [W/m · ℃])을 쌓은 다음, 0.15 [m]의 두께로 일반벽돌(λ_3 = 3 [W/m · ℃])을 쌓으려 한다. 노 내부의 온도가 1200 [℃]이고 실내온도가 50 [℃]라 할 때 단열벽돌의 내화도 때문에 단열벽돌의 온도를 900 [℃] 이하로 유지하려면 내화벽돌의 두께는 최소한 몇 [m]로 쌓아야 하는가?

해설 열전달

$$Q = K \cdot A \cdot \Delta t$$

$$\frac{1200 - 900}{\frac{d}{5}} = \frac{900 - 50}{\frac{0.3}{0.9} + \frac{0.15}{3}}$$

$$d \fallingdotseq 0.68 \, [m]$$

정답 0.68 [m]

예제 02

온도차가 150 [℃]이고 두께가 20 [cm] 열전도율이 0.1 [W/m · K]인 내화벽돌과 온도차가 300 [℃]이고, 열전도율이 0.2 [W/m · K]인 단열벽돌의 단위면적당 손실열량이 같을 때 단열벽돌의 두께는 몇 [cm]인지 구하시오.

해설 열전달

단열벽돌의 손실열량이 같으므로

$$Q = KA\Delta t = \frac{\lambda}{L} \times A \times \Delta t$$

$$\frac{0.1 \times 1 \times 150}{0.2} = \frac{0.2 \times 1 \times 300}{x}$$

$$x = 0.8\,[m] = 80\,[cm]$$

정답 80 [cm]

예제 03

두께 150 [mm]인 적벽돌과 100 [mm]인 단열벽돌로 구성되어 있는 내화벽돌의 노벽이 있다. 적벽돌과 단열벽돌의 열전도율은 각각 1.4 [W/m · ℃], 0.07 [W/m · ℃]일 때 단위면적당 손실열량은 약 몇 [W/m²]인가? (단, 노 내 벽면의 온도는 800 [℃]이고, 외벽면의 온도는 100 [℃]이다)

해설 손실열량

$$K = \frac{1}{R} = \frac{1}{\frac{l_1}{\lambda_1} + \frac{l_2}{\lambda_2}} = \frac{1}{\frac{0.15}{1.4} + \frac{0.1}{0.07}} \fallingdotseq 0.65$$

$$q = \frac{Q}{A} = K\Delta t = 0.65 \times (800 - 100) \fallingdotseq 456$$

정답 456 [W/m²]

예제 04

열전도율이 0.1 [W/m · K], 두께가 20 [cm]인 내화벽돌을 통한 열유속으로 인한 온도차가 200 [℃]인 곳에 열전도율이 0.2 [W/m · K]인 단열벽돌을 시공하였더니 온도차가 400 [℃]로 나타났다. 내화벽돌과 단열벽돌의 열유속이 동일할 때 단열벽돌의 두께는 몇 [m]인가?

해설 열전달

$$Q = \frac{\lambda}{L} A \Delta T\,[W]$$

$$Q_1 = Q_2 \rightarrow \frac{0.1}{0.2} \times 200 = \frac{0.2}{x} \times 400 \quad \therefore x = 0.8\,[m]$$

정답 0.8 [m]

예제 05

두께가 1 [mm]의 금속판 사이에 단열재를 충진한 냉장고 벽이 있다. 외기온도 25 [℃]이고, 냉장고 내부는 3 [℃]로 유지될 때 냉장고 외벽표면에 대기 중의 수분이 응축되어 이슬이 맺히지 않도록 하기 위한 단열재의 최소두께는 몇 [mm]인가? (단, 금속판의 열전도율이 15 [W/m·K], 단열재의 열전도율은 0.035 [W/m·K], 벽 내측 대류열전달률 5 [W/m²·K], 벽 외측 대류열전달률 10 [W/m²·K]이다. 냉장고 외부 표면온도는 20 [℃]이다)

[해설] 열전달

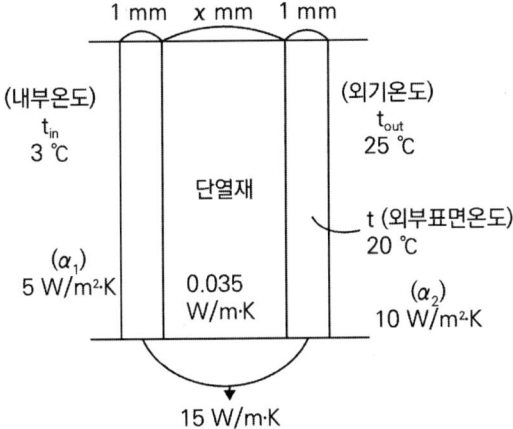

열량은 연속적으로 전달되므로
$Q_1 = Q_2$
$KA(t_{out} - t_{in}) = \alpha_2 A(t_{out} - t)$

열통과계수는 $K = \dfrac{1}{R} = \dfrac{1}{\dfrac{1}{\alpha_1} + \dfrac{L}{\lambda} + \dfrac{1}{\alpha_2}}[W/m^2 \cdot K]$이므로

$$\dfrac{1}{\dfrac{1}{5} + \dfrac{0.001}{15} + \dfrac{x}{0.035} + \dfrac{0.001}{15} + \dfrac{1}{10}}(25 - 3) = 10 \times (25 - 20)$$

$x = 0.004895 [m] = 4.895 [mm]$

[정답] 4.895 [mm]

07 대수 평균온도차

1. 대수 평균온도차(LMTD, Logarithmic Mean Temperature Difference)
열교환기에서 두 유체 사이의 온도차가 위치에 따라 달라질 때 전체 열전달을 계산하기 위해 사용하는 평균온도차

$$LMTD = \frac{\Delta t_1 - \Delta t_2}{\ln \dfrac{\Delta t_1}{\Delta t_2}}$$

α_i : 내측 열전달계수 [W/m²·K]
α_o : 외측 열전달계수 [W/m²·K]
λ : 물질의 열전도계수 [W/m·K]
l : 물질의 두께 [m]

(1) 대향류(향류형) : 두 유체가 서로 반대 방향으로 흐르면서 열을 교환하는 방식

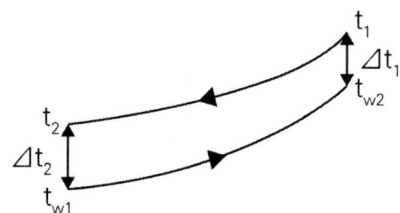

- $\Delta t_1 = t_1 - t_{w2}$, $\Delta t_2 = t_2 - t_{w1}$

(2) 평행류(병류형) : 두 유체가 같은 방향으로 흐르면서 열을 교환하는 방식

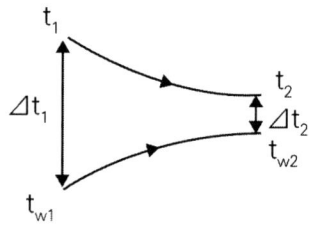

- $\Delta t_1 = t_1 - t_{w1}$, $\Delta t_2 = t_2 - t_{w2}$

(3) 전열량

$$Q = KA(LMTD)[W] = KA\Delta t$$

K : 열통과율(열관류율)
A : 전열면적

예제 01

대향류형 열교환기가 있다. 고온 측 유체가 80 [℃]로 들어가 50 [℃]로 나오고 저온 측 유체가 20 [℃]로 들어가 30 [℃]로 나올 때 대수평균온도차는 얼마인가?

해설 대수평균온도차

$\Delta t_1 = 80 - 30 = 50,\ \Delta t_2 = 50 - 20 = 30$

$LMTD = \dfrac{\Delta t_1 - \Delta t_2}{\ln\left(\dfrac{\Delta t_1}{\Delta t_2}\right)} = \dfrac{50 - 30}{\ln\dfrac{50}{30}} = 39.15\ [℃]$

정답 39.15 [℃]

예제 02

대향류 열교환기에서 뜨거운 유체는 80 [℃]로 들어가서 30 [℃]로 나오고 차가운 물은 20 [℃]로 들어가서 30 [℃]로 나온다. 이 경우 대수평균온도차를 구하시오.

해설 대수평균온도차

$\Delta t_1 = 80 - 30 = 50,\ \Delta t_2 = 30 - 20 = 10$

$LMTD = \dfrac{\Delta t_1 - \Delta t_2}{\ln\left(\dfrac{\Delta t_1}{\Delta t_2}\right)} = \dfrac{50 - 10}{\ln\dfrac{50}{10}} = 24.853\ [℃]$

정답 24.853 [℃]

예제 03

어떤 병행류형 열교환기가 있다. 고온 측 유체가 90 [℃]로 들어가 50 [℃]로 나오고 저온 측 유체는 20 [℃]로 들어가 40 [℃]로 나온다. 이 경우 전열면적은 몇 [m²]인가? (단, 전열량은 12000 [W]이고, 열관류율은 75 [W/m² · K]이다)

해설 전열면적

$\therefore \Delta t_1 : 90 - 20 = 70, \ \Delta t_2 : 50 - 40 = 10$

$LMTD = \dfrac{\Delta t_1 - \Delta t_2}{\ln\left(\dfrac{\Delta t_1}{\Delta t_2}\right)} = \dfrac{70 - 10}{\ln \dfrac{70}{10}} = 30.83 \, [℃]$

$Q = K \cdot A \cdot (LMTD)$

$12000 = 75 \times A \times 30.83 \quad \therefore A = 5.18 \, [m^2]$

TIP 병행류 or 평행류 or 병류식은 서로 같은 방향의 흐름을 뜻한다.

정답 5.18 [m²]

예제 04

보일러 가동 중 플래시탱크에서 분출수의 질량 유량은 12.5 [ton/h]로 배출하는 공장이 있다. 여기에 보일러 급수용 향류형 열교환기를 설치하여 폐열을 회수한다고 한다. (단, 가열 측 분출수는 입구온도는 169.6 [℃], 출구온도 50 [℃], 수열 측 급수 입구온도는 15 [℃], 출구온도는 40 [℃]이다)

1) 대수평균온도 [℃]를 구하여라.
2) 열교환기가 회수한 열량 [kW]을 구하여라.

해설 대수평균온도

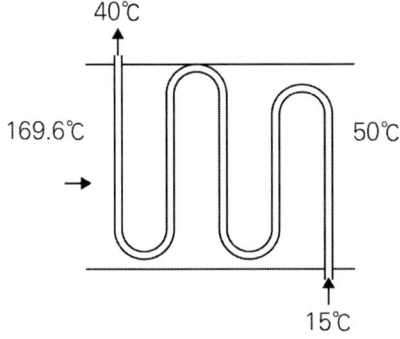

(1) 고온유체 169.6 [℃] → 50 [℃], 저온유체 15 [℃] → 40 [℃]
  $\Delta_1 = 169.6 - 40 = 129.6$, $\Delta_2 = 50 - 15 = 35$

  대수평균온도 : $LMTD = \dfrac{[\Delta_1 - \Delta_2]}{\ln \dfrac{\Delta_1}{\Delta_2}} = \dfrac{129.6 - 35}{\ln \dfrac{129.6}{35}} = 72.26 \,[\text{℃}]$

(2) 열교환기가 회수한(얻는) 열량
  q = GC△t
   = 12.5 [ton/h] × 1000 [kg/ton] × 4.184 [kJ/kg·℃] × (40 - 15) [℃] ÷ 3600 [s/h]
   = 362.84 [kJ/s] = 362.84 [kW]

정답 1) 72.26 [℃] 2) 362.84 [kW]

예제 05

어떤 대향류형 열교환기가 있다. 고온유체가 90 [℃]로 들어가 60 [℃]로 나오고, 저온유체가 20 [℃]로 들어가 28 [℃]로 나왔다. 열관류율이 4.5 [W/m²·K]이고 전열량은 55223 [W]일 때 다음을 답하시오.

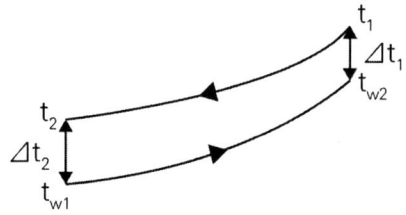

1) 대수평균온도차를 구하시오.
2) 전열면적을 구하시오.

해설 대수평균온도차

(1) $\Delta t_1 = 90 - 28 = 62$, $\Delta t_2 = 60 - 20 = 40$

$$LMTD = \frac{62 - 40}{\ln\frac{62}{40}} = 50.20 \,[℃]$$

(2) $Q = KA(LMTD)$

$$A = \frac{Q}{K(LMTD)} = \frac{55223}{4.5 \times 50.2} = 244.457 \fallingdotseq 244.46 \,[m^2]$$

정답 1) 50.20 [℃]   2) 244.46 [m²]

예제 06

대향류형 열교환기가 있다. 고온 측 유체가 80 [℃]로 들어가 50 [℃]로 나오고 저온 측 유체가 20 [℃]로 들어가 40 [℃]로 나올 때 전열면적은 몇 [m²]인가? (열관류율은 25 [W/m²·K], 전열량은 15000 [W]이다)

해설 전열면적

$\Delta t_1 = 80 - 40 = 40\,[℃]$, $\Delta t_2 = 50 - 20 = 30\,[℃]$

$LMTD = \dfrac{\Delta t_1 - \Delta t_2}{\ln\left(\dfrac{\Delta t_1}{\Delta t_2}\right)} = \dfrac{40 - 30}{\ln\dfrac{40}{30}} = 34.76\,[℃]$

$Q = KA(LMTD)$

$A = \dfrac{Q}{K(LMTD)} = \dfrac{15000\,[W]}{25\,[W/m^2 \cdot ℃] \times 34.76\,[℃]} = 17.26\,[m^2]$

정답 17.26 [m²]

Part 02

에·너·지·관·리·산·업·기·사

과년도 기출문제

2025 제1회

01 석탄의 중량 조성이 C : 80 [%], H : 10 [%], O : 3 [%], S : 2 [%], 기타 : 5 [%]라고 할 때 이론공기량 [Nm³/kg]을 계산하시오.

정답

9.75 [Nm³/kg]

[해설]

$$O_0 = 1.867C + 5.6\left(H - \frac{O}{8}\right) + 0.7S$$

$$= 1.867 \times 0.8 + 5.6 \times \left(0.1 - \frac{0.03}{8}\right) + 0.7 \times 0.02$$

$$= 2.0466 \,[Nm^3/kg]$$

$$A_0 = \frac{O_0}{0.21} = \frac{2.0466}{0.21} = 9.745 ≒ 9.75 \,[Nm^3/kg]$$

핵심이론   이론산소량 & 이론공기량

1) 이론산소량(O_o) : 연료를 산화시키기 위한 이론적 최소 산소량
   (1) 고체 및 액체 연료
   체적 계산식(연료1 [kg] 연소 시 이론산소량의 체적)

$$O_o = 1.867C + 5.6\left(H - \frac{O}{8}\right) + 0.7S \,[Nm^3/kg]$$

2) 이론공기량(A_o) : 연료를 완전연소시키는 데 필요한 이론적 최소 공기량으로 이론산소량을 산소의 질량비로 나누어준다.
   (1) 고체 및 액체 연료
   체적 계산식(연료1 [kg] 연소 시 이론산소량의 체적)

$$A_o = \frac{O_o}{0.21} \ [\text{Nm}^3/\text{kg}]$$

02
열전도율 0.03 [W/m·K], 두께가 20 [cm]인 단열재 벽의 내부 온도가 300 [℃], 외부 온도가 30 [℃]일 때 단위면적당 열유속 [W]은 어떻게 되는가?

정답

27 [W]

[해설]

$$q = \frac{Q}{A} = K\Delta t = \frac{1}{\frac{d}{\lambda}}\Delta t = \frac{\lambda}{d}\Delta t = \frac{0.03}{0.3}(300-30) = 27\,[W/m^2]$$

단위면적당 27 [W]의 열유속을 가진다.

핵심이론 열관류

1) 열관류(통과)계수

$$K = \frac{1}{R} = \frac{1}{\frac{1}{\alpha_1} + \frac{L}{\lambda} + \frac{1}{\alpha_2}}\,[W/m^2 \cdot K]$$

L : 재료의 두께 [m]
λ : 열전도율 [W/m·K]
α_1 : 내측 유체 열전달률 [W/m²·K]
α_2 : 외측 유체 열전달률 [W/m²·K]
K : 열관류율 [W/m²·K]

2) 열관류에 의한 손실열량

$$Q = KA(t_1 - t_2)\,[W]$$

K : 열관류(통과)계수 [W/m²·K]
A : 전열면적 [m²]

03 굴뚝의 높이가 50 [m], 배기가스의 평균온도가 200 [℃], 비중량이 1.34 [kgf/Nm³], 외기의 온도는 25 [℃], 비중량이 1.29 [kgf/Nm³]일 때 이론통풍력 [mmH₂O]은 어떻게 되는가?

정답

20.40 [mmH₂O]

[해설]

$$Z = 273H \times \left[\frac{r_a}{T_a} - \frac{r_g}{T_g}\right]$$

$$Z = 273 \times 50 \times \left(\frac{1.29}{273.15+25} - \frac{1.34}{273.15+200}\right) = 20.40 [mmH_2O]$$

핵심이론 굴뚝의 높이

1) 연돌의 이론통풍력의 계산공식

$$Z = 273H \times \left[\frac{r_a}{T_a} - \frac{r_g}{T_g}\right]$$

Z : 이론통풍력 [mmH₂O]
H : 연돌의 높이 [m]
r_a : 외기의 비중량 [kgf/m³]
r_g : 배기가스의 비중량 [kgf/m³]
T_a : 외기의 절대온도 [K]
T_g : 배기가스의 절대온도 [K]

2) 연돌의 높이

$$H = \frac{Z}{273\left(\frac{\gamma_a}{T_a} - \frac{\gamma_g}{T_g}\right)}$$

Z : 이론통풍력 [mmH₂O]
H : 연돌의 높이 [m]
r_a : 외기의 비중량 [kgf/m³]
r_g : 배기가스의 비중량 [kgf/m³]
T_a : 외기의 절대온도 [K]
T_g : 배기가스의 절대온도 [K]

04 청관제 역할을 5가지 쓰시오.

정답
- 스케일 생성을 방지한다.
- 부식을 방지한다.
- pH를 조정한다.
- 보일러의 성능을 향상시켜 에너지 소비를 줄일 수 있다.
- 용존산소를 제거한다.

핵심이론 보일러 내처리제(청관제)와 그 작용

보일러에서 청관제란 보일러 시스템의 효율성을 유지하고 수명을 연장시키기 위해 사용되는 화학물질을 이야기한다.
1) pH 및 알칼리 조정제 : 수산화나트륨(가성소다), 탄산나트륨, 인산나트륨, 인산, 암모니아
2) 연화제 : 수산화나트륨, 탄산나트륨, 인산나트륨
3) 슬러지 조정제 : 탄닌, 리그닌, 전분
4) 탈산소제 : 아황산나트륨, 하이드라진(히드라진), N_2H_4(고압보일러용), 탄닌
5) 가성취화방지제 : 황산나트륨, 인산나트륨, 질산나트륨, 탄닌, 리그닌
6) 기포방지제 : 고급 지방산 폴리아민, 고급 지방산 폴리알콜

05 보일러 운행 중 과열이 일어나는 원인 3가지를 쓰시오.

정답
- 보일러 운전 중 수위가 안전저수위보다 낮아진 경우
- 연소실에 가해지는 열이 너무 많아 열부하 과다일 경우
- 보일러 내부에 유지분이 부착하거나 스케일이 형성되었을 경우
- 보일러수가 농축되었을 경우
- 보일러수에 다량의 불순물이 있을 경우

06 다음 그림을 보고 알맞은 답을 작성하시오.

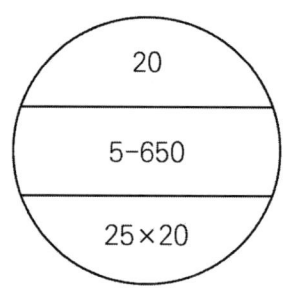

1) 섹션수(쪽수)
2) 종별
3) 방열기 높이(길이)
4) 유입관경
5) 유출관경

정답

1) 20개
2) 5세주형
3) 650 [mm]
4) 25 [A](mm)
5) 20 [A](mm)

핵심이론 방열기의 호칭 및 도시법

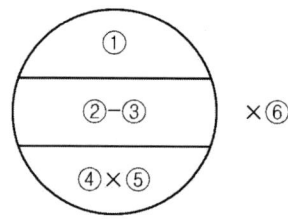

- ① : 쪽수(섹션수)
- ③ : 형(치수, 높이) [mm]
- ⑤ : 유출관 지름 [mm]
- ② : 종별
- ④ : 유입관 지름 [mm]
- ⑥ : 설치수

07 다음 그림에서 각 배관의 이름을 쓰시오.

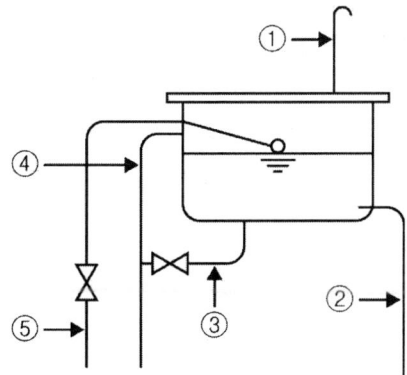

> **정답**
> ① 배기관(공기빼기관) ② 팽창관
> ③ 배수관 ④ 오버플로관
> ⑤ 급수관

08 다음은 동관, 연관, 주철관용 공구이다. 다음 각 공구는 무슨 관용 공구인지 쓰시오.
1) 턴 핀(Turn Pin)
2) 익스팬더(Expander)
3) 클립(Clip)
4) 벤드벤(Bend Ben)
5) 사이징 툴

> **정답**
> 1) 연관 2) 동관
> 3) 주철관 4) 연관
> 5) 동관

[해설]
1) 턴 핀 : 연관용 공구로 관 끝을 접합하기 쉽게 관 끝 부분에 끼우고 마이레트로 정형한다.
2) 익스팬더(확관기) : 동관용 공구로 동관 끝을 넓히는 공구이다.
3) 클립 : 주철관용 공구로 소켓 접합 시 용해된 납의 주입 시 납물의 비산을 방지한다.
4) 벤드벤 : 연관용 공구로 연관의 굽힘 작업에 사용한다.
5) 사이징 툴 : 동관용 공구로 동관의 끝을 원형으로 정형하는 공구이다.

핵심이론 기타 관용 공구

1) 동관용 공구
   (1) 토치램프 : 납땜, 동관접합, 벤딩 등의 작업을 하기 위한 가열용 공구
   (2) 튜브벤드 : 동관 굽힘용 공구
   (3) 플레어링 툴 : 20[mm] 이하의 동관의 끝을 나팔형으로 만들어 압축 접합 시 사용하는 공구
   (4) 사이징 툴 : 동관의 끝을 원형으로 정형하는 공구
   (5) 익스팬더(확관기) : 동관 끝을 넓히는 공구
   (6) 튜브커터 : 동관 절단용 공구
   (7) 리머 : 튜브커터로 동관 절단 후 내면에 생긴 거스러미를 제거하는 공구
   (8) 티뽑기 : 동관 직관에서 분기관을 만들 때 사용하는 공구

2) 주철관용 공구
   (1) 납 용해용 공구 셋 : 냄비, 파이어포트(Fire Pot), 납물용 국자, 산화납 제거기 등이 있음
   (2) 클립(Clip) : 소켓 접합 시 용해된 납의 주입 시 납물의 비산(飛散)을 방지
   (3) 코킹 정 : 소켓 접합 시 얀(Yarn)을 박아넣거나 납을 다져 코킹하는 정
   (4) 링크형 파이프 커터 : 주철관 전용 절단공구

3) 연관용 공구
   (1) 연관톱 : 연관 절단 공구(일반쇠톱으로도 가능)
   (2) 봄보올 : 주관에 구멍을 뚫을 때 사용
   (3) 드레서 : 연관 표면의 산화피막 제거
   (4) 벤드벤 : 연관의 굽힘 작업에 사용
   (5) 턴핀 : 관 끝을 접합하기 쉽게 관끝 부분에 끼우고 마이레트로 정형
   (6) 마아레트 : 나무 해머
   (7) 토치램프 : 가열용 공구

09 다음은 증기보일러에 압력계 부착 기준에 관한 내용이다. (   ) 안에 알맞은 용어를 골라 넣으시오.

> 강관, 연관, 동관, 방출관, 사이폰관, 열린, 닫힌, 두어도 된다, 두어선 안 된다

- 압력계와 연결된 증기관은 최고사용압력에 견디는 것으로서 그 크기는 (①)을 사용할 때는 안지름 6.5 [mm] 이상, (②)을 사용할 때는 12.7 [mm] 이상이어야 한다.
- 압력계에는 물을 넣은 안지름 6.5 [mm] 이상의 (③) 또는 동등한 작용을 하는 장치를 부착하여 증기가 직접 압력계에 들어가지 않도록 하여야 한다.
- 압력계와 연결된 증기관의 길이가 3 [m] 이상이며 내부를 충분히 청소할 수 있는 경우에는 보일러의 가까이에 (④) 상태에서 봉인된 코크 또는 밸브를 (⑤).

정답

① 동관　　② 강관　　③ 사이폰관
④ 열린　　⑤ 두어도 된다

핵심이론 열사용기자재검사 및 검사 면제에 관한 기준

22.5.1.2 압력계의 부착

증기보일러의 압력계 부착은 다음에 따른다.

(1) 압력계는 원칙적으로 보일러의 증기실에 눈금판의 눈금이 잘 보이는 위치에 부착하고 얼지 않도록 하며, 그 주위의 온도는 사용상태에 있어서 KS B 5305(부르동관 압력계)에 규정하는 범위 안에 있어야 한다.
(2) 압력계와 연결된 증기관은 최고사용압력에 견디는 것으로서 그 크기는 황동관 또는 동관을 사용할 때는 안지름 6.5 [mm] 이상, 강관을 사용할 때는 12.7 [mm] 이상이어야 하며, 증기온도가 483 [K]{210 [℃]}를 초과할 때에는 황동관 또는 동관을 사용하여서는 안 된다.
(3) 압력계에는 물을 넣은 안지름 6.5 [mm] 이상의 사이폰관 또는 동등한 작용을 하는 장치를 부착하여 증기가 직접 압력계에 들어가지 않도록 하여야 한다.
(4) 압력계의 코크는 그 핸들을 수직인 증기관과 동일방향에 놓은 경우에 열려 있는 것이어야 하며 코크 대신에 밸브를 사용할 경우에는 한눈으로 개폐 여부를 알 수가 있는 구조로 하여야 한다.
(5) 압력계와 연결된 증기관의 길이가 3 [m] 이상이며 내부를 충분히 청소할 수 있는 경우에는 보일러의 가까이에 열린 상태에서 봉인된 코크 또는 밸브를 두어도 좋다.
(6) 압력계의 증기관이 길어서 압력계의 위치에 따라 수두압에 따른 영향을 고려할 필요가 있을 경우에는 눈금에 보정을 하여야 한다.

10 다음 보일러 시공 작업도면을 보고 A-A'의 단면도를 작도하시오. (단, 단면도의 높이는 170 [mm]로 하고, 각 부속 사이의 관경 및 치수도 기입하시오)

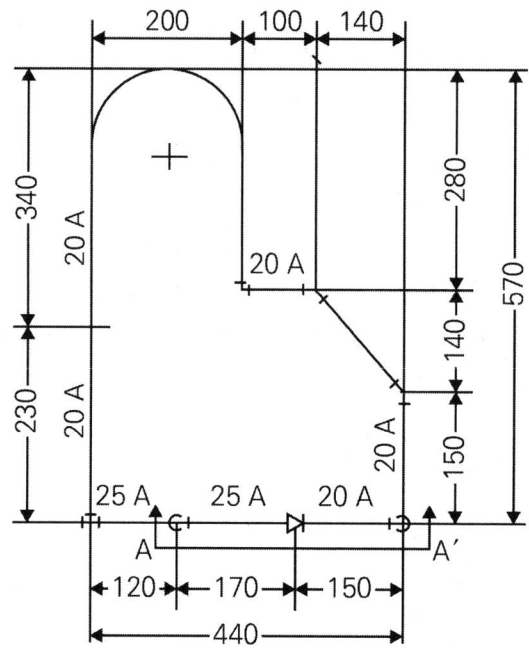

> 정답

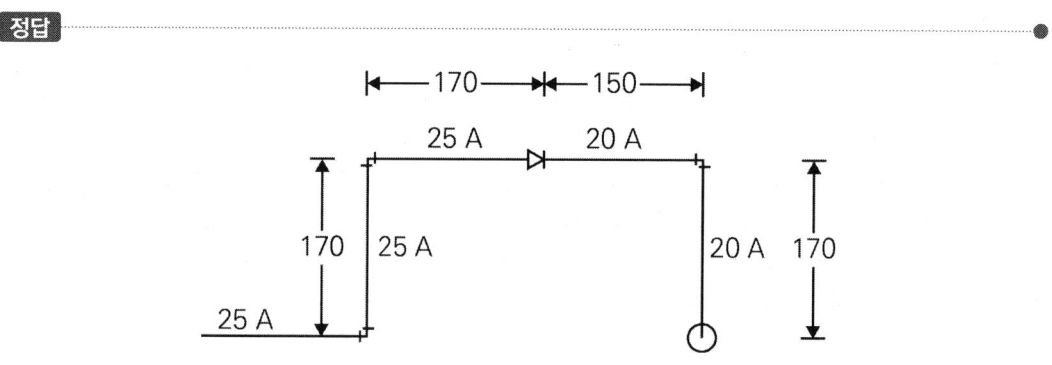

11 배기가스의 폐열이나 여열을 회수하여 활용하는 폐열회수장치 4가지를 쓰시오.

정답

과열기, 재열기, 절탄기, 공기예열기

핵심이론 폐열회수장치

1) 과열기 : 동에서 발생한 습포화증기의 수분을 제거한 후 압력을 올리지 않고 건도만 높인 후 온도를 올리는 기구
2) 재열기 : 고압터빈에서 열을 방출한 후 팽창하여 포화온도까지 하강한 과열증기를 다시 가열시켜 저온의 과열증기로 만드는 기구
3) 절탄기(급수예열기) : 배기가스의 여열을 이용하여 보일러에 급수되는 급수를 예열하는 기구
4) 공기예열기 : 배기가스의 여열을 이용하여 연소실에 투입되는 공기를 예열하는 기구

12 열팽창계수가 서로 다른 2개의 금속판을 접촉시켜 온도변화에 따라 다른 팽창정도를 이용하여 온도를 계측하는 온도계의 종류를 쓰시오.

정답

바이메탈온도계

핵심이론 바이메탈온도계

두 개의 금속을 접합하여 온도 변화에 따라 열팽창의 정도를 이용하여 온도 측정
1) 두 금속의 열팽창률 차이가 크지 않아 온도 변화에 대한 응답이 느린 편이다.
2) 측온 범위는 -50 ~ 500 [℃]
3) 구조가 간단하다.
4) 오래 사용 시 히스테리시스오차가 발생한다.
5) 온도자동 조절이나 온도 보상장치에 이용된다.

2025 제2회

01 다음 등각투상도를 보고 배관 평면도를 그리시오.

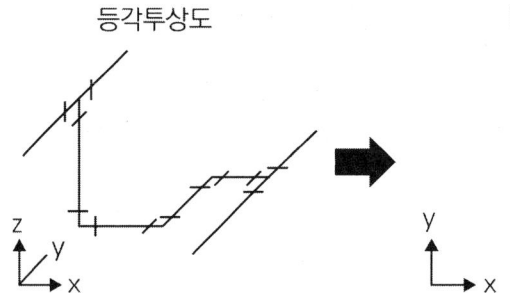

[정답]

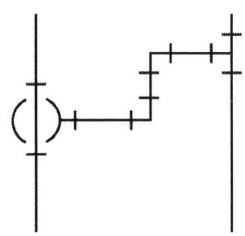

✎ 핵심이론 배관 평면도

평면도 → 등각투상도

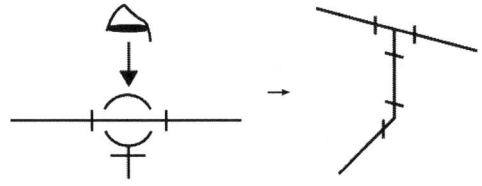

02 여러 개의 온수방열기가 연결된 경우 배관의 순환율을 동일하게 건물 내 각실의 온도를 일정하게 유지시키는 배관방식을 쓰시오

정답

역환수식 배관방식(Reverse Return System)

03 다음 각 보일러설비에 해당하는 기기 및 부속명을 보기에서 골라 모두 쓰시오.

[보기]
점화장치, 인젝터, 과열기, 분연장치, 급수배관, 절탄기, 방폭문, 안전밸브

1) 급수장치
2) 연소장치
3) 폐열회수장치
4) 안전장치

정답

1) 급수장치 : 인젝터, 급수배관
2) 연소장치 : 점화장치, 분연장치
3) 폐열회수장치 : 과열기, 절탄기
4) 안전장치 : 방폭문, 안전밸브

04 배관계에 걸리는 하중을 위에서 걸어 당겨 지지하는 장치인 행거의 종류 3가지를 쓰시오.

> **정답**
>
> 리지드 행거, 스프링 행거, 콘스탄트 행거

> **핵심이론** 행거
>
> 배관의 하중을 위에서 걸어당겨 받치는 지지구
> 1) 리지드 행거(Rigid Hanger) : 상하방향 변위가 없는 곳에 사용
> 2) 스프링 행거(Spring Hanger) : 턴 버클 대신 스프링을 사용한 것으로 충격, 진동을 흡수
> 3) 콘스탄트 행거(Constant Hanger) : 상하 이동을 어느정도 허용하는 구조로 만들어 관의 지지력을 일정하게 한 것

05 두께 50 [mm], 면적 12 [m²], 고온 측의 온도 300 [℃], 저온 측의 온도 20 [℃]인 평판형태의 보온재를 통과하여 4000 [W]의 열량이 이동하고 있다고 한다. 이 보온재의 열전도율을 구하시오.

> **정답**
>
> 0.06 [W/m·℃]
>
> **[해설]**
>
> $$Q = \frac{\lambda}{L} A \Delta t \, [W]$$
>
> $$4000\,[W] = \frac{\lambda \cdot 12 \cdot (300-20)}{0.05}$$
>
> $$\lambda = 0.0595 \fallingdotseq 0.06\,[W/m \cdot ℃]$$

핵심이론 | 전도 대류 복사

1) 전도(Conduction)
   (1) 전도 : 매질 내 자유전자 간의 미세한 충돌과 상호작용을 통해 열이 전달되는 현상으로, 주로 고체에서 중요한 열전달방식이다.
   (2) 푸리에의 열전도법칙(Fourier Heat Conduction Law)

   $$Q = \frac{\lambda}{L} A \Delta t \, [W]$$

   Q : 전도열량 [W]
   λ : 열전도계수 [W/m·K]
   L : 물질의 두께 [m]
   A : 전열면적 [m²]
   Δt : 물질의 표면온도 [K]

2) 대류(Convection)
   (1) 유체가 움직이면서 열을 함께 옮기는 현상으로, 온도 차이에 따른 밀도 변화로 인해 발생한다.
   (2) 뉴턴의 냉각법칙(Newton's Cooling Law)

   $$Q = \alpha A (t_w - t_\infty) \, [W]$$

   α : 대류열전달계수 [W/m²·K]
   A : 대류전열면적 [m²]
   t_w : 벽면온도 [K]
   t_∞ : 유체온도 [K]

3) 복사(Radiation)
   (1) 물질의 이동이나 매질 없이 물체가 전자기파를 방출하여 열을 전달하는 현상이다.
   (2) 스테판 볼츠만의 법칙(Stefan-Boltzmann Law)

   $$Q = \epsilon \sigma A T^4 \, [W]$$

   ϵ : 방사율($0 < \epsilon < 1$)
   σ : 스테판 - 볼츠만 상수
   ($\sigma = 5.67 \times 10^{-8} \, [W/m^2 K^4]$)
   A : 전열면적 [m²]
   T : 물체표면온도 [K]

---

06 보일러가 연속 운전되는 동안 증기의 부하가 변하면 수위변동이 발생한다. 이때 일정수위를 유지하기 위해 설치하는 수위제어 검출방식의 종류 3가지만 쓰시오

> **정답**

플로트식, 전극식, 차압식, 열팽창식, 초음파식

> **핵심이론** 보일러제어

1) 수위 검출방식 : 어떤 센서를 사용하여 수위를 감지하는가에 따른 분류
   (1) 플로트식 : 물의 부력으로 움직이는 플로트를 이용해 수위를 감지
   (2) 전극식 : 수위가 닿는 전극의 유무로 전도성 차이를 감지
   (3) 열팽창식 : 온도 변화에 따른 금속의 팽창으로 수위를 간접 감지
   (4) 차압식 : 드럼 상하부의 압력차로 수위를 정밀하게 연속 감지
   (5) 초음파식, 정전용량식 : 전자식 센서를 이용한 비접촉식 수위 측정
2) 제어방식 : 수위 조절을 위해 사용하는 제어 요소의 수와 방식에 따른 분류
   (1) 단요소식(1요소식) : 보일러의 수위만을 검출하여 급수량을 조절하는 방식
   (2) 2요소식 : 수위와 증기유량을 동시에 검출하여 급수량을 조절하는 방식
   (3) 3요소식 : 수위, 증기유량, 급수유량을 동시에 검출하여 급수량을 조절하는 방식

07 온수보일러의 제어장치에서 사용되는 릴레이의 종류 중 다음 설명에 해당하는 명칭을 각각 쓰시오.

1) 버너에 부착하여 사용하며 오일버너의 주 안전제어장치로 난방, 급탕 등의 전용제어회로에 이용된다.

2) 보일러 본체에 설치하여 사용하고 그 특징은 프로텍터 릴레이와 아쿠아 스탯의 기능을 합친 것이다.

3) 보일러연소가스 배출구 300 [mm] 상단의 연도에 부착하여 연소가스열에 의하여 연도 내부에 삽입되는 바이메탈의 수축, 팽창으로 접점을 연결하거나 차단하여 버너의 동작을 제어한다.

> **정답**

1) 프로텍터 릴레이(Protector Relay)
2) 콤비네이션 릴레이(Combination Relay)
3) 스택 릴레이(Stack Relay)

08 버너연소 중에 불이 갑자기 꺼지는 경우인 실화의 일반적인 원인 5가지만 쓰시오.

> 정답
> - 공기와 연료의 흐름을 양호하게 하지 못한 경우
> - 안정된 착화를 도모하지 못한 경우
> - 화염의 형상을 조절하지 못한 경우
> - 연료를 충분히 공급하지 못한 경우
> - 버너를 연소하기 전에 점검을 안 한 경우

09 그림은 복관 중력환수식 온수난방 시스템의 개략도이다. 그림에서 RV, AV가 의미하는 밸브 명칭을 쓰시오.

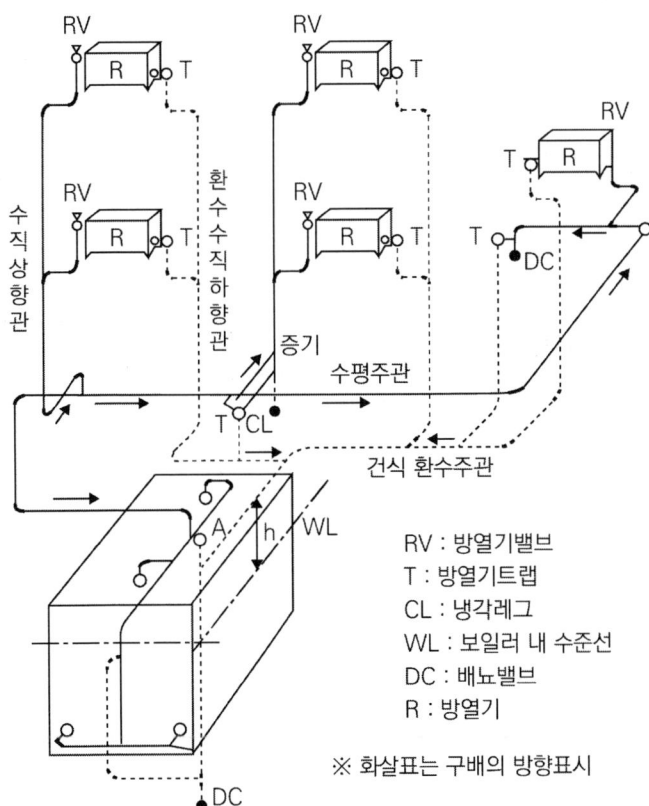

RV : 방열기밸브
T : 방열기트랩
CL : 냉각레그
WL : 보일러 내 수준선
DC : 배뇨밸브
R : 방열기

※ 화살표는 구배의 방향표시

정답
- RV : 방열기밸브
- AV : 공기밸브

핵심이론 밸브

1) 방열기밸브 : 방열기로 유입되는 온수의 양을 조절하여 난방량 조절
2) 공기밸브 : 방열기 내에 고인 공기를 제거하여 순환 불량 및 소음을 방지

10 송수온도 80 [℃], 환수온도 65 [℃]인 온수보일러가 하루 12톤을 공급한다. 난방부하는 몇 [kJ/h]인가? (단, 온수의 비열은 4.184 [kJ/kg · ℃]이다)

정답

31380 [kJ/h]

[해설]

$Q = GC\triangle t$

$Q = \dfrac{12 \times 1000 \times 4.184 \times (80-65)}{24} = 31380 [kJ/h]$

핵심이론 열량

$$Q = GC\triangle t [W]$$

Q : 열량 [kW], G : 질량유량 $[kg/s]$
C : 비열 $[kJ/kg\cdot℃]$, $\triangle t$: 온도차 [℃]

11 온수보일러에서 공급온도가 68 [℃], 환수온도가 51 [℃]이며 실내온도가 18 [℃]일 때 난방부하는 31.401 [MJ/h]이었다. 이때 온수순환량 [kg/h]을 구하시오. (단, 온수의 평균비열은 3.97746 [kJ/kg·℃]이며 열손실은 무시한다)

[정답]

464.40 [kg/h]

[해설]

난방부하 = 온수순환량 × 비열 × 온도차
온도차 = 공급온도 - 환수온도

$$31.401 = 3.97746 \times x \times (68-51) \times \frac{1}{1000} = 464.396$$

12 증기보일러의 안전밸브 설치 기준에 대한 설명 중 ① ~ ⑤에 들어갈 내용을 보기에서 찾아 쓰시오.

| 1, 2, 3, 4, 5, 10, 20, 50, U, V, S, 수직, 수평 |

증기보일러에는 (①)개 이상의 안전밸브를 설치하여야 한다. 다만 전열면적 (②) [m²] 이하의 증기 보일러에서는 (③)개 이상으로 하며 (④)자형 입관을 부착한 보일러는 안전밸브를 부착하지 않아도 된다. 안전밸브는 쉽게 검사할 수 있는 장소에 밸브 축에 (⑤)으로 하여 가능한 보일러의 동체에 직접 부착시켜야 한다.

[정답]

① 2 ② 50 ③ 1 ④ U ⑤ 수직

핵심이론 | 열사용기자재검사 및 검사 면제에 관한 기준

19.1 증기 보일러
19.1.1 안전밸브의 개수
(1) 증기 보일러에는 2개 이상의 안전밸브를 설치하여야 한다. 다만 전열면적 50 [m^2] 이하의 증기 보일러에서는 1개 이상으로 하며 U자형 입관을 부착한 보일러는 안전밸브를 부착하지 않아도 된다.
(2) 관류보일러에서 보일러와 압력방출장치와의 사이에 체크밸브를 설치할 경우 압력방출장치는 2개 이상이어야 한다.

19.1.2 안전밸브의 부착
(1) 안전밸브는 쉽게 검사할 수 있는 장소에 밸브 축을 수직으로 하여 가능한 한 보일러의 동체에 직접 부착시켜야 한다.

2025 제3회

고난도회차

1회독	시간 :	점수 :
2회독	시간 :	점수 :
3회독	시간 :	점수 :

01 다음 배관 평면도를 보고 알맞은 등각투상도를 그리시오.

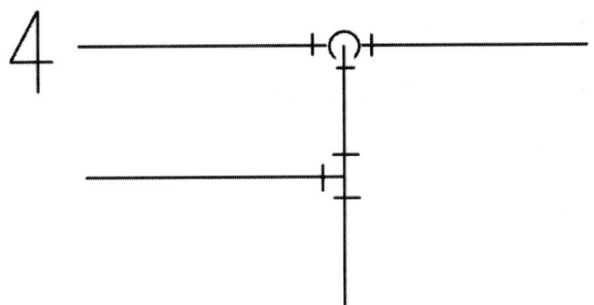

정답

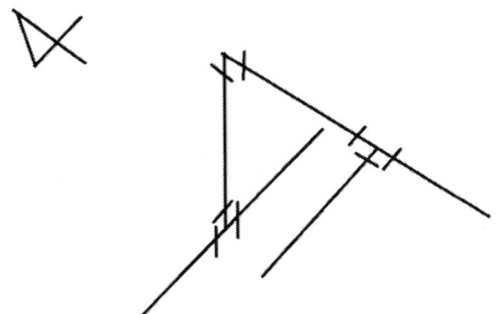

02 어떤 보일러에서 연료 소비량이 150 [kg/h]이고, 연료의 발열량은 33440 [kJ/kg]이다. 시간당 급수량 15000 [kg]이고, 20 [℃]에서 90 [℃]까지 가열하였다. 물의 비열을 4.18 [kJ/(kg·℃)]로 할 때, 이 보일러의 열효율 [%]은 얼마인가?

정답

87.5 [%]

[해설]

$$\eta_B = \frac{G_a(h_2 - h_1)}{G_f \times H_\ell} \times 100 \, [\%]$$

$$= \frac{15000 \times 4.18 \times (90 - 20)}{150 \times 33440} \times 100 = 87.5 \, [\%]$$

핵심이론 보일러 효율

$$\eta_B = \frac{G_a(h_2 - h_1)}{G_f \times H_\ell} \times 100 \, [\%]$$

$$= \frac{G_e \times 2256}{G_f \times H_\ell} \times 100 \, [\%]$$

G_a : 실제증발량 [kg/h], G_e : 상당증발량 [kg/h]
h_1 : 급수의 비엔탈피 [kJ/kg]
h_2 : 증기의 비엔탈피 [kJ/kg]
G_f : 연료사용량 [kg/h]
H_ℓ : 연료발열량 [kJ/kg]

03 다음은 안전장치에 대한 설명이다. 설명을 보고 알맞은 장치의 이름을 적으시오.

1) 온수보일러의 최고사용 압력 초과 시 압력을 완화시키기 위해 고온수를 외부로 배출하는 장치

2) 증기보일러 최고사용 압력 초과 시 자동적으로 밸브가 열려 증기를 분출시켜 압력 초과로 인한 파열사고를 미연에 방지하는 장치로 스프링식과 중추식이 있다.

3) 연소실 내 미연소가스에 의한 가스폭발 발생 시 폭발가스 및 압력을 대기로 방출시켜 파열사고를 미연에 방지하는 안전장치

4) 증기보일러에서 이상 저수위가 되었을 때 보일러의 과열 및 파손을 방지하기 위해 주석이나 납으로 만든 합금이 녹아 작동하는 장치

정답

1) 팽창탱크 2) 안전밸브
3) 방폭문   4) 가용전

04 다음에 알맞은 강관 나사이음쇠를 적으시오.

1) 동일한 지름을 가진 직선 배관을 연결할 때 사용하는 나사이음쇠 4가지를 쓰시오.

2) 배관의 끝을 막을 때 사용하는 나사이음쇠 2가지를 쓰시오.

정답

1) 소켓(Socket), 니플(Nipple), 유니언(Union), 커플링(Coupling)
2) 플러그(Plug), 캡(Cap)

05 연소 시 공기비가 적정 공기비 이하일 경우 발생하는 문제점 3가지를 쓰시오.

정답

1) 불완전연소로 인한 일산화탄소 발생
2) 연료의 미연소분(그을음, 탄소입자, 매연) 발생
3) 연소효율 저하 및 열손실 증가

06 다음은 보일러 자동제어에 대한 표이다. 보기에서 알맞은 제어량과 조작량을 쓰시오.

[보기]
증기 온도, 급수량, 보일러 수위, 공기량과 연료량, 증기압력, 전열량

자동제어 명칭	제어량	조작량
ACC	①	④
FWC	②	⑤
STC	③	⑥

정답

① 증기압력 ② 보일러 수위
③ 증기온도 ④ 공기량과 연료량
⑤ 급수량   ⑥ 전열량

핵심이론 | 자동제어

1) ACC(자동연소제어, Automatic Combustion Control)
   (1) 연소제어는 보일러의 증기압력이나 온도를 일정하게 유지하기 위하여 연소량을 조절하는 제어이다.
   (2) 보일러의 부하 변동에 따라 연료와 공기량을 자동으로 조절하여 증기 압력을 일정하게 유지시키는 장치이다.
   (3) 보일러의 효율을 높이고 대기오염을 방지하는 데 중요한 역할을 한다.
2) FWC(자동급수제어, Automatic Feed Water Control)
   (1) 보일러의 부하변동과 관계없이 보일러의 수위를 항상 일정하게 유지시키기 위하여 급수량을 자동적으로 제어하는 것
   (2) 제어량 : 보일러 수위, 조작량 : 급수량
3) STC(증기온도제어, Steam Temperature Control)
   (1) 보일러로부터 발생한 증기의 온도를 일정하게 유지시키기 위하여 전열량을 제어하는 것
   (2) 제어량 : 증기온도, 조작량 : 전열량

07 어떤 급수펌프의 소요전력이 40 [kW]이고, 흡입양정 6 [m], 토출양정 20 [m], 송출유량이 7.54 [m³/min]이다. 펌프의 효율 [%]을 구하시오.

정답

80.08 [%]

[해설]

$$L_s = \frac{\gamma H Q}{102 \times 3600 \times \eta_P} [kW]$$

$\eta = \dfrac{\gamma H Q}{102 \times 3600 L_s}$ 에서 유량의 단위가 min 이므로 3600대신 60을 대입한다.

$$\frac{1000 \times (6+20) \times 7.54}{102 \times 60 \times 40} \times 100 = 80.08\,[\%]$$

핵심이론 소요동력

구분	송풍기	펌프
소요동력 (축동력)	$L_s = \dfrac{P_t \times Q}{102 \times 60 \times \eta_f}[kW]$ $L_s = \dfrac{P_s \times Q}{102 \times 60 \times \eta_s}$ • 송풍기 전압 : $P_t[kg/m^2]$ • 송풍기 정압 : $P_s[kg/m^2]$ • 송풍량 : $Q[m^3/\min]$ • 전압효율 : η_f • 정압효율 : η_s	$L_s = \dfrac{\gamma H Q}{102 \times 3600 \times \eta_P}[kW]$ • 물의 비중량 : $\gamma = 1000\,[kgf/m^3]$ • 수두(양정) : $H[m]$ • 유량 : $Q[m^3/h]$ • 펌프효율 : η_P

• 3600 [s] = 60 [min] = 1 [h]
• 1 [kW] = 102 [kgf·m/s](1 [kgf] = 1 [kg])

08 다른 난방방식과 비교한 복사난방의 장점 2가지를 쓰시오.

> **정답**
> - 방열기의 설치가 불필요하여 바닥의 이용도가 높다.
> - 방이 개방되어 있어도 난방효과가 있다.
> - 실내온도가 균일하여 쾌감도가 높다.
> - 공기의 대류가 적어 바닥면 먼지 상승이 없고, 공기의 오염도가 적다.
> - 열량 손실이 비교적 적다.

09 수직 벽걸이형 방열기로서 총 3쪽(섹션)으로 구성되어 있으며 유입관경 25 [A], 유출관경 20 [A]인 경우 이에 해당하는 방열기의 도시기호(도면기호)를 그리시오.

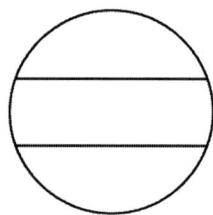

> **정답**
>
>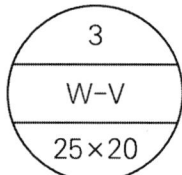

핵심이론 | 방열기의 호칭 및 도시법

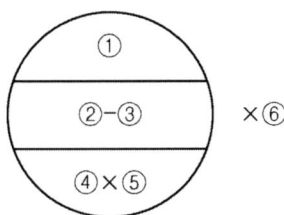

- ① : 쪽수(섹션수)
- ③ : 형(치수, 높이) [mm]
- ⑤ : 유출관 지름 [mm]
- ② : 종별
- ④ : 유입관 지름 [mm]
- ⑥ : 설치수

10 체크밸브를 구조(작동 원리)에 따라 분류한 종류 4가지를 쓰시오.

정답

- 리프트형(Lift Type) 체크밸브
- 스윙형(SwingTtype) 체크밸브
- 피스톤형(Piston Type) 체크밸브
- 볼형(Ball Type) 체크밸브

11 두께 15 [cm], 열전도율 0.54 [W/m·K]인 벽의 면적이 1 [m²]이다. 한쪽 면의 온도는 120 [℃], 다른 쪽 면의 온도는 60 [℃]일 때, 이 벽을 통하여 전달되는 전열량 [W]을 구하시오.

정답

216 [W]

[해설]

$$Q = \frac{\lambda}{l} A \Delta t \, [W]$$
$$= \frac{0.54 \times 1 \times (120 - 60)}{0.15} = 216 \, [W]$$

핵심이론 전도

1) 전도 : 매질 내 자유전자 간의 미세한 충돌과 상호작용을 통해 열이 전달되는 현상으로, 주로 고체에서 중요한 열전달방식이다.
2) 푸리에의 열전도 법칙(Fourier Heat Conduction Law)

$$Q = \frac{\lambda}{l} A \Delta t \, [W]$$

Q : 전도열량 [W]
λ : 열전도계수 [W/m·K]
l : 물질의 두께 [m]
A : 전열면적 [m²]
Δt : 물질의 표면온도 [K]

12 「에너지이용합리화법 시행규칙」에 따른 특정열사용기자재의 계속사용검사 종류 2가지를 쓰시오.

정답

안전검사, 운전성능검사

2024 제1회

01 열사용기자재검사 및 검사 면제에 관한 기준에서 압력계의 부착에 관련된 내용에 대해 괄호 안에 알맞은 답을 쓰시오.

> 압력계와 연결된 증기관은 최고사용압력에 견디는 것으로서 그 크기는 황동관 또는 동관을 사용할 때는 안지름 (①) [mm] 이상, 강관을 사용할 때는 (②) [mm] 이상이어야 하며, 증기온도가 483 [K]{210 [℃]}를 초과할 때에는 황동관 또는 동관을 사용하여서는 안 된다.

정답
① 6.5   ② 12.7

핵심이론 | 열사용기자재검사 및 검사 면제에 관한 기준

22.5.1.2 압력계의 부착
증기보일러의 압력계 부착은 다음에 따른다.
(1) 압력계는 원칙적으로 보일러의 증기실에 눈금판의 눈금이 잘 보이는 위치에 부착하고 얼지 않도록 하며, 그 주위의 온도는 사용상태에 있어서 KS B 5305(부르동관 압력계)에 규정하는 범위 안에 있어야 한다.
(2) 압력계와 연결된 증기관은 최고사용압력에 견디는 것으로서 그 크기는 황동관 또는 동관을 사용할 때는 안지름 6.5 [mm] 이상, 강관을 사용할 때는 12.7 [mm] 이상이어야 하며, 증기온도가 483 [K]{210 [℃]}를 초과할 때에는 황동관 또는 동관을 사용하여서는 안 된다.
(3) 압력계에는 물을 넣은 안지름 6.5 [mm] 이상의 사이폰관 또는 동등한 작용을 하는 장치를 부착하여 증기가 직접 압력계에 들어가지 않도록 하여야 한다.
(4) 압력계의 코크는 그 핸들을 수직인 증기관과 동일방향에 놓은 경우에 열려 있는 것이어야 하며 코크 대신에 밸브를 사용할 경우에는 한눈으로 개폐 여부를 알 수가 있는 구조로 하여야 한다.
(5) 압력계와 연결된 증기관의 길이가 3 [m] 이상이며 내부를 충분히 청소할 수 있는 경우에는 보일러의 가까이에 열린 상태에서 봉인된 코크 또는 밸브를 두어도 좋다.
(6) 압력계의 증기관이 길어서 압력계의 위치에 따라 수두압에 따른 영향을 고려할 필요가 있을 경우에는 눈금에 보정을 하여야 한다.

02 관로에 바이패스관을 설치하는 이유를 쓰시오.

정답

유지 관리 및 장치 교체를 위해 주 배관 라인을 우회시키거나 시스템의 안정성을 유지하고 기기 고장 시 작동을 멈추지 않게 하기 위해 설치한다.

03 기체 연료 사용 시의 단점을 3가지 쓰시오.

정답

- 수송이나 저장이 불편하다(큰 시설 필요).
- 설비비 및 가격이 비싸다.
- 누설에 의한 역화, 폭발 등 위험이 크다.
- 단위용적당 발열량이 적다.

핵심이론 기체연료

장점	단점
① 자동제어에 적합하다.	① 수송이나 저장이 불편하다(큰 시설 필요).
② 연소실 용적이 작아도 된다.	② 설비비 및 가격이 비싸다.
③ 매연발생과 대기오염이 적다(회분 생성 없음).	③ 누설에 의한 역화, 폭발 등 위험이 크다.
④ 저부하, 고부하연소가 가능하다.	④ 단위용적당 발열량이 적다.
⑤ 가장 적은 과잉공기(10 ~ 30 [%])로 완전연소 가능, 즉 가장 이론공기에 가깝게 연소 가능하다.	
⑥ 점화, 소화, 연소조절이 용이하다.	
⑦ 연소효율(연소열 ÷ 발열량)이 높다.	
⑧ 연료의 예열이 쉽고 전열효율이 좋다.	
⑨ 확산연소가 되므로 연소용 공기가 적게 소요된다.	

04 내부온도가 110 [℃], 외부온도가 10 [℃]인 단열재 벽의 두께가 220 [mm], 면적이 5 [m²], 열유속이 538 [W]일 때 벽의 열전도율은 몇 [W/m·℃]인지 구하시오.

정답

0.24 [W/m·℃]

[해설]

푸리에의 열전도법칙

$$Q = \frac{\lambda}{L} A \Delta t \, [W]$$

$$538 = \frac{\lambda}{0.22} \times 5 \times (110 - 10)$$

$$\lambda = 0.24 \, [W/m \cdot ℃]$$

TIP 단위변환 : 220 [mm] = 0.22 [m]

핵심이론 전도(Conduction)

푸리에의 열전도법칙(Fourier Heat Conduction Law)

$$Q = \frac{\lambda}{L} A \Delta t \, [W]$$

Q : 전도열량 [W]
λ : 열전도계수 [W/m·K]
L : 물질의 두께 [m]
A : 전열면적 [m²]
Δt : 물질의 표면온도 [K]

05 배관이음의 도시기호를 알맞게 그리시오.

1) 유니온이음
2) 용접이음
3) 플랜지이음
4) 나사이음

정답

1) 유니온이음 :
2) 용접이음 :
3) 플랜지이음 :
4) 나사이음 :

핵심이론 도시기호

이음종류	연결방법	도시기호	이음종류	연결방법	도시기호
배관이음	나사이음		신축이음	루프형	
	용접이음(납땜이음)			슬리브형	
	플랜지이음			벨로즈형	
	유니온			스위블형	
	턱걸이이음				

06 원심 송풍기의 풍량제어방식을 3가지 쓰시오.

정답

회전수제어, 흡입베인제어, 흡입댐퍼제어, 토출댐퍼제어

핵심이론 원심식 송풍기(통풍기)
1) 날개를 동익가변시켜 조절하는 방식은 축류식 통풍기의 풍량 및 풍속 조절방법이다.
2) 원심식 송풍기(통풍기) 풍량제어방식의 종류
   회전수제어, 흡입베인제어, 흡입댐퍼제어, 토출댐퍼제어

07 표준방열량이 523 [W/m²]이다. 난방부하가 50 [W/m²], 난방 필요 면적이 418 [m²], 방열기 쪽당 방열면적의 0.2 [m²]일 때 필요한 방열기 개수를 구하시오.

> **정답**
>
> 200쪽

[해설]

방열기 쪽수는 난방부하로부터 구할 수 있다.
전체 난방부하는 $418 \times 50 [W]$ 이다.

$$Q = q \times A \times n \Rightarrow n = \frac{Q}{q \times A}$$

$$n = \frac{418 \times 50}{523 \times 0.2} = 200쪽$$

핵심이론 방열기 쪽수(주수)

1) 쪽수 : 방열기의 크기를 가늠하기 위한 단위, 즉 섹션수
2) 방열기 쪽수 계산

$$Q = q \times A \times n \Rightarrow n = \frac{Q}{q \times A}$$

Q : 난방부하 [kcal/h][kW]
q : 표준발열량(온수 450 [kcal/m²h] 523 [W/m²], 증기 650 [kcal/m²h] 756 [W/m²])
A : 쪽당 방열면적 [m²/쪽], n : 쪽수(섹션수) [쪽]

08 다음 보기에서 온수온돌시공순서에 알맞은 내용을 괄호 안에 채우시오.

[보기]

배관기초공사 → (①) → 단열처리 → (②) → 배관작업 → 공기방출기 설치 → (③) → 팽창탱크 설치 → (④) → (⑤) → 온수순환시험 및 경사조정 → 골재충진작업 → 시멘트 모르타르 바르기 → 양생건조작업

> **정답**
> ① 방수처리 　　② 받침재 설치
> ③ 보일러 설치 　　④ 굴뚝 설치
> ⑤ 수압시험

핵심이론 온수온돌

1) 온수온돌 : 온수온돌은 보일러에서 가열된 온수를 온돌배관 속으로 순환시켜 바닥을 덥히는 난방방식이다. 난방수가 배관을 통해 순환하면서 바닥을 가열하고, 이로 인해 실내 공기를 복사와 대류에 의해 따뜻하게 한다.
2) 시공순서 : 배관기초공사 → 방수처리 → 단열처리 → 받침재 설치 → 배관작업 → 공기방출기 설치 → 보일러 설치 → 팽창탱크 설치 → 굴뚝 설치 → 수압시험 → 온수순환시험 및 경사조정 → 골재 충진작업 → 시멘트 모르타르 바르기 → 양생건조작업

09 다음은 자동제어 블록선도이다. 빈칸에 알맞은 답을 쓰시오.

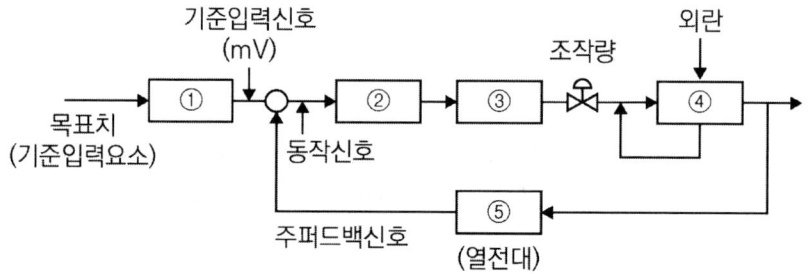

> **정답**
> ① 설정부　　② 조절부　　③ 조작부
> ④ 제어대상　　⑤ 검출부

핵심이론 | 피드백제어

자동제어의 기본이며 출력신호를 입력상태로 되돌려주는 제어이다. 피드백에 의해 제어할 양의 값을 목표치와 비교하여 일치되도록 동작을 행하는 제어이다.

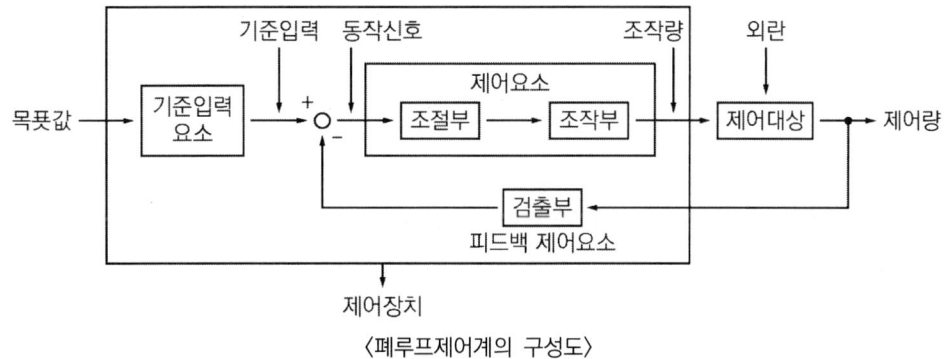

〈폐루프제어계의 구성도〉

10 보일러 압력이 0.5 [MPa], 급수온도가 80 [℃], 증기 발생량이 1000 [kg/h]일 때 상당증발량 [kg/h]을 계산하시오. (단, 증기 엔탈피는 2592 [kJ/kg], 급수 엔탈피는 335 [kJ/kg]이다)

정답

1000.44 [kg/h]

[해설]

상당증발량 $G_e = \dfrac{G_a(h_2 - h_1)}{2256}$ [kg/h]

$= \dfrac{1000 \times (2592 - 335)}{2256} = 1000.44$ [kg/h]

TIP 해당 공식을 사용할 때는 엔탈피의 단위가 [kJ]인지 확인하자.

핵심이론 상당증발량

1) 상당증발량 G_e

보일러에서 발생한 증기의 열량을 기준증기량으로 환산한 양

$$G_e = \frac{G_a(h_2 - h_1)}{2256} [kg/h]$$

G_a : 실제증발량 [kg/h]
h_1 : 급수의 비엔탈피 [kJ/kg]
h_2 : 발생증기 비엔탈피 [kJ/kg]

2) 보일러효율

$$\eta_B = \frac{G_a(h_2 - h_1)}{G_f \times H_\ell} \times 100 \, [\%]$$
$$= \frac{G_e \times 2256}{G_f \times H_\ell} \times 100 \, [\%]$$

G_a : 실제증발량 [kg/h]
G_e : 상당증발량 [kg/h]
h_1 : 급수의 비엔탈피 [kJ/kg]
h_2 : 증기의 비엔탈피 [kJ/kg]
G_f : 연료사용량 [kg/h]
H_ℓ : 연료발열량 [kJ/kg]

11 압력배관용 탄소강관의 기호를 적으시오.

정답

SPPS

핵심이론 강관 기호

1) 배관용
   (1) 배관용 탄소강관 : SPP
   ※ 사용압력이 비교적 낮은 증기·물 등의 유체수송관에 사용되며 아연도금을 한 백관과 도금을 하지 않은 흑관으로 구분된다.
   (2) 압력배관용 탄소강관 : SPPS
   (3) 고압배관용 탄소강관 : SPPH
   (4) 고온배관용 탄소강관 : SPHT
   (5) 저온배관용 강관 : SPLT
   (6) 배관용 합금강강관 : SPA

(7) 배관용 스테인리스강관 : STS
(8) 배관용 아크용접 탄소강관 : SPW
2) 수도용
  (1) 수도용 아연도금 강관 : SPPW
  (2) 수도용 도복장 강관 : STPW
3) 열전달용
  (1) 보일러 열교환기용 탄소강관 : STH
  (2) 보일러 열교환기용 합금강강관 : STHB(A)
  (3) 보일러 열교환기용 스테인리스강관 : STS × TB
  (4) 저온 열교환기용 강관 : STS × TB
4) 구조용
  (1) 일반구조용 탄소강관 : SPS
  (2) 기계구조용 탄소강관 : SM
  (3) 구조용 합금강강관 : STA

12 LNG의 주성분을 2가지 쓰시오.

정답

메탄(CH_4), 에탄(C_2H_6) 　　TIP 대부분은 메탄으로 이루어져 있다.

핵심이론 액화천연가스(LNG, Liquefied Natural Gas)

1) 주성분 : 메탄(CH_4), 에탄(C_2H_6) 등
2) 액화조건 : 천연가스를 상압하에서 -162 [℃]로 냉각시켜 액화
3) 공기보다 가벼움

2024 제2회

1회독 시간: 점수:
2회독 시간: 점수:
3회독 시간: 점수:

01 증기계통이나 증기관 방열기 등에서 증기는 통과시키지 않고 응축수만 응축수탱크로 배출시키는 기구의 명칭을 쓰시오.

정답

증기트랩

핵심이론 증기트랩(스팀트랩)

증기계통이나 증기관 방열기 등에서 고인 응축수(드레인)를 연속 응축수탱크로 배출시키는 기구

1) 구비조건
   (1) 유체에 대한 마찰저항이 적어야 한다.
   (2) 공기빼기를 할 수 있어야 한다.
   (3) 작동이 확실해야 한다.
   (4) 내식성이 커야 한다.
   (5) 내구력이 있어야 한다.
   (6) 작동 시 소음이 적고 수격작용에 강해야 한다.
2) 증기트랩 부착 시 장점
   (1) 수격작용방지
   (2) 열설비효율 저하 감소
   (3) 응축수에 의한 부식방지
   (4) 배관계통 저항방지
3) 증기트랩 종류
   (1) 기계적 트랩 : 플로트식, 버킷식
   (2) 온도조절트랩 : 바이메탈식, 벨로즈식
   (3) 열역학적 트랩 : 오리피스식, 디스크식

02 다음 각 물음에 알맞은 것의 명칭을 쓰시오.

1) 고압의 증기를 저압으로 전환시켜 사용처에 알맞은 압력으로 공급하기 위한 장치

2) 보일러 동 내부 혹은 수관보일러에 설치하여 증기 속 수분을 분리하고 건조증기를 취출하는 장치

3) 보일러에서 여분의 발생증기를 임시적으로 저장하고 부하 증가 시 방출하여 부족량을 보충하는 장치

4) 원통형 보일러에서 주 증기밸브 급개 시 발생하는 비수현상을 방지하는 장치

정답

1) 감압밸브   2) 기수분리기   3) 증기 축열기   4) 비수방지관

핵심이론 보일러설비

1) 감압밸브
  고압의 증기를 저압으로 전환시켜 사용처에 알맞은 압력으로 공급하기 위한 장치이다.
2) 기수분리기
  동 내부 혹은 수관 보일러의 상승관 내에 설치하여 건조증기를 취출시킨다.
3) 증기 축열기
  여분의 발생증기를 일시 저장하며 잉여분의 증기를 물탱크에 저장하여 온수로 만든 후 과부하 시 방출하여 증기 부족량을 보충하는 기구이다.
  (1) 변압식 : 송기계통에 설치
  (2) 정압식 : 급수계통에 설치
4) 비수방지관
  원통형 보일러에서 비수현상을 방지하는 장치이다.
  (1) 주 증기밸브 급개 시 압력저하, 고수위, 관수농축, 과열 등으로 인한 비수현상으로 인한 수위의 오판, 수격작용 등의 피해를 방지하기 위해 주 증기관에 연결, 설치한다.
  (2) 비수방지관은 주 증기밸브 전단에 설치하며, 비수방지관의 구멍 단면적은 주 증기관 단면적의 1.5배로 한다.

TIP 비수현상 = 프라이밍

03 급수의 사용량이 2500 [kg]인 탱크에서 온도를 20 [℃]에서 60 [℃]로 가열하려고 한다. 그때 증기 사용량은 몇 [kg]인지 구하시오. (단, 물의 비열은 4.19 [kJ/kg·℃]이고 증발잠열은 2163 [kJ/kg]이다)

정답

193.71 [kg]

[해설]

열량 $Q = Cm \triangle t [kJ]$
$= 4.19 \times 2500 \times (60-20) = 419000 [kJ]$

증기 사용량은 물의 열량은 증발열량으로 나누어서 계산할 수 있다.

증기 사용량 = $\dfrac{419000}{2163} = 193.71$ [kg]

핵심이론 열량

$$Q = Cm \triangle t [kJ]$$

Q : 열량 [kJ], C : 비열 [kJ/kg·K]
m : 질량 [kg], $\triangle t$: 온도변화 [K]

04 배관제도의 높이표시방법을 알맞게 쓰시오.

1) 배관의 높이를 표시할 때 해수면을 기준선으로 기준선에 의해 높이를 표시하는 법
2) EL에서 관 외경의 밑면까지를 높이로 표시할 때
3) EL에서 관 외경의 윗면까지를 높이로 표시할 때
4) 지면의 높이를 기준으로 할 때 사용하고 치수 숫자 앞에 기입
5) 건물 바닥면을 기준으로 하여 높이로 표시할 때

정답

1) EL 2) EL - BOP 3) EL - TOP
4) GL 5) FL

핵심이론 배관제도 - 높이표시

1) EL 표시 : 배관의 높이를 표시할 때 기준선에 의해 높이를 표시하는 법
   (1) 기준선은 평균 해면에서 측량된 선이며, 옥외배관장치에서의 기준선은 지반면이 반드시 수평이 되지 않으므로 지반면의 최고 위치를 기준으로 하여 150~200 [m] 정도의 하부를 기준선이라 하며, 배관에서의 베이스라인은 EL±0으로 한다.
   (2) EL + 5000 : 관의 중심이 기준면보다 5000 높은 장소에 있다.
   (3) EL - 600BOP : 관의 밑면이 기준면보다 600 낮은 장소에 있다.
   (4) EL - 300TOP : 관의 윗면이 기준면보다 300 낮은 장소에 있다.
2) BOP(Bottom Of Pipe) : EL에서 관 외경의 밑면까지를 높이로 표시할 때
3) TOP(Top Of Pipe) : EL에서 관 외경의 윗면까지를 높이로 표시할 때
4) GL(Ground Level) : 지면의 높이를 기준으로 할 때 사용하고 치수 숫자 앞에 기입
5) FL(Floor Level) : 건물 바닥면을 기준으로 하여 높이로 표시할 때

---

05 배관 지지에 대해 다음 물음에 답하시오.

1) 관을 위에서 걸어 지지할 목적으로 사용하는 장치의 명칭을 쓰시오.
2) 서포트 중 관에 직접 접속하여 영구히 배관의 이동을 구속하는 장치의 명칭을 쓰시오.
3) 서포트 중 스프링에 의해 관의 하중에 따라 상하로 자유롭게 이동하는 장치의 명칭을 쓰시오.

정답

1) 행거   2) 파이프 슈   3) 스프링 서포트

핵심이론 | 배관지지

1) 서포트
   관을 밑에서 지지하는 것
   (1) 리지드 서포트 : 수직방향 변위가 없는 곳에 사용
   (2) 스프링 서포트 : 스프링에 의해 관의 하중에 따라 상하 이동을 허용하는 지지장치
   (3) 파이프 슈 : 관에 직접 접속하여 지지하는 장치
   (4) 롤러 서포트 : 관의 축방향 이동을 자유롭게 하기 위해 롤러를 이용해 지지하는 장치

2) 행거
   관을 천장에 걸어 지지하게 하는 장치
   (1) 리지드 행거 : 상하방향 변위가 없는 곳에 사용한다.
   (2) 스프링 행거 : 턴 버클 대신 스프링을 사용한 것으로 충격, 진동 등을 흡수한다.
   (3) 콘스탄트 행거 : 배관의 상하 이동을 어느 정도 허용하는 구조로 만들어 관의 지지력을 일정하게 한 것으로 중추식과 스프링식이 있다.

06 감압밸브의 설치 목적을 3가지 쓰시오.

정답
- 고압의 증기를 저압으로 만든다.
- 고정적인 증기압력을 유지한다.
- 고압, 저압 증기로 사용이 동시에 가능하다.

핵심이론 | 감압밸브

증기 통로의 면적을 증감하여 유속의 변화를 일으켜 고압의 증기를 저압의 증기로 만드는 밸브이다.

1) 목적
   (1) 고압의 증기를 저압으로 만든다.
   (2) 고정적인 증기압력을 유지한다.
   (3) 고압, 저압 증기로 사용이 동시에 가능하다.
2) 작동방법에 의한 분류 : 벨로즈형, 다이어프램형, 피스톤형
3) 구조에 의한 분류 : 스프링식, 추식

07 어떤 보일러의 증기발생량이 1500 [kg/h]이고, 연료 소비량이 150 [kg/h]이다. 이때 증발배수를 계산하시오.

정답

10 [kg/kg]

[해설]

$$\frac{G_a}{G_f} = \frac{실제증발량}{연료소비량} = \frac{1500}{150} = 10 \, [kg/kg]$$

핵심이론 증발배수

1) 연료 1 [kg]으로 증기 몇 [kg]을 생산했는지 알 수 있다.
2) 증발배수 = $\dfrac{G_a}{G_f} = \dfrac{실제증발량}{연료소비량}$ [kg/kg]

08 쪽수가 20개인 주형 방열기에서 5세주형 방열기 높이 650 [mm], 유입관경 25 [mm], 유출관경 20 [mm]이다. 도시하시오.

정답

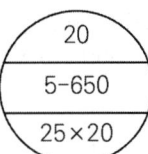

핵심이론 방열기의 호칭 및 도시법

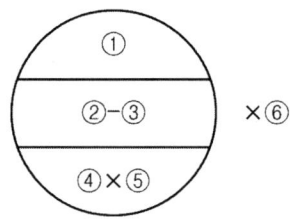

- ① : 쪽수(섹션수)
- ③ : 형(치수, 높이) [mm]
- ⑤ : 유출관 지름 [mm]
- ② : 종별
- ④ : 유입관 지름 [mm]
- ⑥ : 설치수

09 보일러의 연료소비량이 200 [L/h], 연료 비열이 0.45 [kcal/kg·℃], 비중이 0.98 [kg/L] 이다. 연료를 50 [℃]에서 80 [℃]로 예열하고자 할 때 필요한 오일프리히터의 용량은 몇 [kWh]인지 구하시오. (단, 효율은 0.85이다)

정답

3.62 [kWh]

[해설]

필요한 열량 $Q = Cm\triangle t [kJ]$에서 kWh로 변환하기 위해서 860을 나누어준다.
또한 효율이 주어져있으므로 효율도 나누어준다.

용량 [kWh] = $\dfrac{Cm\triangle t}{860\eta} = \dfrac{0.45 \times 200 \times 0.98 \times (80-50)}{860 \times 0.85} = 3.62 [kWh]$

TIP 단위변환 : 1 [kWh] = 860 [kcal]

용어 비중 : 어떤 물질의 밀도(비중량) / 4 [℃] 물의 밀도(비중량)

핵심이론 오일프리히터(연료예열기)

버너 입구 전에 최종적으로 전열기에 의해 연료를 가열하여 점도를 낮추어 무화를 양호하게 하는 기구
1) 종류 : 전기식, 증기식, 온수식
2) 예열온도 : 80 ~ 90 [℃]

핵심이론 | 열량

$$Q = Cm\triangle t\,[kJ]$$

Q : 열량 [kJ], C : 비열 [kJ/kg·K]
m : 질량 [kg], $\triangle t$: 온도변화 [K]

10 고체연료의 연소방법을 3가지 쓰시오.

정답

유동층연소, 미분탄연소, 화격자연소

핵심이론 | 고체연료의 연소방법

1) 유동층연소
2) 미분탄연소
   (1) 미분탄연소장치의 구조
      ① 수송장치 : 분쇄기에서 버너로 또는 저장실로 미분탄을 운반하는 장치로 공기수송과 콘베어방식 등이 있음
      ② 건조기 : 젖은 석탄을 미리 건조시켜 분쇄성을 좋게 함
      ③ 자기분리기 : 석탄 내에 금속분이나 딱딱한 물체가 있으면 분리시켜 분쇄기가 마모되지 않도록 함
      ④ 분쇄기 : 입자가 큰 석탄을 미립자로 만드는 장치로 중력이나 원심력을 이용함
3) 화격자연소

암 유미화

11 지역난방에 대해 설명하시오.

정답

1개소 또는 수 개소의 보일러실에서 어떤 지역 내 건물에 증기 또는 온수를 공급하는 난방방식으로 공장이나 병원 또는 학교, 집단, 주택 등의 난방에서 시가지 전 지역에 걸쳐 난방하는 것

핵심이론 지역난방

1) 지역난방

1개소 또는 수 개소의 보일러실에서 어떤 지역 내 건물에 증기 또는 온수를 공급하는 난방방식으로 공장이나 병원 또는 학교, 집단, 주택 등의 난방에서 시가지 전 지역에 걸쳐 난방하는 것

2) 지역난방 장점
   (1) 인건비가 경감된다.
   (2) 각 건물의 난방운전이 합리적이다.
   (3) 매연이 감소한다.
   (4) 각 건물에 보일러실 연돌이 필요 없으므로 건물 유효면적이 증대된다.
   (5) 각개의 건물에 보일러를 설치하는 경우에 비해 대규모설비가 되어 관리도 완전히 할 수 있어 열효율이 좋고 연료비가 절감된다.

12 리스트레인트의 종류를 3가지 쓰시오.

정답

앵커, 가이드, 스톱

핵심이론 리스트레인트

열팽창 및 중력에 의한 힘 이외의 외력에 의한 배선이동을 제한하는 장치

1) **앵커** : 관의 이동 및 회전을 방지하기 위해 지지점에 완전히 고정하는 장치로 진동이 심한 곳에 사용
2) **가이드** : 배관의 축방향 이동을 안내하고 직각 방향 운동을 구속하는 데 사용
3) **스톱** : 배관의 일정한 방향과 회전만 구속하고 다른 방향으로는 자유롭게 이동하는 장치

암 앵가스

2024 제3회

01 벽걸이 수평형 방열기에 대해 다음 물음에 답하시오.

1) 섹션수가 5, 유입관 지름이 20 [mm], 유출관지름이 15 [mm], 난방부하가 37674 [kJ/h], 쪽당 방열면적 0.25 [m²], 방열기 온수표준방열량이 0.523 [kW/m²]일 때 방열기의 쪽수를 구하시오.
2) 방열기를 도시하시오.

정답

1) 80쪽

2)
```
  ⎛  5  ⎞
  │ W-H │
  ⎝20×15⎠
```

[해설]

1) $Q = q \times A \times n \Rightarrow n = \dfrac{Q}{q \times A}$

$n = \dfrac{37674}{0.523 \times 3600 \times 0.25} = 80$쪽

핵심이론 방열기 쪽수(주수)

1) 쪽수 : 방열기의 크기를 가늠하기 위한 단위
2) 방열기 쪽수 계산

$Q = q \times A \times n \Rightarrow n = \dfrac{Q}{q \times A}$

Q : 난방부하 [kcal/h][kW]
q : 표준발열량(온수 450 [kcal/m²h] 523 [W/m²], 증기 650 [kcal/m²h] 756 [W/m²])
A : 쪽당 방열면적 [m²/쪽], n : 쪽수[쪽]

핵심이론 | 방열기의 호칭 및 도시법

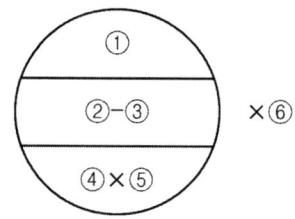

- ① : 섹션수
- ③ : 형(치수, 높이) [mm]
- ⑤ : 유출관 지름 [mm]
- ② : 종별
- ④ : 유입관 지름 [mm]
- ⑥ : 설치수

02 다음 중 원심식 송풍기인 것을 3가지 고르시오.

다익형, 플레이트형, 터보형, 베인형, 프로펠러형

정답
다익형, 플레이트형, 터보형

핵심이론 | 원심식 송풍기

1) 터보형
    (1) 후향 날개구조를 가진다.
    (2) 풍압변동에 대해 풍량 변화는 비교적 적고 병렬운전에도 적합하다.
    (3) 압입통풍방식 보일러용으로 가장 많이 사용된다.
    (4) 성능 및 효율이 좋다.
    (5) 구조가 간단하다.
    (6) 적은 동력으로 큰 풍량을 얻을 수 있다.
    (7) 고온, 고압 및 대용량에 적합하다.
2) 플레이트형
    (1) 방사형 날개구조를 가진다.
    (2) 구조가 견고하며 부식에 잘 견딘다.
    (3) 주로 회진이 많은 흡입송풍기나 미분탄장치의 배탄기 등에 사용된다.
    (4) 플레이트 교체가 쉽다.

3) 다익(시로코)형
  (1) 전향 날개구조를 가진다.
  (2) 구조상 고온, 고압 및 고속, 대용량에 부적합하다.
  (3) 효율 및 풍량에 비해 동력소비가 크다.
  (4) 회전차의 지름이 작다.
  (5) 소형 경량으로 제작비가 싸다.

03 연소가스의 통풍력에 대한 다음 설명이다. 괄호 안에 알맞은 말을 쓰시오.

> 외기온도가 (①) 통풍력이 증대하고, 배기가스온도가 (②) 통풍력이 증대하며, 연돌 높이가 (③) 통풍력이 증대한다. 또한 공기 중 습도가 (④) 통풍력은 감소한다.

정답
① 낮을수록
② 높을수록
③ 높을수록
④ 높을수록

핵심이론 이론통풍력

$$Z = 273H \times \left[\frac{\gamma_a}{T_a} - \frac{\gamma_g}{T_g} \right]$$

Z : 이론통풍력 [mmH₂O]
H : 연돌의 높이 [m]
γ_a : 외기의 비중량 [kg/m³]
γ_g : 배기가스의 비중량 [kg/m³]
T_a : 외기의 절대온도 [K]
T_g : 배기가스의 절대온도 [K]

04 설명하는 화염검출기의 명칭을 쓰시오.

　　1) 화염의 발광체를 이용한 화염검출기

　　2) 화염의 전기전도성을 이용한 화염검출기

　　3) 화염의 발열체를 이용하여 연도에 설치하는 화염검출기

정답

　　1) 플레임 아이　2) 플레임 로드　3) 스택 스위치

핵심이론 화염검출기의 종류

1) 플레임 아이(Flame Eye) : 화염이 발광체임을 이용하여 화염의 방사선을 감지하여 화염의 유무를 검출한다.

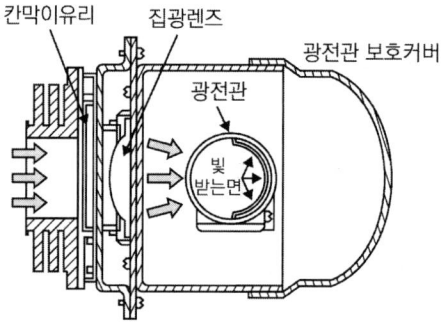

2) 플레임 로드(Flame Rod) : 화염의 이온화현상에 의한 전기전도성을 이용하여 화염의 유무를 검출한다.

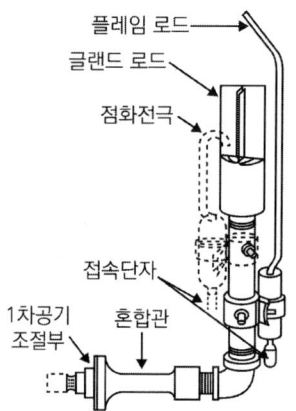

3) 스택 스위치(Stack Switch) : 연도에 바이메탈을 설치하여 연소가스의 발열체를 이용하여 화염 유무를 검출한다.

05 길이가 300 [mm]가 되도록 20 [A] 관에 90° 엘보 1개와 45° 엘보 1개로 관을 이으려 한다. 이때 파이프의 길이를 계산하시오

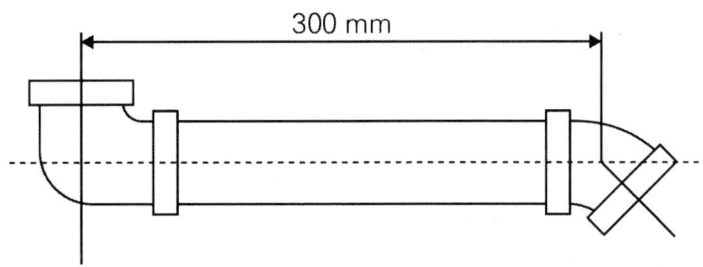

[정답]

269 [mm]

[해설]

파이프의 길이 - 부속의 중심 길이

$300 - 19 - 12 = 269 [mm]$

핵심이론 파이프 절단 길이

1) 파이프의 실제(절단)길이
   (1) 부속이 동일한 경우 : $l = L - 2(A - a)$
   (2) 부속이 다른 경우 : $l = L - [(A - a) + (B - b)]$
   [L : 파이프의 전체 길이, l : 파이프의 실제 길이, A : 부속의 중심 길이, a : 나사의 삽입길이]

2) 절단 치수 산정표

관경 부속	15 [A]	20 [A]	25 [A]	32 [A]	40 [A]
티	16	19	23	29	29
90° 엘보	16	19	23	29	29
45° 엘보	10	12	14	17	18
유니온	10	12	12	13	15
소켓	7	7	7	8	9
앤드캡	9	11	13	13	13
부켓	절단 치수 + 11 [mm]				

06 온도조절식 증기트랩에 대해 다음 물음에 알맞은 답을 하시오.

1) 온도조절식 트랩의 원리에 대해 설명하시오.

2) 온도조절식 트랩의 종류를 3가지만 쓰시오.

> **정답**
>
> 1) 응축수와 포화증기의 온도차이를 이용한다.
> 2) 바이메탈식, 벨로즈식, 다이어프램식

핵심이론 증기트랩

1) 기계적 트랩(응축수와 증기의 비중차) : 플로트식(레버, 프리), 버킷식(상향, 하향)
2) 온도조절트랩(응축수와 증기의 온도차) : 바이메탈식, 벨로즈식, 다이어프램식
3) 열역학적 트랩(응축수와 증기의 열역학적 특성차) : 오리피스식, 디스크식

07 면적이 9 [m²]인 벽을 통해 30분 동안 전달되는 열량은 몇 [kJ]인지 구하시오. (단, 벽의 두께는 200 [mm], 벽체 내외의 온도차는 30 [℃], 열전도율은 1.4 [W/m·℃]이다)

> **정답**
>
> 3402 [kJ]

[해설]

$$Q = \frac{\lambda}{L} A \Delta t \, [W]$$

$$Q = \frac{1.4\,[W/m℃] \times 9\,[m^2] \times 30\,[℃]}{0.2\,[m]} \times \frac{3600\,[s/h] \times 0.5\,[h]}{1000\,[J/kJ]}$$

$$= 3402\,[kJ]$$

핵심이론 전도 대류 복사

1) 전도(Conduction)
   (1) 전도 : 매질 내 자유전자 간의 미세한 충돌과 상호작용을 통해 열이 전달되는 현상으로, 주로 고체에서 중요한 열전달방식이다.
   (2) 푸리에의 열전도법칙(Fourier Heat Conduction Law)

   $$Q = \frac{\lambda}{L} A \Delta t \, [W]$$

   Q : 전도열량 [W]
   λ : 열전도계수 [W/m·K]
   L : 물질의 두께 [m]
   A : 전열면적 [m²]
   Δt : 물질의 표면온도 [K]

2) 대류(Convection)
   (1) 유체가 움직이면서 열을 함께 옮기는 현상으로, 온도 차이에 따른 밀도 변화로 인해 발생한다.
   (2) 뉴턴의 냉각법칙(Newton's Cooling Law)

   $$Q = \alpha A (t_w - t_\infty) \, [W]$$

   α : 대류열전달계수 [W/m²·K]
   A : 대류전열면적 [m²]
   t_w : 벽면온도 [K]
   t_∞ : 유체온도 [K]

3) 복사(Radiation)
   (1) 물질의 이동이나 매질 없이 물체가 전자기파를 방출하여 열을 전달하는 현상이다.
   (2) 스테판 볼츠만의 법칙(Stefan-Boltzmann Law)

   $$Q = \epsilon \sigma A T^4 \, [W]$$

   ϵ : 방사율(0 < ϵ < 1)
   σ : 스테판-볼츠만 상수
   ($\sigma = 5.67 \times 10^{-8} \, [W/m^2 K^4]$)
   A : 전열면적 [m²]
   T : 물체표면온도 [K]

08 보일러에서 수면계가 파손되었을 때 어느 콕을 먼저 잠가야 하는가?

증기콕, 드레인콕, 물콕

> [정답]
>
> 물콕
>
> [해설]
>
> 물콕, 증기콕, 드레인콕 순서로 잠가야 한다.

09 길이 100 [m]인 강관 내부에 물이 흐르고 있다. 물의 온도를 20 [℃]에서 60 [℃]로 올릴 경우 열팽창길이 [mm]를 구하시오. (단, 강관의 열팽창계수는 0.17×10^{-4} [m/℃]이다)

> [정답]
>
> 68 [mm]
>
> [해설]
>
> $\Delta l = l\alpha \Delta t = 100 \times 0.17 \times 10^{-4} \times (60-20) = 0.068\,[m] = 68\,[mm]$

✏️ **핵심이론** 선팽창 길이

$\Delta l = l\alpha \Delta t$
$\lambda [mm]$: 팽창한 배관 길이, $\ell [mm]$: 배관 길이
$\alpha [mm/mm \cdot ℃]$: 선팽창계수, $\Delta t [℃]$: 온도 차

10 보일러의 급수량이 2250 [kg/h]일 때 보일러의 상당증발량은 몇 [kg/h]인지 계산하시오. (단, 급수엔탈피는 85 [kJ/kg], 포화증기엔탈피는 2700 [kJ/kg], 물의 증발잠열은 2256 [kJ/kg]이다)

> [정답]
>
> 2608.05 [kg/h]

[해설]

$$G_e = \frac{G_a(h_2 - h_1)}{2256}[kg/h] = \frac{2250 \times (2700 - 85)}{2256} = 2608.05\,[kg/h]$$

핵심이론 상당증발량(= 환산증발량)

상당증발량 G_e : 보일러에서 발생한 증기의 열량을 기준증기량으로 환산한 양

$$G_e = \frac{G_a(h_2 - h_1)}{2256}[kg/h]$$

G_a : 실제증발량 [kg/h]
h_1 : 급수의 비엔탈피 [kJ/kg]
h_2 : 발생증기 비엔탈피 [kJ/kg]

11 급수장치에서 최고사용압력의 0.1 [MPa] 미만에서 생략해도 되는 밸브는 무엇인지 쓰시오.

정답
체크밸브

핵심이론 보일러 설치검사 기준 등

급수관에는 보일러에 인접하여 급수밸브와 체크밸브를 설치하여야 한다. 이 경우 급수가 밸브디스크를 밀어 올리도록 급수밸브를 부착하여야 하며, 1조의 밸브디스크와 밸브시트가 급수밸브와 체크밸브의 기능을 겸하고 있어도 별도의 체크밸브를 설치하여야 한다. 다만 최고사용압력 0.1 [MPa](1 [kgf/cm²]) 미만의 보일러에서는 체크밸브를 생략할 수 있으며, 급수 가열기의 출구 또는 급수펌프의 출구에 스톱밸브 및 체크밸브가 있는 급수장치를 개별 보일러마다 설치한 경우에는 급수밸브 및 체크밸브를 생략할 수 있다.

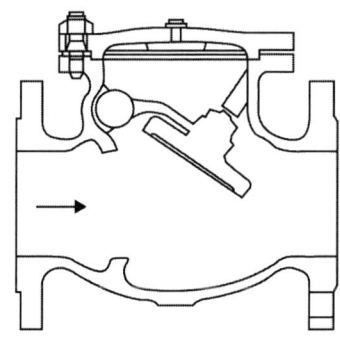
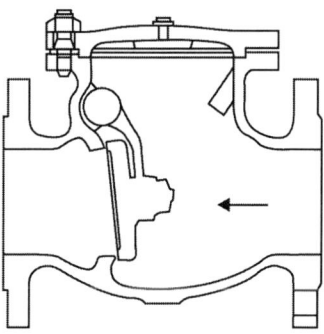

12 다음 물음에 알맞은 답을 쓰시오.

1) 현재 상태를 계속 비교하며 목표에 가까워지도록 자동 조절하는 제어방식의 명칭을 쓰시오.

2) 조작량이 동작신호의 값을 경계로 완전 개폐되는 동작의 명칭을 쓰시오.

> **정답**
> 1) 피드백제어 2) 온오프동작

핵심이론 제어방식

1) 피드백제어
   (1) 현재 상태를 계속 비교하며, 목표에 가까워지도록 자동 조절하는 제어방식
   (2) 특징
   ① 고액의 설비비가 요구된다.
   ② 운영하는 데 비교적 고도의 기술이 요구된다.
   ③ 구조가 복잡하므로 부분적으로 고장이 있으면 전체 생산에 영향을 미친다.
   ④ 외부 요인에 의한 영향을 줄일 수 있다.
   ⑤ 출력값을 목푯값에 맞추는 데 효과적이다.
2) 온오프동작
   (1) 불연속제어의 대표적인 방법으로 설정치와 현재값의 차이가 기준값을 초과하면 출력을 1로 설정, 기준값 이하이면 출력값 0으로 설정하는 방식
   (2) 조작량이 동작신호의 값을 경계로 완전 개폐되는 동작(이산동작)

2023 제2회

01 연돌(굴뚝)의 설치 목적을 3가지 쓰시오.

정답
- 매연 성분을 널리 확산시켜 대기오염을 방지한다.
- 연소에 필요한 통풍력을 얻을 수 있다.
- 배기가스의 배출을 좋게 한다.

핵심이론 연돌

굴뚝으로 배기가스를 대기로 배출하기 위해 설치하는 것이다.

02 복사난방의 장점을 3가지 쓰시오.

정답
- 방열기의 설치가 불필요하여 바닥의 이용도가 높다.
- 방이 개방되어 있어도 난방효과가 있다.
- 실내온도가 균일하여 쾌감도가 높다.
- 공기의 대류가 적어 바닥면 먼지 상승이 없고, 공기의 오염도가 적다.
- 열량 손실이 비교적 적다.

핵심이론 | 복사난방 단점

1) 단열재 시공이 필요하다.
2) 배관을 벽 속에 매설하기 때문에 시공이 어렵다.
3) 난방배관을 매설하기 때문에 시공 및 수리, 방의 모양 변경이 용이하지 않다.
4) 고장 시 발견이 어렵고 벽 표면이나 시멘 모르타르 부분에 균열이 발생한다.
5) 열용량이 커 예열시간이 길고 설정온도 도달까지 시간이 많이 소요된다.
6) 외기온도변화에 따른 조작이 어렵다.
7) 설비비가 많이 든다.
8) 바닥두께가 두꺼워진다.

---

03 배관 지지쇠에서 배관시공상 하중을 위에서 걸어 당겨 지지하는 장치인 행거의 종류 3가지를 쓰시오.

정답

리지드 행거, 스프링 행거, 콘스탄트 행거

핵심이론 | 행거

1) 행거 : 배관의 하중을 위에서 걸어당겨 받치는 지지구
   (1) 리지드 행거(Rigid Hanger) : 상하방향 변위가 없는 곳에 사용
   (2) 스프링 행거(Spring Hanger) : 턴 버클 대신 스프링을 사용한 것으로 충격, 진동을 흡수
   (3) 콘스탄트 행거(Constant Hanger) : 상하 이동을 어느정도 허용하는 구조로 만들어 관의 지지력을 일정하게 한 것
2) 서포트 : 배관하중을 아래에서 위로 지지하는 지지대
3) 리스트레인트 : 신축으로 인한 배관의 이동을 제한하는 목적으로 사용

04 다음 설명은 어떤 화염 검출기의 검출 원리에 해당하는 내용인지 [보기]에서 찾아 번호로 답하시오.

[보기]
① 황화 - 카드뮴, 황화 - 납
② 바이메탈식, 열전대식
③ 정류식 광전관, 자외선 광전관
④ 플레임로드

1) 화염의 열적 강도에 의하여 화염을 검출한다.
2) 화염 광선을 비추면 나타나는 저항치 변화를 광학적으로 검출한다.
3) 버너 로드(전극)에 교류전압을 가해 화염의 도전현상을 이용한다.
4) 화염이 광선에 닿았을 때 발생하는 금속으로부터의 광전자 방출효과를 이용한다.

정답
1) ② 2) ① 3) ④ 4) ③

핵심이론 | 화염검출기의 원리
1) 바이메탈, 열전대 : 화염의 열을 이용하여 화염을 검출한다.
2) 플레임 로드(Flame Rod) : 화염의 이온화현상에 의한 전기전도성을 이용하여 화염의 유무를 검출한다.
3) 황화납, 황화카드뮴 : 전기저항을 일으키는 불꽃의 변화를 감지
4) 정류식 광전관, 자외선 광전관 : 광선[정류식(적외선 ~ 가시광선), 자외선]에 닿았을 때의 광전자 방출효과를 이용한다.

05 중유의 중량 조성이 다음과 같을 때 이론 공기량 [Nm³/kg]과 이론 습배기가스량 [Nm³/kg]을 계산하시오.

[보기]
- C : 80 [%]
- H : 10 [%]
- O : 3 [%]
- S : 2 [%]
- 기타(비연소율) : 5 [%]

정답

- 이론 공기량 : 9.75 [Nm³/kg]
- 이론 습배기가스량 : 10.33 [Nm³/kg]

[해설]

$$O_0 = 1.867C + 5.6\left(H - \frac{O}{8}\right) + 0.7S$$

$$= 1.867 \times 0.8 + 5.6 \times \left(0.1 - \frac{0.03}{8}\right) + 0.7 \times 0.02$$

$$= 2.0466 \,[Nm^3/kg]$$

$$A_0 = \frac{O_0}{0.21} = \frac{2.0466}{0.21} = 9.745 ≒ 9.75 \,[Nm^3/kg]$$

$$G_{0w} = (1 - 0.21)A_0 + 1.867C + 11.2H + 0.7S$$

$$= 0.79 \times 9.75 + 1.867 \times 0.8 + 11.2 \times 0.1 + 0.7 \times 0.02$$

$$= 10.33 \,[Nm^3/kg]$$

핵심이론   이론산소량 & 이론공기량

1) 이론산소량(O_o) : 연료를 산화시키기 위한 이론적 최소 산소량

   (1) 고체 및 액체 연료

   체적 계산식(연료1 [kg] 연소 시 이론산소량의 체적)

$$O_o = 1.867C + 5.6\left(H - \frac{O}{8}\right) + 0.7S \,[\text{Nm}^3/\text{kg}]$$

2) 이론공기량(A_o) : 연료를 완전연소시키는 데 필요한 이론적 최소 공기량으로 이론산소량을 산소의 질량비로 나누어준다.

   (1) 고체 및 액체 연료

   체적 계산식(연료1 [kg] 연소 시 이론산소량의 체적)

$$A_o = \frac{O_o}{0.21} \,[\text{Nm}^3/\text{kg}]$$

3) 이론습배기가스량

$$G_{ow}[\text{Nm}^3/\text{kg}] = (1 - 0.21)A_o + 1.867C + 0.7S + 0.8N + 1.244(9H + W)$$

06 다음 동관에 사용되는 공구의 명칭을 쓰시오.

1) 동관의 끝부분의 직경을 크게 확대하는 데 사용한다.

2) 동관의 끝부분을 원형으로 교정시킨다.

3) 동관의 절단 시 거스러미를 제거한다.

정답

1) 익스팬더(확관기) 2) 사이징 툴 3) 리머

핵심이론 동관용 공구

1) 확관기(Expander) : 관 끝을 넓혀 소켓으로 만들 때 사용
2) 사이징 툴(Sizing Tools) : 동관의 끝부분을 원형으로 교정시킬 때 사용
3) 리머(Reamer) : 관 절단 시 거스러미를 제거하는 데 사용
4) 튜브 커터(Tube Cutter) : 동관을 절단할 때 사용
5) 튜브 벤더(Tube Bender) : 동관을 구부릴 때 사용
6) 플레어링 공구 : 압축이음하기 위하여 관끝을 나팔관 모양으로 넓힐 때 사용
7) 익스트랙터(Extractor) : 직관에서 분기관 성형 시 사용

07 동관 20 [A]의 곡률반지름이 120 [mm]로 90° 밴딩을 하려고 한다. 굽힘부의 길이는 몇 [mm]인가?

정답

188.50 [mm]

[해설]

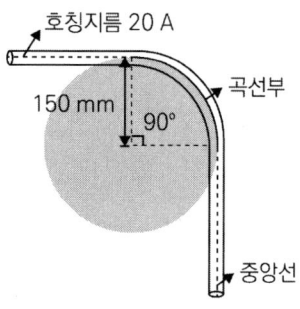

$$2\pi R \times \frac{\theta}{360} = 2\pi \times 120 [mm] \times \frac{90}{360} = 188.50 [mm]$$

핵심이론 굽힘부의 길이

$$L = 2\pi R \times \frac{\theta}{360}$$

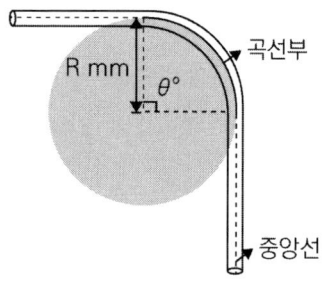

08 다음과 같은 방열기의 도시기호를 보고 알맞은 답을 쓰시오.
1) 방열기의 종별
2) 방열기 한 조당 쪽수
3) 방열기 높이
4) 방열기 유입관경
5) 시공에 소요되는 방열기 총 쪽수
6) 유출관경

[정답]

1) 3세주형   2) 30쪽   3) 650 [mm]   4) 25 [A]   5) 150쪽   6) 20 [mm]

[해설]

- 쪽수(섹션수) : 30
- 형(치수, 높이) : 650
- 유출관 지름 : 20
- 종별 : 3
- 유입관 지름 : 25
- 설치수 : 5

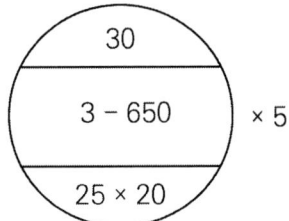

시공에 소요되는 방열기 총 쪽수 5 × 30 = 150

핵심이론 방열기의 호칭 및 도시법

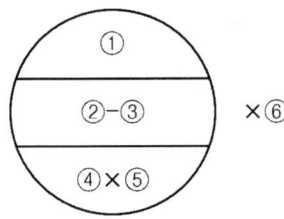

- ① : 쪽수(섹션수)
- ③ : 형(치수, 높이) [mm]
- ⑤ : 유출관 지름 [mm]
- ② : 종별
- ④ : 유입관 지름 [mm]
- ⑥ : 설치수

09 온수 순환펌프의 나사이음 바이패스(By-pass) 배관도를 [보기]를 사용하여 도시하고, 유체의 흐름방향을 화살표로 도시하시오.

―――――――――― [보기] ――――――――――
펌프 1개, 게이트밸브 2개, 글로브밸브 1개, 스트레이너 1개
유니언 3개, 티 2개, 90° 엘보 2개

정답

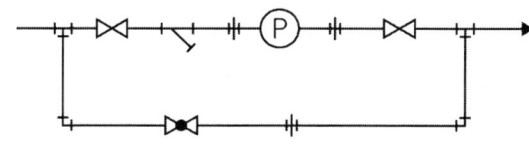

핵심이론 바이패스배관

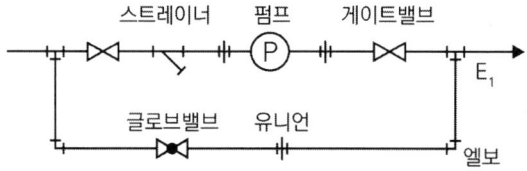

1) 바이패스(By-pass) : 액체, 가스, 전류를 정상회로가 아닌 다른 회로로 흐르게 하기 위한 추가한 분리 회로(배관)
2) 펌프(Pump) : 기계적인 힘으로 물질을 밀어내거나 끌어올림으로써 액체를 이동하는 데 쓰이는 장치
3) 게이트밸브(Gate Valve) : 단순히 유량을 흘려보내거나 막는 기능을 한다.
4) 글로브밸브 : 유량조절이 가능한 밸브로 마찰저항이 크다.
5) 스트레이너 : 배관 내부를 흐르는 이물질 등을 분리 또는 제거하는 부품
6) 유니언(유니온) : 동일관경의 배관끼리 연결시켜주는 역할로 분해조립이 필요한 곳에 사용

10 두께 1 [m]의 벽체의 면적이 5 [m²]이고, 벽체의 실내온도 50 [℃], 실외온도 30 [℃], 벽체의 열전도율은 760 [W/m·℃]일 때 손실되는 열량 [kW]를 구하시오.

> **정답**
>
> 76 [kW]

[해설]

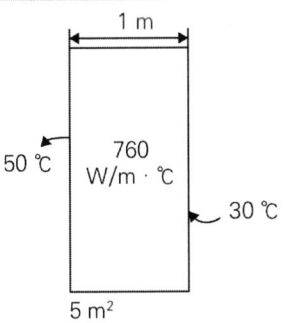

$$Q = KA\Delta t = \frac{1}{\frac{d}{\lambda}} \times A \times \Delta t = \frac{1}{\frac{1}{760}} \times 5 \times (50-30) = 76000 [W] = 76 [kW]$$

핵심이론 열관류

1) 열관류(통과)계수

$$K = \frac{1}{R} = \frac{1}{\frac{1}{\alpha_1} + \frac{L}{\lambda} + \frac{1}{\alpha_2}} [W/m^2 \cdot K]$$

L : 재료의 두께 [m]
λ : 열전도율 [W/m·K]
α_1 : 내측 유체 열전달률 [W/m²·K]
α_2 : 외측 유체 열전달률 [W/m²·K]
K : 열관류율 [W/m²·K]

2) 열관류에 의한 손실열량

$$Q = KA\Delta t [W]$$

K : 열관류(통과)계수 [W/m²·K]
A : 전열면적 [m²]

11 시간당 20 [℃]의 물 600 [kg]을 열교환기에서 0.2 [MPa] 증기와 열교환하여 80 [℃]의 온수로 만들어지고 있다. 물과 증기의 대수평균온도차가 80 [℃]일 때 열교환기의 전열면적은 몇 [m²]인가? (단, 현열은 520 [kJ/kg], 잠열은 2190 [kJ/kg], 물의 평균비열은 4.184 [kJ/kg·℃], 열전달계수는 2511 [kJ/m²·h·℃]이다)

정답

0.75 [m²]

[해설]

$Q = m \times C \times \Delta t = 600 \times 4.184 \times (80-20) = 150624 \, [kJ/h]$
$Q = KA(LMTD)$
$150624 = 2511 \times A \times 80$
$A = 0.75 \, [m^2]$

핵심이론 열전달

온수가 취득한 열량 Q와 열교환기에서 전달된 열량 Q는 같다.

1) 온수가 취득한 열량(Quantity of Heat)
   열이동과정에서 m [kg]의 물질의 온도를 dt만큼 높이는 데 필요한 열량을 δQ라고 하면
   $\delta Q = mCdt \, [kJ]$

2) 전열량

$$Q = KA(LMTD)$$

K : 열통과율(열전달계수)
A : 전열면적

12 온수보일러 계통도에서 ①~⑥의 알맞은 명칭을 쓰시오.

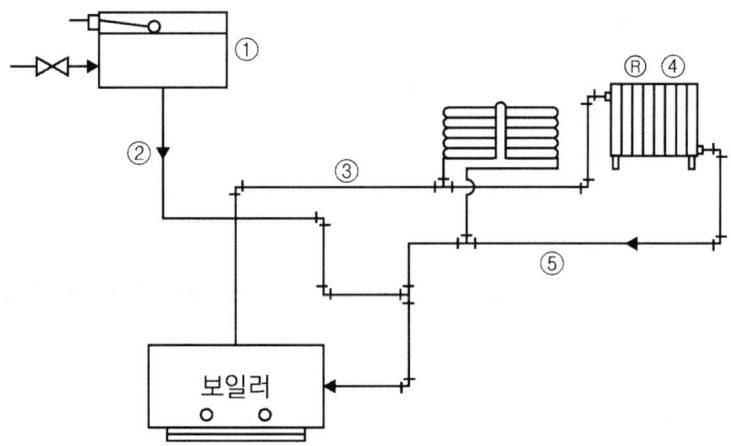

> [정답]
>
> ① 팽창탱크　② 팽창관
> ③ 송수주관　④ 방열기
> ⑤ 환수주관　⑥ 방열관

2023 제4회

01 자동급수제어(FWC)에서 수위제어방식 중 3요소식 제어에 해당하는 제어요소 3가지를 쓰시오.

> **정답**
>
> 수위, 증기유량, 급수유량

핵심이론 수위제어방식

1) 보일러의 부하변동과 관계없이 보일러의 수위를 항상 일정하게 유지시키기 위하여 급수량을 자동적으로 제어하는 것
2) 제어량 : 보일러 수위, 조작량 : 급수량
   (1) 단요소식(1요소식) : 보일러의 수위만을 검출하여 급수량을 조절하는 방식
   (2) 2요소식 : 수위와 증기유량을 동시에 검출하여 급수량을 조절하는 방식
   (3) 3요소식 : 수위, 증기유량, 급수유량을 동시에 검출하는 방식 　　　암 수증급(수준급)

02 기체연료의 장점을 4가지 쓰시오.

> **정답**
>
> - 자동제어에 적합하다.
> - 확산 연소가 가능하여 연소 시 공기가 적게 소요된다.
> - 매연발생과 대기오염이 적다.
> - 연소효율이 높다.

핵심이론 기체연료의 장점

1) 장점
   (1) 자동제어에 적합하다.
   (2) 확산 연소가 가능하여 연소 시 공기가 적게 소요된다.
   (3) 매연발생과 대기오염이 적다(회분 생성 없음).
   (4) 연소효율이 높다.
2) 단점
   (1) 수송이나 저장이 불편하다(큰 시설 필요).
   (2) 설비비 및 가격이 비싸다.
   (3) 누설에 의한 역화, 폭발 등 위험이 크다.
   (4) 단위용적당 발열량이 적다.

03 방열기 도시기호를 보고 각 물음에 알맞은 답을 쓰시오.

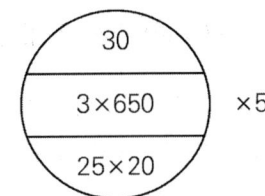

1) 방열기 종류
2) 방열기 섹션수
3) 유입 측 관경
4) 유출 측 관경

정답

1) 횡형 벽걸이형
2) 방열기 섹션수 : 10개
3) 유입 측 관경 : 20 [A]
4) 유출 측 관경 : 15 [A]

핵심이론 방열기 종류

1) 주형 방열기
   (1) 종류 : 2주형(Ⅱ), 3주형(Ⅲ), 3세주형(3), 5세주형(5)
   (2) 방열면적 : 한쪽당 표면적으로 나타낸다.
2) 벽걸이 방열기(주철제)
   (1) 횡형(W - H)
   (2) 종형(W - V)
※ 방열기의 호칭 및 도시법
   - ① : 쪽수(섹션수)
   - ② : 종별
   - ③ : 형(치수, 높이)
   - ④ : 유입관 지름
   - ⑤ : 유출관 지름

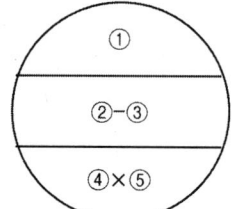

04 급수밸브에 관한 다음 괄호 (가) ~ (다)에 알맞은 내용을 쓰시오.

> 급수밸브는 전열면적 (가) [m²] 이하인 보일러는 (나) [A] 이상, 전열면적 (가) [m²]를 초과하는 보일러인 경우 호칭 (다) [A] 이상으로 한다.

정답

가 : 10   나 : 15   다 : 20

핵심이론 보일러 설치 시공 기준

급수장치 중 급수밸브 및 체크밸브의 크기는 전열면적 <u>10 [m²]</u> 이하의 보일러에서는 관의 호칭 <u>15 [A]</u> 이상의 것이어야 하고, <u>10 [m²]</u>를 초과하는 보일러에서는 관의 호칭 <u>20 [A]</u> 이상의 것이어야 한다.

암 시비씹오 10초20

05 연돌의 통풍력이 10 [mmH₂O], 배기가스온도가 150 [℃], 외기온도가 20 [℃], 배기가스의 비중량이 1.35 [kgf/m³], 외기의 비중량이 1.29 [kgf/m³]일 때 연돌의 높이는 몇 [m]인지 계산하시오.

정답

29.66 [m]

[해설]

$Z = 273H \times \left[\dfrac{r_a}{T_a} - \dfrac{r_g}{T_g}\right]$ 에서

$H = \dfrac{Z}{273\left(\dfrac{\gamma_a}{T_a} - \dfrac{\gamma_g}{T_g}\right)}$

$H = \dfrac{Z}{273\left(\dfrac{\gamma_a}{T_a} - \dfrac{\gamma_g}{T_g}\right)} = \dfrac{10}{273\left(\dfrac{1.29}{273+20} - \dfrac{1.35}{273+150}\right)} = 29.66$

핵심이론 굴뚝의 높이

1) 연돌의 이론통풍력의 계산공식

$Z = 273H \times \left[\dfrac{r_a}{T_a} - \dfrac{r_g}{T_g}\right]$

Z : 이론통풍력 [mmH₂O]
H : 연돌의 높이 [m]
r_a : 외기의 비중량 [kgf/m³]
r_g : 배기가스의 비중량 [kgf/m³]
T_a : 외기의 절대온도 [K]
T_g : 배기가스의 절대온도 [K]

2) 연돌의 높이

$H = \dfrac{Z}{273\left(\dfrac{\gamma_a}{T_a} - \dfrac{\gamma_g}{T_g}\right)}$

06 비체적 0.1 [m³/kg]인 유체가 압력 1 [MPa], 유속 20 [m/s]으로 관지름이 25 [mm]인 오리피스를 흐를 때 유체의 유량 [kg/s]를 구하시오.

정답

0.98 [kg/s]

[해설]

$$Q = AV = \frac{\pi d^2}{4} V$$

$$= \frac{\pi (0.025)^2}{4} \times 20 = 0.009817 [m^3/s]$$

$$= \frac{0.09817}{0.1} = 0.98 [kg/s]$$

핵심이론 연속 방정식(질량보존법칙)

$$Q = \rho AV = C [kg/s]$$

Q : 유량 [kg/s]
ρ : 밀도 [kg/m³]
A : 단면적 [m²]
V : 유체의 속도 [m/s]

07 열정산에서 입열 항목을 3가지 쓰시오.

정답

- 연료의 저위발열량(연료의 연소열)
- 연료의 현열
- 공기의 현열
- 노 내 분입증기 보유열

핵심이론 | 열정산 항목 분류

1) 입열
   (1) 연료의 저위발열량(연료의 연소열) : 입열항목 중 가장 큰 부분을 차지
   (2) 연료의 현열
   (3) 공기의 현열
   (4) 노 내 분입증기 보유열
2) 출열
   (1) 미연소분에 의한 열손실
   (2) 불완전연소에 의한 열손실
   (3) 노벽 방사 전도에 의한 열손실
   (4) 배기가스에 의한 열손실 → 가장 큰 부분을 차지
   (5) 과잉공기에 의한 열손실
   (6) 발생증기(수증기) 보유열
   (7) 건연소배기가스의 현열
3) 순환열
   (1) 공기예열기 흡수 열량
   (2) 축열기 흡수 열량
   (3) 과열기 흡수 열량

---

08 동관의 접합방법과 관련된 설명의 ( ) 안에 알맞은 내용을 쓰시오.

> 용접 접합은 ( )현상을 이용한 것으로 연납 용접과 경납 용접으로 나눌 수 있다. 이 중 용접강도가 더 큰 것은 ( )용접이며, 이 용접의 용접재는 ( )와 ( )가[이] 사용된다.

정답
모세관, 경납, 은납, 황동납

핵심이론 | 동관의 접합방법

1) 경납 : 황동납, 양은납, 은납, 알루미늄납, 인동납
2) 연납 : 주석 - 납, 납 - 카드뮴납, 납 - 은납, 저용점 땜납

09 다음 괄호 (①) ~ (③)에 알맞은 말을 쓰시오.

> 관수 중 알칼리의 농도가 높아 일어나는 부식현상을 (①)이라 하고, 보일러 내부에서 용존산소 때문에 발생하며 개방된 표면에서 구멍 형태로 깊게 침식하는 부식의 일종은 (②)이다. 화염과 접촉하여 라미네이션 부분이 높은 열을 받아 팽창하여 외측으로 부풀어 오른 상태의 재료 결함을 (③)이라 한다.

정답

① 알칼리부식 ② 점식(Pitting) ③ 블리스터(Blister)

핵심이론 보일러현상

1) 점식 : 부식의 일종으로 전기화학적 기구에서 특정의 소부분에 접점이 구멍 모양의 오목부가 생기는 부식으로 진행속도가 빠르다.
2) 블리스터 : 화염에 접촉하는 라미네이션 부분이 가열로 인하여 부풀어 오르는 팽출현상이 생기는 것을 말한다.
3) 압궤 : 노통이나 화실과 같은 원통 부분이 외측으로부터의 압력을 견디지 못하고 안쪽으로 짓눌려 찌그러져 찢어지는 현상을 이야기한다.
4) 팽출 : 인장응력을 받는 부분이 국부과열로 의하여 강도가 저하되어 압력을 견딜 수 없게 되면서 바깥쪽으로 볼록하게 부풀어 튀어나오는 현상
5) 라미네이션 : 대상이 되는 물체에 1겹 이상의 얇은 레이어를 덧씌워 표면을 보호하고 강도와 안정성을 높이는 기술이다.
6) 일반부식(균일부식) : pH가 높거나 용존산소가 많이 함유되어 있을 때 금속의 표면적이 넓은 국부 부분 전체에 대체로 같은 모양으로 발생하는 부식이다.
7) 가성취화 : 보일러수의 알칼리도가 높은 경우에 리벳이음판의 중첩부의 틈새 사이나 리벳 머리의 아래쪽에 보일러수가 침입하여 알칼리 성분이 가열에 의해 농축되고, 이 알칼리와 이음부 등의 반복 응력의 영향으로 재료의 결정 입계에 따라 균열이 생기는 열화 현상이다.
8) 수소취화(Hydrogen Embrittlement) : 금속이 수소원자를 포함하는 수용액 또는 가스분위기 중에 놓여 있을 때 금속 내부에 수소가 확산 침입함으로써 연성이 저하하고 취약하게 되는 현상을 말하며, 균열을 동반하는 부식이다.

10 출력이 150 [kW]인 보일러가 발열량 41800 [kJ/kg]인 연료를 매시간 20 [kg] 소모한다고 할 때 보일러의 열효율을 구하시오.

정답

64.59 [%]

[해설]

보일러 열효율 $\eta = \dfrac{W}{Q} \times 100\,[\%]$

1 [kW] = 1 [kJ/s]
1 [h] = 3600 [s]
$W = 150\,[kW] = 150\,[kJ/s] = 150 \times 3600 = 540000\,[kJ/h]$
$Q = 20\,[kg/h] \times 41800\,[kJ/kg] = 836000\,[kJ/h]$
$\eta = \dfrac{150 \times 3600}{20 \times 41800} \times 100\,[\%] = 64.59\,[\%]$

---

11 물 대신 특수유체를 사용하여 낮은 압력에서 고온의 증기 및 고온도의 액체를 공급하기 위해 사용하는 보일러를 무엇이라 하고 그 보일러의 종류 하나를 쓰시오.

정답

특수 열매체 보일러
종류 : 다우섬 보일러, 수은 보일러, 카네크롤 보일러, 모빌섬 보일러

핵심이론 특수 열매체 보일러의 특징

- 급수처리장치 및 청관제 주입장치가 필요하지 않다.
- 부식이 잘 일어나지 않는다.
- 겨울철에도 동결의 우려가 없다.
- 대부분은 인화성이 있고 인체에 해를 주기 때문에 안전밸브는 밀폐식 구조로 하여야 한다.

12 다음 배관 부속의 배관 기호를 나타내시오.

1) 나사이음

2) 플랜지

3) 유니온

정답

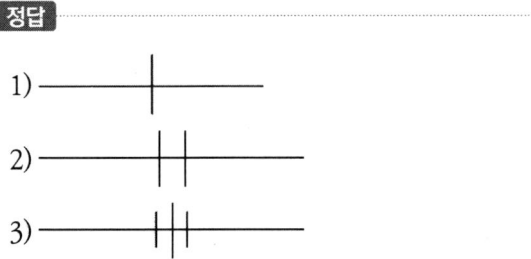

핵심이론 배관이음 표시

이음종류	연결방법	도시기호	이음종류	연결방법	도시기호
배관이음	나사이음	─┼─	신축이음	루프형	─⌒─
	용접이음(납땜이음)	─●─		슬리브형	─[ ]─
	플랜지이음	─╫─		벨로즈형	─∿─
	유니온	─╫│─		스위블형	(스위블 기호)
	턱걸이이음	─⊃─			

에·너·지·관·리·산·업·기·사

Part 03

기출문제 200선

※ 2023년 2회차부터 문제 출제방식이 변경되어 2015년부터 2023년도 1회까지의 문제를 선별하여 수록하였습니다.

2015~2023년 기출문제 200선

001 바이패스배관의 설치 목적에 대해 쓰시오.

정답

바이패스배관은 주 배관이나 밸브, 기기 등의 점검 및 수리 시에도 시스템의 운전을 계속할 수 있도록 설치한다.

002 스케일이 발생했을 때 보일러에 주는 영향을 3가지만 쓰시오.

정답

- 전열면의 열전달 저하로 연료소비가 증가한다.
- 금속의 국부 과열로 인한 손상이나 파손이 발생한다.
- 보일러효율이 저하되고, 안전사고의 원인이 된다.

핵심이론 스케일

1) 스케일 : 보일러 내부에 물속의 불용성 물질이 달라붙어 생긴 단단한 침전물로, 물이 증발하면서 농도가 진해지고 용해도가 낮은 성분이 열전달면에 달라붙어 고형화되며 스케일이 형성됨
2) 스케일의 문제점
   (1) 열전달을 방해하여 열효율이 감소한다.
   (2) 열이 벽을 통과하지 못하여 과열 위험이 생긴다.
   (3) 관의 부식을 촉진한다.
   (4) 열효율 감소로 인해 연료비가 증가한다.
3) 스케일방지방법
   (1) 이온교환법 등을 통해 급수를 처리한다.
   (2) 고농도수를 주기적으로 배출(블로우 다운)한다.

003 암면의 안전사용온도를 쓰시오.

정답

400 [℃]

핵심이론 암면

안산암, 현무암에 석회를 섞어 용융시켜 압축 가공하여 섬유모양으로 만든다.
1) 단점 : 석면에 비해 섬유가 거칠고 굳어서 부서지기 쉽다.
2) 용도 : 식물성, 동물성, 합성수지 등의 접착제를 써서 띠, 관, 원통형으로 가공하여 400 [℃] 이하의 관, 덕트, 탱크 등의 보온재로 사용된다.

004 빛의 세기를 측정하는 단위는 무엇인지 쓰시오.

정답

Lux(룩스)   TIP 빛의 세기 = 조도

005 스프링식 안전밸브의 종류를 3가지 쓰시오.

정답

저양정식, 고양정식, 전양정식, 전양식

핵심이론 | 스프링식 안전밸브

1) 저양정식 : 밸브의 양정이 밸브시트 구경의 1/40 ~ 1/15 미만인 것
2) 고양정식 : 밸브의 양정이 밸브시트 구경의 1/15 ~ 1/7 미만인 것
3) 전양정식 : 밸브의 양정이 밸브시트 구경의 1/7 이상인 것
4) 전양식 : 밸브시트구에 있어서 증기의 통로면적이 다른 최소의 단면적의 통로면적보다 큰 것으로 시트 지름이 목부분 지름보다 1.15배 이상인 것

006 플렉시블조인트의 설치 목적을 쓰시오.

정답

플렉시블조인트는 배관의 진동 및 열팽창에 의한 변형을 흡수하여 펌프나 배관에 전달되는 응력과 진동을 완화하고, 소음 및 손상방지를 위해 설치한다.

007 버킷식 증기트랩의 작동원리 및 트랩의 종류를 2가지만 쓰시오.

정답

- 작동원리 : 응축수와 증기의 비중차를 이용
- 종류 : 상향, 하향

핵심이론 증기트랩

1) 기계적 트랩(응축수와 증기의 비중차) : 플로트식(레버, 프리), 버킷식(상향, 하향)
2) 온도조절트랩(응축수와 증기의 온도차) : 바이메탈식, 벨로즈식, 다이어프램식
3) 열역학적 트랩(응축수와 증기의 열역학적 특성차) : 오리피스식, 디스크식

종류	장점	단점
상향 버킷식	• 작동이 확실하다. • 동결로 인한 폐쇄가 없다. • 증기 손실이 없다. • 환수관을 트랩보다 높게 배관할 수 있다.	• 대형이라 다루기 불편하다. • 배출능력이 미약하다.
하향 버킷식	• 배출능력이 크다. • 응축수의 유입구와 유출구의 차압이 80 [%] 정도까지 차이가 나도 배출이 가능하다.	• 시공 시 부착이 불편하다. • 수평부착 이외는 안 된다. • 기동 시에 반드시 공기빼기가 되어야 한다. • 증기 손실이 많다.

008 자동제어 장치 설계 시 고려사항을 3가지 쓰시오

정답

- 제어동작이 일정하게 유지되어야 한다.
- 제어동작이 신속해야 한다.
- 정확한 측정에 의해서 제어관리가 되어야 한다.

009 진공 온수보일러의 연료를 2가지 쓰시오.

정답

LPG가스, LNG가스, 등유

010 보일러 방폭문의 설치목적은 무엇인지 쓰시오.

> **정답**
> 보일러연소실 내부에서 미연소가스로 인한 폭발가스를 보일러 밖으로 배출시켜 보일러 내부의 파열을 방지하기 위한 장치이다.

011 보일러에 일반적으로 가장 많이 부착하는 압력계는 무엇인지 쓰시오.

> **정답**
> 부르동관식 압력계

핵심이론 | 부르동관식(Bourdon Type) 압력계

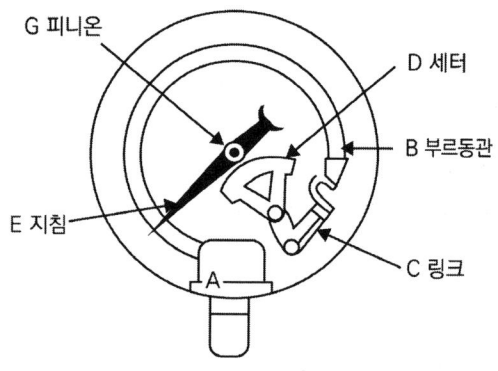

1) 부르동관식 압력계는 타원형 단면을 가진 곡선형의 탄성관(부르동관)에 압력을 가했을 때 관이 펴지려는 성질을 이용하여 그 끝단의 변위를 기계적으로 지침으로 전달해 압력을 측정하는 계기이다.
2) 탄성식 압력계 중에서 가장 높은 압력을 측정할 수 있다.
3) 탄성체의 재질과 구조에 따라 측정할 수 있는 압력 범위가 달라진다.
4) 부르동관 형식 : C형, 외선형, 나선형

012 오르자트(Orsat) 가스분석기의 가스 분석 순서를 쓰시오.

정답

$CO_2 \rightarrow O_2 \rightarrow CO$

핵심이론 오르자트식 가스분석계

1) 시료가스를 흡수시켜 흡수 전후의 체적 변화를 측정하여 분석하는 방법
2) 분석 순서 및 흡수제의 종류
   (1) CO_2(KOH 30 [%] 수용액) → O_2(알칼리성 피로갈롤)
       → CO(암모니아성 염화 제1동 용액)
   (2) N_2 = 100 - (CO_2 + O_2 + CO)
3) 특징
   (1) 구조가 간단하며 취급이 용이하다.
   (2) 숙련되면 고정도를 얻는다.
   (3) 수분은 분석할 수 없다.
   (4) 분석 순서를 달리하면 오차가 발생한다.

013 감압밸브의 설치 목적을 3가지 쓰시오.

정답

- 고압 측의 압력변동에 관계없이 저압 측 압력을 항상 일정하게 유지한다.
- 고압과 저압을 동시에 사용하는 경우에 사용한다.
- 고압 증기를 저압으로 감압시켜 증기의 건도를 향상시킨다.
- 감압 시 증기사용량 절감효과가 있다.

014 보일러의 연료배관에 설치된 오일프리히터는 어떤 연료를 사용하는가?

> **정답**
>
> 벙커C유   **용어** 오일프리히터 : 연료유의 점도를 낮추기 위해 전기열을 이용해 예열하는 장치

015 내화물이 급열 또는 급랭으로 인해 열응력을 받아 균열이나 박락이 생기는 현상을 무엇이라 하는가?

> **정답**
>
> 스폴링현상   **용어** 스폴링현상 : 내화재가 온도 변화에 급격히 노출되면 내부 응력에 의해 벗겨지는 현상

핵심이론 열적 성질

1) 열적 팽창 : 내화물의 열에 대한 팽창과 수축
2) 하중 연화점 : 축요 후 하중을 받는 내화재를 가열하였을 때 평소보다 더 낮은 온도에서 변형하는 온도를 말한다.
3) 스폴링(Spalling)현상(박락현상) : 급격한 온도차로 벽돌에 균열이 생기고 표면이 갈라져서 떨어지는 현상으로 주변에 오래된 건물 내외부에서 쉽게 확인할 수 있는 현상이다.
4) 슬래킹(Slaking)현상 : 염기성 내화벽돌이 수증기를 흡수하는 성질 때문에 팽창을 일으키며 분해가 되어 노벽에 가루모양의 균열이 생기고 떨어지는 현상이다.
5) 버스팅(Bursting)현상 : 크롬철광을 원료로 하는 내화물(크롬이나 크롬마그네시아벽돌)은 1600[℃] 이상에서 산화철을 흡수한 후 표면이 부풀어 오르고 떨어져 나가는 현상이다.

016 스파이럴형 열교환기의 특징을 2가지 쓰시오.

> **정답**
>
> - 전열면적이 넓어 열교환효율이 높다.
> - 고점도유체나 스케일이 많은 유체에 적합하다.
> - 자체 세정(청정) 효과가 우수하다.

017 윈드박스(Wind Box)의 역할을 3가지 쓰시오.

> **정답**
> - 공기의 압력을 동압에서 정압으로 변환시킨다.
> - 연소용 공기를 고르게 분배하여 화염을 안정시킨다.
> - 착화를 원활히 유지하고 연소상태를 일정하게 한다.
> - 연료와 공기의 혼합을 양호하게 하여 연소효율을 높인다.

018 보일러에서 사용하는 화염검출기의 기능을 쓰시오.

> **정답**
> 연소실 내 화염상태를 감지하여 화염이 꺼지면 연료 공급을 차단하고 보일러를 정지시켜 사고를 사전에 방지하는 안전장치이다.

핵심이론 화염검출기

1) 사용목적 : 연소실 내의 화염상태를 감시하여 실화 및 불착화 시 그 신호를 전자밸브로 보내 연료를 차단, 연소실 내 연료의 누설을 방지하여 연소가스폭발을 방지하는 안전장치이다.
2) 종류
   (1) 플레임 아이(Flame Eye : 광학적 화염검출기) : 적외선 가시광선 및 자외선이 영역별로 다르게 검출되는 특성 이용

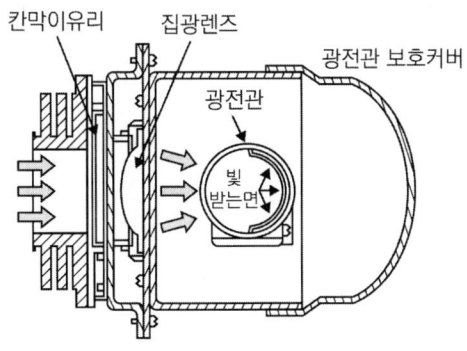

(2) 플레임 로드(Flame Rod : 전기전도 화염검출기) : 화염이 가지는 전기전도성을 이용

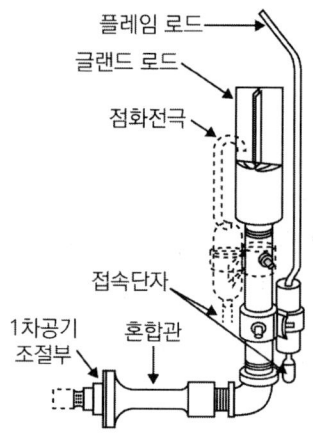

(3) 스택 스위치(Stack Switch : 열적 화염검출기) : 화염의 열을 통한 바이메탈의 신축작용을 이용

019 광고온계의 장점을 3가지 쓰시오.

정답
- 비접촉식 중 가장 정확한 온도 측정이 가능하다.
- 방사율 보정이 적어 오차가 작다.
- 고온 측정이 용이하다.
- 구조가 간단하고 휴대가 편리하다.
- 움직이는 물체의 온도도 측정할 수 있다.

020 보일러에서 배기가스의 폐열을 이용하여 연소용 공기를 예열하는 장치를 2가지 쓰시오.

정답
- 공기예열기(Air Preheater)
- 히트파이프(Heat Pipe)

021 증류탑에 대해서 설명하시오.

정답
각 물질의 끓는점이 서로 다른 비등점의 차이를 이용하여 혼합물을 분리·정제하는 장치이다.

022 증류탑은 어떤 특성을 이용하여 혼합물을 분리하는가?

정답
각 물질이 갖는 비등점(끓는점)의 차이를 이용하여 혼합물을 분별하는 장치이다.

023 스케일이 보일러에 미치는 영향을 3가지 쓰시오.

정답
- 보일러의 전열을 방해한다.
- 전열 불량으로 과열되어 파열사고의 원인이 된다.
- 열전달효율이 저하되어 연료소비가 증가한다.
- 배기가스온도가 상승한다.

핵심이론 스케일

1) 스케일 : 보일러 내부에 물속의 불용성 물질이 달라붙어 생긴 단단한 침전물로, 물이 증발하면서 농도가 진해지고 용해도가 낮은 성분이 열전달면에 달라붙어 고형화되며 스케일이 형성됨
2) 스케일의 문제점
   (1) 열전달을 방해하여 열효율이 감소한다.
   (2) 열이 벽을 통과하지 못하여 과열 위험이 생긴다.
   (3) 관의 부식을 촉진한다.
   (4) 열효율 감소로 인해 연료비가 증가한다.
3) 스케일방지방법
   (1) 이온교환법 등을 통해 급수를 처리한다.
   (2) 고농도수를 주기적으로 배출(블로우 다운)한다.

024 열전대온도계의 측정원리에 대해 쓰시오.

정답

서로 다른 두 금속의 접점온도 차에 의해 기전력이 발생하는 제백효과(Seebeck Effect)를 이용한다.

핵심이론 열전대온도계

두 개의 금속을 접합하여 생기는 열기전력, 즉 제벡효과를 이용하여 온도를 측정

1) 특징
   (1) 내구성이 뛰어나고 다양한 온도 범위에서 사용할 수 있다.
   (2) 비교적 높은 온도 측정에 사용된다.
   (3) 사용 금속은 열기전력이 크고 온도증가에 따라 연속적으로 상승해야 한다.
   (4) 기준접점의 온도를 일정하게 유지해야 한다.
   (5) 장점 : 좁은 장소의 온도를 계측하기 용이하다.
   (6) 단점 : 기준 접점장치가 필요하다.

025 연료계통에 설치하는 유수분리기의 역할에 대해 쓰시오.

> **정답**
>
> 연료 속에 섞인 수분과 불순물을 비중 차를 이용하여 분리함으로써 연료 공급계통 및 연소 효율을 보호하는 장치이다.

026 급수배관에 설치하는 플렉시블조인트의 기능을 쓰시오.

> **정답**
>
> 기기의 진동이 배관에 전달되지 않도록 흡수하고 배관의 열팽창을 흡수하여 배관 파손을 방지한다.

027 정해진 순서에 따라 제어동작을 수행하며 조작에 의해 정정이 불가능한 제어를 무엇이라 하는가?

> **정답**
>
> 시퀀스제어(Sequence Control)

핵심이론 시퀀스제어

미리 정해진 순서에 따라 순차적으로 진행하는 제어방식으로 작업자의 개입이 필요하지 않다.
1) 특징
   (1) 복잡한 작업도 순차적으로 진행할 수 있다.
   (2) 작업의 효율성을 높일 수 있다.
   (3) 주로 산업용 자동차 분야에서 사용되며 공정제어, 설비제어, 검사제어 등에 사용된다.

028 열교환기의 장점을 3가지 쓰시오.

정답

- 구조상 전열면적이 판 형태로 넓기 때문에 높은 열전달 능력을 가지고 있다.
- 판의 매수 조절이 가능하여 전열면적의 증감에 용이하다.
- 시공이 간편하다.
- 전열면의 청소와 조립이 간단하다.
- 현장에서 제작이 가능하고, 좁은 공간에 설치가 가능하다.
- 고점도유체에도 적용 가능하다.

핵심이론 폐열회수 열교환기 중 판형 열교환기의 장단점

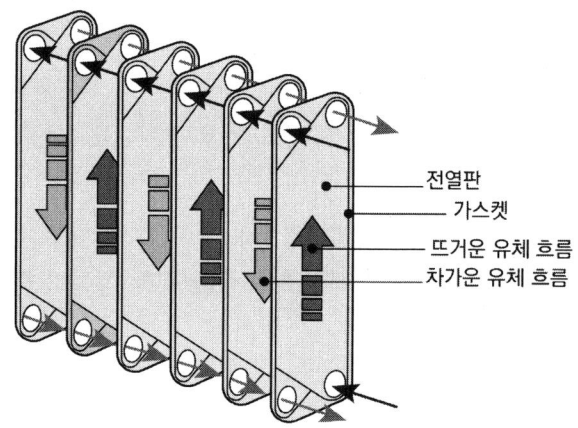

1) 장점
   (1) 구조상 전열면적이 판 형태로 넓기 때문에 높은 열전달 능력을 가지고 있다.
   (2) 판의 매수 조절이 가능하여 전열면적의 증감에 용이하다.
   (3) 시공이 간편하다.
   (4) 전열면의 청소와 조립이 간단하다.
   (5) 현장에서 제작이 가능하고 좁은 공간에도 설치가 가능하다.
   (6) 고점도유체에도 적용 가능하다.
2) 단점
   (1) 구조상 판 표면과 유체의 마찰에 의한 압력손실이 크다.
   (2) 온도변화가 크거나 압력이 큰 곳에서는 내압성이 낮아 사용이 불가능하다.

029 신호를 다시 입력으로 되돌려 조절 동작을 수행하는 제어를 무엇이라 하는가?

정답

피드백제어(Feedback Control)

핵심이론 피드백제어
1) 현재의 상태를 측정하여 원하는 상태와의 차이를 피드백으로 받아 제어하는 방식
2) 출력 측의 신호를 입력 측에 되돌려주어 출력 측의 신호와 목푯값의 차이를 오차라고 하며 오차를 줄이기 위하여 제어량을 조절한다.
3) 출력 측의 신호를 입력 측에 되돌려 비교하는 제어방법
4) 특징
  (1) 고액의 설비비가 요구된다.
  (2) 운영하는 데 비교적 고도의 기술이 요구된다.
  (3) 구조가 복잡하므로 부분적으로 고장이 있으면 전체 생산에 영향을 미친다.
  (4) 수리가 비교적 어렵다.
  (5) 출력값을 목푯값에 맞추는 데 효과적이다.
  (6) 외부 요인에 의한 영향을 줄일 수 있다.

030 현관에 설치된 센서등의 동작 원리를 설명하시오.

정답

센서등은 움직이는 물체에서 발생하는 적외선을 감지하여 점등하며, 적외선 변화나 움직임을 포착하는 방식으로 동작한다.

031 오일프리히터의 사용 열원은 무엇인가?

정답

전기   **용어** 오일프리히터 : 연료유의 점도를 낮추기 위해 전기열을 이용해 예열하는 장치

032 구비 조건 5가지를 쓰시오.

> **정답**
> - 작동이 신속해야 한다.
> - 정상 압력을 초과한 증기를 완전히 방출할 수 있어야 한다.
> - 증기 배출량이 충분해야 한다.
> - 밸브 지름과 설치 높이가 적절해야 한다.
> - 분출 전 증기 누설이 없어야 하며, 압력이 정상으로 회복되면 즉시 분출을 정지해야 한다.

033 태양광 발전에서 전기에너지를 발생시키는 과정을 설명하시오.

> **정답**
> 태양광 발전시스템은 태양에너지를 태양전지, 모듈, 축전지, 전력변환장치 등을 통해 전기에너지로 직접 변환하는 시스템으로, 환경오염이 없고 반영구적이며 자동화가 가능한 발전방식이다.

034 파일럿 착화버너의 기능을 설명하시오.

> **정답**
> 보일러의 주 버너 점화를 위한 보조 점화용 버너이다.

035 전극식 수위검출기의 작동 원리를 쓰시오.

정답

전도성 원리를 이용하여 액면 변화 시 전극봉에 액체가 닿으면 신호가 출력되고, 이를 통해 수위 조절이나 경보 기능을 수행하는 장치이다.

036 열적 스폴링(Thermal Spalling)현상에 대해 설명하시오.

정답

내화물이 급격히 가열되거나 급냉될 때 열응력이 발생하여 표면이 갈라지고 떨어지는 현상을 말한다. 이는 보일러 내화물의 손상을 유발할 수 있다.

핵심이론 스폴링(Spalling)현상(박락현상)
1) 불균일한 가열 또는 냉각 등으로 발생하는 열팽창의 차에 의하여 내화재의 변형과 균열이 생기는 현상이다.
2) 급격한 온도차로 벽돌에 균열이 생기고 표면이 갈라져서 떨어지는 현상으로 주변에 오래된 건물 내외부에서 쉽게 확인할 수 있는 현상이다.
3) 열적(열팽창) 스폴링, 조직적(화학적) 스폴링, 기계적(축요불량) 스폴링으로 구분된다. 체적 변화로 분화가 되어서 떨어져 나가는 노벽이 균열, 붕괴하는 현상이다.
4) 단열효과는 스폴링현상을 방지한다.

037 면적식 유량계의 종류 2가지를 쓰시오.

정답

피스톤식, 플로트식, 로터미터

038 측정 시 주요 측정 항목 2가지를 쓰시오.

정답

공기비, 배기가스온도, 배기가스량

039 수관, 드럼, 갤로웨이관 등에서 발생하는 팽출현상에 대해 설명하시오.

정답

과열로 인해 금속 강도가 약해진 부분이 내부 압력으로 인해 바깥쪽으로 부풀어 오르는 현상이다.

040 스파이럴형 열교환기의 특징을 2가지 쓰시오.

정답

- 전열면적이 크다.
- 자체 청정효과가 우수하다.
- 고점도 및 스케일이 많은 유체에 적합하다.

041 압궤현상에 대해 설명하시오.

정답

과열된 노통이나 화실 천정부가 외부 압력에 의해 내부로 눌려 형태가 변형되는 현상이다.

042 LNG의 주성분을 화학식으로 나타내시오.

정답

CH_4(메탄)

043 감압밸브의 종류를 3가지 쓰시오.

정답

벨로즈형, 다이어프램형, 피스톤형

044 송풍기와 펌프가 내장된 버너를 무엇이라 하는가?

정답

건타입 버너

045 증기보일러에서 수면계를 몇 개 이상 설치해야 하는가?

정답

2개 이상

046 상용수위란 수면계의 어느 지점을 의미하는가?

> **정답**
> 수면계 중앙 또는 수면계 길이의 절반 지점을 말하며, 보일러의 정상 운전 수위를 나타낸다.

047 관류보일러에 부착하는 전극봉식 수위검출기에서 수위 변화 시 작동되는 장치 2가지를 쓰시오.

> **정답**
> - 급수펌프 기동 및 정지
> - 저수위 시 경보 발생
> - 연료전자밸브 차단으로 보일러 가동정지

048 판형 열교환기의 단점 3가지를 쓰시오.

> **정답**
> - 개스킷의 밀봉 불량으로 누설 가능성이 있다.
> - 판 사이에서 유속 불균형과 오염으로 압력 강하가 발생할 수 있다.
> - 유동저항이 상대적으로 큰 편이다.

핵심이론 폐열회수 열교환기 중 판형 열교환기의 장단점

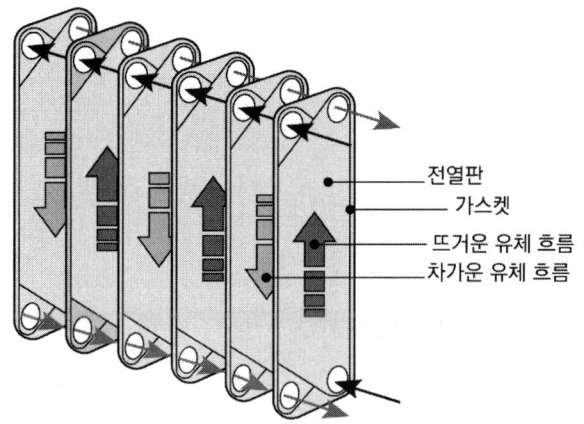

1) 장점
   (1) 구조상 전열면적이 판 형태로 넓기 때문에 높은 열전달 능력을 가지고 있다.
   (2) 판의 매수 조절이 가능하여 전열면적의 증감에 용이하다.
   (3) 시공이 간편하다.
   (4) 전열면의 청소와 조립이 간단하다.
   (5) 현장에서 제작이 가능하고, 좁은 공간에 설치가 가능하다.
   (6) 고점도유체에도 적용 가능하다.
2) 단점
   (1) 구조상 판 표면과 유체의 마찰에 의한 압력손실이 크다.
   (2) 온도변화가 크거나 압력이 큰 곳에서는 내압성이 낮아 사용이 불가능하다.

049 사각형 저수조탱크의 표면을 엠보싱 처리하는 이유를 설명하시오.

정답

엠보싱 처리된 표면은 평판보다 물의 압력과 무게를 잘 견디며, 구조 강도가 향상되어 내구성이 높다.

050 제품을 실제로 사용하지 않는 상태에서 소비되는 전력을 무엇이라 하는지 쓰시오.

정답

대기전력

051 응축수를 예열하는 목적을 2가지 쓰시오.

정답

- 급수를 예열하여 보일러 열효율을 높인다.
- 예열과정으로 인한 열응력을 감소시킨다.
- 보일러효율 향상으로 연료 사용량을 줄인다.

052 열병합 발전의 장점 3가지를 쓰시오.

정답

- 열과 전력을 동시에 활용하여 에너지 절약효과를 높인다.
- 안정적인 전력 공급에 기여한다.
- 환경 오염 감소에 도움을 준다.
- 기존 발전설비의 부담을 줄여 설비 투자 비용을 절감한다.

053 배관계통에 바이패스배관을 설치하는 이유를 쓰시오.

> **정답**
>
> 유량계, 펌프, 증기트랩 등의 점검, 교체, 보수를 위해 우회회로를 제공함으로써 운전 중에도 장치를 유지보수할 수 있도록 한다.

054 파일럿 착화버너의 기능을 쓰시오.

> **정답**
>
> 보일러 주 버너 점화

055 상용압력이 0.7 [MPa]이고, 최고사용압력이 1.0 [MPa]일 때 압력계의 적정 표시 범위 [MPa]를 쓰시오.

> **정답**
>
> 1.5 ~ 3 [MPa]

핵심이론 | 부르동관 압력계

1) 사이폰관 : 배관에 압력계 설치 시 배관과 압력계 사이의 연결관을 굽혀 놓은 관
   (1) 부착 이유 : 고온의 증기 침입을 막아 압력계의 보호 및 오차방지
   (2) 사이폰관 안지름의 크기 : 6.5 [mm] 이상
   (3) 사이폰관 속에 들어 있는 유체 : 물
2) 압력계
   (1) 압력계의 최고 눈금은 최고사용압력의 1.5배 이상 3배 이하로 한다. 바깥지름은 100 [mm] 이상으로 한다.
   (2) 압력계의 재질은 황동으로 한다.
   (3) 내부온도는 80 [℃] 이하로 유지한다.

056 포대 형태의 여과재를 사용하고 안쪽에 흡착된 먼지를 흔들어 제거하는 건식 여과 집진장치의 명칭은 무엇인가?

정답

백필터

핵심이론 집진장치

1) 집진장치 : 배기가스 중의 유해물질을 제거하여 대기오염을 방지하기 위해 설치하는 장치
2) 집진장치의 종류

건식 집진장치	습식(세정식) 집진장치	전기식 집진장치
① 중력식 　중력 침강식, 다단 침강식 ② 관성력식 　충돌식, 반전식 ③ 원심력식 　사이클론식, 멀티 사이론식 ④ 여과식(백필터 : Bag Filter) 　원통식, 평판식, 역기류 분사형 ⑤ 음파 집진장치	① 유수식 　전류형 스크루버, 로터리 스크러버, 피이보디 스크러버 ② 가압수식 　벤츄리 스크러버, 사이클론 스크러버, 제트 스크러버, 충진탑, 포종탑, 분무탑 ③ 회전식 　타이젠 워셔식, 임펄스 스크러버	코트렐 집진기 : 건식, 습식

057 체크밸브의 기능에 대해 설명하시오.

정답

유체가 역류하지 않도록 일방향으로 흐르게 하여 배관이나 장치의 손상을 방지하는 장치이다.

핵심이론 체크밸브(Check Valve)

1) 유체를 흐름 방향 한 쪽으로만 흐르게 하여 역류를 방지하는 역류방지밸브이다.
2) 체크밸브의 종류 : 스윙식, 리프트식, 디스크식

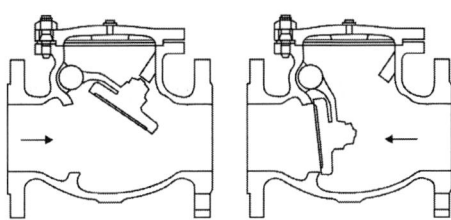

058 대용량 산업용으로 널리 사용되며 높은 집진효율을 가지지만 건설비가 높은 전기적 집진장치의 명칭은 무엇인가?

정답

전기식 집진장치

059 흡수식 냉동기에서 사용하는 흡수제의 명칭을 쓰시오.

정답

리튬브로마이드

060 증기트랩의 기능을 쓰시오.

정답

증기와 응축수의 비중 차이를 이용하여 증기배관 내 응축수를 자동으로 배출하고, 수격 작용과 배관 부식을 방지하는 장치이다.

061 보일러 맨홀의 기능을 쓰시오.

정답

보일러 내부를 점검하거나 보수하기 위해 설치된 점검구이다.

062 인젝터의 작동 순서를 4단계로 쓰시오.

정답

1. 인젝터 출구 측 정지밸브를 연다.
2. 인젝터 급수밸브를 연다.
3. 인젝터 증기밸브를 연다.
4. 인젝터 핸들을 열어 운전을 시작한다.

063 불연속제어방법으로 편차의 정(+), 부(-)에 의해서 조작신호가 최대, 최소가 되는 제어동작은?

정답

온오프동작

핵심이론 온오프동작

1) 불연속제어의 대표적인 방법으로 설정치와 현재값의 차이가 기준값을 초과하면 출력을 1로 설정, 기준값 이하이면 출력값 0으로 설정하는 방식
2) 조작량이 동작신호의 값을 경계로 완전 개폐되는 동작(이산동작)

064 진공온수보일러의 특징 3가지를 쓰시오.

> **정답**
> - 폭발 위험이 거의 없어 안전하다.
> - 산화와 부식이 적어 유지보수가 용이하다.
> - 내구성이 높고 운전 안정성이 우수하다.

065 팬, 분출구, 냉·온수 코일, 필터 등을 내장하여 냉각 또는 난방이 가능한 소형 공기조화기의 명칭을 쓰시오.

> **정답**
> 팬코일 유닛(FCU)

066 플렉시블조인트의 설치 목적을 쓰시오.

> **정답**
> 급수펌프배관계통에서 발생하는 충격과 진동을 흡수하여 배관과 장치를 보호하기 위해 설치한다.

067 인젝터의 특징을 4가지 쓰시오.

> **정답**
> - 구조가 단순하고 제작 비용이 저렴하다.
> - 소량의 고압 증기로 다량의 급수를 공급할 수 있다.
> - 비동력식으로 전력 없이 운전되며 급수량 조절은 어렵다.
> - 설치 공간이 작고 배치가 용이하다.
> - 급수 예열로 보일러 열응력을 감소시킨다.

068 보온재의 구비 조건 3가지를 쓰시오.

> **정답**
> - 흡습성이 적어야 한다.
> - 사용온도 범위에 적합해야 한다.
> - 장시간 사용에도 물리적·화학적 성능이 유지되어야 한다.
> - 부피와 비중이 작고 다공질 구조이며 시공이 용이해야 한다.

069 가정용 에어컨에서 압축기와 증발기는 어디에 설치되는가?

> **정답**
> - 압축기 : 실외기
> - 증발기 : 실내기

070 증기보일러에 설치된 안전밸브의 역할을 쓰시오.

> **정답**

보일러의 최고 사용 압력을 초과하면 증기를 배출하여 과압으로 인한 파열 사고를 예방하는 안전장치이다.

핵심이론 | 안전밸브

1) 설치목적 : 증기보일러에서 동(Shell) 내의 증기압력이 제한압력 이상으로 상승할 때 자동적으로 밸브가 열려 증기를 분출시켜 압력 초과로 인한 파열사고를 미연에 방지하는 장치이다.
2) 종류
   (1) 중추식 : 추의 중력을 이용하여 분출 압력을 조정하는 형식
   (2) 지렛대식 : 지렛대와 추를 이용하여 추의 위치를 좌우로 이동시켜 추의 중력으로 분출 압력을 조정하는 형식
   (3) 스프링식 : 스프링의 탄성을 이용하여 분출압력을 조정하는 형식

071 보일러 연료계통에 설치되는 유수분리기의 역할을 쓰시오.

> **정답**

연료 속에 섞인 수분을 비중 차이를 이용해 분리하여 연료 공급계통과 연소효율을 보호하는 장치이다.

072 파형 노통의 장점 3가지를 쓰시오.

> **정답**

- 구조 강도가 높아 안정성이 우수하다.
- 전열면적이 커져 열효율이 증가한다.
- 열팽창에 따른 신축 흡수가 용이하다.

073 증기트랩의 설치 목적을 쓰시오.

정답
배관 내 응축수를 자동으로 배출하여 배관 부식을 방지하고, 수격 작용으로 인한 배관 손상을 방지하기 위함이다.

074 보일러 연도에는 배기가스온도계가 부착되어 있다. 온도계에서 온도가 급격히 상승하는 경우의 원인을 2가지 쓰시오.

정답
- 과부하상태에서 운전 중일 때 온도가 급격히 상승할 수 있다.
- 스케일이 생성 및 부착되었을 때 온도가 급격히 상승할 수 있다.

075 스파이럴형 열교환기의 특징 3가지를 쓰시오.

정답
- 전열 면적이 넓어 열교환효율이 높다.
- 자체 청정효과가 뛰어나 유지보수가 용이하다.
- 고점도유체나 스케일이 많은 유체에도 적용 가능하다.

076 광고온계의 특징을 3가지 적으시오.

> **정답**
> - 가시광선의 밝기를 비교하여 온도를 측정한다.
> - 비접촉식 온도계 중 정확도가 높은 편이다.
> - 수동 측정으로 자동제어가 어렵고, 개인에 따라 측정 오차가 발생할 수 있다.

핵심이론 광고온계(Optical Pyrometer)

1) 특징
   (1) 측정자 간의 오차가 발생하기 쉬운 기기(측정자의 시력, 측정 위치, 측정 각도 등에 따라 오차 발생)
   (2) 가시광선을 이용하여 피측온체의 온도를 측정하는 비접촉식 온도계
   (3) 정확도가 높아 가장 정확한 측정을 할 수 있다. 하지만 연속측정이나 자동제어에 응용할 수 없다.
   (4) 피측정물과 전구를 동시에 비추어 피측정물의 휘도와 전구 필라멘트의 휘도를 육안으로 비교하여 측정

2) 광고온계의 장점
   (1) 비접촉식 온도계로서 정도가 가장 높다.
   (2) 구조가 간단하고 휴대가 편리하다.
   (3) 고온 측정이 가능하다(700 ~ 3000 [℃] 측정 가능, 900 [℃] 이하인 경우 오차 발생).

3) 광고온계의 단점
   (1) 연속측정이나 제어에는 이용이 불가하다.
   (2) 측정에 시간을 요하며(시간지연) 개인에 따라 오차가 크다.
   (3) 주위 온도에 대한 지시 오차가 크고 외부 광(빛)의 영향이 클수록 각종 오차가 커진다.
   (4) 4700 [℃] 이하 저온 측정은 불가능하다.

4) 주의사항
   (1) 측정체와의 사이에 먼지, 스모그(연기) 등이 없도록 하여야 한다.
   (2) 광학계의 먼지 흡입 등을 점검한다.

077 열교환기 튜브에 핀을 설치하는 이유를 쓰시오.

> **정답**
> 전열 면적을 증가시켜 열교환효율을 높이기 위해 설치한다.

078 용접봉 건조기의 사용 목적을 쓰시오.

정답

용접봉에 남아 있는 수분을 제거하여 용접 시 기공, 균열 등 결함 발생을 방지한다.

079 용적식 유량계의 종류 4가지를 쓰시오.

정답

로터리식, 루츠식, 가스미터식, 오벌식

핵심이론 용적식 유량계

유체의 부피를 측정하여 유량을 산출하는 유량계
1) 공기의 유량에 의해 움직이는 부품의 회전수를 측정하여 유량을 계산하는 유량계
2) 로터와 케이스, 피스톤, 실린더 등을 이용해 유체를 일정 용적 내에 가둬두고, 방출하기를 반복하며 단위시간당의 횟수에서 유량을 얻는다. 정밀도가 높다는 장점이 있지만, 동시에 압력 손실이 크다는 단점이 있다.
3) 유량을 누적하여 측정하는 방식이기 때문에 적산식 유량계라고 불린다. 측정유체의 맥동에 의한 영향이 적다. 점도가 높은 유량의 측정도 가능하다. 고형물의 혼입을 막기 위해 입구 측에 여과기가 필요하다.
4) 오벌미터(내구성 우수, 설치 간단, 액체만 측정 가능, 기체유량 측정 불가능), 피스톤형, 루트형 가스미터, 루츠, 로터리팬, 로터리피스톤

080 수관식 보일러에 수냉로벽을 설치하는 목적 4가지를 쓰시오.

정답

- 전열 면적을 증가시켜 열효율을 높인다.
- 열효율을 향상시킨다.
- 내화물을 보호한다.
- 복사열을 흡수한다.

081 스케일 발생 시 문제점 3가지를 쓰시오.

정답
- 보일러 전열을 방해하여 국부 과열이 발생한다.
- 보일러 과열로 인해 파열 사고의 원인이 된다.
- 보일러 열효율이 저하된다.

핵심이론 스케일
1) 스케일 : 보일러 내부에 물속의 불용성 물질이 달라붙어 생긴 단단한 침전물로, 물이 증발하면서 농도가 진해지고 용해도가 낮은 성분이 열전달면에 달라붙어 고형화되며 스케일이 형성됨
2) 스케일의 문제점
   (1) 열전달을 방해하여 열효율이 감소한다.
   (2) 열이 벽을 통과하지 못하여 과열 위험이 생긴다.
   (3) 관의 부식을 촉진한다.
   (4) 열효율 감소로 인해 연료비가 증가한다.
3) 스케일방지방법
   (1) 이온교환법 등을 통해 급수를 처리한다.
   (2) 고농도수를 주기적으로 배출(블로우 다운)한다.

082 수관식 보일러에서 기수드럼이 수드럼보다 더 큰 이유를 쓰시오.

정답
수드럼의 포화수상태에서 발생하는 기체를 저장하려면 기수드럼에 더 넓은 공간이 필요하기 때문이다.

083 암면과 글라스울의 안전 사용온도를 각각 쓰시오.

정답
- 암면 : 400 [℃]
- 글라스울 : 300 [℃]

084 열전대온도계의 측정 원리를 쓰시오.

정답
제백효과를 이용한다.
용어 제백효과 : 두 개의 서로 다른 금속접합부에 온도차에 의해 기전력이 발생하는 현상

085 보일러실에 설치된 서비스탱크용 연료 이송펌프의 종류 2가지를 쓰시오.

정답
기어펌프, 플런저펌프, 스크류펌프, 나사펌프

086 증기트랩의 기능 2가지를 쓰시오.

정답
- 증기배관 내 응축수를 자동으로 배출하여 수격 작용을 방지한다.
- 배관 부식을 예방한다.

핵심이론 증기트랩(Steam Trap)

1) 증기계통이나 증기관 방열기 등에서 고인 응축수(드레인)를 연속 응축수탱크로 배출시키는 기구
2) 증기트랩 종류
   (1) 기계적 트랩(응축수와 증기의 비중차) : 플로트식(레버, 프리), 버킷식(상향, 하향)
   (2) 온도조절트랩(응축수와 증기의 온도차) : 바이메탈식, 벨로즈식, 다이어프램식
   (3) 열역학적 트랩(응축수와 증기의 열역학적 특성차) : 오리피스식, 디스크식
3) 증기트랩 부착 시 장점
   (1) 수격작용방지   (2) 열설비효율 저하 감소
   (3) 응축수에 의한 부식방지   (4) 관 내 유체의 흐름에 대한 마찰저항 감소

---

087 보일러 안전밸브의 기능을 쓰시오.

정답

보일러 운전 중 설정 압력 또는 최고 사용 압력을 초과하면 증기를 배출하여 과압으로 인한 파열 사고를 예방하는 안전장치이다.

---

088 급탕용 열교환기에 공급되는 증기배관용 자동온도조절 밸브의 역할을 쓰시오.

정답

설정온도에 따라 온수온도를 감지하고, 자동으로 밸브를 열거나 닫아 운전과 정지를 조절하는 장치이다.

---

089 내화벽돌에서 급격한 열응력에 의해 생기는 균열 및 박리현상을 무엇이라고 하는가?

정답

열적 스폴링현상

핵심이론 | 스폴링(Spalling)현상(박락현상)

1) 불균일한 가열 또는 냉각 등으로 발생하는 열팽창의 차에 의하여 내화재의 변형과 균열이 생기는 현상
2) 급격한 온도차로 벽돌에 균열이 생기고 표면이 갈라져서 떨어지는 현상으로 주변에 오래된 건물 내외부에서 쉽게 확인할 수 있는 현상이다.
3) 열적(열팽창) 스폴링, 조직적(화학적) 스폴링, 기계적(축요불량) 스폴링으로 구분된다. 체적 변화로 분화가 되어서 떨어져 나가는 노벽이 균열, 붕괴하는 현상이다.
4) 단열효과는 스폴링현상을 방지한다.

---

090 진주암, 흑석 등을 소성·팽창시켜 다공질로 만들고, 접착제와 석면 등 무기질 섬유를 배합하여 성형한 고온용 무기질 보온재로, 최고 안전 사용온도가 600 [℃] 이상인 보온재는 무엇인가?

정답

펄라이트

---

091 스모렌스키 체크밸브의 기능에 대해 설명하시오.

정답

유체의 역류를 방지하는 동시에 몸체에 부착된 바이패스밸브를 개방하여 밸브 측에 잔류하는 물을 배출할 수 있는 구조의 밸브이다.

---

092 여러 개의 셀을 직렬·병렬로 연결하여 알루미늄 프레임 안에 하나의 태양전지 판 형태로 만든 제품은 무엇인가?

정답

태양전지 모듈

093 디스크식 증기트랩의 작동 원리를 쓰시오.

정답

증기와 응축수의 열역학적 특성 및 속도 차이를 이용하여 자동으로 응축수를 배출하는 원리이다.

094 요로에서 전로의 종류를 4가지만 쓰시오.

정답

산성 전로, 염기성 전로, 순산소전로, 횡취전로

095 오일 버너에서 기름의 분사가 잘 되지 않는 원인을 3가지 쓰시오.

정답

- 기름의 예열온도가 적절하지 못할 때
- 기름의 압력이 적절하지 못할 때
- 노즐 구경이 적절하지 못할 때
- 노즐이 막힌 경우
- 기름의 점도가 너무 높을 때

096 중유 예열기(오일프리히터)에 부착되는 주요 부품 3가지를 쓰시오.

> **정답**
>
> 온도조절기, 온도계, 공기 배기밸브

097 유량계의 오리피스인 경우 유량은 차압의 (①)에 비례하고, 피토관식인 경우 유량은 (②)을 이용하여 (③)을 곱하여 산출한다.

> **정답**
>
> ① 평방근 ② 유속 ③ 단면적

098 중 현열과 잠열을 모두 이용할 수 있는 것을 2가지만 쓰시오.

> **정답**
>
> 과열기, 재열기

099 불연속 동작인 On-off 동작의 특징을 3가지 쓰시오.

> **정답**
>
> - 편차의 정(+), 부(-)에 따라 조작신호가 최대 또는 최소가 된다.
> - 완전 작동과 완전 정지만 있고, 중간 동작상태가 없다.
> - 정밀한 제어가 아닌 간단한 조작장치에 사용한다.

100 정전 분리 작용을 이용한 집진장치로 '코트렐 집진기'라고 불리는 집진장치의 명칭을 쓰시오.

> **정답**
>
> 전기식 집진장치

101 보일러의 분출의 목적을 5가지 쓰시오.

> **정답**
>
> - 관수의 농축을 방지한다.
> - 슬러지 및 스케일의 생성을 방지한다.
> - 관수의 신진대사를 촉진한다.
> - 프라이밍 및 포밍을 방지한다.
> - 관수의 pH를 조절한다.

102 과열증기의 생성과정을 4단계로 구분하여 쓰시오.

> **정답**
>
> 포화수 → 습포화증기 → 건포화증기 → 과열증기

103 기수분리기 중 방향전환 또는 관성력을 이용한 기수분리기의 명칭을 쓰시오.

> **정답**
>
> 배플식 기수분리기

104 배기가스 집진장치 중 왕복 또는 선회운동을 하여 분진을 걸러내는 방식의 집진장치는 무엇인지 쓰시오.

정답

원심력식 집진장치

핵심이론 집진장치

1) 집진장치 : 배기가스 중의 유해물질을 제거하여 대기오염을 방지하기 위해 설치하는 장치
2) 집진장치의 종류

건식 집진장치	습식(세정식) 집진장치	전기식 집진장치
① 중력식 　중력 침강식, 다단 침강식 ② 관성력식 　충돌식, 반전식 ③ 원심력식 　사이클론식, 멀티 사이론식 ④ 여과식(백필터 : Bag Filter) 　원통식, 평판식, 역기류 분사형 ⑤ 음파 집진장치	① 유수식 　전류형 스쿠루버, 로터리 스크러버, 피이보디 스크러버 ② 가압수식 　벤츄리 스크러버, 사이클론 스크러버, 제트 스크러버, 층진탑, 포종탑, 분무탑 ③ 회전식 　타이젠 워셔식, 임펄스 스크러버	코트렐 집진기 : 건식, 습식

105 수관식 보일러의 장점을 4가지만 쓰시오.

정답

- 전열면적이 커서 열효율이 높다.
- 고압 · 대용량에 적합하다.
- 외분식으로 저질 연료도 완전연소가 가능하다.
- 보유수량이 적어 파열 시 피해가 적다.
- 증기 발생속도가 빠르다.
- 연소실 개조가 용이하다.

106 보일러에서 발생하는 압궤의 원인 및 방지법을 각각 3가지씩 쓰시오.

> **정답**
> - 원인 : 스케일 생성, 노통 부위의 과열, 저수위에 의한 과열, 전열면 과열
> - 방지법 : 스케일 생성방지, 과열방지, 적정 수위 유지

107 전기화학반응을 이용하여 연료가 가진 화학에너지를 연소과정 없이 직접 전기에너지로 변환시키는 전기화학 발전장치는 신·재생에너지 중 어떤 에너지에 해당하는가?

> **정답**
> 연료전지

108 폐열회수장치의 종류를 3가지만 쓰시오.

> **정답**
> 공기예열기, 절탄기, 과열기, 재열기

109 관류보일러의 종류를 3가지만 쓰시오.

> **정답**
> 엣모스식, 소형 관류식, 벤슨식, 슐처식, 람진식

핵심이론 보일러의 종류

수관식	자연순환식	바브콕(경사각 15°), 츠네키치(경사각 30°), 타쿠마(경사각 45°), 야로우, 가르베(경사각 90°), 2동 D형, 3동 A형, 방사 4관, 스터링(곡관형)보일러	암 바가야로
	강제순환식	베록스, 라몬트보일러	암 베라
	관류식	엣모스, 슐처, 벤슨, 람진보일러	암 엣슐벤람

110 수관식 보일러 중 강제순환식 보일러의 종류를 2가지만 쓰시오.

정답
베록스 보일러, 라몬트 보일러

핵심이론 보일러의 종류

수관식	자연순환식	바브콕(경사각 15°), 츠네키치(경사각 30°), 타쿠마(경사각 45°), 야로우, 가르베(경사각 90°), 2동 D형, 3동 A형, 방사 4관, 스터링(곡관형)보일러	암 바가야로
	강제순환식	베록스, 라몬트보일러	암 베라
	관류식	엣모스, 슐처, 벤슨, 람진보일러	암 엣슐벤람

111 광고온계의 장점을 4가지만 쓰시오.

정답
- 고온 측정에 적합하다.
- 비접촉식 중 가장 정확한 온도 측정이 가능하다.
- 방사율에 의한 보정량이 적다.
- 구조가 간단하고 휴대가 용이하다.

핵심이론 광고온계(Optical Pyrometer)

1) 특징
   (1) 측정자 간의 오차가 발생하기 쉬운 기기(측정자의 시력, 측정 위치, 측정 각도 등에 따라 오차 발생)
   (2) 가시광선을 이용하여 피측온체의 온도를 측정하는 비접촉식 온도계
   (3) 정확도가 높아 가장 정확한 측정을 할 수 있다. 하지만 연속측정이나 자동제어에 응용할 수 없다.
   (4) 피측정물과 전구를 동시에 비추어 피측정물의 휘도와 전구 필라멘트의 휘도를 육안으로 비교하여 측정
2) 광고온계의 장점
   (1) 비접촉식 온도계로서 정도가 가장 높다.
   (2) 구조가 간단하고 휴대가 편리하다.
   (3) 고온 측정이 가능하다(700 ~ 3000 [℃] 측정 가능, 900 [℃] 이하인 경우 오차 발생).
3) 광고온계의 단점
   (1) 연속측정이나 제어에는 이용이 불가하다.
   (2) 측정에 시간을 요하며(시간지연) 개인에 따라 오차가 크다.
   (3) 주위 온도에 대한 지시 오차가 크고 외부 광(빛)의 영향이 클수록 각종 오차가 커진다.
   (4) 4700 [℃] 이하 저온 측정은 불가능하다.
4) 주의사항
   (1) 측정체와의 사이에 먼지, 스모그(연기) 등이 없도록 하여야 한다.
   (2) 광학계의 먼지 흡입 등을 점검한다.

112 증기압축식 냉동기의 종류를 3가지 쓰시오.

정답

왕복동식, 터보식 또는 원심식, 스크류식, 로터리식, 스크롤식

113 열매체 보일러의 특징을 4가지 쓰시오.

> **정답**
> - 동결의 우려가 없다.
> - 급수처리가 필요 없다.
> - 휘발성이 강하다.
> - 비열이 작다.
> - 열매체의 종류에 따라 사용온도 한계가 다르다.

114 회전분무식 버너에서 분무컵의 기능을 쓰시오.

> **정답**
> 고속 회전에 의해 연료를 비산시켜 무화를 촉진한다.

115 부르동관식 압력계의 정도를 쓰시오.

> **정답**
> ±1 [%]

116 온수보일러에 설치하는 수고계에 대해 설명하시오.

> **정답**
> 온수보일러의 압력과 수위를 동시에 나타내는 계측기이다.

117 여과기의 설치 목적을 쓰시오.

정답

이물질을 제거하여 펌프, 트랩, 유량계 등을 보호한다.

118 회전분무식 버너의 특징을 3가지 쓰시오.

정답

- 분무각도는 약 40 ~ 80°이다.
- 유량조절 범위는 약 1 : 5 정도이다.
- 분무컵 주위에서 분출하는 1차 공기에 의해 무화된다.

핵심이론 회전분무식 버너

1) 고속으로 회전하는 회전컵에 연료가 공급되어 회전컵의 원심력에 의해 회전컵 내면에 액막을 형성한다. 이때 회전컵 선단에서 연료가 얇은 액막상태로 반지름 방향으로 분출되고, 회전컵 외부에서는 무화용 공기가 고속으로 분출되어 연료의 액막과 충돌하여 무화가 이루어진다.
2) 분무컵의 회전속도에 따라 직접식(3000 ~ 3500 [rpm]), 간접식(7000 ~ 10000 [rpm])으로 나누어진다.
3) 연료의 점도 변화에 따른 성능 변화가 비교적 적기에 중소형 보일러에 가장 보편적으로 사용된다.
4) 유압은 거의 필요하지 않다(유압이 가장 작은 버너는 회전분무식 버너이다).
5) 부속설비가 없으며 화염이 짧고 안정한 연소를 얻을 수 있다.
6) 버너의 구조가 간단하고 자동화 적용이 용이하다.
7) 분무 각도 : 40 ~ 80°
8) 유량조절범위 : 1 : 5

119 보일러연소 시 캠(Cam)을 이용한 링크제어기구의 기능을 2가지 쓰시오.

> **정답**
> - 부하에 따라 연료유량 조절밸브를 제어하여 연료 공급량을 조절한다.
> - 부하에 따라 공기댐퍼의 개도를 제어하여 공기 공급량을 조절한다.

120 에스코(ESCO)에 대해 간단히 설명하시오.

> **정답**
> 에너지 절약전문기업(Energy Service Company)으로, 제3자로부터 위탁을 받아 에너지 절약을 위한 설비투자, 관리, 용역을 수행하는 전문기업이다.

121 지구온난화의 주요 원인이 되는 온실가스를 3가지 쓰시오.

> **정답**
> 이산화탄소, 메탄, 아산화질소

122 경수연화장치의 기능을 쓰시오.

> **정답**
> 물속의 Ca, Mg 등의 경도 성분을 제거하여 경수를 연수로 바꾸는 장치이다.

123 중유의 예열온도가 낮을 때 발생하는 문제점 3가지를 쓰시오.

> **정답**
>
> 무화 불량, 화염의 편류현상 발생, 그을음 및 분진 발생

124 급수의 pH가 7 이하일 때 발생할 수 있는 문제점을 쓰시오.

> **정답**
>
> 산성을 나타내며, 금속의 부식을 유발한다.

핵심이론 | pH 농도

1) pH : 용액 내 수소이온 농도의 지수

$$pH = -\log(H^+)$$

H^+ : 용액 내 수소이온 농도 [mol/L]

  (1) 산성 : pH 7 미만
  (2) 중성 : pH 7
  (3) 염기성 : pH 7 초과

2) pOH : 용액 내 수산화이온 농도의 지수

$$pOH = -\log(OH^-)$$

OH^- : 용액 내 수산화이온 농도 [mol/L]

pH와의 관계 : $pH + pOH = 14$

125 급수의 pH가 7을 초과할 때 발생할 수 있는 문제점을 쓰시오.

> **정답**
>
> 알칼리성을 나타내며 알칼리 부식의 원인이 되고, pH가 12 이상일 경우 가성취화의 원인이 된다.

126 주로 고압을 저압으로 낮추기 위해 사용하는 주상변압기 중, 변압기 내부에 절연유가 들어 있어 누전을 방지하는 변압기의 명칭을 쓰시오.

정답

유입식 변압기

127 보일러에 부착된 방폭문의 설치 목적을 쓰시오.

정답

연소실 내 폭발 발생 시 폭발가스를 외부로 방출하여 사고를 예방하기 위함이다.

128 안전밸브를 보일러 동체에 직접 부착할 때 최대 증발량의 몇 [%] 이상을 분출할 수 있어야 하는가?

정답

75 [%]

핵심이론 안전밸브

보일러의 동체에 부착하는 안전밸브는 보일러의 최대증발량의 75 [%] 이상을 분출할 수 있는 것이어야 한다. 다만 관류보일러의 경우에는 과열기 출구에 최대증발량에 상당하는 분출용량의 안전밸브를 설치할 수 있다.

129 아파트용 소형 가스 열병합시스템의 장점을 2가지 쓰시오.

> **정답**
> - 전기와 열을 동시에 생산할 수 있다.
> - 에너지 비용을 절감할 수 있다.

130 보일러효율을 측정할 때 적용하는 발열량은 무엇인가?

> **정답**
> 저위발열량

핵심이론 보일러효율

$$\eta_B = \frac{G_a(h_2 - h_1)}{G_f \times H_\ell} \times 100 \, [\%]$$

$$= \frac{G_e \times 2256}{G_f \times H_\ell} \times 100 \, [\%]$$

G_a : 실제증발량 [kg/h]
G_e : 상당증발량 [kg/h]
h_1 : 급수의 비엔탈피 [kJ/kg]
h_2 : 증기의 비엔탈피 [kJ/kg]
G_f : 연료사용량 [kg/h]
H_ℓ : 연료발열량 [kJ/kg]

131 연소 시 공기와 연료의 비를 조절하는 장치에서 조절을 가능하게 하는 방법 2가지를 쓰시오.

> **정답**
> - 링크(Link)에 의한 제어방식
> - 캠(Cam)에 의한 제어방식

132 온수보일러의 압력과 수위를 지시하는 계기의 명칭을 쓰시오.

정답

수고계

133 연소실 내에서의 역화를 방지하기 위한 방법 2가지를 쓰시오.

정답

- 공기를 먼저 투입한 후 연료를 투입한다.
- 충분히 프리퍼지를 실시 한 후 점화한다.
- 적절한 통풍력을 유지시킨다.

134 보일러의 저수위 사고를 방지하기 위한 제어계의 수위제어방식을 4가지 쓰시오.

정답

1요소식, 2요소식, 3요소식, 모듈식

핵심이론 보일러효율

1) FWC(Automatic Feed Water Control : 자동급수제어)
   (1) 보일러의 부하변동과 관계없이 보일러의 수위를 항상 일정하게 유지시키기 위하여 급수량을 자동적으로 제어하는 것
   (2) 제어량 : 보일러 수위, 조작량 : 급수량
      ① 1요소식 : 보일러의 수위만을 검출하여 급수량을 조절하는 방식
      ② 2요소식 : 수위와 증기유량을 동시에 검출하여 급수량을 조절하는 방식
      ③ 3요소식 : 수위, 증기유량, 급수유량을 동시에 검출하여 급수량을 조절하는 방식
      ④ 모듈식 : 여러 부품을 하나의 모듈로 만든 구조

135 가마 바닥에 여러 개의 흡입공이 설치되어 있는 가마는 무엇인가?

정답

도염식 가마(꺾임불꽃 가마)

핵심이론 도염식 요(Down Draft Kiln) - 꺾임 불꽃가마

1) 연소불꽃이 천장에 부딪힌 다음 바닥의 흡입구멍을 통해 배출되는 구조
2) 가마 내 온도가 균일하다.
3) 연료소비가 적다.
4) 흡입공기구멍 화교(Fire Bridge) 등이 있다.
5) 가마내기 재임이 편리하다.
6) 도자기, 내화벽돌 제조에 쓰인다.

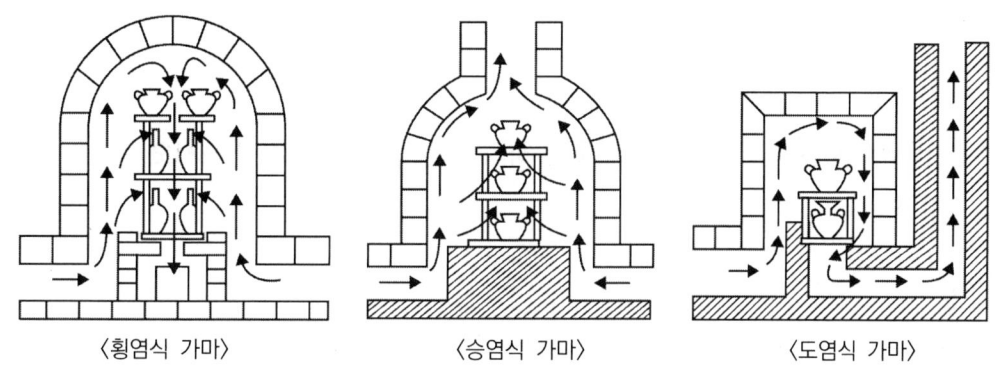

〈횡염식 가마〉　　〈승염식 가마〉　　〈도염식 가마〉

136 보일러마력이란 1 [atm]하에서 100 [℃]의 포화수 (㉠) [kg]을 (㉡)시간에 100 [℃]의 건포화증기로 바꿀 수 있는 보일러 능력을 말한다.

정답

㉠ 15.65　㉡ 1

핵심이론 상당증발량과 마력

1) 상당증발량 = 환산증발량
   (1) 실제 증발량을 기준증발량으로 환산한 것으로 표준대기압에서 100[℃]의 포화수 1[kg]을 1시간에 100[℃] 건조된 증기로 바꿀 수 있는 증발량이다.
   (2) 상당증발량

$$G_e = \frac{G_a(h_2 - h_1)}{2256}[kg/h]$$

   G_a : 실제증발량, h_2 : 발생증기 비엔탈비
   h_1 : 급수 비엔탈피

2) 보일러마력
   (1) 1시간당 100[℃] 포화수 15.65[kg]을 100[℃] 건포화증기로 만드는 능력

$$BHP = \frac{G_a(h_2 - h_1)}{2256 \times 15.65}$$

   G_a : 실제증발량 [kg/h]
   h_1 : 급수의 비엔탈피 [kJ/kg]
   h_2 : 증기의 비엔탈피 [kJ/kg]

   (2) 보일러마력 = 상당증발량 / 15.65

---

137 수관보일러에서 보일러수의 순환을 좋게 하기 위한 방법을 2가지만 쓰시오.

정답
- 수관의 지름을 크게 하여 보일러수의 유동저항을 작게 한다.
- 관로저항을 작게 하기 위하여 경사도를 크게 한다(수직으로 배치한다).
- 밀도차를 크게 한다.

---

138 바이오매스란 무엇인가?

정답
유기체 폐기물, 농산 폐기물, 축산 폐기물, 산업 폐기물 등을 직접 또는 변환하여 연료화할 수 있는 것을 뜻한다.

용어 바이오매스(Biomass) : 태양 에너지를 받아 유기물을 합성하는 식물과 이들을 먹이로 하는 동물, 미생물 등의 생물 유기체를 총칭

핵심이론 바이오매스

1) 바이오매스(Biomass)
 포플러, 버드나무, 아카시아 등의 나무, 사탕수수, 고구마 등의 초본식물 그리고 수생식물, 해조류 등이 있다. 유기체 폐기물, 농산 폐기물, 임산 폐기물, 축산 폐기물, 산업 폐기물, 도시 쓰래기 등을 직접 또는 변환하여 연료화할 수 있는 것을 뜻한다.
2) 바이오매스 에너지(Biomass Energy)
 바이오매스를 연료로 하여 얻어지는 에너지로 직접연소, 메테인 발효, 알코올 발효 등을 통하여 얻어지는 에너지를 말한다.

139 중유 사용 보일러의 연소 시 노벽에 카본(Carbon)이 쌓이는 원인을 4가지 쓰시오.

> 정답
> - 기름의 점도가 높을 때
> - 공기비가 부족할 때
> - 기름의 예열온도가 너무 높을 때
> - 기름의 분무 상태가 불량할 때
> - 화염이 노벽에 직접 닿았을 때

140 보일러 전열면을 교체하는 시기를 3가지 쓰시오.

> 정답
> - 보일러효율이 많이 저하된 경우
> - 스케일 생성이 과도할 경우
> - 열교환기에서 누설이 심할 경우

141 과열기 설치 시 단점을 3가지 쓰시오.

정답
- 과열기의 가열표면 온도를 균일하게 유지하기가 곤란해진다.
- 고온부식의 발생원인이 된다.
- 심한 열응력이 발생한다.
- 연도 내의 통풍저항이 증대될 수 있다.

핵심이론 과열기(Super Heater)

1) 동에서 발생한 습포화증기의 수분을 제거한 후 압력은 올리지 않고 건도만 높인 후 온도를 올리는 기구
2) 과열기 부착 시 장점
   (1) 보일러 열효율 증대
   (2) 부식방지
   (3) 증기의 마찰손실 감소
3) 과열기 부착 시 단점
   (1) 가열표면의 온도를 일정하게 유지하기 힘들다.
   (2) 가열장치에 큰 열응력이 발생한다.
   (3) 과열기 표면에 고온부식이 발생하기 쉽다(고온부식을 일으키는 성분 : 바나듐).
   (4) 직접 가열 시 열손실이 증가한다.

142 도자기를 소성할 수 있는 요의 종류를 3가지 쓰시오.

정답
터널요, 셔틀요, 머플요, 등요

핵심이론 | 요로의 분류

1) 요로 : 재료를 가열하여 물리적 및 화학적 성질을 변화시키는 가열장치로, 에너지를 다량으로 사용하여 숯, 도자기, 기와, 벽돌 따위를 구워내는 시설이다.
2) 제품
   (1) 시멘트 소성용 : 회전요, 윤요(輪窯), 선요
   (2) 도자기 제조용 : 터널요, 셔틀요, 머플요, 등요
   (3) 유리용융용 : 탱크로, 도가니로
   (4) 석회소성용 : 입식 요, 유동요, 평상원형요

143 편차를 제거할 수 있는 동작 3가지를 쓰시오.

정답
적분제어(I제어), 비례적분제어(PI제어), 비례적분미분제어(PID제어)

핵심이론 | 제어동작

1) PID동작(Proportional - Integral - Derivative : 비례(P), 적분(I), 미분(D)(연속제어방식) : 산업에서 사용하는 가장 일반적인 제어방식
2) 비례적분(PI)동작 : 비례제어(P제어)에서 발생하는 잔류편차(Off - set)를 없애주는 것이 적분제어(I제어)로, 두 동작의 장점을 조합한 제어동작이다.
   (1) 부하 변화가 커도 잔류편차가 생기지 않는다.
   (2) 급변할 때 큰 진동이 생긴다.
   (3) 전달 느림이나 쓸모없는 시간이 크면 사이클링의 주기가 커진다.
3) 비례적분미분(PID)동작 : 잔류편차를 제거(I)하여 응답시간이 가장 빠르며(P) 진동이 제거되는(D) 제어방식
4) 비례(P)동작 : 현재의 오차에 비례하여 출력을 조정하는 동작
   (1) 오차가 클수록 출력이 크게 조정된다.
   (2) 출력 변화가 편차에 비례하는 동작이다.
   (3) 단독으로 사용하지 않고 다른 동작과 조합하여 사용한다.
5) 적분(I)동작 : 오차의 누적값에 비례하여 출력을 조정하는 동작
   (1) 오차가 계속 누적되면 출력이 점점 커진다.
   (2) 출력 변화의 속도가 편차에 비례한다.
   (3) 진동하는 경향이 있고, 급변 시 큰 진동이 발생하며 안정성이 떨어진다.
   (4) 잔류 편차(오프셋)을 없애준다.

6) 미분(D)동작 : 오차의 변화율에 비례하여 출력을 조정하는 동작
   (1) 오차가 빠르게 변할수록 출력이 크게 조정된다.
   (2) 출력 변화가 편차의 변화속도에 비례하는 동작이다.

144 다음 중 요·로에서 단열재 사용 시 장점 4가지를 쓰시오.

정답
- 축열용량이 작아진다.
- 열전도도가 작아진다.
- 노의 온도가 균일하게 된다.
- 스폴링현상을 감소시킨다.
- 요·로의 열효율 향상으로 연료비를 절감할 수 있다.

145 보일러에서 점화가 잘 이뤄지지 않는 이유를 5가지 쓰시오

정답
- 연료의 노즐이 막혀있는 경우
- 전압에 이상이 있는 경우
- 버너의 무화불량
- 공기비 조정 불량
- 부품에 이상이 있는 경우

146 고온부식의 원인이 되는 성분을 쓰시오.

정답

바나듐(V)

핵심이론 **고온부식**

1) 고온부식 : 보일러나 가스터빈과 같이 연소가 일어나는 고온환경에서 금속 표면이 부식되는 현상

   TIP 저온부식의 원인 : 황, 고온부식의 원인 : 바나듐

2) 고온부식의 방지대책
   (1) 연료에 첨가제(회분개질제)를 사용하여 회분의 융점을 높인다.
   (2) 연료를 전처리하여 바나듐(V), 나트륨(Na) 성분을 제거한다.
   (3) 배기가스온도를 바나듐 융점인 550 [℃] 이하가 되도록 유지시킨다.
   (4) 고온의 전열면을 내식재료로 피복한다.
   (5) 전열면의 온도가 높아지지 않도록 설계온도 이하로 유지한다.

147 보일러의 부르동관 압력계에 부착된 사이폰관 내에 물이 채워져 있는 이유를 쓰시오.

정답

압력계의 증기가 직접 들어가서 부르동관이 파손되는 것을 방지하기 위해서 물이 채워져 있는 것이다.

핵심이론 **사이폰관(Siphon Pipe)을 부착하는 압력계 : 부르동관식**

사이폰관 : 배관에 압력계 설치 시 배관과 압력계 사이의 연결관을 굽혀 놓은 관
1) 부착 이유 : 고온의 증기 침입을 막아 압력계의 보호 및 오차방지
2) 사이폰관 안지름의 크기 : 6.5 [mm] 이상
3) 사이폰관 속에 들어 있는 유체 : 물

148 증기배관 내에 생긴 응축수 캐리오버현상에 의해 증기배관으로 배출된 물방울이 증기의 압력으로 배관 벽에 충격을 주어 소음을 발생시키는 현상을 무엇이라 하는지 쓰시오.

정답

수격작용(Water Hammering)

핵심이론 수격작용

1) 수격작용(Water Hammering)
 펌프에서 물을 압송하고 있을 때 정전 등으로 급히 펌프가 멈춘 경우와 수량조절밸브를 급히 개폐한 경우 등 관 내의 유속이 급변하면서 물에 심한 압력 변화가 생기는 현상이다.
2) 수격작용(워터해머)을 방지하기 위한 순서
 (1) 증기를 집어넣는 측의 주 증기관, 증기배관 등에 있는 밸브를 만개하고 드레인을 완전 배출한다.
 (2) 주 증기관 내에 소량의 증기를 통하여 관을 따뜻하게 한다.
 (3) 난관이 순조롭게 된 다음 주 증기밸브를 처음에는 약간 열고 다음에 단계적으로 서서히 연다.

149 보일러의 3대 구성요소를 쓰시오.

정답

본체, 연소장치, 부속장치

핵심이론 보일러(Boiler)

1) 보일러 : 밀폐된 용기 내에 물 또는 열매체를 넣고 대기압보다 높은 증기나 온수를 발생시켜 열 사용처에 공급하는 장치
2) 보일러 3대 구성요소
 (1) 보일러 본체(Boiler Proper) : 기관 본체라고도 하며 원통형 보일러에서는 동(Shell), 수관식 보일러에서는 드럼(Drum)이라고 한다.
 (2) 연소장치(Heating Equipment) : 연료를 연소시키는 데 필요한 장치로 화염 및 고온의 연소가스를 발생시킨다[연소실, 연도, 연돌(굴뚝), 버너, 화격자].
 (3) 부속장치 : 보일러의 효율적인 운전 및 안전운전을 위한 장치이다(급수장치, 송기장치, 안전장치, 통풍장치, 폐열회수장치, 화격자).

150 한 장의 판으로 경판을 보강하기 위하여 경판에서 동판에 비스듬하게 부착시킨 버팀으로 노통보일러의 평경판을 보강시키는 데 사용되는 것은 무엇인가?

정답

거싯 스테이

핵심이론 스테이(Stay)

강도가 부족한 부분에 부착하여 강도를 보강하여 변형이나 파손을 방지한다.
1) 거싯 스테이 : 3각 모양의 평판을 사용하여 전후 경판과 동판을 연결한 것

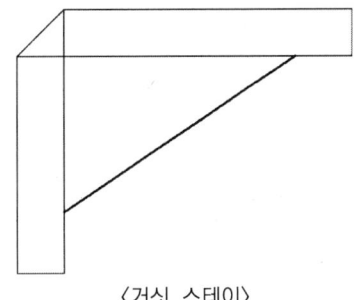

〈거싯 스테이〉

2) 봉 스테이 : 평판부 등을 연강봉으로 보강한 것으로 봉 스테이는 사용 위치나 방법에 따라 길이 방향 스테이, 경사 스테이, 수평 스테이, 행거 스테이 등으로 분류된다(경판의 보강재).
3) 튜브 스테이 : 연관보일러에서 연관군 속에 배치되어 전후의 평관판을 연결 보강하는 관으로 된 스테이로 연관의 역할도 겸하고 있으며 소요압력에 따라 적당한 간격으로 배치한다.
4) 도그 스테이 : 맨홀 뚜껑의 보강재를 말한다.
5) 볼트 스테이 : 나사 스테이라고도 하며 좁은 간격으로 평행을 이루는 평판끼리, 그렇지 않으면 만곡판끼리 연결하여 보강하는 봉 스테이와 같은 짧은 것을 말한다.

151 CA 냉장고에 대하여 기술하시오.

정답

CA 냉장고(Controlled Atmosphere 냉장고)는 저장 중 산소 농도를 3 ~ 5 [%] 정도로 낮추고 이산화탄소 농도를 증가시켜 과일·채소의 호흡을 억제하여 신선도를 오랫동안 유지하는 냉장고이다.

핵심이론 CA 냉장고

일반냉장보다 저장 환경의 산소량을 줄이고 CO_2를 조절함으로써 부패 속도를 늦춘다. 즉, 저온 저장 + 대기 조성 조절로 저장성을 향상시키는 기술이다. 주로 사과, 배 등 장기 저장 과일에 사용된다.

152 물의 증발잠열을 이용하는 응축기의 명칭을 쓰시오.

정답

증발식 응축기

핵심이론 증발식 응축기

증발식 응축기는 냉각수의 증발잠열을 이용하여 냉매의 응축열을 방출한다.
1) 장점
   (1) 물의 증발잠열을 이용하므로 냉각수 소비량이 적어서 냉각수가 부족한 곳에서도 유용하다.
   (2) 별도의 냉각탑이 불필요하므로 겨울철에는 공랭식으로도 사용 가능하다.
2) 단점
   (1) 외기의 습도에 영향을 많이 받는다.
   (2) 관이 길고 얇기 때문에 냉매의 압력강하가 크다.

153 증발압력, 증발온도가 저하되는 원인을 5가지만 쓰시오.

> **정답**
> - 냉매의 과도한 과소충전
> - 냉매량 부족
> - 냉동기 내부의 습기 또는 불순물
> - 냉매 순환계통 내의 가스 누설
> - 팽창밸브 또는 여과기의 막힘

154 보일러 설치 시공 시 관의 절단이 가능한 공구를 3가지만 쓰시오.

> **정답**
> 파이프 커터, 쇠톱, 가스절단기

155 간접냉매인 브라인의 동파를 방지하는 방법을 3가지만 쓰시오.

> **정답**
> - 증발압력 조정밸브를 설치한다.
> - 동결방지용온도조절기를 설치한다.
> - 부동액(에틸렌글리콜 등)을 사용한다.

핵심이론 브라인
- 주로 염수 또는 글리콜계 냉매수로 사용되며 온도가 너무 낮으면 얼어 동파가 발생한다.
- 이를 막기 위해 온도 제어장치, 밸브 제어, 부동액 첨가 등의 방법으로 동결점을 조절한다.

156 직접팽창식 증발기의 특성을 4가지만 쓰시오.

정답
- 증발온도가 높다.
- 냉매순환량이 적다.
- 냉매충전량이 적다.
- 냉동능력이 작다.

핵심이론 직접팽창식 증발기
- 직접팽창식은 냉매가 증발기 내부에서 직접 증발하면서 냉각하는 방식이다.
- 구조가 단순하고 효율적이지만, 냉매량이 적고 부하 변화에 민감하다.
- 소형 냉동기나 가정용 냉장고 등에 주로 사용된다.

157 증발식 응축기의 장점을 2가지만 쓰시오.

정답
- 물의 증발잠열을 이용하므로 냉각수 소비량이 적어서 냉각수가 부족한 곳에서도 유용하다.
- 별도의 냉각탑이 불필요하므로 겨울철에는 공랭식으로도 사용 가능하다.

핵심이론 증발식 응축기
증발식 응축기는 냉각수의 증발잠열을 이용하여 냉매의 응축열을 방출한다.
1) 장점
   (1) 물의 증발잠열을 이용하므로 냉각수 소비량이 적어서 냉각수가 부족한 곳에서도 유용하다.
   (2) 별도의 냉각탑이 불필요하므로 겨울철에는 공랭식으로도 사용 가능하다.
2) 단점
   (1) 외기의 습도에 영향을 많이 받는다.
   (2) 관이 길고 얇기 때문에 냉매의 압력강하가 크다.

158 자동급수 조절밸브의 설치 목적을 쓰시오.

정답

수평식 응축기의 부하변동에 따른 냉각수를 제어하여 응축압력을 일정하게 유지하고 냉각탑의 순환수량을 절약하기 위함이다.

159 온수난방이 증기난방보다 우수한 점을 3가지만 쓰시오.

정답

- 방열기의 표면온도가 낮아 화상의 위험이 없다.
- 난방 부하 변동 시 온도조절이 용이하다.
- 잘 냉각되지 않아 동결의 우려가 적다.

핵심이론 온수난방과 증기난방

온수난방은 저온수를 사용하기 때문에 증기난방보다 안전하고 온도 조절이 쉽다. 또한 배관 내 응축수가 없으므로 소음과 수격현상이 적다.

160 증기난방에서 응축수 환수방법을 3가지만 쓰시오.

정답

기계환수식, 중력환수식, 진공환수식

핵심이론 응축수 환수방법

- 중력환수식 : 응축수가 중력에 의해 자연스럽게 보일러로 환수되는 방식
- 기계환수식 : 펌프를 이용하여 응축수를 강제로 보일러로 되돌리는 방식
- 진공환수식 : 진공펌프로 응축수를 흡입하여 환수하는 방식

161 배관계의 중량을 지지하는 행거를 용도에 따라 분류 시 종류 3가지를 쓰시오.

정답

리지드 행거, 스프링 행거, 콘스탄트 행거

핵심이론 행거

- 리지드 행거 : 고정형, 진동이 적은 곳에 사용
- 스프링 행거 : 수직 이동량이 있는 곳
- 콘스탄트 행거 : 일정한 하중을 유지해야 하는 대형 배관에 사용

162 복사난방의 특징을 3가지만 쓰시오.

정답

- 실내온도가 균등하여 쾌감도가 높다.
- 방열기의 설치가 불필요하여 바닥면 이용도가 높다.
- 공기의 대류가 적어 실내 공기오염도가 낮다.

163 진공환수식 증기난방방식의 장점을 3가지만 쓰시오.

정답

- 증기의 회전이 빠르고 응축수 환수가 용이하다.
- 환수관의 직경을 가늘게 해도 된다.
- 방열기 설치장소에 제약을 받지 않는다.

핵심이론 | 응축수 환수방법

- 중력환수식 : 응축수가 중력에 의해 자연스럽게 보일러로 환수되는 방식
- 기계환수식 : 펌프를 이용하여 응축수를 강제로 보일러로 되돌리는 방식
- 진공환수식 : 진공펌프로 응축수를 흡입하여 환수하는 방식

164 증발식 응축기의 단점을 1가지만 쓰시오.

정답
- 외기의 습도에 영향을 많이 받는다.
- 관이 길고 얇기 때문에 냉매의 압력강하가 크다.

핵심이론 | 증발식 응축기

증발식 응축기는 냉각수의 증발잠열을 이용하여 냉매의 응축열을 방출한다.
1) 장점
  (1) 물의 증발잠열을 이용하므로 냉각수 소비량이 적어서 냉각수가 부족한 곳에서도 유용하다.
  (2) 별도의 냉각탑이 불필요하므로 겨울철에는 공랭식으로도 사용 가능하다.
2) 단점
  (1) 외기의 습도에 영향을 많이 받는다.
  (2) 관이 길고 얇기 때문에 냉매의 압력강하가 크다.

165 동일 직경의 강관을 직선으로 연결할 때 사용되는 관이음쇠의 종류를 3가지만 쓰시오.

정답
소켓, 유니언, 니플

핵심이론 | 이음쇠

- 소켓 : 같은 지름의 관을 직선으로 연결
- 유니언 : 나사식으로 탈착 가능, 유지보수가 편리
- 니플 : 짧은 관 양쪽에 나사가 있는 형태로 연결용 중간재

166 주철관의 이음방식을 3가지만 쓰시오.

정답

소켓 접합, 플랜지 접합, 기계적 접합

167 물과 공기가 직각이 되어 흐르며, 구조가 간단하고 보수·점검이 용이한 냉각탑은?

정답

직교류형 냉각탑

핵심이론 냉각탑

냉각탑은 냉각수와 공기의 유동 방향에 따라 분류된다.
1) 대향류형 : 물과 공기가 반대 방향으로 흐르므로 열교환 효율이 높다.
2) 직교류형 : 물과 공기가 직각으로 교차하므로 구조가 단순하고 유지보수가 쉽다.

168 온수온돌배관작업에서 분리주관식과 직렬식은 어떤 경우에 사용하는지 각각 쓰시오.

정답

- 분리주관식 : 거실과 같이 난방면적이 큰 곳에 사용한다.
- 직렬식 : 방 등 면적이 작은 곳에 사용한다.

핵심이론 온수온돌

온수온돌은 온수를 열매체로 사용하여 바닥 아래에 설치된 배관을 통해 열을 전달하는 수열식 난방방식이다.

1) 종류
   (1) 분리주관식 : 각 방마다 공급·환수배관을 따로 설치하는 방식으로, 난방 면적이 넓을 때 온도 편차를 줄이고 균일한 난방이 가능하다.
   (2) 직렬식 : 하나의 배관이 순차적으로 여러 구역을 순환하는 구조로, 소형 주택이나 작은 방에 적합하며 배관 시공이 간단하다.

169 온수온돌 시공에서 굴뚝의 높이를 쓰시오.

정답

지붕면보다 90 [cm] 이상 높게 한다.

170 신축이음의 종류 5가지를 쓰시오.

정답

슬리브형, 스위블형, 밸로스형, 볼조인트형, 루프형

핵심이론 신축이음

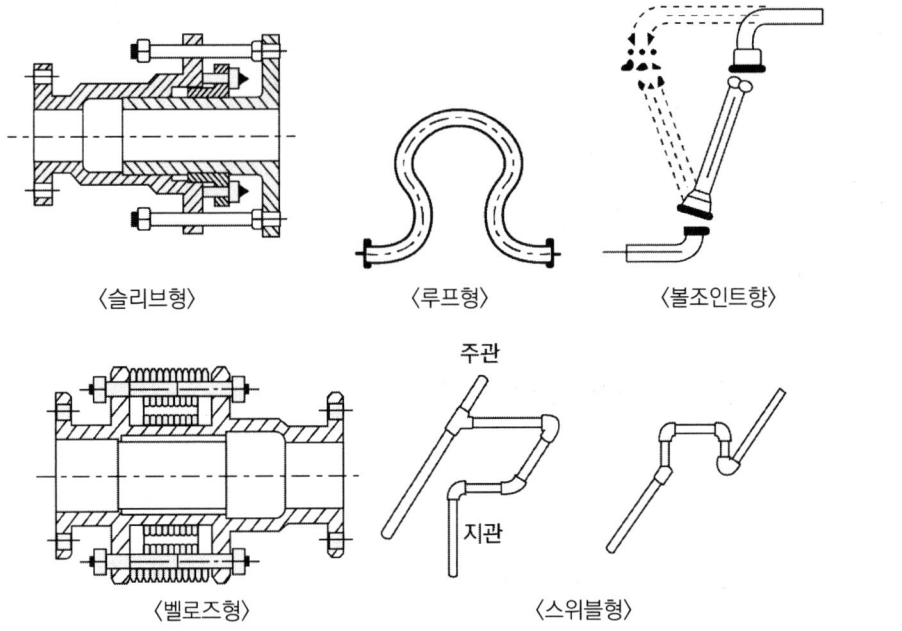

⟨슬리브형⟩ ⟨루프형⟩ ⟨볼조인트형⟩
⟨벨로즈형⟩ ⟨스위블형⟩

171 온수온돌에서 시멘트 모르타르의 두께 [mm]를 쓰시오.

정답

20 ~ 30 [mm]

172 수격작용 방지법을 4가지만 쓰시오.

정답

- 주 증기밸브를 천천히 연다.
- 증기배관을 최초 송기 시 따뜻하게 난관을 시킨다.
- 증기트랩을 장착하여 응축수를 신속히 배제시킨다.
- 캐리오버현상을 방지한다.

핵심이론 | 수격작용

1) 수격작용(Water Hammering)
   펌프에서 물을 압송하고 있을 때 정전 등으로 급히 펌프가 멈춘 경우와 수량조절밸브를 급히 개폐한 경우 등 관 내의 유속이 급변하면서 물에 심한 압력 변화가 생기는 현상이다.
2) 수격작용(워터해머)을 방지하기 위한 순서
   (1) 증기를 집어넣는 측의 주 증기관, 증기배관 등에 있는 밸브를 만개하고 드레인을 완전 배출한다.
   (2) 주 증기관 내에 소량의 증기를 통하여 관을 따뜻하게 한다.
   (3) 난관이 순조롭게 된 다음 주 증기밸브를 처음에는 약간 열고 다음에 단계적으로 서서히 연다.

173 보일러 자동제어에 사용하는 인터록의 종류 3가지를 쓰시오.

정답

불착화 인터록, 압력초과 인터록, 저수위 인터록

174 냉각탑에서 물과 공기가 서로 반대 방향으로 흐르는 방식이며, 냉각효율이 높은 냉각탑은?

정답

대향류형 냉각탑

핵심이론 | 냉각탑

냉각탑은 냉각수와 공기의 유동 방향에 따라 분류된다.
1) 대향류형 : 물과 공기가 반대 방향으로 흐르므로 열교환 효율이 높다.
2) 직교류형 : 물과 공기가 직각으로 교차하므로 구조가 단순하고 유지보수가 쉽다.

175 보일러에서 자연통풍력이 약해지는 원인을 5가지만 쓰시오.

정답

- 연돌의 높이가 낮은 경우
- 연도의 길이가 긴 경우
- 굴뚝의 단면적이 작은 경우
- 외기온도가 높을 때 연소한 경우
- 배기가스온도가 낮은 경우

176 증발식 응축기의 사용 용도처를 2가지만 쓰시오.

정답

암모니아 냉동장치, 프레온 중형 냉동장치

핵심이론 증발식 응축기

증발식 응축기는 냉각수의 증발잠열을 이용하여 냉매의 응축열을 방출한다.
1) 장점
   (1) 물의 증발잠열을 이용하므로 냉각수 소비량이 적어서 냉각수가 부족한 곳에서도 유용하다.
   (2) 별도의 냉각탑이 불필요하므로 겨울철에는 공랭식으로도 사용 가능하다.
2) 단점
   (1) 외기의 습도에 영향을 많이 받는다.
   (2) 관이 길고 얇기 때문에 냉매의 압력강하가 크다.

177 온수온돌에서 받침재를 설치하는 이유를 3가지만 쓰시오.

정답

- 방열판의 고정을 용이하게 한다.
- 배관 및 방열판의 기울기 조절을 용이하게 한다.
- 배관 간격을 일정하게 유지한다.

핵심이론 | 온수온돌

온수온돌은 온수를 열매체로 사용하여 바닥 아래에 설치된 배관을 통해 열을 전달하는 수열식 난방방식이다.

1) 종류
   (1) 분리주관식 : 각 방마다 공급·환수배관을 따로 설치하는 방식으로, 난방 면적이 넓을 때 온도 편차를 줄이고 균일한 난방이 가능하다.
   (2) 직렬식 : 하나의 배관이 순차적으로 여러 구역을 순환하는 구조로, 소형 주택이나 작은 방에 적합하며 배관 시공이 간단하다.

178 보일러에서 고체 협잡물의 처리방법 3가지를 쓰시오.

정답
여과법, 침강법, 응집법

179 캐리오버의 원인을 4가지만 쓰시오.

정답
- 주 증기밸브의 급개
- 프라이밍 또는 포밍의 발생
- 부적정한 급수처리
- 과열 증기 발생 시 보일러 고수위 운전

180 보일러에 사용되는 안전장치를 5가지만 쓰시오.

정답
방폭문, 화염검출기, 저수위경보장치, 가용전, 안전밸브

181 보일러 운전 중 전자밸브가 시급히 작동해야 하는 경우를 3가지만 쓰시오.

> **정답**
>
> 압력 초과, 저수위 사고, 실화

182 냉각탑의 설치 목적을 쓰시오.

> **정답**
>
> 응축기에서 방출된 냉매의 응축열을 냉각수에 전달하여 가열된 냉각수를 공기와 접촉시켜 물의 증발잠열로 냉각시키고, 이를 재순환하여 다시 응축기에 공급한다.

✎ **핵심이론** 냉각탑

냉각탑은 냉각수와 공기의 유동 방향에 따라 분류된다.
1) 대향류형 : 물과 공기가 반대 방향으로 흐르므로 열교환 효율이 높다.
2) 직교류형 : 물과 공기가 직각으로 교차하므로 구조가 단순하고 유지보수가 쉽다.

183 증발식 응축기의 특징을 1가지 작성하시오.

> **정답**
>
> 팬, 펌프, 노즐 등의 부속설비가 많다.

핵심이론 증발식 응축기

증발식 응축기는 냉각수의 증발잠열을 이용하여 냉매의 응축열을 방출한다.
1) 장점
   (1) 물의 증발잠열을 이용하므로 냉각수 소비량이 적어서 냉각수가 부족한 곳에서도 유용하다.
   (2) 별도의 냉각탑이 불필요하므로 겨울철에는 공랭식으로도 사용 가능하다.
2) 단점
   (1) 외기의 습도에 영향을 많이 받는다.
   (2) 관이 길고 얇기 때문에 냉매의 압력강하가 크다.

---

184 보일러에서 보일러수를 분출하는 이유를 5가지만 쓰시오.

> **정답**
> - 프라이밍 또는 포밍방지
> - 보일러수의 농축방지
> - 보일러수의 pH 조절
> - 고수위방지
> - 보일러 내부의 침전물 배출

---

185 온수온돌에서 단열처리를 해야 하는 이유를 3가지만 쓰시오.

> **정답**
> - 바닥을 통한 열손실을 방지한다.
> - 온수가 가진 보유열을 최대한 이용한다.
> - 에너지를 절약한다.

핵심이론 온수온돌

온수온돌은 온수를 열매체로 사용하여 바닥 아래에 설치된 배관을 통해 열을 전달하는 수열식 난방방식이다.

1) 종류
   (1) 분리주관식 : 각 방마다 공급·환수배관을 따로 설치하는 방식으로, 난방 면적이 넓을 때 온도 편차를 줄이고 균일한 난방이 가능하다.
   (2) 직렬식 : 하나의 배관이 순차적으로 여러 구역을 순환하는 구조로, 소형 주택이나 작은 방에 적합하며 배관 시공이 간단하다.

186 보일러 저온부식을 방지하는 대책을 3가지만 쓰시오.

정답
- 황분이 적은 연료를 사용할 것
- 연소용 공기량을 적정하게 조절할 것
- 연소 배기가스온도를 노점온도보다 높게 유지할 것

187 보일러 급수처리가 부적당할 때 부식되는 원인 3가지를 쓰시오.

정답
가성취화 부식, 용존산소에 의한 부식, 전기적 부식에 의한 부식

188 보일러 취급에서 급수처리를 하는 목적을 3가지만 쓰시오.

정답
스케일 생성 및 고착방지, 관부의 농축방지, 기수공발방지

189 공기 흐름에 따른 냉각탑의 종류를 2가지만 쓰시오.

정답

대향류형 냉각탑, 직교류형 냉각탑

핵심이론 냉각탑

냉각탑은 냉각수와 공기의 유동 방향에 따라 분류된다.
1) 대향류형 : 물과 공기가 반대 방향으로 흐르므로 열교환 효율이 높다.
2) 직교류형 : 물과 공기가 직각으로 교차하므로 구조가 단순하고 유지보수가 쉽다.

190 단수릴레이의 설치 목적과 종류 3가지를 쓰시오.

정답

- 설치 목적 : 브라인이나 냉수의 흐름을 감지하여 단수(물 없음) 시 발생할 수 있는 냉매의 동파 및 과열을 방지하기 위함이다.
- 종류 : 단압식, 차압식, 수류식 단수릴레이

191 급수처리에서 슬러지 조정제의 종류를 2가지만 쓰시오.

정답

탄닌, 리그닌

192 기체연료의 확산연소방식과 예혼합연소방식에서 사용되는 버너의 종류를 2가지만 쓰시오

> **정답**
> - 확산연소방식 : 버너식, 포트형
> - 예혼합연소방식 : 저압버너, 고압버너, 송풍버너

193 중유의 성분을 향상시키기 위한 첨가제를 4가지 쓰시오.

> **정답**
> 유동점강하제, 연소촉진제, 부식방지제, 회분개질제

핵심이론 중유의 첨가제(조연제)
1) **유동점 강하제** : 저온에서도 연료가 굳지 않게 한다.
2) **연소촉진제** : 연료가 더 잘 타도록 분무성을 향상시킨다.
3) **부식방지제** : 연소 후 생성물로 인한 금속의 부식을 방지한다.
4) **회분개질제** : 회분의 융점을 높여 고온부식을 방지한다.
5) **슬러지 분산제(안정제)** : 슬러지의 생성을 방지한다.
6) **탈수제** : 수분을 분리시킨다.

암 유연부회슬탈(유연했는데 부해져서 슬개골 탈골)

194 고압가스 홀더의 종류를 3가지만 쓰시오.

> **정답**
> 유수식 홀더, 무수식 홀더, 고압 홀더

195 습도조절기의 설치 목적을 쓰시오.

정답

모발 등의 감습체를 이용하여 습도를 감지하고, 습도가 높으면 전자밸브 등을 작동시켜 감습장치를 자동으로 제어하기 위함이다

핵심이론 습도조절기

습도조절기는 냉동·공조설비에서 실내 습도 유지를 위해 설치된다. 감습체(모발, 나일론 등)가 습기를 흡수하면 길이가 변해 전기 접점을 조작하여 가습기·제습기·송풍기 등을 자동 제어한다.

196 보일러 연도에 설치되는 댐퍼의 기능을 3가지만 쓰시오.

정답

- 통풍량 조절 및 연소용 공기량 조절
- 연소가스의 효율적 흐름 조정 및 연도 부하 조절
- 주 연도와 부 연도가 설치된 경우 연소가스의 흐름 교체

197 강제통풍의 종류 3가지를 쓰시오.

정답

압입통풍, 흡입통풍, 평형통풍

핵심이론 | 보일러 통풍방식

자연 통풍		• 배기가스와 외기의 온도차(비중차, 밀도차)에 의하여 이루어지는 통풍방식이다. • 굴뚝 높이와 연소가스의 온도에 따라 일정한 한도를 갖는다.
강제 통풍	압입통풍	연소실 입구에 송풍기를 설치해서 연소실로 공기를 밀어 넣는 방식이다.
	흡입통풍	연도 내에 송풍기를 설치해 연소가스를 흡입하여 빨아내는 방식이다.
	평형통풍	압입통풍방식과 흡입통풍방식을 병행하는 통풍방식이다.

198 LPG의 일반적인 성질을 4가지만 쓰시오.

정답
- 비중이 공기보다 커서 누설 시 바닥으로 고여 폭발 위험이 있다.
- 연소범위가 좁다.
- 연소 시 다량의 공기가 필요하고 연소속도가 완만하다.
- 발열량이 높다.

199 석탄이나 장작 등 고체연료 중 가연성 성분 3가지를 쓰시오.

정답
탄소(C), 수소(H), 황분(S)

200 냉각탑의 특징을 3가지만 쓰시오.

정답
- 수원이 부족한 곳에서 냉각수를 절약하고 재사용할 수 있다.
- 냉각효과는 외기 습도와 온도의 영향을 받는다.
- 냉각수의 온도는 외기 습구온도 이하로는 낮출 수 없다.

핵심이론 냉각탑

냉각탑은 냉각수와 공기의 유동 방향에 따라 분류된다.
1) 대향류형 : 물과 공기가 반대 방향으로 흐르므로 열교환 효율이 높다.
2) 직교류형 : 물과 공기가 직각으로 교차하므로 구조가 단순하고 유지보수가 쉽다.

Part 04

실전 모의고사

제1회

01 다음 도면을 보고 물음에 답하시오

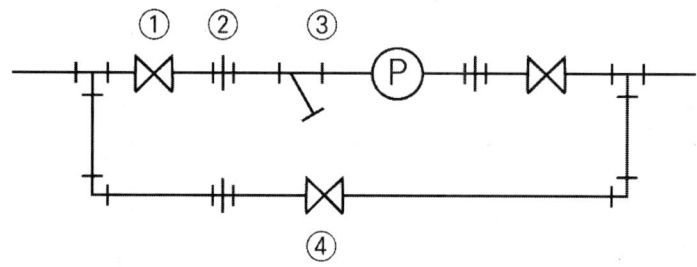

1) ① ~ ④ 각 부품의 명칭을 적으시오
2) 위 도면과 같은 배관의 명칭을 적으시오.

> **정답**
>
> 1) ① 게이트밸브 또는 슬루스밸브
>   ② 유니온
>   ③ 여과기
>   ④ 글로브밸브
> 2) 바이패스회로

02 15.2 [kW]의 증기원동소가 시간당 2 [kg]의 연료를 사용하고 있다. 연료의 발열량이 41900 [kJ/kg]일 때 이 증기원동소의 열효율 [%]을 구하시오.

정답

65.30 [%]

[해설]

$$열효율(\eta) = \frac{유효열}{입열} \times 100\,[\%] = \frac{15.2\,[kW] \times 3600\,[s/h]}{41900\,[kJ/kg] \times 2\,[kg/h]} \times 100\,[\%] = 65.30\,[\%]$$

TIP 1 [kW] = 3600 [kJ/h]

핵심이론 입·출열법

보일러에 들어간 열(입열)과 실제로 나온 열(출열)을 비교해 효율을 구하는 방법

$$열효율(\eta) = \frac{유효열}{입열} \times 100\,[\%]$$
$$= \frac{G(h'' - h')}{G_f \times H}$$

G : 실제증발량 [kg/h]
h'' : 발생증기 엔탈피 [kJ/kg]
h' : 급수 엔탈피 [kJ/kg]
G_f : 연료 사용량 [kg/h]
H : 발열량 [kJ/kg]

03 암면의 안전사용온도를 쓰시오.

정답

400 [℃]

핵심이론 암면

안산암, 현무암에 석회를 섞어 용융시켜 압축 가공하여 섬유모양으로 만든다.
1) 단점 : 석면에 비해 섬유가 거칠고 굳어서 부서지기 쉽다.
2) 용도 : 식물성, 동물성, 합성수지 등의 접착제를 써서 띠, 관, 원통형으로 가공하여 400 [℃] 이하의 관, 덕트, 탱크 등의 보온재로 사용된다.

04 연돌의 통풍력을 측정한 결과 2.5 [mmAq], 배기가스의 평균온도 90 [℃], 외기온도 10 [℃]일 때 실제 굴뚝의 높이는 몇 [m]인가? (단, 표준상태에서 공기의 밀도는 1.295 [kg/m³], 배기가스의 밀도는 1.423 [kg/m³], 실제통풍력은 이론통풍력의 80 [%]이다)

정답

17.45 [m]

[해설]

이론통풍력 $Z = 273H \times \left[\dfrac{r_a}{T_a} - \dfrac{r_g}{T_g} \right]$

실제통풍력 $Z_{real} = Z \times 0.8$

$\therefore Z_{real} = 273H \left(\dfrac{r_a}{273+t_a} - \dfrac{r_g}{273+t_g} \right) \times 0.8$

$2.5 = 273 \times h \times \left(\dfrac{1.295}{273+10} - \dfrac{1.423}{273+90} \right) \times 0.8$

$h = 17.45 \, [m]$

핵심이론 이론통풍력

1) 연돌의 이론통풍력

$$Z = 273H \times \left[\dfrac{r_a}{T_a} - \dfrac{r_g}{T_g} \right]$$

Z : 이론통풍력 [mmH₂O]
H : 연돌의 높이 [m]
r_a : 외기의 비중량 [kgf/m³]
r_g : 배기가스의 비중량 [kgf/m³]
T_a : 외기의 절대온도 [K]
T_g : 배기가스의 절대온도 [K]

2) 연돌의 높이

$$H = \dfrac{Z}{273 \left(\dfrac{\gamma_a}{T_a} - \dfrac{\gamma_g}{T_g} \right)}$$

Z : 이론통풍력 [mmH₂O]
H : 연돌의 높이 [m]
r_a : 외기의 비중량 [kgf/m³]
r_g : 배기가스의 비중량 [kgf/m³]
T_a : 외기의 절대온도 [K]
T_g : 배기가스의 절대온도 [K]

05 다음 배관기호를 그리시오.
  1) 나사이음
  2) 유니온
  3) 턱걸이이음

[정답]

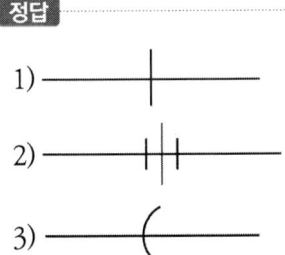

핵심이론 | 배관이음표시

이음종류	연결방법	도시기호	이음종류	연결방법	도시기호
배관이음	나사이음	─┼─	신축이음	루프형	─⌒─
	용접이음(납땜이음)	─●─		슬리브형	─[□]─
	플랜지이음	─‖─		벨로즈형	─〰〰─
	유니온	─┤├─		스위블형	(스위블 기호)
	턱걸이이음	─(─			

06 스케일이 발생했을 때 보일러에 주는 영향을 3가지만 쓰시오.

정답

- 전열면의 열전달 저하로 연료소비가 증가한다.
- 금속의 국부 과열로 인한 손상이나 파손이 발생한다.
- 보일러효율이 저하되고 안전사고의 원인이 된다.

핵심이론 스케일

1) 스케일 : 보일러 내부에 물속의 불용성 물질이 달라붙어 생긴 단단한 침전물로, 물이 증발하면서 농도가 진해지고 용해도가 낮은 성분이 열전달면에 달라붙어 고형화되며 스케일이 형성됨
2) 스케일의 문제점
   (1) 열전달을 방해하여 열효율이 감소한다.
   (2) 열이 벽을 통과하지 못하여 과열 위험이 생긴다.
   (3) 관의 부식을 촉진한다.
   (4) 열효율 감소로 인해 연료비가 증가한다.
3) 스케일방지방법
   (1) 이온교환법 등을 통해 급수를 처리한다.
   (2) 고농도수를 주기적으로 배출(블로우 다운)한다.

07 스프링식 안전밸브의 종류를 3가지 쓰시오.

정답

저양정식, 고양정식, 전양정식, 전양식

핵심이론 스프링식 안전밸브

1) 저양정식 : 밸브의 양정이 밸브시트 구경의 1/40 ~ 1/15 미만인 것
2) 고양정식 : 밸브의 양정이 밸브시트 구경의 1/15 ~ 1/7 미만인 것
3) 전양정식 : 밸브의 양정이 밸브시트 구경의 1/7 이상인 것
4) 전양식 : 밸브시트구에 있어서 증기의 통로면적이 다른 최소의 단면적의 통로면적보다 큰 것으로 시트 지름이 목부분 지름보다 1.15배 이상인 것

08 포대 형태의 여과재를 사용하고 안쪽에 흡착된 먼지를 흔들어 제거하는 건식 여과 집진장치의 명칭은 무엇인가?

정답

백필터

핵심이론 집진장치

1) 집진장치 : 배기가스 중의 유해물질을 제거하여 대기오염을 방지하기 위해 설치하는 장치
2) 집진장치의 종류

건식 집진장치	습식(세정식) 집진장치	전기식 집진장치
① 중력식 　중력 침강식, 다단 침강식 ② 관성력식 　충돌식, 반전식 ③ 원심력식 　사이클론식, 멀티 사이론식 ④ 여과식(백필터 : Bag Filter) 　원통식, 평판식, 역기류 분사형 ⑤ 음파 집진장치	① 유수식 　전류형 스쿠루버, 로터리 스크러버, 피이보디 스크러버 ② 가압수식 　벤츄리 스크러버, 사이클론 스크러버, 제트 스크러버, 층진탑, 포종탑, 분무탑 ③ 회전식 　타이젠 워셔식, 임펄스 스크러버	코트렐 집진기 : 건식, 습식

09 체크밸브의 기능에 대해 설명하시오.

정답

유체가 역류하지 않도록 일방향으로 흐르게 하여 배관이나 장치의 손상을 방지하는 장치이다.

핵심이론 체크밸브(Check Valve)

1) 유체를 흐름 방향 한 쪽으로만 흐르게 하여 역류를 방지하는 역류방지밸브이다.
2) 체크밸브의 종류 : 스윙식, 리프트식, 디스크식

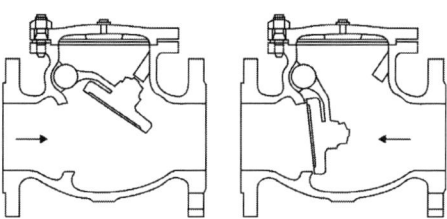

10 어떤 대향류형 열교환기가 있다. 고온유체가 90 [℃]로 들어가 60 [℃]로 나오고, 저온유체가 20 [℃]로 들어가 28 [℃]로 나왔다. 열관류율이 4.5 [W/m²·K]이고, 전열량은 55223 [W]일 때 다음을 답하시오.

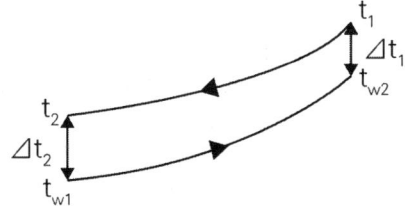

1) 대수평균온도차를 구하시오.
2) 전열면적을 구하시오.

정답

1) 50.20 [℃]   2) 244.46 [m²]

[해설]

1) $\Delta t_1 = 90 - 28 = 62$, $\Delta t_2 = 60 - 20 = 40$

$$LMTD = \frac{62 - 40}{\ln\frac{62}{40}} = 50.20 \,[℃]$$

2) $Q = KA(LMTD)$

$$A = \frac{Q}{K(LMTD)} = \frac{55223}{4.5 \times 50.2} = 244.457 ≒ 244.46 \,[m^2]$$

핵심이론 LMTD

$$LMTD = \frac{\Delta t_1 - \Delta t_2}{\ln \frac{\Delta t_1}{\Delta t_2}}$$

α_i : 내측 열전달계수 [W/m²·K]
α_o : 외측 열전달계수 [W/m²·K]
λ : 물질의 열전도계수 [W/m·K]
l : 물질의 두께 [m]

1) 대향류(향류형) : 두 유체가 서로 반대 방향으로 흐르면서 열을 교환하는 방식

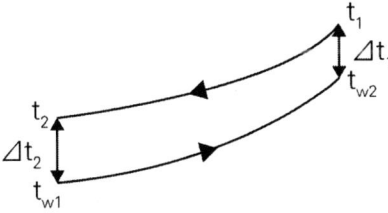

- $\Delta t_1 = t_1 - t_{w2}$, $\Delta t_2 = t_2 - t_{w1}$

2) 평행류(병류형) : 두 유체가 같은 방향으로 흐르면서 열을 교환하는 방식

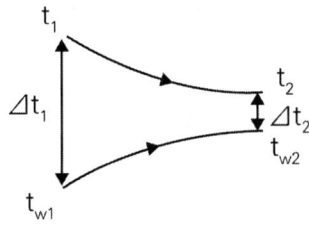

- $\Delta t_1 = t_1 - t_{w1}$, $\Delta t_2 = t_2 - t_{w2}$

3) 전열량

$$Q = KA(LMTD)[W] = KA\Delta t$$

K : 열통과율(열관류율)
A : 전열면적

11 대용량 산업용으로 널리 사용되며 높은 집진효율을 가지지만 건설비가 높은 전기적 집진장치의 명칭은 무엇인가?

> **정답**
> 전기식 집진장치

12 플로트식 증기트랩의 기능을 쓰시오.

> **정답**
> 증기와 응축수의 비중 차이를 이용하여 증기배관 내 응축수를 자동으로 배출하고, 수격 작용과 배관 부식을 방지하는 장치이다.

실전 모의고사 제2회

1회독	시간 :	점수 :
2회독	시간 :	점수 :
3회독	시간 :	점수 :

01 [보기]에서 설명하는 밸브에 관하여 각 질문에 답하시오.

[보기]
유체의 흐름을 단속하는 가장 일반적인 밸브로서 냉수, 온수, 난방배관 등에 광범위하게 사용되고, 완전히 열거나 닫도록 설계되어 있다. 밸브 개방 시 유체 흐름의 단면적의 변화가 없어 압력손실이 적은 특징이 있다.

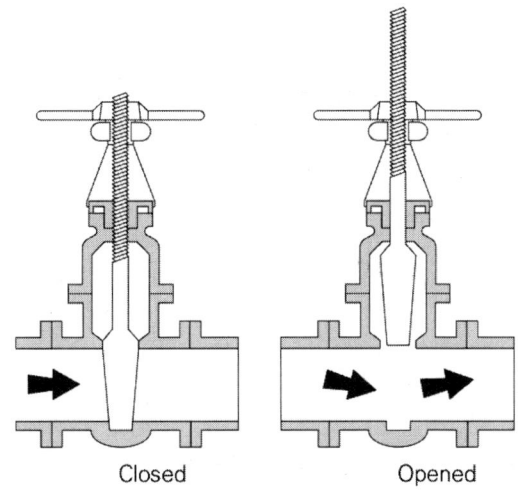

Closed   Opened

1) 이 밸브의 명칭을 쓰시오.
2) 이 밸브를 유량조절 용도로 절반만 열고 사용하기에 부적합한 이유를 쓰시오.

정답

1) 게이트밸브(슬루스밸브)
2) 유체의 게이트 충돌 및 와류현상으로 인한 디스크 부분의 마모가 발생하기 때문이다.

핵심이론 | 게이트밸브, 슬루스밸브

일반적으로 가장 많이 사용하는 밸브로서 유체의 흐름을 차단(개폐)하는 대표적인 밸브로 가장 많이 사용하며, 개폐시간이 길다.

02 버킷식 증기트랩의 작동원리 및 트랩의 종류를 2가지만 쓰시오.

정답

- 작동원리 : 응축수와 증기의 비중차를 이용
- 종류 : 상향, 하향

핵심이론 | 증기트랩

1) 기계적 트랩(응축수와 증기의 비중차) : 플로트식(레버, 프리), 버킷식(상향, 하향)
2) 온도조절트랩(응축수와 증기의 온도차) : 바이메탈식, 벨로즈식, 다이어프램식
3) 열역학적 트랩(응축수와 증기의 열역학적 특성차) : 오리피스식, 디스크식

종류	장점	단점
상향 버킷식	• 작동이 확실하다. • 동결로 인한 폐쇄가 없다. • 증기 손실이 없다. • 환수관을 트랩보다 높게 배관할 수 있다.	• 대형이라 다루기 불편하다. • 배출능력이 미약하다.
하향 버킷식	• 배출능력이 크다. • 응축수의 유입구와 유출구의 차압이 80 [%] 정도까지 차이가 나도 배출이 가능하다.	• 시공 시 부착이 불편하다. • 수평부착 이외는 안 된다. • 기동 시에 반드시 공기빼기가 되어야 한다. • 증기 손실이 많다.

03 보일러 가동 중 플래시탱크에서 분출수의 질량 유량은 12.5 [ton/h]로 배출하는 공장이 있다. 여기에 보일러 급수용 향류형 열교환기를 설치하여 폐열을 회수한다고 한다. (단, 가열 측 분출수는 입구온도는 169.6 [℃], 출구온도 50 [℃], 수열 측 급수 입구온도는 15 [℃], 출구온도는 40 [℃]이다)

1) 대수평균온도 [℃]를 구하여라.

2) 열교환기가 회수한 열량 [kW]을 구하여라.

정답

1) 72.26 [℃]   2) 362.84 [kW]

[해설]

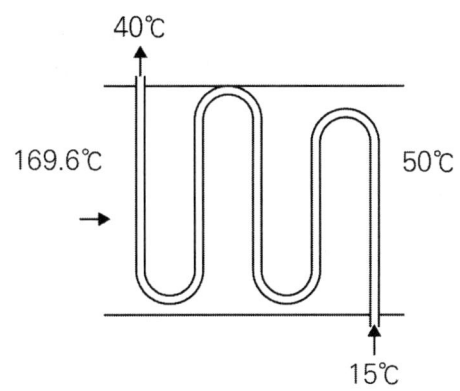

1) 고온유체 169.6 [℃] → 50 [℃], 저온유체 15 [℃] → 40 [℃]

$\Delta_1 = 169.6 - 40 = 129.6$, $\Delta_2 = 50 - 15 = 35$

대수평균온도 : $LMTD = \dfrac{[\Delta_1 - \Delta_2]}{\ln\dfrac{\Delta_1}{\Delta_2}} = \dfrac{129.6 - 35}{\ln\dfrac{129.6}{35}} = 72.26\,[℃]$

2) 열교환기가 회수한(얻는) 열량

q = GC△t

= 12.5 [ton/h] × 1000 [kg/ton] × 4.184 [kJ/kg·℃] × (40 - 15) [℃] ÷ 3600 [s/h]

= 362.84 [kJ/s] = 362.84 [kW]

핵심이론 LMTD

$$LMTD = \frac{\Delta t_1 - \Delta t_2}{\ln \dfrac{\Delta t_1}{\Delta t_2}}$$

α_i : 내측 열전달계수 [W/m²·K]
α_o : 외측 열전달계수 [W/m²·K]
λ : 물질의 열전도계수 [W/m·K]
l : 물질의 두께 [m]

1) 대향류(향류형) : 두 유체가 서로 반대 방향으로 흐르면서 열을 교환하는 방식

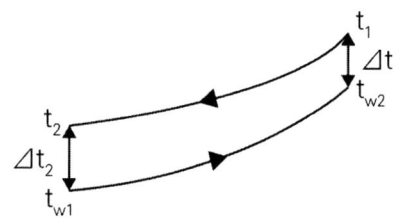

- $\Delta t_1 = t_1 - t_{w2}, \Delta t_2 = t_2 - t_{w1}$

2) 평행류(병류형) : 두 유체가 같은 방향으로 흐르면서 열을 교환하는 방식

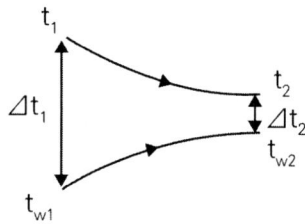

- $\Delta t_1 = t_1 - t_{w1}, \Delta t_2 = t_2 - t_{w2}$

3) 전열량

$$Q = KA(LMTD)[W] = KA\Delta t$$

K : 열통과율(열관류율)
A : 전열면적

04 보일러 방폭문의 설치목적은 무엇인지 쓰시오.

정답

보일러연소실 내부에서 미연소가스로 인한 폭발가스를 보일러 밖으로 배출시켜 보일러 내부의 파열을 방지하기 위한 장치이다.

05 인젝터의 작동 순서를 4단계로 쓰시오.

> **정답**
> 1. 인젝터 출구 측 정지밸브를 연다.
> 2. 인젝터 급수밸브를 연다.
> 3. 인젝터 증기밸브를 연다.
> 4. 인젝터 핸들을 열어 운전을 시작한다.

06 공기비가 1.2일 때 메탄 100 [Sm³]을 완전연소시키는 데 필요한 공기량은 몇 [Sm³]인지 계산하시오.

> **정답**
> 1142.86 [Sm³]
>
> **[해설]**
> 메탄의 완전연소반응식
> $CH_4 + 2O_2 \rightarrow CO_2 + 2H_2O$
> - 이론산소량 $O_o = 2 \times 100$
> - 이론공기량 $A_0 = \dfrac{O_o}{0.21} = \dfrac{2 \times 100}{0.21}$
> - 실제공기량 $A = mA_o = \dfrac{2 \times 100 \times 1.2}{0.21} = 1142.86$ [Sm³]

핵심이론 이론공기량

연료 1 [kg] 또는 1 [Nm³]를 완전연소시키는 데 필요한 최소 공기량

1) 고체 및 액체연료
   (1) 질량 기준 계산식

   $$A_o = \frac{O_o}{0.232} \text{ [kg/kg]}$$

   O_o : 연료 1 [kg]을 연소시키는 데 필요한 이론산소량 [kg/kg]
   0.232 : 공기 중 산소의 질량비

   (2) 체적 기준 계산식

   $$A_o = \frac{O_o}{0.21} \text{ [Nm}^3\text{/kg]}$$

   O_o : 연료 1 [kg]을 연소시키는 데 필요한 이론산소량 [Nm³/kg]
   0.21 : 공기 중 산소의 부피비

07 불연속제어방법으로 편차의 정(+), 부(-)에 의해서 조작신호가 최대, 최소가 되는 제어동작은?

정답

온오프동작

핵심이론 온오프동작

1) 불연속제어의 대표적인 방법으로 설정치와 현재값의 차이가 기준값을 초과하면 출력을 1로 설정, 기준값 이하이면 출력값 0으로 설정하는 방식
2) 조작량이 동작신호의 값을 경계로 완전 개폐되는 동작(이산동작)

08 플렉시블조인트의 설치 목적을 쓰시오.

[정답]
급수펌프배관계통에서 발생하는 충격과 진동을 흡수하여 배관과 장치를 보호하기 위해 설치한다.

09 진공온수보일러의 특징 3가지를 쓰시오.

[정답]
- 폭발 위험이 거의 없어 안전하다.
- 산화와 부식이 적어 유지보수가 용이하다.
- 내구성이 높고 운전 안정성이 우수하다.

10 직육면체인 노의 내벽을 내화벽돌(λ_1 = 5 [W/m · ℃])로 쌓고, 다음에 0.3 [m]의 두께로 단열벽돌(λ_2 = 0.9 [W/m · ℃])을 쌓은 다음, 0.15 [m]의 두께로 일반벽돌(λ_3 = 3 [W/m · ℃])을 쌓으려 한다. 노 내부의 온도가 1200 [℃]이고 실내온도가 50 [℃]라 할 때 단열벽돌의 내화도 때문에 단열벽돌의 온도를 900 [℃] 이하로 유지하려면 내화벽돌의 두께는 최소한 몇 [m]로 쌓아야 하는가?

[정답]
0.68 [m]

[해설]
$Q = K \cdot A \cdot \Delta t$

$$\frac{1200 - 900}{\frac{d}{5}} = \frac{900 - 50}{\frac{0.3}{0.9} + \frac{0.15}{3}}$$

$d \fallingdotseq 0.68 [m]$

핵심이론 열전달

1) 열손실량

$$Q = KA\Delta t\,[W]$$

K : 열관류(통과)계수 [W/m² · K]
A : 전열면적 [m²]
Δt : 온도차이 [K]

2) 열유속(流俗) : 단위면적당 흐르는 열량

$$q = \frac{Q}{A} = \frac{KA\Delta t}{A} = K\Delta t\,[W/m^2]$$

K : 열관류(통과)계수 [W/m² · K]
A : 전열면적 [m²]
Δt : 온도차이 [K]

3) 열관류(통과)계수 : 단위면적당 단위온도차에 의해 전달되는 열량

$$K = \frac{1}{R} = \frac{1}{\frac{1}{\alpha_1} + \frac{\ell}{\lambda} + \frac{1}{\alpha_2}}\,[W/m^2 \cdot K]$$

K : 열관류율 [W/m² · K]
R : 열저항 [m² · K/W]
ℓ : 재료의 두께 [m]
λ : 열전도율 [W/m · K]
α_1 : 내측 유체 열전달률 [W/m² · K]
α_2 : 외측 유체 열전달률 [W/m² · K]

11 보일러에 일반적으로 가장 많이 부착하는 압력계는 무엇인지 쓰시오.

정답

부르동관식 압력계

핵심이론 부르동관식(Bourdon Type) 압력계

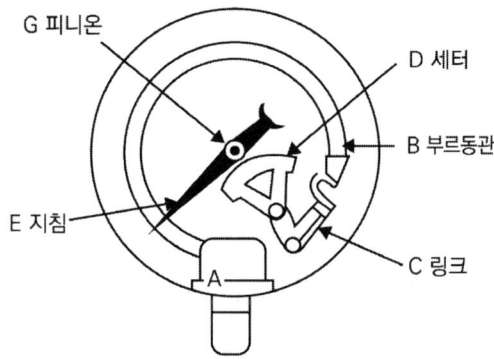

1) 부르동관식 압력계는 타원형 단면을 가진 곡선형의 탄성관(부르동관)에 압력을 가했을 때 관이 펴지려는 성질을 이용하여 그 끝단의 변위를 기계적으로 지침으로 전달해 압력을 측정하는 계기이다.
2) 탄성식 압력계 중에서 가장 높은 압력을 측정할 수 있다.
3) 탄성체의 재질과 구조에 따라 측정할 수 있는 압력 범위가 달라진다.
4) 부르동관 형식 : C형, 외선형, 나선형

12 보온재의 구비 조건 3가지를 쓰시오.

정답
- 흡습성이 적어야 한다.
- 사용온도 범위에 적합해야 한다.
- 장시간 사용에도 물리적·화학적 성능이 유지되어야 한다.
- 부피와 비중이 작고, 다공질 구조이며 시공이 용이해야 한다.

실전 모의고사 제3회

1회독	시간 :	점수 :
2회독	시간 :	점수 :
3회독	시간 :	점수 :

01 액체연료 1 [kg]을 연소시킬 때 탄소(78 [%]), 수소(12 [%]), 산소(3 [%]), 황(2 [%]), 기타 (5 [%])일 경우 이론공기량 [Nm³/kg]을 구하시오.

[정답]

10.1 [Nm³/kg]

[해설]

$O_0 = 1.867C + 5.6(H - O/8) + 0.7S$
　　$= 1.867 \times 0.78 + 5.6 \times (0.12 - 0.03/8) + 0.7 \times 0.02 = 2.12$ [Nm³/kg]
$A_0 = O_0/0.21 = 2.12/0.21 = 10.1$ [Nm³/kg]

핵심이론 공기량

1) 질량 계산식

연료 1 [kg]을 연소시킬 때 필요한 이론산소량 O_o [kg/kg]

$$O_o = 2.67C + 8\left(H - \frac{O}{8}\right) + S$$

C, H, O, S : 연료 1 [kg] 중 각 원소의 질량비율

2) 체적 계산식

연료 1 [kg]을 연소시킬 때 필요한 이론산소량 O_o [Nm³/kg]

$$O_o = 1.867C + 5.6\left(H - \frac{O}{8}\right) + 0.7S$$

C, H, O, S : 연료 1 [kg] 중 각 원소의 질량비율

02 인젝터의 특징을 4가지 쓰시오.

> **정답**
> - 구조가 단순하고 제작 비용이 저렴하다.
> - 소량의 고압 증기로 다량의 급수를 공급할 수 있다.
> - 비동력식으로 전력 없이 운전되며 급수량 조절은 어렵다.
> - 설치 공간이 작고 배치가 용이하다.
> - 급수 예열로 보일러 열응력을 감소시킨다.

03 가정용 에어컨에서 압축기와 증발기는 어디에 설치되는가?

> **정답**
> - 압축기 : 실외기
> - 증발기 : 실내기

04 연돌의 통풍력을 측정한 결과 527 [Pa], 배기가스의 평균온도는 200 [℃], 외기온도는 20 [℃]일 때 실제 굴뚝의 높이는 몇 [m]인가? (단, 대기의 비중량은 1.264 [kgf/m³], 배기가스의 비중량은 1.327 [kgf/m³], 실제통풍력은 이론통풍력의 80 [%]이다)

정답

163.11 [m]

[해설]

이론통풍력 $Z = 273H \times \left[\dfrac{r_a}{T_a} - \dfrac{r_g}{T_g} \right]$ [mmH$_2$O]

1 [atm] = 760 [mmHg] = 101325 [Pa] = <u>101.325</u> [kPa] = 10.<u>332</u> [mH$_2$O]

> 암 백일상이오(101.325)

> 암 물 넣으면 삼삼(33)하다. 삼삼이(332)

실제통풍력

$Z' = 0.8 \times Z = 0.8 \times 273 \times h \times \left(\dfrac{1.264}{273+20} - \dfrac{1.327}{273+200} \right) = 527[Pa] \times \dfrac{10332[H_2O]}{101325[Pa]}$

$h = 163.11[m]$

핵심이론 | 이론통풍력

1) 연돌의 이론통풍력

$$Z = 273H \times \left[\dfrac{r_a}{T_a} - \dfrac{r_g}{T_g} \right]$$

Z : 이론통풍력 [mmH$_2$O]
H : 연돌의 높이 [m]
r_a : 외기의 비중량 [kgf/m^3]
r_g : 배기가스의 비중량 [kgf/m^3]
T_a : 외기의 절대온도 [K]
T_g : 배기가스의 절대온도 [K]

2) 연돌의 높이

$$H = \dfrac{Z}{273 \left(\dfrac{\gamma_a}{T_a} - \dfrac{\gamma_g}{T_g} \right)}$$

Z : 이론통풍력 [mmH$_2$O]
H : 연돌의 높이 [m]
r_a : 외기의 비중량 [kgf/m^3]
r_g : 배기가스의 비중량 [kgf/m^3]
T_a : 외기의 절대온도 [K]
T_g : 배기가스의 절대온도 [K]

05 어떤 병행류형 열교환기가 있다. 고온 측 유체가 90 [℃]로 들어가 50 [℃]로 나오고 저온 측 유체는 20 [℃]로 들어가 40 [℃]로 나온다. 이 경우 전열면적은 몇 [m²]인가? (단, 전열량은 12000 [W]이고, 열관류율은 75 [W/m²·K]이다)

정답

5.18 [m²]

[해설]

$\therefore \Delta t_1 : 90 - 20 = 70,\ \Delta t_2 : 50 - 40 = 10$

$LMTD = \dfrac{\Delta t_1 - \Delta t_2}{\ln\left(\dfrac{\Delta t_1}{\Delta t_2}\right)} = \dfrac{70 - 10}{\ln\dfrac{70}{10}} = 30.83\,[℃]$

$Q = K \cdot A \cdot (LMTD)$

$12000 = 75 \times A \times 30.83 \quad \therefore A = 5.18\,[m^2]$

TIP 병행류 or 평행류 or 병류식은 서로 같은 방향의 흐름을 뜻한다.

핵심이론 LMTD

$LMTD = \dfrac{\Delta t_1 - \Delta t_2}{\ln\dfrac{\Delta t_1}{\Delta t_2}}$

α_i : 내측 열전달계수 [W/m²·K]
α_o : 외측 열전달계수 [W/m²·K]
λ : 물질의 열전도계수 [W/m·K]
l : 물질의 두께 [m]

1) 대향류(향류형) : 두 유체가 서로 반대 방향으로 흐르면서 열을 교환하는 방식

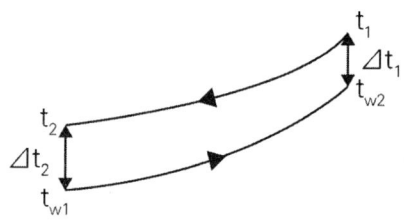

- $\Delta t_1 = t_1 - t_{w2},\ \Delta t_2 = t_2 - t_{w1}$

2) 평행류(병류형) : 두 유체가 같은 방향으로 흐르면서 열을 교환하는 방식

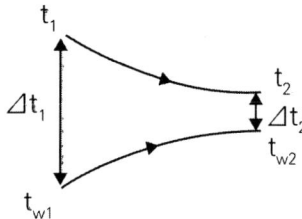

- $\Delta t_1 = t_1 - t_{w1}, \Delta t_2 = t_2 - t_{w2}$

3) 전열량

$$Q = KA(LMTD)[W] = KA\Delta t$$

K : 열통과율(열관류율)
A : 전열면적

06 보일러효율을 측정할 때 적용하는 발열량은 무엇인가?

정답

저위발열량

핵심이론 보일러효율

$$\eta_B = \frac{G_a(h_2 - h_1)}{G_f \times H_\ell} \times 100\,[\%]$$
$$= \frac{G_e \times 2256}{G_f \times H_\ell} \times 100\,[\%]$$

G_a : 실제증발량 [kg/h]
G_e : 상당증발량 [kg/h]
h_1 : 급수의 비엔탈피 [kJ/kg]
h_2 : 증기의 비엔탈피 [kJ/kg]
G_f : 연료사용량 [kg/h]
H_ℓ : 연료발열량 [kJ/kg]

07 회전분무식 버너의 특징을 3가지 쓰시오.

정답

- 분무각도는 약 40~80°이다.
- 유량조절 범위는 약 1 : 5 정도이다.
- 분무컵 주위에서 분출하는 1차 공기에 의해 무화된다.

핵심이론 회전분무식 버너

1) 고속으로 회전하는 회전컵에 연료가 공급되어 회전컵의 원심력에 의해 회전컵 내면에 액막을 형성한다. 이때 회전컵 선단에서 연료가 얇은 액막상태로 반지름 방향으로 분출되고, 회전컵 외부에서는 무화용 공기가 고속으로 분출되어 연료의 액막과 충돌하여 무화가 이루어진다.
2) 분무컵의 회전속도에 따라 직접식(3000~3500 [rpm]), 간접식(7000~10000 [rpm])으로 나누어진다.
3) 연료의 점도 변화에 따른 성능 변화가 비교적 적기에 중소형 보일러에 가장 보편적으로 사용된다.
4) 유압은 거의 필요하지 않다(유압이 가장 작은 버너는 회전분무식 버너이다).
5) 부속설비가 없으며 화염이 짧고 안정한 연소를 얻을 수 있다.
6) 버너의 구조가 간단하고 자동화 적용이 용이하다.
7) 분무 각도 : 40~80°
8) 유량조절범위 : 1 : 5

08 오르자트(Orsat) 가스분석기의 가스 분석 순서를 쓰시오.

정답

$CO_2 \to O_2 \to CO$

09 파형 노통의 장점 3가지를 쓰시오.

> **정답**
> - 구조 강도가 높아 안정성이 우수하다.
> - 전열면적이 커져 열효율이 증가한다.
> - 열팽창에 따른 신축 흡수가 용이하다.

10 용적식 유량계의 종류 4가지를 쓰시오.

> **정답**
> 로터리식, 루츠식, 가스미터식, 오벌식

핵심이론 용적식 유량계

유체의 부피를 측정하여 유량을 산출하는 유량계
1) 공기의 유량에 의해 움직이는 부품의 회전수를 측정하여 유량을 계산하는 유량계
2) 로터와 케이스, 피스톤, 실린더 등을 이용해 유체를 일정 용적 내에 가둬두고 방출하기를 반복하며 단위시간당의 횟수에서 유량을 얻는다. 정밀도가 높다는 장점이 있지만 동시에 압력 손실이 크다는 단점이 있다.
3) 유량을 누적하여 측정하는 방식이기 때문에 적산식 유량계라고 불린다. 측정유체의 맥동에 의한 영향이 적다. 점도가 높은 유량의 측정도 가능하다. 고형물의 혼입을 막기 위해 입구 측에 여과기가 필요하다.
4) 오벌미터(내구성 우수, 설치 간단, 액체만 측정 가능, 기체유량 측정 불가능), 피스톤형, 루트형 가스미터, 루츠, 로터리팬, 로터리피스톤

11 보일러 연료계통에 설치되는 유수분리기의 역할을 쓰시오.

> **정답**
> 연료 속에 섞인 수분을 비중 차이를 이용해 분리하여 연료 공급계통과 연소효율을 보호하는 장치이다.

12 가스 연료의 분출속도가 연소속도보다 빨라 불꽃이 버너 표면에서 떨어지는 현상에 대하여 설명하시오.

> **정답**
> 리프팅현상(선화현상)

핵심이론 | 연소 시 발생하는 이상현상

1) 불완전연소 : 연소 시 산소량이 부족하여 일산화탄소가 발생하게 되는 현상이다.
2) 블로우오프(Blow-off) : 화염 주변의 공기가 유동이 심하여 불꽃이 노즐에 장착하지 않고 떨어져 꺼져 버리는 현상
3) 역화(Back Fire) : 가스 연료의 분출속도가 연소속도보다 느린 경우 불꽃이 버너의 염공 속으로 진입하여 혼합관 내에서 연소하는 현상
4) 리프팅(Lifting) : 역화의 반대로 가스 연료의 분출속도가 연소속도보다 빨라 불꽃이 버너에 부상하여 일정한 간격을 두고 연소하는 현상
5) 황염(Yellow Tip) : 공기량 조절이 적정하지 않아 완전연소가 이루어지지 않을 때 불꽃색이 적황색을 띄는 현상

실전 모의고사 제4회

01 내화물이 급열 또는 급랭으로 인해 열응력을 받아 균열이나 박락이 생기는 현상을 무엇이라 하는가?

> **정답**
> 스폴링현상   용어 스폴링현상 : 내화재가 온도 변화에 급격히 노출되면 내부 응력에 의해 벗겨지는 현상

02 보일러의 연료배관에 설치된 오일프리히터는 어떤 연료를 사용하는가?

> **정답**
> 벙커C유   용어 오일프리히터 : 연료유의 점도를 낮추기 위해 전기열을 이용해 예열하는 장치

03 비체적 0.15 [m³/kg]인 유체가 압력 1.2 [MPa], 유속 20 [m/s]로 지름 25 [mm]의 오리피스를 통과할 때 유체의 질량유량 [kg/s]을 구하시오. (단, 소수점 셋째자리까지 구하시오)

정답

0.065 [kg/s]

[해설]

$Q = \rho A V = C [kg/s]$

단면적 $A = \dfrac{\pi d^2}{4}$, 비체적은 밀도의 역수이므로

$Q = \dfrac{\pi d^2}{4v} V = \dfrac{\pi \times 0.025^2}{4 \times 0.15} \times 20 = 0.065 [kg/s]$

핵심이론 연속 방정식(질량보존법칙)

유체의 질량은 시간에 따라 보존된다.

$Q = \rho A V = C [kg/s]$

Q : 유량 [kg/s], ρ : 밀도 [kg/m³]
A : 단면적 [m²], V : 유체의 속도 [m/s]

---

04 대향류 열교환기에서 뜨거운 유체는 80 [℃]로 들어가서 30 [℃]로 나오고, 차가운 물은 20 [℃]로 들어가서 30 [℃]로 나온다. 이 경우 대수평균온도차를 구하시오.

정답

24.853 [℃]

[해설]

$\Delta t_1 = 80 - 30 = 50,\ \Delta t_2 = 30 - 20 = 10$

$LMTD = \dfrac{\Delta t_1 - \Delta t_2}{\ln\left(\dfrac{\Delta t_1}{\Delta t_2}\right)} = \dfrac{50 - 10}{\ln \dfrac{50}{10}} = 24.853 [℃]$

핵심이론 LMTD

$$LMTD = \frac{\Delta t_1 - \Delta t_2}{\ln \frac{\Delta t_1}{\Delta t_2}}$$

α_i : 내측 열전달계수 [W/m²·K]
α_o : 외측 열전달계수 [W/m²·K]
λ : 물질의 열전도계수 [W/m·K]
l : 물질의 두께 [m]

1) 대향류(향류형) : 두 유체가 서로 반대 방향으로 흐르면서 열을 교환하는 방식

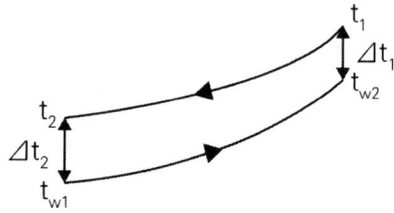

- $\Delta t_1 = t_1 - t_{w2}, \Delta t_2 = t_2 - t_{w1}$

2) 평행류(병류형) : 두 유체가 같은 방향으로 흐르면서 열을 교환하는 방식

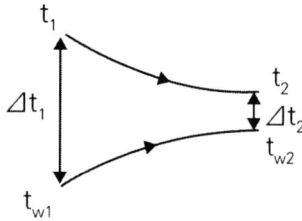

- $\Delta t_1 = t_1 - t_{w1}, \Delta t_2 = t_2 - t_{w2}$

3) 전열량

$$Q = KA(LMTD)[W] = KA\Delta t$$

K : 열통과율(열관류율)
A : 전열면적

05 온도차가 150 [℃]이고 두께가 20 [cm] 열전도율이 0.1 [W/m·K]인 내화벽돌과 온도차가 300 [℃]이고, 열전도율이 0.2 [W/m·K]인 단열벽돌의 단위면적당 손실열량이 같을 때 단열벽돌의 두께는 몇 [cm]인지 구하시오.

[정답]

80 [cm]

[해설]

단열벽돌의 손실열량이 같으므로

$$Q = KA\Delta t = \frac{\lambda}{L} \times A \times \Delta t$$

$$\frac{0.1 \times 1 \times 150}{0.2} = \frac{0.2 \times 1 \times 300}{x}$$

$$x = 0.8 \ [m] = 80 \ [cm]$$

핵심이론 열전달

1) 열손실량

$$Q = KA\Delta t \ [W]$$

K : 열관류(통과)계수 [W/m²·K]
A : 전열면적 [m²]
Δt : 온도차이 [K]

2) 열유속(流俗) : 단위면적당 흐르는 열량

$$q = \frac{Q}{A} = \frac{KA\Delta t}{A} = K\Delta t \ [W/m^2]$$

K : 열관류(통과)계수 [W/m²·K]
A : 전열면적 [m²]
Δt : 온도차이 [K]

3) 열관류(통과)계수 : 단위면적당 단위온도차에 의해 전달되는 열량

$$K = \frac{1}{R} = \frac{1}{\frac{1}{\alpha_1} + \frac{\ell}{\lambda} + \frac{1}{\alpha_2}} \ [W/m^2 \cdot K]$$

K : 열관류율 [W/m²·K]
R : 열저항 [m²·K/W]
ℓ : 재료의 두께 [m]
λ : 열전도율 [W/m·K]
α_1 : 내측 유체 열전달률 [W/m²·K]
α_2 : 외측 유체 열전달률 [W/m²·K]

06 광고온계의 장점을 3가지 쓰시오.

정답
- 비접촉식 중 가장 정확한 온도 측정이 가능하다.
- 방사율 보정이 적어 오차가 작다.
- 고온 측정이 용이하다.
- 구조가 간단하고 휴대가 편리하다.
- 움직이는 물체의 온도도 측정할 수 있다.

07 수관식 보일러에 수냉로벽을 설치하는 목적 4가지를 쓰시오.

정답
- 전열 면적을 증가시켜 열효율을 높인다.
- 내화물을 보호한다.
- 열효율을 향상시킨다.
- 복사열을 흡수한다.

08 덴싱 보일러에서 배기가스의 폐열을 이용하여 연소용 공기를 예열하는 장치를 2가지 쓰시오.

정답
- 공기예열기(Air Preheater)
- 히트파이프(Heat Pipe)

09 암면과 글라스울의 안전 사용온도를 각각 쓰시오.

> **정답**
> - 암면 : 400 [℃]
> - 글라스울 : 300 [℃]

10 증기트랩의 기능 2가지를 쓰시오.

> **정답**
> - 증기배관 내 응축수를 자동으로 배출하여 수격 작용을 방지한다.
> - 배관 부식을 예방한다.

핵심이론 증기트랩(Steam Trap)

1) 증기계통이나 증기관 방열기 등에서 고인 응축수(드레인)를 연속 응축수탱크로 배출시키는 기구
2) 증기트랩 종류
   (1) 기계적 트랩(응축수와 증기의 비중차) : 플로트식(레버, 프리), 버킷식(상향, 하향)
   (2) 온도조절트랩(응축수와 증기의 온도차) : 바이메탈식, 벨로즈식, 다이어프램식
   (3) 열역학적 트랩(응축수와 증기의 열역학적 특성차) : 오리피스식, 디스크식
3) 증기트랩 부착 시 장점
   (1) 수격작용방지
   (2) 열설비효율 저하 감소
   (3) 응축수에 의한 부식방지
   (4) 관 내 유체의 흐름에 대한 마찰저항 감소

11 보일러 안전밸브의 기능을 쓰시오.

> **정답**
> 보일러 운전 중 설정 압력 또는 최고 사용 압력을 초과하면 증기를 배출하여 과압으로 인한 파열 사고를 예방하는 안전장치이다.

12 스케일 발생 시 문제점 3가지를 쓰시오.

> **정답**
> - 보일러 전열을 방해하여 국부 과열이 발생한다.
> - 보일러 과열로 인해 파열 사고의 원인이 된다.
> - 보일러 열효율이 저하된다.

핵심이론 | 스케일

1) 스케일 : 보일러 내부에 물속의 불용성 물질이 달라붙어 생긴 단단한 침전물로, 물이 증발하면서 농도가 진해지고 용해도가 낮은 성분이 열전달면에 달라붙어 고형화되며 스케일이 형성됨
2) 스케일의 문제점
   (1) 열전달을 방해하여 열효율이 감소한다.
   (2) 열이 벽을 통과하지 못하여 과열 위험이 생긴다.
   (3) 관의 부식을 촉진한다.
   (4) 열효율 감소로 인해 연료비가 증가한다.
3) 스케일방지방법
   (1) 이온교환법 등을 통해 급수를 처리한다.
   (2) 고농도수를 주기적으로 배출(블로우 다운)한다.

실전 모의고사 제5회

1회독	시간 :	점수 :
2회독	시간 :	점수 :
3회독	시간 :	점수 :

01 질량조성이 탄소 70 [%], 수소 20 [%], 회분 10 [%]이다. 이 액체연료 50 [kg]을 연소시키기 위해 필요로 하는 이론공기량은 몇 [Nm³]인가?

[정답]
578.5 [Nm³]

[해설]
$$O_0 = 1.867C + 5.6\left(H - \frac{O}{8}\right) + 0.7S = 1.867 \times 0.7 + 5.6 \times 0.2 = 2.4269 ≒ 2.43 [Nm^3/kg]$$

$$A_0 = \frac{O_0}{0.21} = \frac{2.43}{0.21} = 11.57 [Nm^3/kg]$$

11.57 × 50 = 578.5 [Nm³]

핵심이론 공기량

1) 질량 계산식

   연료 1 [kg]을 연소시킬 때 필요한 이론산소량 O_o [kg/kg]

   $$O_o = 2.67C + 8\left(H - \frac{O}{8}\right) + S$$

   C, H, O, S : 연료 1 [kg] 중 각 원소의 질량비율

2) 체적 계산식

   연료 1 [kg]을 연소시킬 때 필요한 이론산소량 O_o [Nm³/kg]

   $$O_o = 1.867C + 5.6\left(H - \frac{O}{8}\right) + 0.7S$$

   C, H, O, S : 연료 1 [kg] 중 각 원소의 질량비율

02 증류탑에 대해서 설명하시오.

> **정답**
>
> 각 물질의 끓는점이 서로 다른 비등점의 차이를 이용하여 혼합물을 분리·정제하는 장치이다.

03 보일러실에 설치된 서비스탱크용 연료 이송펌프의 종류 2가지를 쓰시오.

> **정답**
>
> 기어펌프, 플런저펌프, 스크류펌프, 나사펌프

04 보일러장치에서 사용되는 공기예열기의 장점을 3가지만 쓰시오.

> **정답**
>
> - 연료를 절감할 수 있다.
> - 질 낮은 연료를 사용할 수 있다.
> - 열효율이 증가한다.
> - 노 내의 온도를 고온으로 유지할 수 있다.
> - 적은 공기비로 연료를 완전연소시킬 수 있다.

핵심이론 공기예열기(Air Pre Heater)

1) 배기가스 여열을 이용하여 연소실에 투입되는 공기를 예열한다.
2) 종류(열원에 의한 방식)
   (1) 전열식 : 관형, 판형
   (2) 재생식 : 융그스트롬식(배기가스에 의한 방식, 증기나 온수에 의한 방식)

3) 공기예열기 종류
  (1) 전열식 : 강관형과 강판형이 있으며 연소가스와 공기를 연속적으로 접촉시켜 전열을 행하는 기구
  (2) 재생식 : 금속에 일정 기간 배기가스를 투입시켜 전열한 후 별도로 공기를 불어넣어 교대시키면서 공기를 예열하는 기구
    ① 종류 : 회전식, 고정식
    ② 장점 : 전열효율이 전열식에 비해 24배이며 소형으로도 가능하다.
    ③ 단점 : 공기와 가스의 누설이 있다.
4) 공기예열기 설치 시 장점
  (1) 노 내의 온도 상승으로 연소가 잘 된다.
  (2) 과잉공기량을 줄여도 된다.
  (3) 저질 연료의 연소도 가능하다.
  (4) 보일러효율이 향상된다.
5) 공기예열기 설치 시 단점
  (1) 통풍저항이 커져 통풍력이 감소한다.
  (2) 온도 저하로 인한 저온부식이 발생할 우려가 있다(저온부식을 일으키는 성분 : 황).
  (3) 조작범위가 넓어진다.
  (4) 연도 내 청소 및 점검이 어려워지고 설비비가 비싸며, 취급에 기술을 요한다.

05 대향류형 열교환기가 있다. 고온 측 유체가 80 [℃]로 들어가 50 [℃]로 나오고 저온 측 유체가 20 [℃]로 들어가 30 [℃]로 나올 때 대수평균온도차는 얼마인가?

정답

39.15 [℃]

[해설]

$\Delta t_1 = 80 - 30 = 50$, $\Delta t_2 = 50 - 20 = 30$

$$LMTD = \frac{\Delta t_1 - \Delta t_2}{\ln\left(\dfrac{\Delta t_1}{\Delta t_2}\right)} = \frac{50 - 30}{\ln\dfrac{50}{30}} = 39.15 \, [℃]$$

핵심이론 LMTD

$$LMTD = \frac{\Delta t_1 - \Delta t_2}{\ln \frac{\Delta t_1}{\Delta t_2}}$$

α_i : 내측 열전달계수 [W/m² · K]
α_o : 외측 열전달계수 [W/m² · K]
λ : 물질의 열전도계수 [W/m · K]
l : 물질의 두께 [m]

1) 대향류(향류형) : 두 유체가 서로 반대 방향으로 흐르면서 열을 교환하는 방식

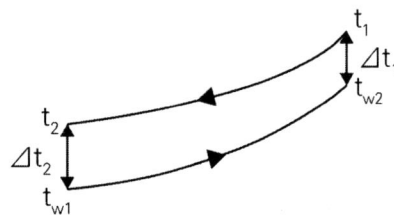

- $\Delta t_1 = t_1 - t_{w2},\ \Delta t_2 = t_2 - t_{w1}$

2) 평행류(병류형) : 두 유체가 같은 방향으로 흐르면서 열을 교환하는 방식

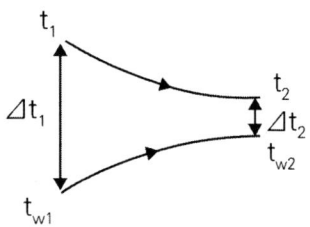

- $\Delta t_1 = t_1 - t_{w1},\ \Delta t_2 = t_2 - t_{w2}$

3) 전열량

$$Q = KA(LMTD)\,[W] = KA\Delta t$$

K : 열통과율(열관류율)
A : 전열면적

---

06 내화벽돌을 재질에 따라 분류했을 때 종류를 6가지만 쓰시오.

> **정답**
>
> 규석질, 샤모트질, 납석질, 크롬질, 마그네시아질, 고알루미나질

핵심이론 | 내화물 종류

1) 산성 내화물
   (1) 규석질 내화물
   (2) 반규석질 내화물
   (3) 납석질 내화물
   (4) 샤모트질 내화물
2) 염기성 내화물
   (1) 마그네시아 내화물
   (2) 크롬마그네시아 내화물
   (3) 돌로마이트 내화물
   (4) 폴스테라이트 내화물
3) 중성 내화물
   (1) 고알루미나질 내화물
   (2) 크롬질 내화물
   (3) 탄화규소질 내화물
   (4) 탄소질 내화물

---

07 [다음]은 수관식 보일러에 대한 설명이다 빈칸에 알맞은 말을 순서대로 적으시오.

[다음]

수관식 보일러는 순환방식에 따라 (①), (②), (③)으로 구분된다. (①)은 물과 증기의 (㉠) 차이에 의해 자연적으로 순환이 이루어지며, (②)는 순환펌프에 의해 강제로 순환되는 방식이다. (③)은 (㉡)이 없고, 관만으로 이루어진 형식이다.

정답

① 자연순환식 ② 강제순환식 ③ 관류식 ㉠ 비중량 ㉡ 드럼

---

08 탈산소제의 종류를 3가지 쓰시오.

정답

아황산나트륨, 하이드라진(히드라진)(N_2H_4), 탄닌

핵심이론 보일러 청관제

역할	내처리제 종류
pH 및 알칼리 조정제	수산화나트륨(가성소다), 탄산나트륨, 인산나트륨, 인산, 암모니아
연화제	수산화나트륨, 탄산나트륨, 인산나트륨
슬러지 조정제	탄닌, 리그닌, 전분
탈산소제	아황산나트륨, 하이드라진(N_2H_4), 탄닌
가성취화방지제	황산나트륨, 인산나트륨, 질산나트륨, 탄닌, 리그닌
기포방지제	고급 지방산 폴리아민, 고급 지방산 폴리알콜

TIP 하이드라진 = 히드라진

09 「에너지이용합리화법」의 '에너지관리 기준' 중 다음 내용의 괄호 안에 들어갈 온도를 쓰시오.

> 증기 등의 열매체를 수송하거나 저장을 위한 배관 및 그 밖의 부속설비에 있어서 열손실방지를 위하여 관리 표준을 설정하여 이행하여야 하는데, 열수송 및 저장설비의 평균 표면온도의 목표치는 주위온도에 ( )[℃]를 더한 값 이하로 한다.

정답
30 [℃]

핵심이론 에너지관리 기준

제18조(열수송 및 저장설비관리표준의 설정 등)
① 증기 등의 열매체를 수송하거나 저장을 위한 배관 및 그 밖에 부속설비에 있어서 열손실방지를 위하여 표면온도, 배관 및 스팀트랩, 기타 부속기기 등의 점검주기에 대한 관리표준을 설정하여 이행한다.
② 표준 보온관의 방산열량, 나관의 방열손실은 별도 그림과 같다.
③ 열수송 및 저장설비 평균 표면온도의 목표치는 주위온도에 30 [℃]를 더한 값 이하로 한다.

10 파일럿 착화버너의 기능을 쓰시오.

> **정답**
> 보일러 주 버너 점화

11 증류탑은 어떤 특성을 이용하여 혼합물을 분리하는가?

> **정답**
> 각 물질이 갖는 비등점(끓는점)의 차이를 이용하여 혼합물을 분별하는 장치이다.

12 보일러 운전 중에 발생하는 프라이밍(Priming)현상의 방지대책을 4가지 쓰시오.

> **정답**
> - 보일러수의 농축을 방지한다.
> - 주 증기밸브를 급격히 개방하지 않고 서서히 개방한다.
> - 보일러수 중 불순물을 제거한다.
> - 과부하를 방지한다.
> - 비수방지관을 설치한다.
> - 고수위 운전을 피한다.

핵심이론 프라이밍(Priming, 비수현상)

비수현상으로, 주 증기밸브 급개 시 고수위 시 수면으로부터 끊임없이 물방울이 비산하면서 수위를 불안정하게 하는 현상

1) 프라이밍 원인
  (1) 고수위   (2) 관수농축
  (3) 급격한 과열   (4) 고압에서 저압으로 변할 때
  (5) 용존고형물, 유지분의 과다   (6) 주 증기밸브 급개 시

실전 모의고사 제6회

01 최고사용압력이 8 [MPa]인 곳에 내경이 50 [mm], 인장강도 420 [N/mm²]인 압력배관용 탄소강관(SPPS)를 사용하는 경우 스케줄번호를 다음에서 찾아 쓰시오. (단, 안전율은 4이다)

> Sch No. 20번, 40번, 80번, 100번, 120번

[정답]

80번

[해설]

허용응력 = 인장강도 / 안전율 = 420 / 4 = 105 [N/mm²]   TIP 1 [MPa] = 1 [N/mm²]

[N] 단위는 약분되어 사라지므로, [mm] 단위만 신경 써서 계산하면 된다.

Sch No. = $\dfrac{P}{S} \times 1000 = \dfrac{8}{105} \times 1000 ≒ 76.19$ → 80번

핵심이론 스케줄번호

관의 두께를 표시하는 번호

1) 스케줄번호(Sch.No) = $10 \times \dfrac{P}{S}$

   (P : 사용압력 $[kgf/cm^2]$, S : 허용응력 $[kgf/mm^2]$)

2) 스케줄번호(Sch.No) = $1000 \times \dfrac{P}{S}$

   (P : 사용압력 $[kgf/mm^2]$, S : 허용응력 $[kgf/mm^2]$)   TIP 허용응력 = $\dfrac{인장강도}{안전율}$

02 성능계수가 2.5인 증기압축 냉동 사이클에서 냉동용량이 5 [kW]일 때 소요일은 몇 [kW]인지 구하시오.

[정답]

2 [kW]

[해설]

$$\epsilon_R = \frac{Q_e}{W_c} \rightarrow W_c = \frac{Q_e}{\epsilon_R} = \frac{5}{2.5} = 2\,[kW]$$

핵심이론 성능계수

1) 냉동기의 성능계수

$$\epsilon_R = \frac{Q_2}{Q_1 - Q_2} = \frac{Q_2}{W_c}$$

Q_1 : 방출되는 열량
Q_2 : 흡수한 열량
W_c : 시스템에 공급한 일

2) 열펌프의 성능계수

$$\epsilon_H = \frac{Q_1}{Q_1 - Q_2} = \frac{Q_1}{W_c} = 1 + \epsilon_R$$

Q_1 : 방출되는 열량
Q_2 : 흡수한 열량
W_c : 시스템에 공급한 일

03 액체연료 1 [kg]을 완전연소시켰을 때 질량조성이 탄소 70 [%], 수소 20 [%], 산소 2 [%], 황 3 [%], 기타 5 [%]라고 할 때의 이론산소량 [Nm³]을 구하시오.

[정답]

2.43 [Nm³]

[해설]

$$O_0 = 1.867C + 5.6\left(H - \frac{O}{8}\right) + 0.7S$$
$$= 1.867 \times 0.7 + 5.6 \times \left(0.2 - \frac{0.02}{8}\right) + 0.7 \times 0.03 = 2.4339 \,[Nm^3]$$

핵심이론 공기량

1) 질량 계산식

   연료 1 [kg]을 연소시킬 때 필요한 이론산소량 O_o [kg/kg]

   $$O_o = 2.67C + 8\left(H - \frac{O}{8}\right) + S$$

   C, H, O, S : 연료 1 [kg] 중 각 원소의 질량비율

2) 체적 계산식

   연료 1 [kg]을 연소시킬 때 필요한 이론산소량 O_o [Nm³/kg]

   $$O_o = 1.867C + 5.6\left(H - \frac{O}{8}\right) + 0.7S$$

   C, H, O, S : 연료 1 [kg] 중 각 원소의 질량비율

04 스케일(Scale)이 보일러에 미치는 영향을 3가지 쓰시오.

[정답]

- 보일러의 전열을 방해한다.
- 전열 불량으로 과열되어 파열사고의 원인이 된다.
- 열전달효율이 저하되어 연료소비가 증가한다.
- 배기가스온도가 상승한다.

핵심이론 | 스케일

1) 스케일 : 보일러 내부에 물속의 불용성 물질이 달라붙어 생긴 단단한 침전물로, 물이 증발하면서 농도가 진해지고 용해도가 낮은 성분이 열전달면에 달라붙어 고형화되며 스케일이 형성됨
2) 스케일의 문제점
   (1) 열전달을 방해하여 열효율이 감소한다.
   (2) 열이 벽을 통과하지 못하여 과열 위험이 생긴다.
   (3) 관의 부식을 촉진한다.
   (4) 열효율 감소로 인해 연료비가 증가한다.
3) 스케일방지방법
   (1) 이온교환법 등을 통해 급수를 처리한다.
   (2) 고농도수를 주기적으로 배출(블로우 다운)한다.

05 수관식 보일러의 장점 4가지를 쓰시오.

정답

- 고압 대용량에 적합하다.
- 열효율이 높은 편이다.
- 내구성이 좋다.
- 외분식으로 연소실 개조가 용이하다.
- 전열면적이 크다.
- 유지보수가 용이하다.
- 보유수량이 적어 파열 시 피해가 적다.
- 연료선택범위가 넓다.

핵심이론 | 수관식 보일러

1) 특징
   (1) 지름이 작은 상부의 기수드럼과 하부의 물드럼 사이에 다수의 수관을 연결시켜 만든 외분식 보일러이다.
   (2) 보일러수의 유동방식에 따른 분류 : 자연순환식(급수와 관수의 비중(밀도)차에 의해 순환), 강제순환식(순환펌프에 의해 강제적으로 순환), 관류식
   (3) 드럼의 수는 그 형식에 따라 1 ~ 4개가 있다.
2) 장점
   (1) 외분식 보일러로 연소실의 형상이 다양하며 전열면적이 크다.
   (2) 전열면적이 많아 원통형에 비해 효율이 좋다.
   (3) 보유수량이 적어 파열 시 피해가 적다.
   (4) 파열 시 피해가 적어 구조상 고압 대용량에 적합하다.
   (5) 보일러수의 순환이 좋아 증기발생시간이 빠르다.
   (6) 용량에 비해 경량이다.

(7) 효율이 좋다.
(8) 운반 설치가 용이하다.
(9) 과열기 및 공기예열기 등의 설치가 용이하다.

3) 단점
(1) 부하변동에 따른 압력 변화 및 수위변동이 크다.
(2) 부하변동에 대응하기 어렵다.
(3) 증발속도가 빨라 스케일이 부착되기 쉽다.
(4) 구조가 복잡하여 제작 및 청소, 검사 수리가 어렵다.
(5) 가격이 비싸다.
(6) 급수조절이 어렵다(연속적인 급수를 요한다).
(7) 취급에 기술을 요한다.
(8) 급수를 철저히 처리하여 사용해야 한다.

06 버너 출구에서 가연성 기체의 유출속도가 연소속도보다 큰 경우 노즐의 기저부에 붙어 있던 불꽃이 공기의 움직임이 세어짐에 따라 노즐에 정착되지 않고 떨어져 꺼져버리는 현상을 무엇이라고 하는가?

정답

블로우오프(Blow - off)

> 용어 블로우오프(Blow - off) : 화염 주변의 공기가 유동이 심하여 불꽃이 노즐에 장착하지 않고 떨어져 꺼져 버리는 현상

07 집진장치는 분리하는 방식에 따라 크게 3가지로 구분된다. 3가지 종류를 쓰시오.

정답

건식 집진장치, 습식 집진장치, 전기식 집진장치

핵심이론 집진장치

배기가스 중의 유해물질을 제거하여 대기오염을 방지하기 위해 설치하는 장치

1) 집진장치의 종류

건식 집진장치	습식(세정식) 집진장치	전기식 집진장치
① 중력식 　중력 침강식, 다단 침강식 ② 관성력식 　충돌식, 반전식 ③ 원심력식 　사이클론식, 멀티 사이론식 ④ 여과식(백필터 : Bag Filter) 　원통식, 평판식, 역기류 　분사형 ⑤ 음파 집진장치	① 유수식 　전류형 스쿠루버, 로터리 스크러버, 피이보디 스크러버 ② 가압수식 　벤츄리 스크러버, 사이클론 스크러버, 제트 스크러버, 층진탑, 포종탑, 분무탑 ③ 회전식 　타이젠 워셔식, 임펄스 스크러버	코트렐 집진기 : 건식, 습식

08 배관계통에 바이패스배관을 설치하는 이유를 쓰시오.

정답

유량계, 펌프, 증기트랩 등의 점검, 교체, 보수를 위해 우회회로를 제공함으로써 운전 중에도 장치를 유지보수할 수 있도록 한다.

09 수관보일러(Water Tube Boiler)를 보일러수의 유동방식에 따라 3가지로 분류하고 각각 설명하시오.

> [정답]
> - 자연순환식 : 보일러수의 밀도차에 의하여 자연순환하는 유동방식이다.
> - 강제순환식 : 순환펌프(기계장치)를 설치하여 강제적으로 순환시키는 유동방식이다.
> - 관류식 : 급수펌프를 사용하여 보일러수를 공급하며 예열, 가열, 증발, 과열의 과정을 거쳐 증기가 발생하는 유동방식이다.

핵심이론 수관식 보일러의 종류

1) 직관식 수관보일러(자연순환식)
2) 강제순환식 수관보일러
3) 관류식 보일러

10 보일러 연도에 폐열회수장치를 설치하였을 때 발생할 수 있는 문제점을 2가지 쓰시오.

> [정답]
> - 통풍저항의 증가로 통풍력이 저하된다.
> - 청소 및 점검이 어려워진다.
> - 배기가스온도 저하로 인한 저온부식의 원인이 될 수 있다.

핵심이론 절탄기(Economizer, 급수예열기)

1) 폐가스(배기가스)의 여열을 이용하여 보일러에 급수되는 급수의 예열기구
2) 절탄기 부착 시 장점
   (1) 부동팽창방지   (2) 일시 불순물 및 경도 성분 완해
   (3) 연료의 절약   (4) 보일러효율 및 증발력 증대
3) 절탄기 부착 시 단점
   (1) 통풍저항이 커져 통풍력이 감소한다.
   (2) 연소가스의 온도 저하로 저온부식이 발생할 우려가 있다(저온부식을 일으키는 성분 : 황).
   (3) 연도 내의 청소 및 점검이 어려워진다.
   (4) 설비비가 비싸고 취급에 기술을 요한다.
4) 절탄기 내로 보내는 급수의 온도
   (1) 전열면의 부식을 방지하기 위해 35~40[℃] 정도로 유지
   (2) 보일러의 포화수온도보다 20~30[℃] 낮게 한다.

5) 분류
   (1) 재질 : 강철제, 주철제
   (2) 설치방식 : 집중식, 부속식
   (3) 가열도 : 비증발식, 증발식

11 응축수를 예열하는 목적을 2가지 쓰시오.

> [정답]
> - 급수를 예열하여 보일러 열효율을 높인다.
> - 예열과정으로 인한 열응력을 감소시킨다.
> - 보일러효율 향상으로 연료 사용량을 줄인다

12 열전대온도계의 측정원리에 대해 쓰시오.

> [정답]
> 서로 다른 두 금속의 접점온도 차에 의해 기전력이 발생하는 제백효과(Seebeck Effect)를 이용한다.

핵심이론 열전대온도계

두 개의 금속을 접합하여 생기는 열기전력, 즉 제벡효과를 이용하여 온도를 측정
1) 특징
   (1) 내구성이 뛰어나고 다양한 온도 범위에서 사용할 수 있다.
   (2) 비교적 높은 온도 측정에 사용된다.
   (3) 사용 금속은 열기전력이 크고 온도증가에 따라 연속적으로 상승해야 한다.
   (4) 기준접점의 온도를 일정하게 유지해야 한다.
   (5) 장점 : 좁은 장소의 온도를 계측하기 용이하다.
   (6) 단점 : 기준 접전장치가 필요하다.

실전 모의고사 제7회

01 다음의 증기트랩 중 증기와 응축수 사이의 비중차이에 의해 작동되는 기계식 트랩 종류를 모두 쓰시오.

볼플로트식, 디스크식, 버킷식, 벨로즈식

정답

볼플로트식, 버킷식
※ 바이메탈식, 벨로즈식 - 온도조절식 트랩
　오리피스식, 디스크식 - 열역학적 트랩

핵심이론 증기트랩(Steam Trap)

1) 증기계통이나 증기관 방열기 등에서 고인 응축수(드레인)를 연속 응축수탱크로 배출시키는 기구
2) 증기트랩 종류
   (1) 기계적 트랩(응축수와 증기의 비중차) : 플로트식(레버, 프리), 버킷식(상향, 하향)
   (2) 온도조절트랩(응축수와 증기의 온도차) : 바이메탈식, 벨로즈식, 다이어프램식
   (3) 열역학적 트랩(응축수와 증기의 열역학적 특성차) : 오리피스식, 디스크식

02 굴뚝의 높이가 50 [m], 배기가스의 평균온도가 200 [℃], 비중량이 1.34 [kgf/Nm³], 외기의 온도는 25 [℃], 비중량이 1.29 [kgf/Nm³]일 때 이론통풍력 [mmH₂O]은 어떻게 되는가?

정답

20.40 [mmH₂O]

[해설]

$$Z = 273H \times \left[\frac{r_a}{T_a} - \frac{r_g}{T_g}\right]$$

$$Z = 273 \times 50 \times \left(\frac{1.29}{273.15+25} - \frac{1.34}{273.15+200}\right) = 20.40 [mmH_2O]$$

핵심이론 이론통풍력

1) 연돌의 이론통풍력

$$Z = 273H \times \left[\frac{r_a}{T_a} - \frac{r_g}{T_g}\right]$$

Z : 이론통풍력 [mmH₂O]
H : 연돌의 높이 [m]
r_a : 외기의 비중량 [kgf/m³]
r_g : 배기가스의 비중량 [kgf/m³]
T_a : 외기의 절대온도 [K]
T_g : 배기가스의 절대온도 [K]

2) 연돌의 높이

$$H = \frac{Z}{273\left(\frac{\gamma_a}{T_a} - \frac{\gamma_g}{T_g}\right)}$$

Z : 이론통풍력 [mmH₂O]
H : 연돌의 높이 [m]
r_a : 외기의 비중량 [kgf/m³]
r_g : 배기가스의 비중량 [kgf/m³]
T_a : 외기의 절대온도 [K]
T_g : 배기가스의 절대온도 [K]

03 에틸렌 20 [g]을 완전연소시키는 데 380 [g]의 공기가 소요되었다. 이때 다음 물음에 답하시오.

1) 연소반응식을 쓰시오.

2) 과잉공기량 [g]을 구하시오.

정답

1) $C_2H_4 + 3O_2 \rightarrow 2CO_2 + 2H_2O$
2) 84.44 [g]

[해설]

1) $C_2H_4 + 3O_2 \rightarrow 2CO_2 + 2H_2O$

2) 이론산소량 = $\dfrac{3 \times 32}{28} \times 20 = 68.57 [g]$

   이론공기량 = $\dfrac{O_0}{0.232} = \dfrac{68.57}{0.232} = 295.56 [g]$

   과잉공기량 = 실제공기량 - 이론공기량 = 380 - 295.56 = 84.44 [g]

핵심이론 공기량

1) 질량 기준 계산식

$$A_o = \dfrac{O_o}{0.232} [kg/kg]$$

O_o : 연료 1 [kg]을 연소시키는 데 필요한 이론 산소량 [kg/kg]
0.232 : 공기 중 산소의 질량비

2) 체적 기준 계산식

$$A_o = \dfrac{O_o}{0.21} [Nm^3/kg]$$

O_o : 연료 1 [kg]을 연소시키는 데 필요한 이론 산소량 [Nm³/kg]
0.21 : 공기 중 산소의 부피비

---

04 강판의 두께가 15 [mm]이고 리벳의 직경이 50 [mm]이며, 피치 80 [mm]의 1줄 겹치기 리벳조인트방식이 있다. 강판의 효율 [%]을 구하시오.

정답

37.5 [%]

[해설]

$\eta = \dfrac{p-d}{p} = 1 - \dfrac{d}{p} = 1 - \dfrac{50}{80} = 0.375$ ∴ 37.5 [%]

핵심이론 | 강판의 효율

$$\eta = \frac{p-d}{p} = 1 - \frac{d}{p}$$

η : 효율
p : 관 구멍의 피치 [mm]
d : 관 구멍의 지름 [mm]

용어 피치(p) : 인접한 두 구멍 중심 사이의 거리

---

05 보일러 자동제어에서 제어량 및 조작량의 항목을 각각 쓰시오.

자동제어 명칭	제어량	조작량
증기온도제어(STC)	증기온도	①
②	증기압력, 노내압	③
④	⑤	급수량

정답

① 전열량
② 자동연소제어(ACC)
③ 연료량, 공기량, 연소가스량
④ 자동급수제어(FWC)
⑤ 보일러수위

핵심이론 자동제어

1) ACC(자동연소제어, Automatic Combustion Control)
   (1) 연소제어는 보일러의 증기압력이나 온도를 일정하게 유지하기 위하여 연소량을 조절하는 제어이다.
   (2) 보일러의 부하 변동에 따라 연료와 공기량을 자동으로 조절하여 증기 압력을 일정하게 유지시키는 장치이다.
   (3) 보일러의 효율을 높이고, 대기오염을 방지하는 데 중요한 역할을 한다.
2) FWC(자동급수제어, Automatic Feed Water Control)
   (1) 보일러의 부하변동과 관계없이 보일러의 수위를 항상 일정하게 유지시키기 위하여 급수량을 자동적으로 제어하는 것
   (2) 제어량 : 보일러수위, 조작량 : 급수량
3) STC(증기온도제어, Steam Temperature Control)
   (1) 보일러로부터 발생한 증기의 온도를 일정하게 유지시키기 위하여 전열량을 제어하는 것
   (2) 제어량 : 증기온도, 조작량 : 전열량

06 제품을 실제로 사용하지 않는 상태에서 소비되는 전력을 무엇이라 하는지 쓰시오.

> **정답**
> 대기전력

07 비열이 작은 물질의 성질을 이용하여, 저압에서 250 [℃] 이상의 고온 증기를 발생시키는 특수 보일러의 명칭을 쓰시오.

> **정답**
> 열매체보일러

핵심이론 강판의 효율

$$\eta = \frac{p-d}{p} = 1 - \frac{d}{p}$$

η : 효율
p : 관 구멍의 피치 [mm]
d : 관 구멍의 지름 [mm]

용어 피치(p) : 인접한 두 구멍 중심 사이의 거리

---

05 보일러 자동제어에서 제어량 및 조작량의 항목을 각각 쓰시오.

자동제어 명칭	제어량	조작량
증기온도제어(STC)	증기온도	①
②	증기압력, 노내압	③
④	⑤	급수량

정답

① 전열량
② 자동연소제어(ACC)
③ 연료량, 공기량, 연소가스량
④ 자동급수제어(FWC)
⑤ 보일러수위

핵심이론 자동제어

1) ACC(자동연소제어, Automatic Combustion Control)
   (1) 연소제어는 보일러의 증기압력이나 온도를 일정하게 유지하기 위하여 연소량을 조절하는 제어이다.
   (2) 보일러의 부하 변동에 따라 연료와 공기량을 자동으로 조절하여 증기 압력을 일정하게 유지시키는 장치이다.
   (3) 보일러의 효율을 높이고, 대기오염을 방지하는 데 중요한 역할을 한다.
2) FWC(자동급수제어, Automatic Feed Water Control)
   (1) 보일러의 부하변동과 관계없이 보일러의 수위를 항상 일정하게 유지시키기 위하여 급수량을 자동적으로 제어하는 것
   (2) 제어량 : 보일러수위, 조작량 : 급수량
3) STC(증기온도제어, Steam Temperature Control)
   (1) 보일러로부터 발생한 증기의 온도를 일정하게 유지시키기 위하여 전열량을 제어하는 것
   (2) 제어량 : 증기온도, 조작량 : 전열량

06 제품을 실제로 사용하지 않는 상태에서 소비되는 전력을 무엇이라 하는지 쓰시오.

> **정답**
>
> 대기전력

07 비열이 작은 물질의 성질을 이용하여, 저압에서 250 [℃] 이상의 고온 증기를 발생시키는 특수 보일러의 명칭을 쓰시오.

> **정답**
>
> 열매체보일러

핵심이론 　특수 열매체보일러

1) 물 대신 특수유체를 사용하여 낮은 압력에서 고온의 증기 및 고온도의 액체를 공급하기 위해 사용하는 보일러이다.
2) 유체(열매체)의 종류 : 수은, 다우섬, 모빌섬, 카네크롤, 세큐리티
3) 특징
   (1) 급수처리장치 및 청관제 주입장치가 필요 없다.
   (2) 부식이 잘 되지 않으므로 내용연수가 길다.
   (3) 겨울철에도 동결의 우려가 없다.
   (4) 열매체들은 대부분 석유정제과정에서 얻어지는 것으로 인화성 및 인체에 해를 주기 때문에 안전밸브를 밀폐식 구조로 해야 한다.
   (5) 낮은 압력(0.2 [MPa])에서 고온의 증기(250 ~ 300 [℃])를 얻을 수 있다.
   (물로 300 [℃] 증기를 얻기 위해서는 8 [MPa] 정도의 압력이 필요함)

08 보일러 운전 시 점화불량의 원인을 5가지 쓰시오.

정답

- 공기비의 조정불량
- 연료가 없는 경우
- 연료필터가 막힌 경우
- 댐퍼의 작동 불량
- 연료의 온도가 너무 높은 경우
- 연소실의 온도가 낮은 경우
- 연료분사노즐이 막힌 경우
- 점화플러그 불량

09 보온재(단열재)의 구비조건 5가지를 쓰시오.

정답

- 흡수성이 적을 것
- 장기간 사용 시 변질되지 않을 것
- 견고하고 시공이 유리할 것
- 열전도율이 작을 것
- 비중이 작을 것
- 다공성일 것

핵심이론 보온재의 구비조건

1) 열전도율이 작을 것
2) 부피, 비중이 작을 것
3) 불연성이고 흡수성, 흡습성이 없을 것
4) 사용온도에 있어 내구성이 있고 변질되지 않을 것
5) 다공성이며, 기공이 균일할 것
6) 기계적 강도가 크고, 시공성이 좋을 것
7) 안전사용온도 범위 내에 있을 것
8) 구입이 쉽고 장시간 사용해도 변질이 없을 것

10 두께 150 [mm]인 적벽돌과 100 [mm]인 단열벽돌로 구성되어 있는 내화벽돌의 노벽이 있다. 적벽돌과 단열벽돌의 열전도율은 각각 1.4 [W/m·℃], 0.07 [W/m·℃]일 때 단위면적당 손실열량은 약 몇 [W/m²]인가? (단, 노 내 벽면의 온도는 800 [℃]이고, 외벽면의 온도는 100 [℃]이다)

정답

456 [W/m²]

[해설]

$$K = \frac{1}{R} = \frac{1}{\frac{l_1}{\lambda_1} + \frac{l_2}{\lambda_2}} = \frac{1}{\frac{0.15}{1.4} + \frac{0.1}{0.07}} \fallingdotseq 0.65$$

$$q = \frac{Q}{A} = K\Delta t = 0.65 \times (800 - 100) \fallingdotseq 456$$

핵심이론 열전달

1) 열손실량

$$Q = KA\Delta t\,[W]$$

K : 열관류(통과)계수 [W/m² · K]
A : 전열면적 [m²]
Δt : 온도차이 [K]

2) 열유속(流俗) : 단위면적당 흐르는 열량

$$q = \frac{Q}{A} = \frac{KA\Delta t}{A} = K\Delta t\,[W/m^2]$$

K : 열관류(통과)계수 [W/m² · K]
A : 전열면적 [m²]
Δt : 온도차이 [K]

3) 열관류(통과)계수 : 단위면적당 단위온도차에 의해 전달되는 열량

$$K = \frac{1}{R} = \frac{1}{\frac{1}{\alpha_1} + \frac{\ell}{\lambda} + \frac{1}{\alpha_2}}\,[W/m^2 \cdot K]$$

K : 열관류율 [W/m² · K]
R : 열저항 [m² · K/W]
ℓ : 재료의 두께 [m]
λ : 열전도율 [W/m · K]
α_1 : 내측 유체 열전달률 [W/m² · K]
α_2 : 외측 유체 열전달률 [W/m² · K]

11 판형 열교환기의 단점 3가지를 쓰시오.

정답

- 개스킷의 밀봉 불량으로 누설 가능성이 있다.
- 판 사이에서 유속 불균형과 오염으로 압력 강하가 발생할 수 있다.
- 유동저항이 상대적으로 큰 편이다.

핵심이론 폐열회수 열교환기 중 판형 열교환기의 장단점

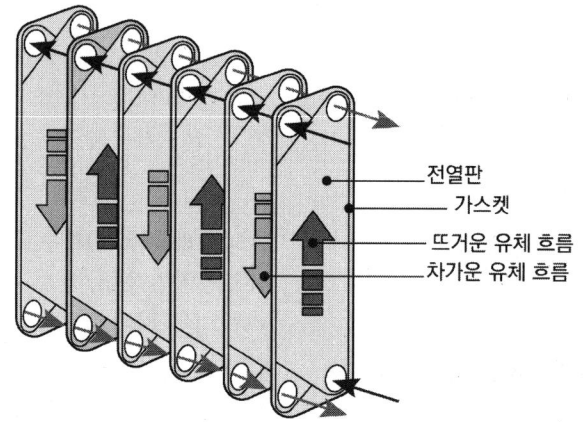

1) 장점
   (1) 구조상 전열면적이 판 형태로 넓기 때문에 높은 열전달 능력을 가지고 있다.
   (2) 판의 매수 조절이 가능하여 전열면적의 증감에 용이하다.
   (3) 시공이 간편하다.
   (4) 전열면의 청소와 조립이 간단하다.
   (5) 현장에서 제작이 가능하고, 좁은 공간에 설치가 가능하다.
   (6) 고점도유체에도 적용 가능하다.
2) 단점
   (1) 구조상 판 표면과 유체의 마찰에 의한 압력손실이 크다.
   (2) 온도변화가 크거나 압력이 큰 곳에서는 내압성이 낮아 사용이 불가능하다.

12 송풍기와 펌프가 내장된 버너를 무엇이라 하는가?

정답

건타입 버너

실전 모의고사 제8회

1회독	시간 :	점수 :
2회독	시간 :	점수 :
3회독	시간 :	점수 :

01 미리 정해진 순서에 따라 제어동작을 수행하며 조작에 의해 정정이 불가능한 제어를 무엇이라 하는가?

정답

시퀀스제어(Sequence Control)

핵심이론 | 제어방식

1) 시퀀스제어
   (1) 미리 정해진 순서에 따라 순차적으로 진행하는 제어방식으로 작업자의 개입이 필요하지 않다.
   (2) 특징
      ① 복잡한 작업도 순차적으로 진행할 수 있다.
      ② 작업의 효율성을 높일 수 있다.
      ③ 주로 산업용 자동차 분야에서 사용되며 공정제어, 설비제어, 검사제어 등에 사용된다.
2) 피드백제어
   (1) 현재의 상태를 측정하여 원하는 상태와의 차이를 피드백으로 받아 제어하는 방식이다.
   (2) 출력 측의 신호를 입력 측에 되돌려주어 출력 측의 신호와 목푯값의 차이를 오차라고 하며 오차를 줄이기 위하여 제어량을 조절한다.
   (3) 특징
      ① 고액의 설비비가 요구된다.
      ② 운영하는 데 비교적 고도의 기술이 요구된다.
      ③ 구조가 복잡하므로 부분적으로 고장이 있으면 전체 생산에 영향을 미친다.
      ④ 수리가 비교적 어렵다.
      ⑤ 출력값을 목푯값에 맞추는 데 효과적이다.
      ⑥ 외부 요인에 의한 영향을 줄일 수 있다.

02 판형 열교환기의 장점을 3가지 쓰시오.

정답
- 구조상 전열면적이 판 형태로 넓기 때문에 높은 열전달 능력을 가지고 있다.
- 판의 매수 조절이 가능하여 전열면적의 증감에 용이하다.
- 시공이 간편하다.
- 전열면의 청소와 조립이 간단하다.
- 현장에서 제작이 가능하고, 좁은 공간에 설치가 가능하다.
- 고점도유체에도 적용 가능하다.

핵심이론 폐열회수 열교환기 중 판형 열교환기의 장단점

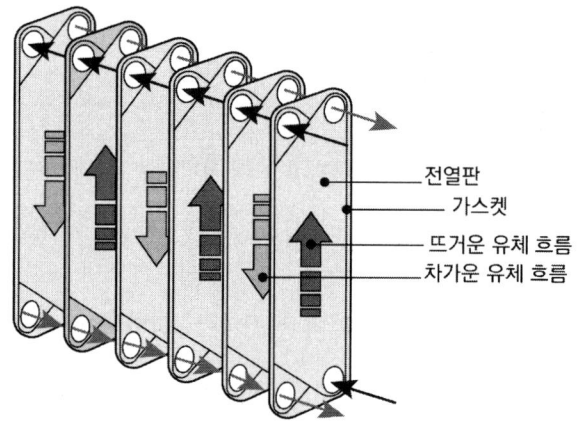

1) 장점
   (1) 구조상 전열면적이 판 형태로 넓기 때문에 높은 열전달 능력을 가지고 있다.
   (2) 판의 매수 조절이 가능하여 전열면적의 증감에 용이하다.
   (3) 시공이 간편하다.
   (4) 전열면의 청소와 조립이 간단하다.
   (5) 현장에서 제작이 가능하고, 좁은 공간에 설치가 가능하다.
   (6) 고점도유체에도 적용 가능하다.
2) 단점
   (1) 구조상 판 표면과 유체의 마찰에 의한 압력손실이 크다.
   (2) 온도변화가 크거나 압력이 큰 곳에서는 내압성이 낮아 사용이 불가능하다.

03 두께가 1 [mm]의 금속판 사이에 단열재를 충진한 냉장고 벽이 있다. 외기온도 25 [℃]이고 냉장고 내부는 3 [℃]로 유지될 때, 냉장고 외벽표면에 대기 중의 수분이 응축되어 이슬이 맺히지 않도록 하기 위한 단열재의 최소두께는 몇 [mm]인가? (단, 금속판의 열전도율이 15 [W/m·K], 단열재의 열전도율은 0.035 [W/m·K], 벽 내측 대류열전달률 5 [W/m²·K], 벽 외측 대류열전달률 10 [W/m²·K]이며 냉장고 외부 표면온도는 20 [℃]이다)

정답

4.895 [mm]

[해설]

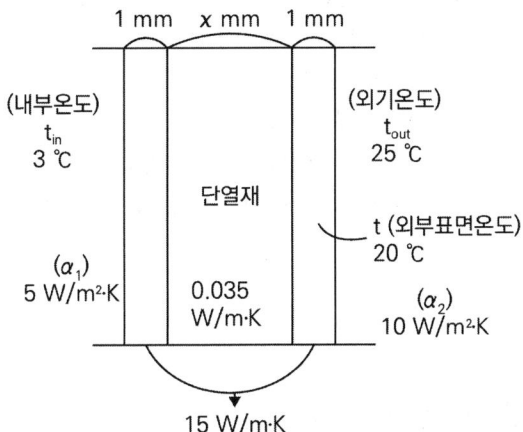

열량은 연속적으로 전달되므로

$Q_1 = Q_2$

$KA(t_{out} - t_{in}) = \alpha_2 A(t_{out} - t)$

열통과계수는 $K = \dfrac{1}{R} = \dfrac{1}{\dfrac{1}{\alpha_1} + \dfrac{L}{\lambda} + \dfrac{1}{\alpha_2}}$ [$W/m^2 \cdot K$]이므로

$\dfrac{1}{\dfrac{1}{5} + \dfrac{0.001}{15} + \dfrac{x}{0.035} + \dfrac{0.001}{15} + \dfrac{1}{10}}(25-3) = 10 \times (25-20)$

$x = 0.004895 [m] = 4.895 [mm]$

핵심이론 열전달

1) 열손실량

$$Q = KA\Delta t\,[W]$$

K : 열관류(통과)계수 [W/m²·K]
A : 전열면적 [m²]
Δt : 온도차이 [K]

2) 열유속(流俗) : 단위면적당 흐르는 열량

$$q = \frac{Q}{A} = \frac{KA\Delta t}{A} = K\Delta t\,[W/m^2]$$

K : 열관류(통과)계수 [W/m²·K]
A : 전열면적 [m²]
Δt : 온도차이 [K]

3) 열관류(통과)계수 : 단위면적당 단위온도차에 의해 전달되는 열량

$$K = \frac{1}{R} = \frac{1}{\frac{1}{\alpha_1} + \frac{\ell}{\lambda} + \frac{1}{\alpha_2}}\,[W/m^2\cdot K]$$

K : 열관류율 [W/m²·K]
R : 열저항 [m²·K/W]
ℓ : 재료의 두께 [m]
λ : 열전도율 [W/m·K]
α_1 : 내측 유체 열전달률 [W/m²·K]
α_2 : 외측 유체 열전달률 [W/m²·K]

---

04 가마 바닥에 여러 개의 흡입공이 설치되어 있는 가마는 무엇인가?

정답

도염식 가마(꺾임불꽃 가마)

핵심이론 도염식 요(Down Draft Kiln) - 꺾임 불꽃가마

1) 연소불꽃이 천장에 부딪힌 다음 바닥의 흡입구멍을 통해 배출되는 구조
2) 가마 내 온도가 균일하다.
3) 연료소비가 적다.
4) 흡입공기구멍, 화교(Fire Bridge) 등이 있다.
5) 가마내기 재임이 편리하다.
6) 도자기, 내화벽돌 제조에 쓰인다.

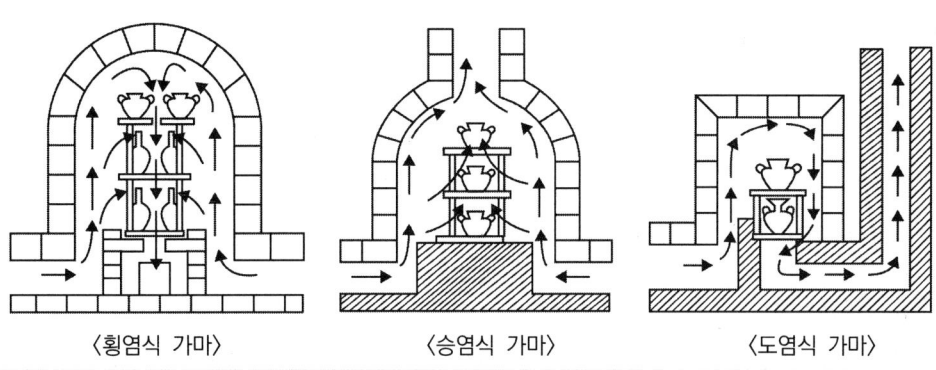

⟨횡염식 가마⟩　　⟨승염식 가마⟩　　⟨도염식 가마⟩

05 냉동기가 저온체에서 300 [kW]의 열을 흡수하여 고온체로 400 [kW]의 열을 방출한다. 이 냉동기의 성능계수는 얼마인지 구하시오.

정답

3

[해설]

$$COP_r = \frac{Q_2}{W} = \frac{Q_2}{Q_1 - Q_2} = \frac{300}{400 - 300} = \frac{300}{100} = 3$$

핵심이론 성능계수

1) 냉동기의 성능계수

$$\epsilon_R = \frac{Q_2}{Q_1 - Q_2} = \frac{Q_2}{W_c}$$

Q_1 : 방출되는 열량
Q_2 : 흡수한 열량
W_c : 시스템에 공급한 일

2) 열펌프의 성능계수

$$\epsilon_H = \frac{Q_1}{Q_1 - Q_2} = \frac{Q_1}{W_c} = 1 + \epsilon_R$$

Q_1 : 방출되는 열량
Q_2 : 흡수한 열량
W_c : 시스템에 공급한 일

06 도자기를 소성할 수 있는 요의 종류를 3가지 쓰시오.

정답

터널요, 셔틀요, 머플요, 등요

핵심이론 요로의 분류

1) 요로 : 재료를 가열하여 물리적 및 화학적 성질을 변화시키는 가열장치로, 에너지를 다량으로 사용하여 숯, 도자기, 기와, 벽돌 따위를 구워내는 시설이다.
2) 제품
   (1) 시멘트 소성용 : 회전요, 윤요(輪窯), 선요
   (2) 도자기 제조용 : 터널요, 셔틀요, 머플요, 등요
   (3) 유리용융용 : 탱크로, 도가니로
   (4) 석회소성용 : 입식 요, 유동요, 평상원형요

07 과열기 설치 시 단점을 3가지 쓰시오.

정답

- 과열기의 가열표면 온도를 균일하게 유지하기가 곤란해진다.
- 고온부식의 발생원인이 된다.
- 심한 열응력이 발생한다.
- 연도 내의 통풍저항이 증대될 수 있다.

핵심이론 | 과열기(Super Heater)

1) 동에서 발생한 습포화증기의 수분을 제거한 후 압력은 올리지 않고 건도만 높인 후 온도를 올리는 기구
2) 과열기 부착 시 장점
   (1) 보일러 열효율 증대
   (2) 부식방지
   (3) 증기의 마찰손실 감소
3) 과열기 부착 시 단점
   (1) 가열표면의 온도를 일정하게 유지하기 힘들다.
   (2) 가열장치에 큰 열응력이 발생한다.
   (3) 과열기 표면에 고온부식이 발생하기 쉽다(고온부식을 일으키는 성분 : 바나듐).
   (4) 직접 가열 시 열손실이 증가한다.

08 감압밸브의 종류를 3가지 쓰시오.

정답
벨로즈형, 다이어프램형, 피스톤형

핵심이론 | 감압밸브

1) 증기 통로의 면적을 증감하여 유속의 변화를 일으켜 고압의 증기를 저압의 증기로 만드는 밸브이다.
2) 목적
   (1) 고압의 증기를 저압으로 만든다.
   (2) 고정적인 증기압력을 유지한다.
   (3) 고압, 저압 증기로 사용이 동시에 가능하다.
3) 작동방법에 의한 분류 : 벨로즈형, 다이어프램형, 피스톤형
4) 구조에 의한 분류 : 스프링식, 추식
5) 설치방법 : 감압밸브는 가능하면 사용처에 가깝게 설치

09 급수펌프로 많이 사용되고 있는 원심펌프의 종류를 2가지 쓰시오.

정답

볼류트(Volute) 펌프, 터빈(Turbine) 펌프

핵심이론 회전식(원심식) 급수펌프의 종류

1) 볼류트펌프 : 안내 날개가 없다.
2) 터빈펌프 : 안내 날개가 있다.

암 볼 터지면 안 돼

10 다음을 읽고 질문에 답하시오.
   1) 연료 속 황(S)이 연소 시 발생하는 부식명칭을 쓰시오.
   2) 위 부식을 방지하기 위한 방법 2가지를 쓰시오.

정답

1) 저온부식
2) • 첨가제를 사용하여 노점을 저하시킨다.
   • 황분이 적은 연료를 사용한다.
   • 황분을 제거한다.
   • 배기가스온도를 노점온도(170 [℃]) 이상으로 높게 유지한다.
   • 공기비를 적게 하여 연소가스 중의 산소를 감소시킨다.

핵심이론 저온부식

1) 황(S) : 발열량 증가, 대기오염의 원인, 저온부식의 원인, 연료의 질 저하
2) 저온부식방지방법
   (1) 첨가제를 사용하여 노점을 저하시킨다.
   (2) 황분이 적은 연료를 사용한다.
   (3) 황분을 제거한다.
   (4) 배기가스온도를 노점온도(170 [℃]) 이상으로 높게 유지한다.
   (5) 공기비를 적게 하여 연소가스 중의 산소를 감소시킨다.

TIP 저온부식의 원인 : 황, 고온부식의 원인 : 바나듐

11 급수펌프 설치 및 시공에 대한 물음에 답하시오.

1) 펌프 토출 측에 설치하여 물이 역류되는 것을 방지하는 밸브의 명칭을 쓰시오.

2) 이 밸브의 종류 2가지만 쓰시오.

정답
1) 체크밸브(Check Valve)
2) 스윙식, 리프트식, 디스크식

핵심이론 체크밸브(Check Valve)
1) 유체를 흐름 방향 한 쪽으로만 흐르게 하여 역류를 방지하는 역류방지밸브이다.
2) 체크밸브의 종류 : 스윙식, 리프트식, 디스크식

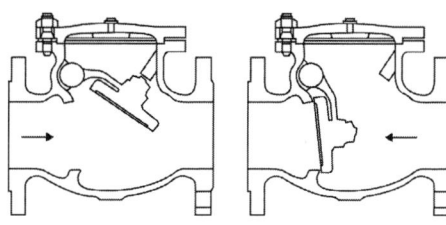

12 LNG의 주성분을 화학식으로 나타내시오.

정답
CH_4(메탄)

TIP 대부분은 메탄으로 이루어져 있으며 에탄도 소량 포함되어 있다.

실전 모의고사 제9회

1회독	시간 :	점수 :
2회독	시간 :	점수 :
3회독	시간 :	점수 :

01 대향류형 열교환기가 있다. 고온 측 유체가 80 [℃]로 들어가 50 [℃]로 나오고, 저온 측 유체가 20 [℃]로 들어가 40 [℃]로 나올 때 전열면적은 몇 [m²]인가? (열관류율은 25 [W/m²·K], 전열량은 15000 [W]이다)

정답

17.26 [m²]

[해설]

$\Delta t_1 = 80 - 40 = 40\,[℃]$, $\Delta t_2 = 50 - 20 = 30\,[℃]$

$$LMTD = \frac{\Delta t_1 - \Delta t_2}{\ln\left(\dfrac{\Delta t_1}{\Delta t_2}\right)} = \frac{40 - 30}{\ln\dfrac{40}{30}} = 34.76\,[℃]$$

$Q = KA(LMTD)$

$$A = \frac{Q}{K(LMTD)} = \frac{15000\,[W]}{25\,[W/m^2 \cdot ℃] \times 34.76\,[℃]} = 17.26\,[m^2]$$

핵심이론 LMTD

$$LMTD = \frac{\Delta t_1 - \Delta t_2}{\ln\dfrac{\Delta t_1}{\Delta t_2}}$$

α_i : 내측 열전달계수 [W/m²·K]
α_o : 외측 열전달계수 [W/m²·K]
λ : 물질의 열전도계수 [W/m·K]
l : 물질의 두께 [m]

1) 대향류(향류형) : 두 유체가 서로 반대 방향으로 흐르면서 열을 교환하는 방식

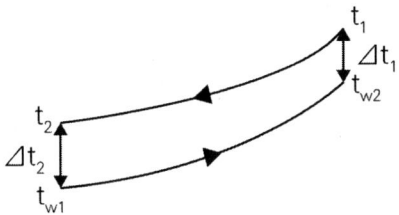

- $\Delta t_1 = t_1 - t_{w2}, \Delta t_2 = t_2 - t_{w1}$

2) 평행류(병류형) : 두 유체가 같은 방향으로 흐르면서 열을 교환하는 방식

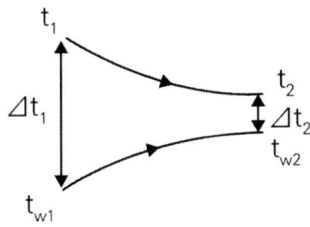

- $\Delta t_1 = t_1 - t_{w1}, \Delta t_2 = t_2 - t_{w2}$

3) 전열량

$$Q = KA(LMTD)[W] = KA\Delta t$$

K : 열통과율(열관류율)
A : 전열면적

02 편차를 제거할 수 있는 동작 3가지를 쓰시오.

[정답]

적분제어(I제어), 비례적분제어(PI제어), 비례적분미분제어(PID제어)

핵심이론 제어동작

1) PID동작(Proportional - Integral - Derivative : 비례(P), 적분(I), 미분(D)(연속제어방식) : 산업에서 사용하는 가장 일반적인 제어방식이다.
2) 비례적분(PI)동작 : 비례제어(P제어)에서 발생하는 잔류편차(Off - set)를 없애주는 것이 적분제어(I제어)로, 두 동작의 장점을 조합한 제어동작이다.
   (1) 부하 변화가 커도 잔류편차가 생기지 않는다.
   (2) 급변할 때 큰 진동이 생긴다.
   (3) 전달 느림이나 쓸모없는 시간이 크면 사이클링의 주기가 커진다.
3) 비례적분미분(PID)동작 : 잔류편차를 제거(I)하여 응답시간이 가장 빠르며(P) 진동이 제거되는(D) 제어방식
4) 비례(P)동작 : 현재의 오차에 비례하여 출력을 조정하는 동작
   (1) 오차가 클수록 출력이 크게 조정된다.
   (2) 출력 변화가 편차에 비례하는 동작이다.
   (3) 단독으로 사용하지 않고 다른 동작과 조합하여 사용한다.
5) 적분(I)동작 : 오차의 누적값에 비례하여 출력을 조정하는 동작
   (1) 오차가 계속 누적되면 출력이 점점 커진다.
   (2) 출력 변화의 속도가 편차에 비례한다.
   (3) 진동하는 경향이 있고, 급변 시 큰 진동이 발생하며 안정성이 떨어진다.
   (4) 잔류 편차(오프셋)을 없애준다.
6) 미분(D)동작 : 오차의 변화율에 비례하여 출력을 조정하는 동작
   (1) 오차가 빠르게 변할수록 출력이 크게 조정된다.
   (2) 출력 변화가 편차의 변화속도에 비례하는 동작이다.

03 공기비가 1.2일 때 메탄 100 [Sm^3]을 완전연소시키는 데 필요한 공기량은 몇 [Sm^3]인지 계산하시오.

[정답]

1142.86 [Sm³]

[해설]

메탄의 완전연소반응식

$CH_4 + 2O_2 \rightarrow CO_2 + 2H_2O$

- 이론산소량 $O_o = 2 \times 100$

- 이론공기량 $A_0 = \dfrac{O_o}{0.21} = \dfrac{2 \times 100}{0.21}$

- 실제공기량 $A = mA_o = \dfrac{2 \times 100 \times 1.2}{0.21} = 1142.86$ [Sm³]

핵심이론 공기량

1) 질량 기준 계산식

$$A_o = \dfrac{O_o}{0.232} \text{[kg/kg]}$$

O_o : 연료 1 [kg]을 연소시키는 데 필요한 이론 산소량 [kg/kg]
0.232 : 공기 중 산소의 질량비

2) 체적 기준 계산식

$$A_o = \dfrac{O_o}{0.21} \text{[Nm}^3\text{/kg]}$$

O_o : 연료 1 [kg]을 연소시키는 데 필요한 이론 산소량 [Nm³/kg]
0.21 : 공기 중 산소의 부피비

3) 연소반응식

일반식 $C_aH_b + \left(a + \dfrac{b}{4}\right)O_2 \rightarrow aCO_2 + \dfrac{b}{2}H_2O$

암 애사비

04 다음 배관기호를 그리시오.

1) 용접이음

2) 플랜지이음

3) 유니온

정답

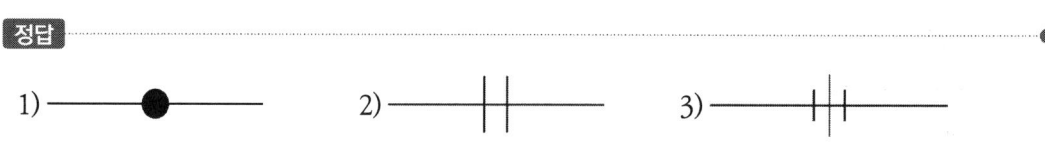

핵심이론 ▶ 배관이음표시

이음종류	연결방법	도시기호	이음종류	연결방법	도시기호
배관이음	나사이음	─┼─	신축이음	루프형	─⌒─
	용접이음(납땜이음)	─●─		슬리브형	─[▭]─
	플랜지이음	─┼┼─		벨로즈형	─/\/\─
	유니온	─┼┼┼─		스위블형	(스위블형 기호)
	턱걸이이음	─⊃─			

05 압궤현상에 대해 설명하시오.

정답
과열된 노통이나 화실 천정부가 외부 압력에 의해 내부로 눌려 형태가 변형되는 현상이다.

핵심이론 ▶ 보일러현상
1) 점식 : 부식의 일종으로 전기화학적 기구에서 특정의 소부분에 접점이 구멍 모양의 오목부가 생기는 부식으로 진행속도가 빠르다.
2) 블리스터 : 화염에 접촉하는 라미네이션 부분이 가열로 인하여 부풀어 오르는 팽출현상이 생기는 것을 말한다.
3) 압궤 : 노통이나 화실과 같은 원통 부분이 외측으로부터의 압력을 견디지 못하고 안쪽으로 짓눌려 찌그러져 찢어지는 현상을 이야기한다.

4) 팽출 : 인장응력을 받는 부분이 국부과열로 의하여 강도가 저하되어 압력을 견딜 수 없게 되면서 바깥쪽으로 볼록하게 부풀어 튀어나오는 현상
5) 라미네이션 : 대상이 되는 물체에 1겹 이상의 얇은 레이어를 덧씌워 표면을 보호하고 강도와 안정성을 높이는 기술이다.
6) 일반부식(균일부식) : pH가 높거나 용존산소가 많이 함유되어 있을 때 금속의 표면적이 넓은 국부 부분 전체에 대체로 같은 모양으로 발생하는 부식이다.
7) 가성취화 : 보일러수의 알칼리도가 높은 경우에 리벳이음판의 중첩부의 틈새 사이나 리벳 머리의 아래쪽에 보일러수가 침입하여 알칼리 성분이 가열에 의해 농축되고, 이 알칼리와 이음부 등의 반복 응력의 영향으로 재료의 결정 입계에 따라 균열이 생기는 열화 현상이다.
8) 수소취화(Hydrogen Embrittlement) : 금속이 수소원자를 포함하는 수용액 또는 가스분위기 중에 놓여 있을 때 금속 내부에 수소가 확산 침입함으로써 연성이 저하하고 취약하게 되는 현상을 말하며, 균열을 동반하는 부식이다.

06 보일러에서 점화가 잘 이뤄지지 않는 이유를 5가지 쓰시오

정답
- 연료의 노즐이 막혀있는 경우
- 전압에 이상이 있는 경우
- 버너의 무화불량
- 공기비 조정 불량
- 부품에 이상이 있는 경우

07 배기가스 중 분진 입자를 대전시켜 대전입자를 가스와 분리하는 형식의 집진장치를 무엇이라 하는가?

정답
전기식 집진장치

핵심이론 전기식 집진장치

1) 분진을 코로나(Corona) 방전에 의하여 하전시키고, 쿨롱(Coulomb)힘을 이용하여 집진하는 방식이다.
2) 현재까지 가장 많이 사용하고 있는 집진장치로서 집진효율도 높다.
3) 형식의 분류 : 하전형식 및 건식, 습식
4) 습식은 건식에 비해 집진극 면이 깨끗하여 항상 강전계를 이루며 처리가스속도도 2배 이상 높일 수 있다.
5) 습식은 대량의 폐기물(슬러지)을 생성하는 문제가 있다.
6) 배기가스의 온도는 500 [℃] 전후이다.
7) 폭발성 가스까지 처리된다.
8) 각종 공기조화장치나 제약회사, 병원의 수술실 등에서 많이 이용된다.
9) 집진효율이 99.9 [%] 이상이다.
10) 전기집진장치에서 포집입자의 직경은 0.1 [μm] 이하의 미세입자까지도 포집이 가능하다.
11) 미세입자의 포집도 가능하다.
12) 압력손실이 적어 송풍기에 따른 동력비가 적게 든다.
13) 낮은 압력손실로 대량의 가스처리가 가능하다.
14) 처리가스량이 많아 경제적이어서 대용량의 고성능 집진장치로서 많이 이용된다.
15) 전기집진기를 통과할 때 다이옥신이 생성된다.
16) 처리가스의 속도가 크면 재비산이 발생한다.
17) 건식에서는 1 ~ 2 [m/s] 이하로 정한다. 이 범위에서는 하전시간이 많을수록 더욱 집진효율이 높아진다.
18) 고전압장치 및 정전설비를 갖추어야 한다.
19) 시설비가 매우 많이 든다.

---

08 수관, 드럼, 갤로웨이관 등에서 발생하는 팽출현상에 대해 설명하시오.

> **정답**
> 과열로 인해 금속 강도가 약해진 부분이 내부 압력으로 인해 바깥쪽으로 부풀어 오르는 현상이다.

핵심이론 보일러현상

1) 점식 : 부식의 일종으로 전기화학적 기구에서 특정의 소부분에 접점이 구멍 모양의 오목부가 생기는 부식으로 진행속도가 빠르다.
2) 블리스터 : 화염에 접촉하는 라미네이션 부분이 가열로 인하여 부풀어 오르는 팽출현상이 생기는 것을 말한다.
3) 압궤 : 노통이나 화실과 같은 원통 부분이 외측으로부터의 압력을 견디지 못하고 안쪽으로 짓눌려 찌그러져 찢어지는 현상을 이야기한다.
4) 팽출 : 인장응력을 받는 부분이 국부과열로 의하여 강도가 저하되어 압력을 견딜 수 없게 되면서 바깥쪽으로 볼록하게 부풀어 튀어나오는 현상이다.
5) 라미네이션 : 대상이 되는 물체에 1겹 이상의 얇은 레이어를 덧씌워 표면을 보호하고 강도와 안정성을 높이는 기술이다.
6) 일반부식(균일부식) : pH가 높거나 용존산소가 많이 함유되어 있을 때 금속의 표면적이 넓은 국부 부분 전체에 대체로 같은 모양으로 발생하는 부식이다.
7) 가성취화 : 보일러수의 알칼리도가 높은 경우에 리벳이음판의 중첩부의 틈새 사이나 리벳 머리의 아래쪽에 보일러수가 침입하여 알칼리 성분이 가열에 의해 농축되고, 이 알칼리와 이음부 등의 반복 응력의 영향으로 재료의 결정 입계에 따라 균열이 생기는 열화 현상이다.
8) 수소취화(Hydrogen Embrittlement) : 금속이 수소원자를 포함하는 수용액 또는 가스분위기 중에 놓여 있을 때 금속 내부에 수소가 확산 침입함으로써 연성이 저하하고 취약하게 되는 현상을 말하며, 균열을 동반하는 부식이다.

09 복도나 현관에 설치된 센서등의 동작 원리를 설명하시오.

정답

센서등은 움직이는 물체에서 발생하는 적외선을 감지하여 점등하며, 적외선 변화나 움직임을 포착하는 방식으로 동작한다.

10 보일러의 부르동관 압력계에 부착된 사이폰관 내에 물이 채워져 있는 이유를 쓰시오.

> **정답**
>
> 압력계의 증기가 직접 들어가서 부르동관이 파손되는 것을 방지하기 위해서 물이 채워져 있는 것이다.

핵심이론 사이폰관(Siphon Pipe)을 부착하는 압력계 : 부르동관식

사이폰관 : 배관에 압력계 설치 시 배관과 압력계 사이의 연결관을 굽혀 놓은 관
1) 부착 이유 : 고온의 증기 침입을 막아 압력계의 보호 및 오차방지
2) 사이폰관 안지름의 크기 : 6.5 [mm] 이상
3) 사이폰관 속에 들어 있는 유체 : 물

11 15.2 [kW]의 증기원동소가 시간당 2 [kg]의 연료를 사용하고 있다. 연료의 발열량이 41900 [kJ/kg]일 때 이 증기원동소의 열효율 [%]을 구하시오.

> **정답**
>
> 65.30 [%]
>
> **[해설]**
>
> 열효율$(\eta) = \dfrac{\text{유효열}}{\text{입열}} \times 100 \, [\%] = \dfrac{15.2 \, [kW] \times 3600 \, [s/h]}{41900 \, [kJ/kg] \times 2 \, [kg/h]} \times 100 \, [\%] = 65.30 \, [\%]$
>
> **TIP** 1 [kW] = 3600 [kJ/h]

핵심이론 입·출열법

보일러에 들어간 열(입열)과 실제로 나온 열(출열)을 비교해 효율을 구하는 방법

$$\text{열효율}(\eta) = \frac{\text{유효열}}{\text{입열}} \times 100 \, [\%]$$

$$= \frac{G(h'' - h')}{G_f \times H}$$

G : 실제증발량 [kg/h]
h'' : 발생증기 엔탈피 [kJ/kg]
h' : 급수 엔탈피 [kJ/kg]
G_f : 연료 사용량 [kg/h]
H : 발열량 [kJ/kg]

12 증기배관 내에 생긴 응축수 캐리오버현상에 의해 증기배관으로 배출된 물방울이 증기의 압력으로 배관 벽에 충격을 주어 소음을 발생시키는 현상을 무엇이라 하는지 쓰시오.

정답
수격작용(Water Hammering)

핵심이론 수격작용

1) 수격작용(Water Hammering)
  펌프에서 물을 압송하고 있을 때 정전 등으로 급히 펌프가 멈춘 경우와 수량조절밸브를 급히 개폐한 경우 등 관 내의 유속이 급변하면서 물에 심한 압력 변화가 생기는 현상이다.
2) 수격작용(워터해머)을 방지하기 위한 순서
  (1) 증기를 집어넣는 측의 주 증기관, 증기배관 등에 있는 밸브를 만개하고 드레인을 완전 배출한다.
  (2) 주 증기관 내에 소량의 증기를 통하여 관을 따뜻하게 한다.
  (3) 난관이 순조롭게 된 다음 주 증기밸브를 처음에는 약간 열고 다음에 단계적으로 서서히 연다.

실전 모의고사 제10회

01 열전도율이 0.1 [W/m·K], 두께가 20 [cm]인 내화벽돌을 통한 열유속으로 인한 온도차가 200 [℃]인 곳에 열전도율이 0.2 [W/m·K]인 단열벽돌을 시공하였더니 온도차가 400 [℃]로 나타났다. 내화벽돌과 단열벽돌의 열유속이 동일할 때 단열벽돌의 두께는 몇 [m]인가?

정답

0.8 [m]

[해설]

$$Q = \frac{\lambda}{L} A \Delta T [W]$$

$$Q_1 = Q_2 \rightarrow \frac{0.1}{0.2} \times 200 = \frac{0.2}{x} \times 400 \quad \therefore x = 0.8 \text{ [m]}$$

핵심이론 열전달

1) 열손실량

$$Q = KA\Delta t [W]$$

K : 열관류(통과)계수 [W/m²·K]
A : 전열면적 [m²], Δt : 온도차이 [K]

2) 열유속(流俗) : 단위면적당 흐르는 열량

$$q = \frac{Q}{A} = \frac{KA\Delta t}{A} = K\Delta t [W/m^2]$$

K : 열관류(통과)계수 [W/m²·K]
A : 전열면적 [m²], Δt : 온도차이 [K]

3) 열관류(통과)계수 : 단위면적당 단위온도차에 의해 전달되는 열량

$$K = \frac{1}{R} = \frac{1}{\frac{1}{\alpha_1} + \frac{\ell}{\lambda} + \frac{1}{\alpha_2}} [W/m^2 \cdot K]$$

K : 열관류율 [W/m²·K]
R : 열저항 [m²·K/W]
ℓ : 재료의 두께 [m], λ : 열전도율 [W/m·K]
α_1 : 내측 유체 열전달률 [W/m²·K]
α_2 : 외측 유체 열전달률 [W/m²·K]

02 오일프리히터의 사용 열원은 무엇인가?

정답

전기   **용어** 오일프리히터 : 연료유의 점도를 낮추기 위해 전기열을 이용해 예열하는 장치

03 어떠한 냉동기의 성적계수가(COP)가 3.7이다. 입력되는 전력이 시간당 100 [kW]라면 냉방 출력은 몇 [kcal/h]인지 계산하시오.

정답

318200 [kcal/h]

[해설]

$\epsilon_R = \dfrac{Q_2}{Q_1 - Q_2} = \dfrac{Q_2}{W_c}$ 이므로

$Q_2 = \epsilon_R \times W_c = 3.7 \times 100 \times 860 = 318200 \ [kcal/h]$

핵심이론 성능계수

1) 냉동기의 성능계수

$$\epsilon_R = \dfrac{Q_2}{Q_1 - Q_2} = \dfrac{Q_2}{W_c}$$

Q_1 : 방출되는 열량
Q_2 : 흡수한 열량
W_c : 시스템에 공급한 일

2) 열펌프의 성능계수

$$\epsilon_H = \dfrac{Q_1}{Q_1 - Q_2} = \dfrac{Q_1}{W_c} = 1 + \epsilon_R$$

Q_1 : 방출되는 열량
Q_2 : 흡수한 열량
W_c : 시스템에 공급한 일

04 물이 압력 1 [MPa], 유속 10 [m/s]로 지름 30 [mm]의 오리피스를 통과할 때 이 물의 질량유량 [kg/s]을 구하시오. (단, 물의 밀도는 1000 [kg/m³]로 한다)

> **정답**
>
> 7.07 [kg/s]

[해설]

$Q = \rho A V = C [kg/s]$

단면적 $A = \dfrac{\pi d^2}{4}$ 이므로

$Q = \rho \dfrac{\pi d^2}{4} V = 1000 \times \dfrac{\pi \times 0.03^2}{4} \times 10 = 7.07 [kg/s]$

핵심이론 연속 방정식(질량보존법칙)

유체의 질량은 시간에 따라 보존된다.

$Q = \rho A V = C [kg/s]$

Q : 유량 [kg/s]
ρ : 밀도 [kg/m³]
A : 단면적 [m²]
V : 유체의 속도 [m/s]

05 보일러의 3대 구성요소를 쓰시오.

> **정답**
>
> 본체, 연소장치, 부속장치

핵심이론 보일러(Boiler)

1) 보일러: 밀폐된 용기 내에 물 또는 열매체를 넣고 대기압보다 높은 증기나 온수를 발생시켜 열 사용처에 공급하는 장치
2) 보일러 3대 구성요소
   (1) 보일러 본체(Boiler Proper): 기관 본체라고도 하며 원통형 보일러에서는 동(Shell), 수관식 보일러에서는 드럼(Drum)이라고 한다.
   (2) 연소장치(Heating Equipment): 연료를 연소시키는 데 필요한 장치로 화염 및 고온의 연소가스를 발생시킨다 [연소실, 연도, 연돌(굴뚝), 버너, 화격자].
   (3) 부속장치: 보일러의 효율적인 운전 및 안전운전을 위한 장치이다(급수장치, 송기장치, 안전장치, 통풍장치, 폐열회수장치, 화격자).

06 열적 스폴링(Thermal Spalling)현상에 대해 설명하시오.

정답

내화물이 급격히 가열되거나 급냉될 때 열응력이 발생하여 표면이 갈라지고 떨어지는 현상을 말한다. 이는 보일러 내화물의 손상을 유발할 수 있다.

핵심이론 스폴링(Spalling)현상(박락현상)

1) 불균일한 가열 또는 냉각 등으로 발생하는 열팽창의 차에 의하여 내화재의 변형과 균열이 생기는 현상이다.
2) 급격한 온도차로 벽돌에 균열이 생기고 표면이 갈라져서 떨어지는 현상으로 주변에 오래된 건물 내외부에서 쉽게 확인할 수 있는 현상이다.
3) 열적(열팽창) 스폴링, 조직적(화학적) 스폴링, 기계적(축요불량) 스폴링으로 구분된다. 체적 변화로 분화가 되어서 떨어져 나가는 노벽이 균열, 붕괴하는 현상이다.
4) 단열효과는 스폴링현상을 방지한다.

07 배기가스 측정 시 주요 측정 항목 2가지를 쓰시오.

> **정답**
>
> 공기비, 배기가스온도, 배기가스량

08 다음은 보일러의 강제통풍방식에 관한 설명이다. 해당하는 통풍방식을 쓰시오.

1) 노 앞과 연도 끝에 통풍팬을 설치하여 양 팬의 회전수와 댐퍼의 개도를 조절하여 노 내의 압력을 임의로 조절할 수 있는 방식으로 항상 안전한 연소가 가능하나, 연소실의 구조가 복잡하고 설비비 및 유지비가 많이 든다.

2) 노 앞에 설치된 통풍팬에 의해 연소용 공기 대기압 이상의 압력으로 가압하여 노 안으로 압입하는 방식으로 노 내의 압력이 대기압보다 높고, 연소실의 열부하가 높다.

3) 댐퍼 뒤에 팬을 설치하여 연소가스를 송풍기로 직접 빨아들여 연도 끝에서 배출하도록 하는 방식이며 노 내의 압력이 대기압보다 낮아 외기의 침입이 우려된다.

> **정답**
>
> 1) 평형통풍   2) 압입통풍   3) 흡입통풍

핵심이론 통풍장치

1) 통풍 : 연소에 필요한 공기 및 연소가스가 연속적으로 흐르는 흐름
2) 통풍방식의 분류

자연통풍		• 배기가스와 외기의 온도차(비중차, 비중량차, 밀도차)에 의하여 이루어지는 통풍방식이다. • 굴뚝 높이와 연소가스의 온도에 따라 일정한 한도를 갖는다.
강제통풍	압입통풍	연소실 입구에 송풍기를 설치해서 강제로 연소실로 공기를 밀어 넣는 방식이다.
	흡입통풍	연도 내에 배풍기를 설치해 연소가스를 흡입하여 빨아내는 방식이다.
	평형통풍	압입통풍방식과 흡입통풍방식을 병행하는 통풍방식이다.

09 급수처리에 사용되는 청관제의 사용목적을 5가지를 쓰시오.

정답
- 슬러지 생성방지
- 알칼리도 조정
- 용존가스 제거
- 캐리오버방지
- pH 조정
- 보일러수 농축방지
- 부식방지

핵심이론 청관제

1) 보일러 내처리제(청관제)와 그 작용
   (1) pH 및 알칼리 조정제 : 수산화나트륨(가성소다), 탄산나트륨, 인산나트륨, 인산, 암모니아
   (2) 연화제 : 수산화나트륨, 탄산나트륨, 인산나트륨
   (3) 슬러지 조정제 : 탄닌, 리그닌, 전분
   (4) 탈산소제 : 아황산나트륨, 하이드라진(N_2H_4), 탄닌
   (5) 가성취화방지제 : 황산나트륨, 인산나트륨, 질산나트륨, 탄닌, 리그닌
   (6) 기포방지제 : 고급 지방산 폴리아민, 고급 지방산 폴리알콜
2) 보일러 급수처리에서 청관제의 사용목적
   (1) 전열면의 스케일(슬러지) 생성을 방지하기 위해서
   (2) 부식을 방지하기 위해서
   (3) 캐리오버현상(기수공발현상)방지를 위해서
   (4) 보일러수의 농축을 방지하기 위해서
   (5) pH 조정하기 위해서
   (6) 알칼리도 조정을 하기 위해서
   (7) 용존가스를 제거하기 위해서

10 면적식 유량계의 종류 2가지를 쓰시오.

정답
피스톤식, 플로트식, 로터미터

11 액체연료 1 [kg]을 완전연소시켰을 때 질량조성이 탄소 70 [%], 수소 20 [%], 산소 2 [%], 황 3 [%], 기타 5 [%]라고 할 때의 이론산소량 [Nm³]을 구하시오.

정답

2.43 [Nm³]

[해설]

$$O_0 = 1.867C + 5.6\left(H - \frac{O}{8}\right) + 0.7S$$
$$= 1.867 \times 0.7 + 5.6 \times \left(0.2 - \frac{0.02}{8}\right) + 0.7 \times 0.03 = 2.4339 \,[Nm^3]$$

핵심이론 공기량

1) 질량 계산식

연료 1 [kg]을 연소시킬 때 필요한 이론산소량 O_o [kg/kg]

$$O_o = 2.67C + 8\left(H - \frac{O}{8}\right) + S$$

C, H, O, S : 연료 1 [kg] 중 각 원소의 질량비율

2) 체적 계산식

연료 1 [kg]을 연소시킬 때 필요한 이론산소량 O_o [Nm³/kg]

$$O_o = 1.867C + 5.6\left(H - \frac{O}{8}\right) + 0.7S$$

C, H, O, S : 연료 1 [kg] 중 각 원소의 질량비율

12 한 장의 판으로 경판을 보강하기 위하여 경판에서 동판에 비스듬하게 부착시킨 버팀으로 노통보일러의 평경판을 보강시키는 데 사용되는 것은 무엇인가?

정답

거싯 스테이

핵심이론 스테이(Stay)

강도가 부족한 부분에 부착하여 강도를 보강하여 변형이나 파손을 방지한다.
1) 거싯 스테이 : 3각 모양의 평판을 사용하여 전후 경판과 동판을 연결한 것

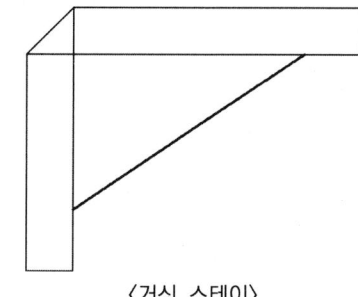

〈거싯 스테이〉

2) 봉 스테이 : 평판부 등을 연강봉으로 보강한 것으로 봉 스테이는 사용 위치나 방법에 따라 길이 방향 스테이, 경사 스테이, 수평 스테이, 행거 스테이 등으로 분류된다(경판의 보강재).
3) 튜브 스테이 : 연관보일러에서 연관군 속에 배치되어 전후의 평판판을 연결 보강하는 관으로 된 스테이, 연관의 역할도 겸하고 있으며 소요압력에 따라 적당한 간격으로 배치한다.
4) 도그 스테이 : 맨홀 뚜껑의 보강재를 말한다.
5) 볼트 스테이 : 나사 스테이라고도 하며, 좁은 간격으로 평행을 이루는 평판끼리, 그렇지 않으면 만곡판끼리 연결하여 보강하는 봉 스테이와 같은 짧은 것을 말한다.

Part 05

작업형 이론 및 공개문제

Chapter 01 시험 기준

핵심포인트 시험 기준, 지급재료 목록

학습목표 1. 시험 기준에 따른 유의사항을 꼼꼼히 숙지한다.

01 에너지관리산업기사 실기시험 기준

| 자격종목 | 에너지관리산업기사 | 과제명 | 강관 및 동관 조립 |

※ 문제지는 시험종료 후 본인이 가져갈 수 있습니다.
※ 시험시간 : 약 3시간

1 요구사항

1) 지급된 재료를 이용하여 도면과 같이 강관 및 동관의 조립작업을 하시오.
   (1) 관을 절단할 때는 수험자가 지참한 수동공구(수동파이프 커터, 튜브 커터, 쇠톱 등)를 사용하여 절단한 후 파이프 내의 거스러미를 제거해야 합니다.
   (2) 플랜지 및 강관 용접이음쇠는 지정된 용접봉을 사용하여 아크용접을 하여야 합니다.
      ※ 강관과 플랜지의 용접 후 플랜지조립(체결)전에 감독위원의 확인을 받아야 합니다.
      ※ 플랜지 볼트 구멍의 배열은 우측 그림 같이 수평, 수직상태를 유지해야 합니다.
   (3) 시험 종료 후 작품의 수압시험 시 누수 여부를 감독위원으로부터 확인 받아야 합니다.

2 수험자 유의사항

1) 시험시간 내에 작품을 제출하여야 합니다.
2) 수험자가 지참한 공구와 지정된 시설만을 사용하며, 안전수칙을 준수하여야 합니다.
3) 수험자는 시험시작 전 지급된 재료의 이상유무를 확인 후 지급 재료가 불량품일 경우에만 교환이 가능하고, 기타 가공, 조립 잘못으로 인한 파손이나 불량 재료 발생 시 교환할 수 없으며, 지급된 재료만을 사용하여야 합니다.

4) 재료의 재 지급은 허용되지 않으며, 잔여재료는 작업이 완료된 후 작품과 함께 동시에 제출하여야 합니다.

5) 수험자 지참공구 중 배관 꽂이용 지그와 동관 CM어댑터 용접용 지그는 사용 가능하나, 그 외 용접용 지그(턴테이블(회전형) 형태 등)는 사용불가 합니다.

6) 작품의 수평을 맞추기 위한 재료(모재, 시편 등)는 지참 및 사용이 가능합니다.

7) 플랜지 용접 시 플랜지에 배관 삽입 후 용접 높이 고정을 위해 배관 밑단부에 받치는 재료(와셔, 압연강판 등)는 지참 및 사용이 가능합니다.

8) 필답형 및 작업형(강관 및 동관 조립) 시험 전 과정을 응시하지 않았을 경우 채점 대상에서 제외합니다.

9) 작업형 시험(강관 및 동관 조립)에 응시하지 아니하거나, 응시하더라도 작업형 점수가 0점 또는 채점 대상 제외 사항(12번 항목)에 해당되는 경우 불합격 처리됩니다.

10) 작업 시 안전보호구 착용 여부 및 사용법, 재료 및 공구 등의 정리정돈 등 안전수칙 준수는 채점 대상이 됩니다.

11) 지참한 공구 중 작업이 수월하여 타수험자와의 형평성 문제를 일으킬 수 있는 공구는 사용이 불가합니다.

12) 다음 사항은 실격에 해당하여 채점 대상에서 제외됩니다.

(1) 수험자 본인이 시험 도중 포기의사를 표하는 경우

(2) 실기시험과정 중 1개 과정이라도 불참한 경우

(3) 시험시간 내에 작품을 제출하지 못한 경우

(4) 도면치수 중 부분치수가 ±15 [mm](전체길이는 가로 또는 세로 ±30 [mm]) 이상 차이가 있는 작품

(5) 수압시험 시 0.3 [MPa](3 [kgf/cm]) 이하에서 누수가 되는 작품

(6) 평행도가 30 [mm] 이상 차이가 있는 작품

(7) 도면과 상이하게 조립된 작품

(8) 외관 및 기능도가 극히 불량한 작품

(9) 지급된 재료 이외의 재료를 사용하였을 경우

(10) 플랜지의 패킹면과 용접면을 바꿔서 조립한 작품

(11) 밴딩 작업 시 도면상 표기된 기계 벤딩(MC)과 상이하게 열간 벤딩한 경우 타) 플랜지 조립(체결)전에 감독위원의 확인을 받지 않은 경우

02 지급재료 목록

일련번호	재료명	규격	단위	수량	비고
1	강관(SPP) 흑관	25 [A] × 1200	개	1	KS규격품
2	강관(SPP) 흑관	20 [A] × 1500	개	1	KS규격품
3	동관(경질, L형, 직관)	15 [A] × 800	개	1	KS규격품
4	90° 엘보(가단주철제)(백)	20 [A]	개	2	KS규격품
5	90° 엘보(가단주철제)(백)	25 [A]	개	1	KS규격품
6	90° 이경엘보 (가단주철제)(백)	25 [A] × 20 [A]	개	2	KS규격품
7	90° 이경엘보 (가단주철제)(백)	20 [A] × 15 [A]	개	2	KS규격품
8	45° 엘보(가단주철제)(백)	20 [A]	개	1	KS규격품
9	이경티(가단주철제)(백)	25 [A] × 20 [A]	개	1	KS규격품
10	레듀셔(가단주철제)(백)	25 [A] × 20 [A]	개	1	KS규격품
11	동관용 어뎁터(C × M형)	황동제 15 [A]	개	2	KS규격품
12	동관용 엘보(C × C형)	동관제 15 [A]	개	2	KS규격품
13	평플랜지(RF형)	25 [A](10 [kgf/cm^2])	개	2	KS규격품
14	플랜지 가스킷(비석면제)	25 [A] 플랜지용 (t 1.5 [mm])	개	1	KS규격품
15	육각 볼트, 너트(플랜지용)	M16 × 50	조	4	KS규격품
16	실링 테이프	t 0.08 × 12 × 10000	R/L	5	-
17	인동납 용접봉	B Cup - 3 (Ø2.4 × 500)	개	1	-
18	붕사(동관 브레징용)	200g	통	1	30인 공용
19	고산화티탄계 아크 용접봉	Ø3.2 × 350	개	8	KS : E4313
20	산소	120 [kgf/cm^2] (내용적 : 40 [L])	병	1	30인 공용
21	아세틸렌	3 [kg]	병	1	30인 공용
22	절삭유(중절삭용)	활성 극압유 (3.5 [L])	통	1	30인 공용
23	동력나사 절삭기 체이서	20 [A]용	조	1	15인 공용
24	동력나사 절삭기 체이서	25 [A]용	조	1	15인 공용

03 채점 시 유의사항

1 도면 및 채점사항 일부 수정

구분	변경 전	변경 후	비고
채점사항 (플랜지체결 관련)	플랜지 체결 전에 감독확인을 받지 않고 체결하더라도 별도의 실격처리 없음	플랜지 체결 전에 감독확인을 받지 않고 체결 시 실격 처리	-
채점사항 (볼트, 너트 관련)	플랜지의 볼트 구멍 배열의 수평, 수직상태에 대한 채점 미실시	플랜지의 볼트 구멍 배열의 수평, 수직상태에 대해 채점 반영	〈붙임2〉 참조
공개문제 (도면)	-	"플랜지 상세도"의 용접 도시기호 표시위치 등 수정	그 외에는 2022년도와 비교하여 도면의 변동사항 없음

※ 자세한 사항은 공개도면과 〈붙임2〉 참고

2 플랜지 볼트 구멍 배열 관련 상세사항

플랜지 볼트 구멍 배열의 수평, 수직상태 유지

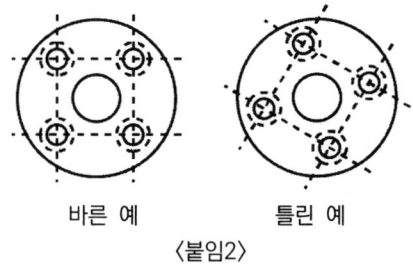

바른 예   틀린 예
〈붙임2〉

3 수험자 지참공구 수정

배관 고정용 "C클램프" 지참 가능(희망자 한함)

구분	변경 전	변경 후
지참공구	-	C클램프 지참(희망자 한함)

Chapter 02 강관 및 동관 조립

핵심포인트 치수산정표, 배관 기호, 절단길이 산출

학습목표
1. 치수산정표를 외우고 절단길이를 계산할 수 있다.
2. 공개도면을 해석하고 절단길이를 계산할 수 있다.

01 관길이 산정

1 배관 절단 치수 계산 산정표

부속 \ 관경	15 [A]	20 [A]	25 [A]	32 [A]	40 [A]
티	16	19	23	29	29
90° 엘보	16	19	23	29	29
45° 엘보	10	12	14	17	18
유니온	10	12	12	13	15
소켓	7	7	7	8	9
앤드캡	9	11	13	13	13
부켓	절단 치수 + 11 [mm]				

2 이경부속/이경관경

구분					
이경엘보	20 [A] × 15 [A]	25 [A] × 20 [A]	25 [A] × 15 [A]	32 [A] × 25 [A]	32 [A] × 20 [A]
	16	20	17	23	21
	19	22	22	27	27
	40 [A] × 32 [A]	40 [A] × 25 [A]	40 [A] × 20 [A]	40 [A] × 15 [A]	32 [A] × 15 [A]
	26	22	19	16	17
	31	30	30	31	27
이경티	20 [A] × 15 [A]	25 [A] × 20 [A]	25 [A] × 15 [A]	32 [A] × 25 [A]	32 [A] × 20 [A]
	16	19	17	23	21
	19	22	22	27	27
	40 [A] × 32 [A]	40 [A] × 25 [A]	40 [A] × 20 [A]	40 [A] × 15 [A]	32 [A] × 15 [A]
	26	22	19	16	17
	31	30	30	31	27
레듀샤	20 [A] × 15 [A]	25 [A] × 20 [A]	25 [A] × 15 [A]	32 [A] × 25 [A]	32 [A] × 20 [A]
	6	6	6	7	7
	8	8	10	9	11
	40 [A] × 32 [A]	40 [A] × 25 [A]	40 [A] × 20 [A]	40 [A] × 15 [A]	32 [A] × 15 [A]
	7	7	7	7	7
	9	11	13	15	13

02 도면 보는 법

1 배관이음표시

연결방법	도시기호
나사이음	—┼—
용접이음(납땜이음)	—●—
플랜지이음	—╂╂—
유니온	—╂╂╂—
턱걸이이음	—⊃—

2 강관기호

1) 배관용
   (1) 배관용 탄소강관 : SPP
   (2) 압력배관용 탄소강관 : SPPS
   (3) 고압배관용 탄소강관 : SPPH
   (4) 고온배관용 탄소강관 : SPHT
   (5) 저온배관용 강관 : SPLT
   (6) 배관용 합금강강관 : SPA
   (7) 배관용 스테인리스강관 : STS
   (8) 배관용 아크용접 탄소강관 : SPW

2) 수도용
   (1) 수도용 아연도금강관 : SPPW
   (2) 수도용 도복장강관 : STPW

3) 열전달용
   (1) 보일러 열교환기용 탄소강관 : STH
   (2) 보일러 열교환기용 합금강관 : STHB(A)
   (3) 보일러 열교환기용 스테인리스강관 : STS × TB
   (4) 저온 열교환기용 강관 : STS × TB

4) 구조용
   (1) 일반구조용 탄소강관 : SPS
   (2) 기계구조용 탄소강관 : SM
   (3) 구조용 합금강강관 : STA

3 나사이음

강관에 나사를 내어 나사부분에 패킹제를 감고 파이프렌치를 이용해 체결하는 방식

1) 나사이음 사용 목적에 따른 분류
   (1) 관의 방향을 바꿀 때 : 엘보, 밴드
   (2) 관을 도중에서 분기할 때 : 티, 와이, 크로스
   (3) 같은 지름의 관을 직선연결할 때 : 소켓, 유니언, 플랜지, 니플
   (4) 서로 다른 지름의 관을 연결할 때 : 이경 소켓(레듀샤), 이경 엘보, 이경 티, 부싱
   (5) 관 끝을 막을 때 : 플러그, 캡

2) 이음쇠 크기 표시법
   (1) 지름이 같은 경우 : 호칭지름으로 표시   예) 25 [A] 엘보
   (2) 지름이 2개인 경우 : 큰 치수 먼저 표시한 후 작은 치수 표시   예) 25 × 15 [A] 엘보

4 용접이음

1) 일반용 맞대기이음쇠 : 배관용 탄소강관에 사용
2) 맞대기용접, 슬리브용접이음쇠 : 압력배관, 고압배관, 합금강, 스테인리스강관에 사용

3) 용접이음 특징

(1) 열에 의한 잔류응력이 발생한다.

(2) 접합부 누수의 염려가 없다.

(3) 접합부 강도가 강하다.

(4) 유체 압력손실이 적다.

5 플랜지이음

고압 파이프라인 또는 밸브, 펌프, 열교환기 및 각종 기기를 접속시킬 때 관을 자주 해체하거나 교환할 필요가 있을 때 사용

1) 플랜지 재질 : 강판, 주철, 주강, 청동, 황동

2) 플랜지와 배관이음법

(1) 맞대기용접

(2) 나사이음

(3) 슬리브용접

(4) 블라인드

(5) 랩조인트

(6) 소켓용접

03 절단길이 산출

1 직선길이

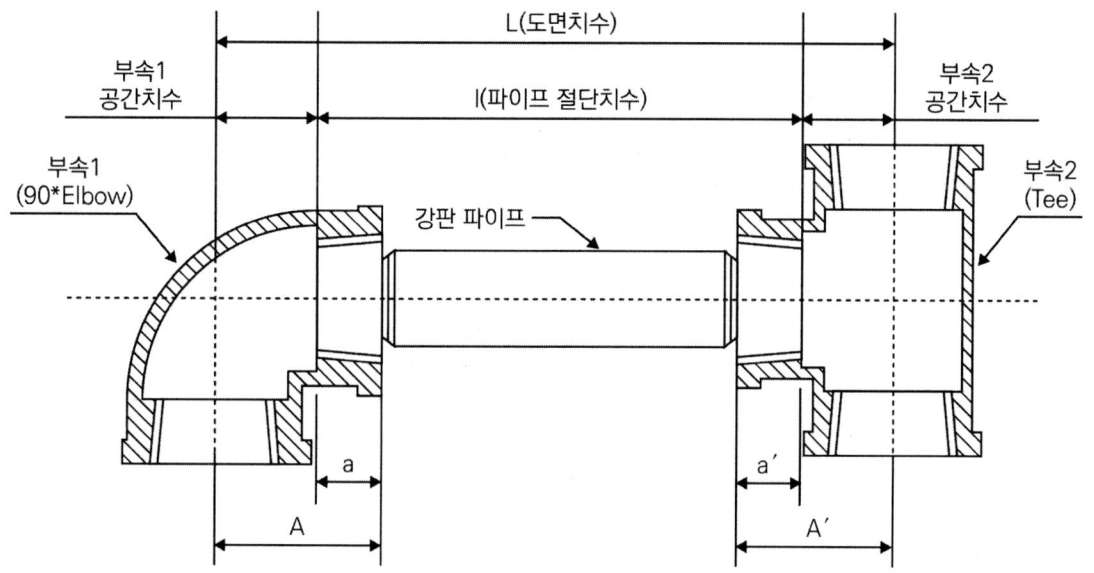

1) 파이프 실제 절단 길이

　(1) 양쪽에 같은 부속을 사용

$$l = L - 2(A - a)$$

　　l : 관 길이
　　L : 배관 중심선 길이
　　A : 이음쇠 중심선부터 부속 끝 단면까지의 길이
　　a : 나사 길이

　(2) 서로 다른 부속을 사용

$$l = L - ((A - a) + (A' - a'))$$

　　l : 관 길이
　　L : 배관 중심선 길이
　　A : 이음쇠 중심선부터 부속 끝 단면까지의 길이
　　a : 나사 길이

2 빗변길이

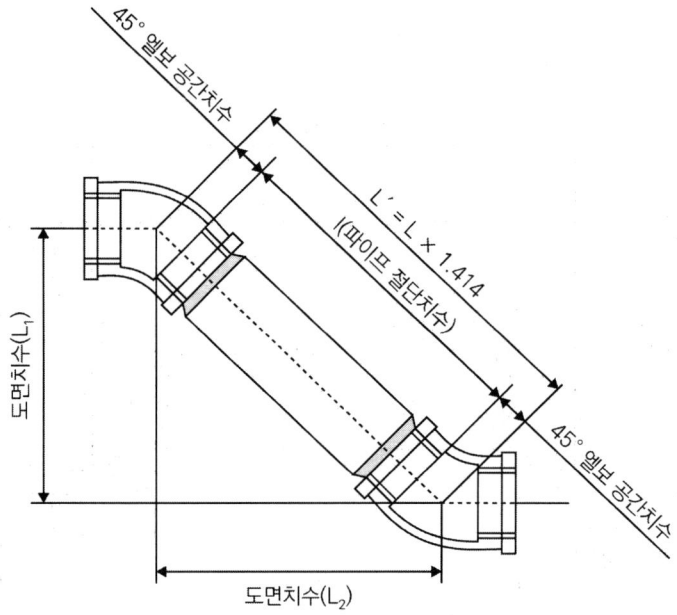

1) 빗변길이 계산

   (1) 직각이등변삼각형의 빗변 길이

   $$L' = \sqrt{2}L = 1.414L$$

   (2) 관의 길이

   ① 동일 부속

   $$l = 1.414 \times L - 2(A-a)$$

   l : 관 길이
   L : 배관 중심선 길이
   A : 이음쇠 중심선부터 부속 끝 단면까지의 길이
   a : 나사 길이

   ② 다른 부속

   $$l = 1.414 \times L - ((A-a) + (A'-a'))$$

   l : 관 길이
   L : 배관 중심선 길이
   A : 이음쇠 중심선부터 부속 끝 단면까지의 길이
   a : 나사 길이

3 굽힘길이

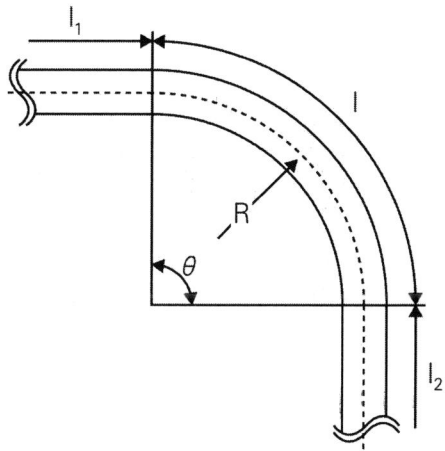

1) 호의 길이

$$l = 2\pi R \times \frac{\theta}{360°}$$

l : 호의 길이
R : 반지름
θ : 중심각

2) 전체 굽힘길이

$$L = l_1 + 2\pi R \times \frac{\theta}{360°} + l_2$$

l : 호의 길이
R : 반지름
θ : 중심각
l_1, l_2 : 직선 부분의 길이

04 에너지관리산업기사 공개도면

1 공개문제 1번

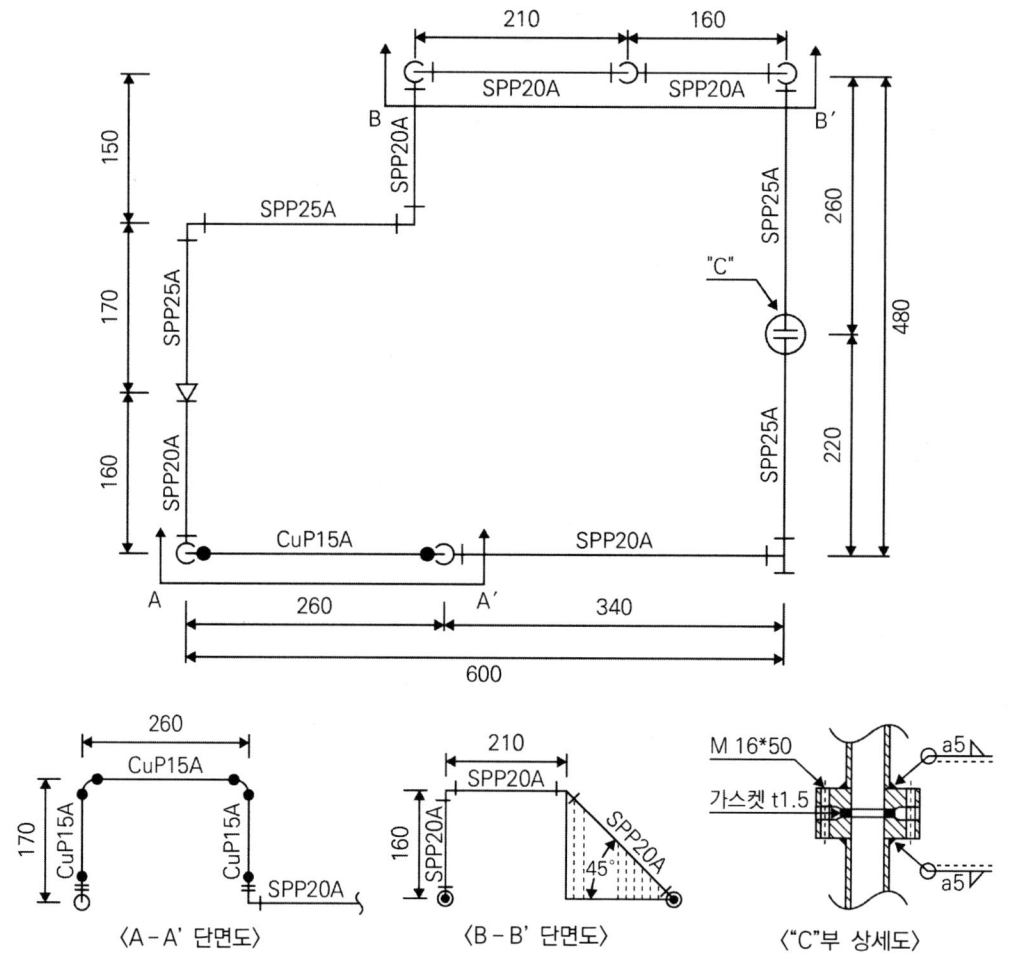

절단 치수 계산

1 공개문제 1번 – 해설

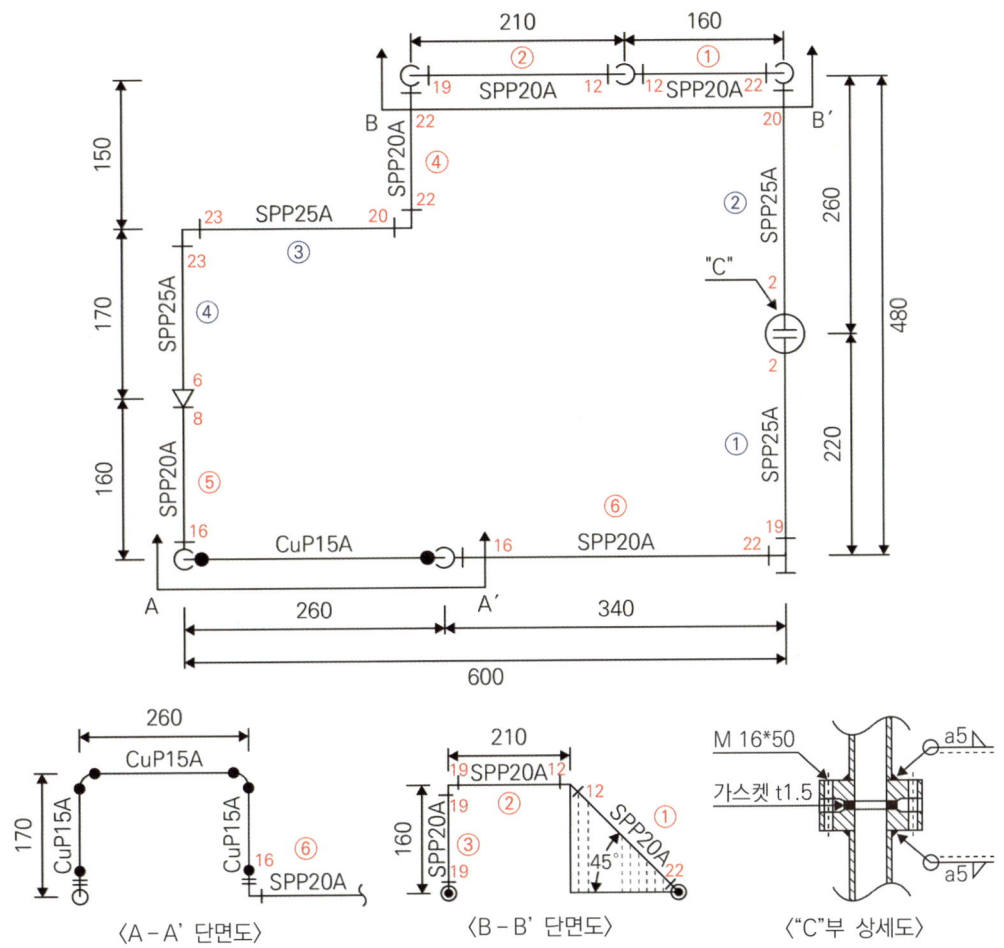

절단 치수 계산

20 [A]
① 226 − (22 + 12) = 192
② 210 − (12 + 19) = 179
③ 160 − (19 + 19) = 122
④ 150 − (19 + 22) = 109
⑤ 160 − (8 + 16) = 136
⑥ 340 − (16 + 22) = 302

25 [A]
① 220 − (19 + 2) = 199
② 260 − (2 + 20) = 238
③ 230 − (20 + 23) = 187
④ 170 − (23 + 6) = 141

Chapter 02. 강관 및 동관 조립

2 공개문제 2번

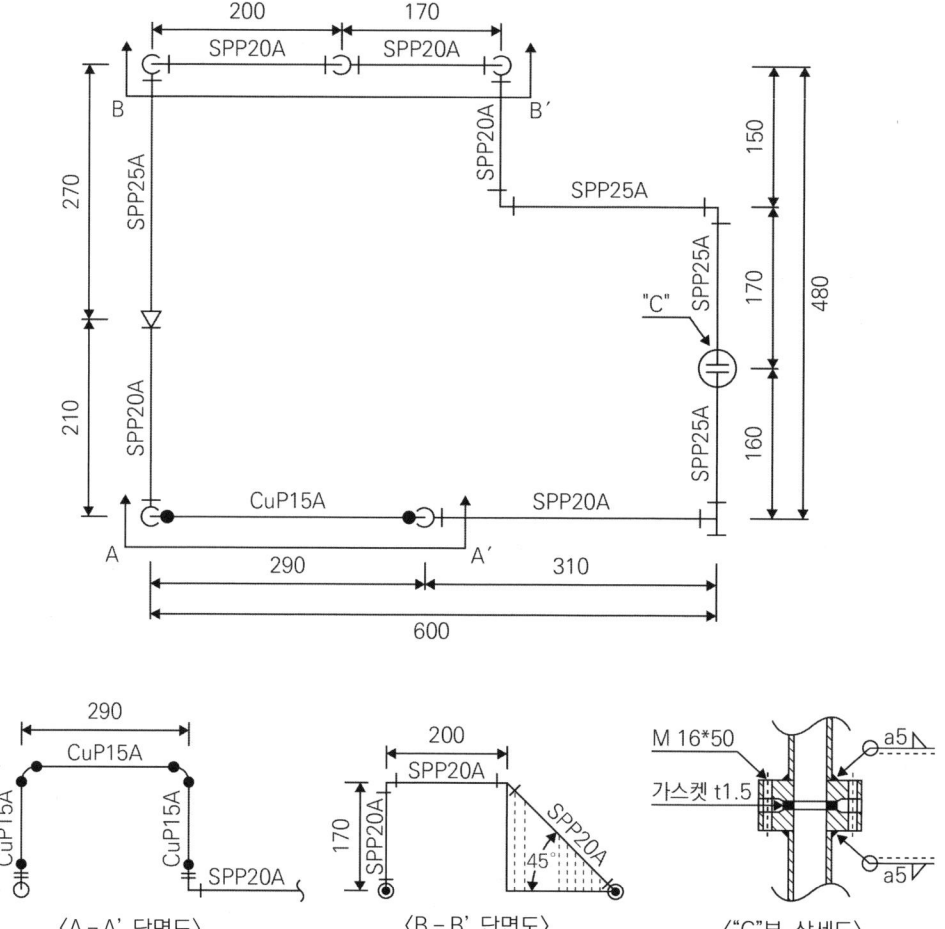

절단 치수 계산

2 공개문제 2번 - 해설

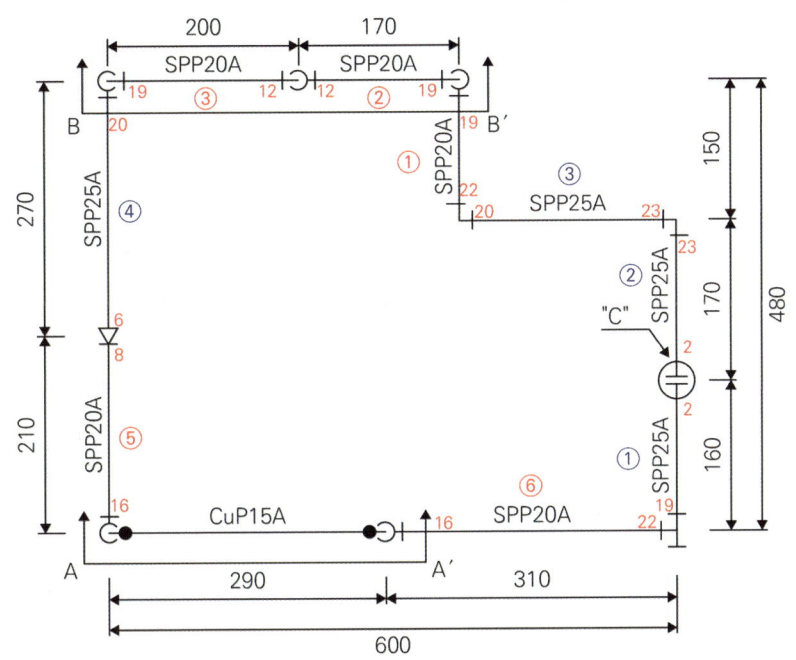

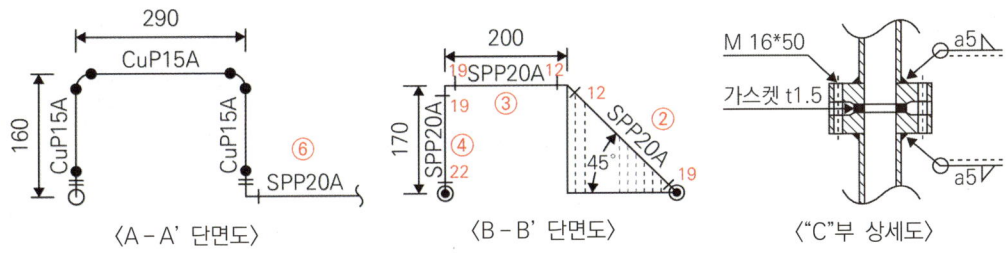

⟨A-A' 단면도⟩　　⟨B-B' 단면도⟩　　⟨"C"부 상세도⟩

절단 치수 계산

20 [A]
① 150 - (22 + 19) = 109
② 240 - (19 + 12) = 209
③ 200 - (12 + 19) = 169
④ 170 - (19 + 22) = 129
⑤ 210 - (8 + 16) = 186
⑥ 310 - (16 + 22) = 272

25 [A]
① 160 - (19 + 2) = 139
② 170 - (2 + 23) = 145
③ 230 - (23 + 20) = 187
④ 270 - (20 + 6) = 244

3 공개문제 3번

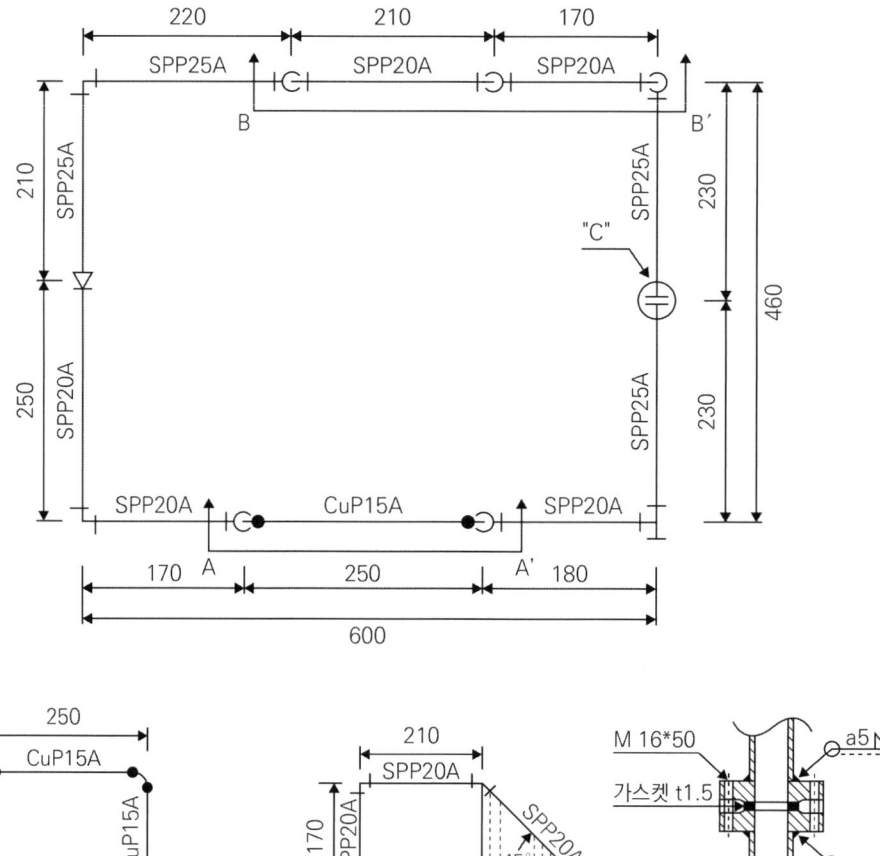

절단 치수 계산

3 공개문제 3번 – 해설

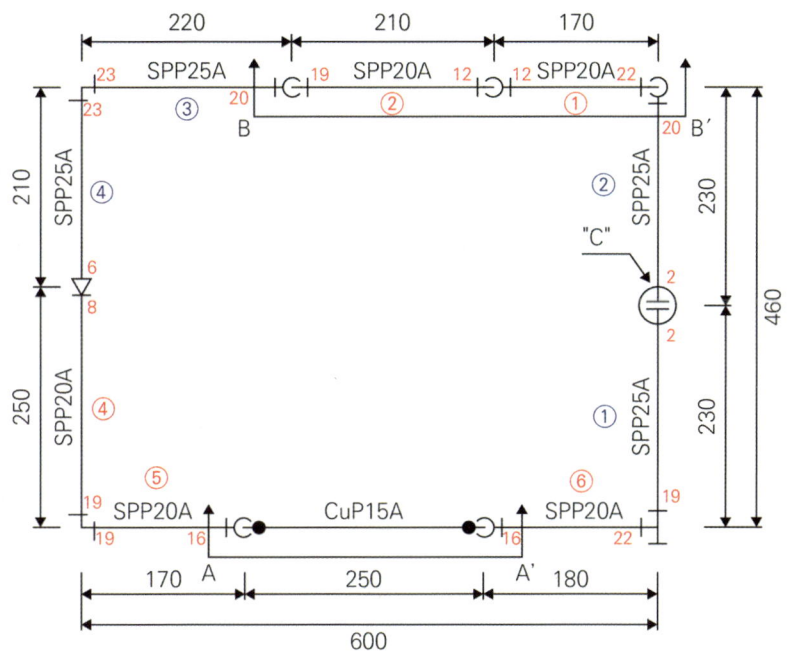

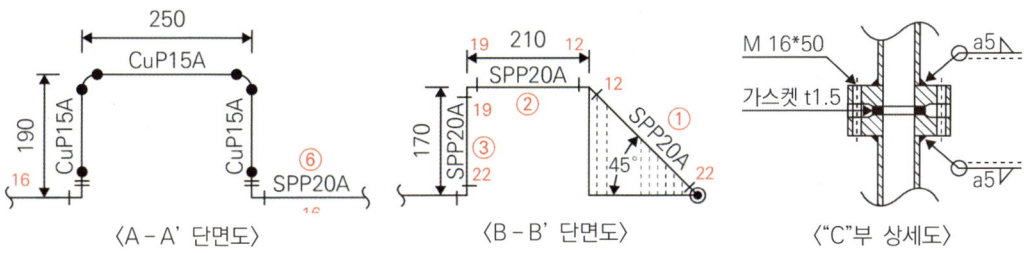

절단 치수 계산

20 [A]
① 240 − (22 + 12) = 206
② 210 − (12 + 19) = 179
③ 170 − (19 + 22) = 129
④ 250 − (8 + 19) = 223
⑤ 170 − (19 + 16) = 135
⑥ 180 − (16 + 22) = 142

25 [A]
① 230 − (19 + 2) = 209
② 230 − (2 + 20) = 208
③ 220 − (20 + 23) = 177
④ 210 − (23 + 6) = 181

4 공개문제 4번

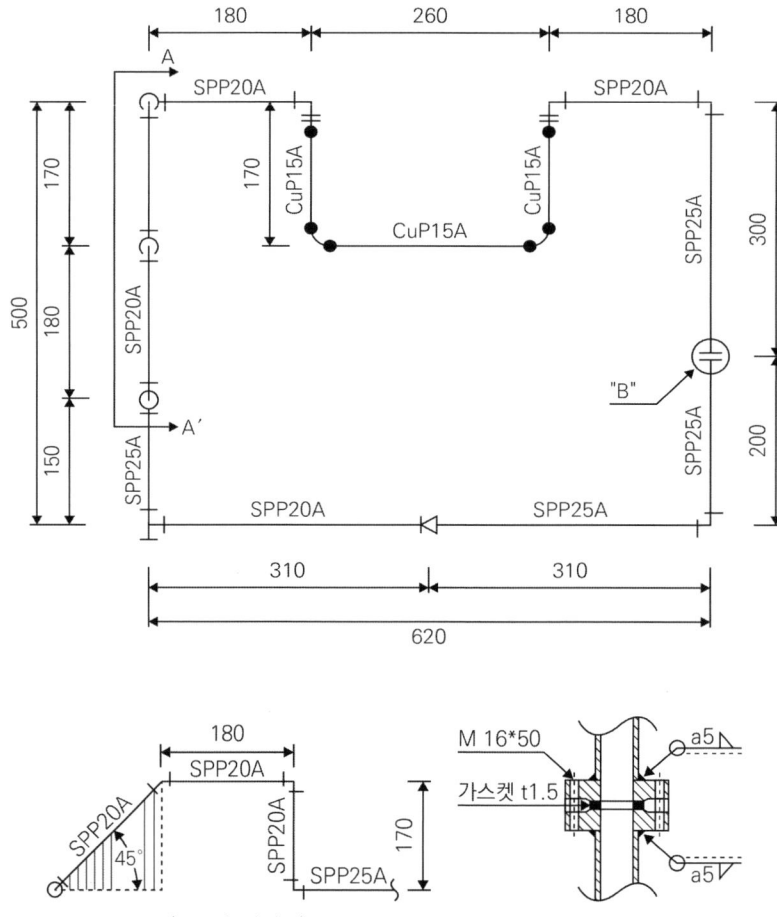

⟨A−A' 단면도⟩   ⟨"B"부 상세도⟩

절단 치수 계산

4 공개문제 4번 – 해설

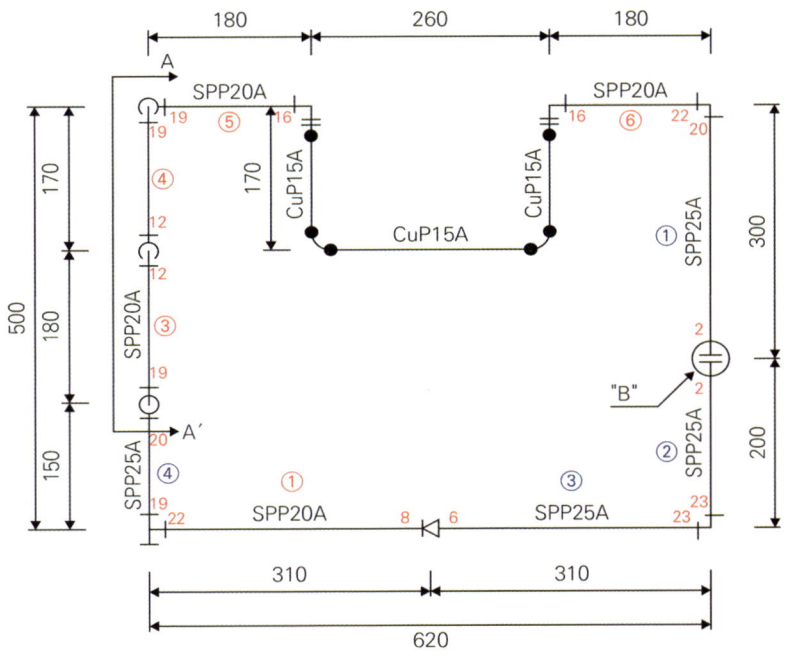

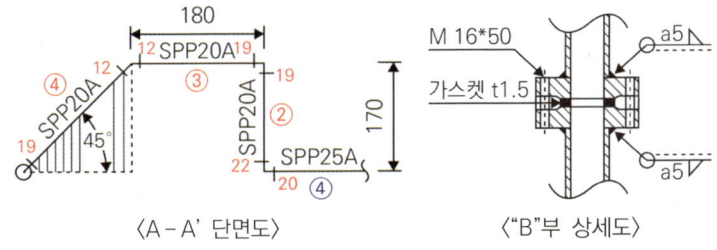

⟨A–A' 단면도⟩   ⟨"B"부 상세도⟩

절단 치수 계산

20 [A]
① 310 − (8 + 22) = 280
② 170 − (22 + 19) = 129
③ 180 − (19 + 12) = 149
④ 240 − (12 + 19) = 209
⑤ 180 − (19 + 16) = 145
⑥ 180 − (16 + 22) = 142

25 [A]
① 300 − (20 + 2) = 278
② 200 − (2 + 23) = 175
③ 310 − (23 + 6) = 281
④ 150 − (19 + 20) = 111

5 공개문제 5번

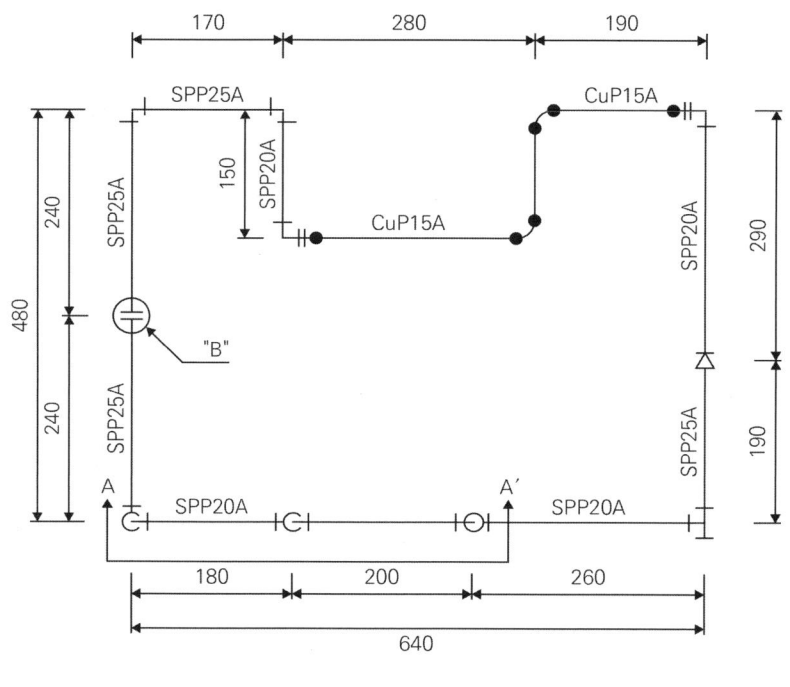

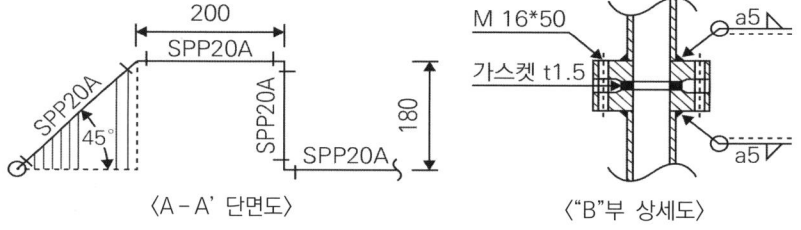

〈A-A' 단면도〉　　〈"B"부 상세도〉

절단 치수 계산

5 공개문제 5번 – 해설

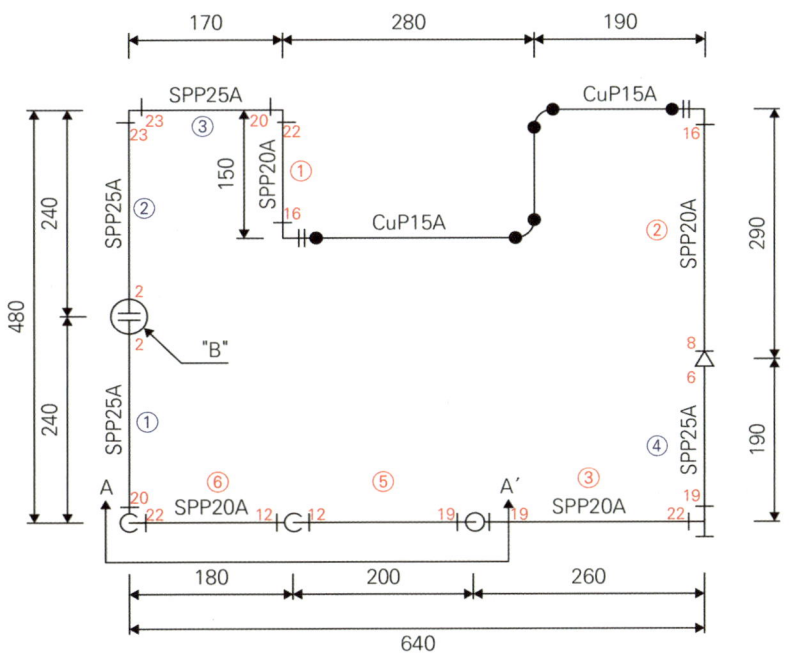

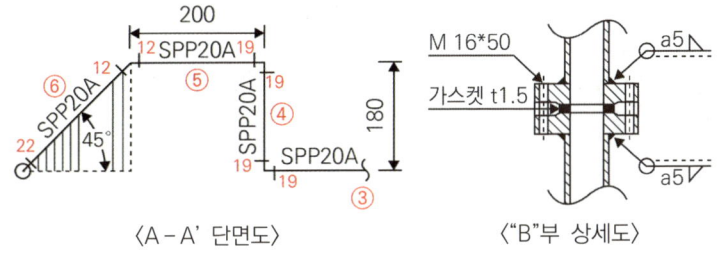

⟨A – A' 단면도⟩   ⟨"B"부 상세도⟩

절단 치수 계산

20 [A]	25 [A]
① 150 − (22 + 16) = 112	① 240 − (20 + 2) = 218
② 290 − (16 + 8) = 266	② 240 − (2 + 23) = 215
③ 260 − (22 + 19) = 219	③ 170 − (23 + 20) = 127
④ 180 − (19 + 19) = 142	④ 190 − (6 + 19) = 165
⑤ 200 − (19 + 12) = 169	
⑥ 254 − (12 + 22) = 220	

6 공개문제 6번

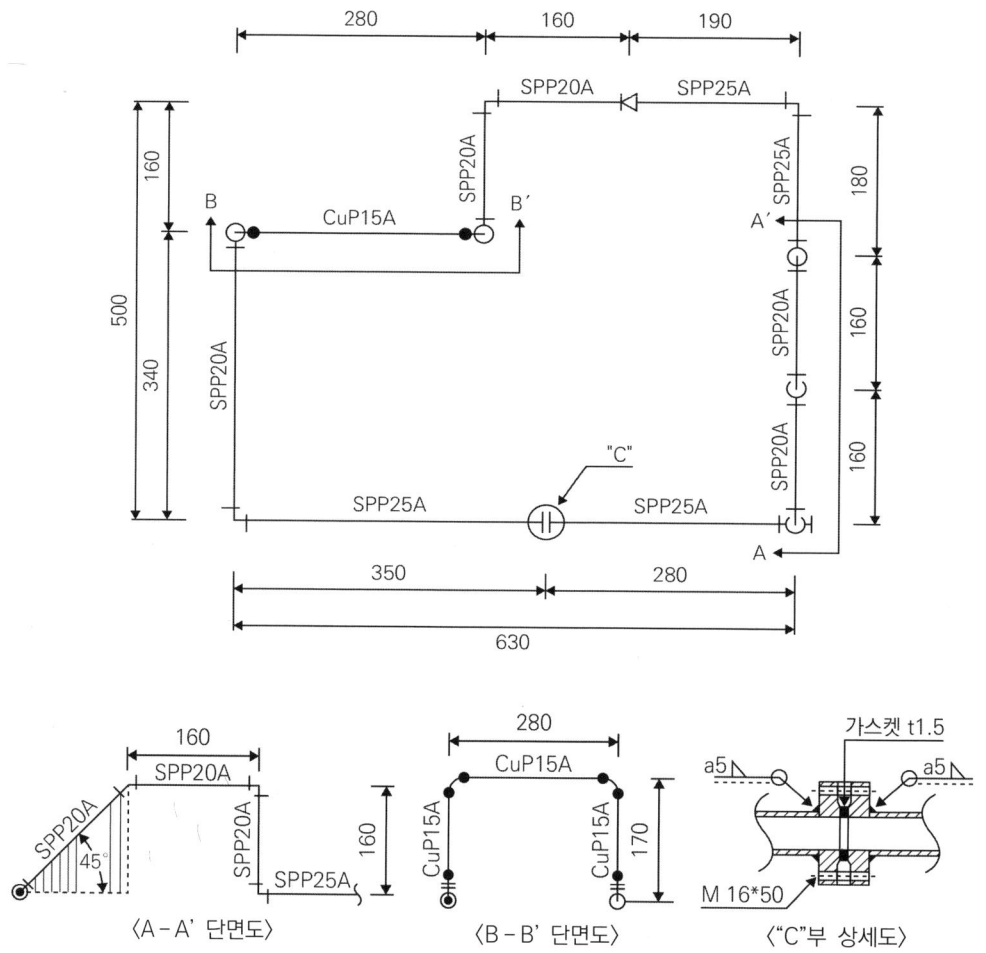

절단 치수 계산

6 공개문제 6번 – 해설

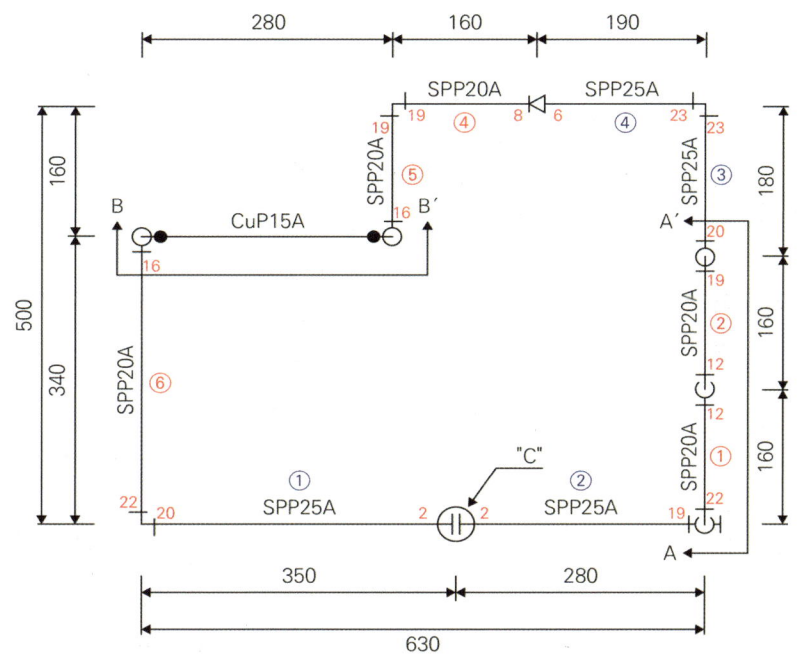

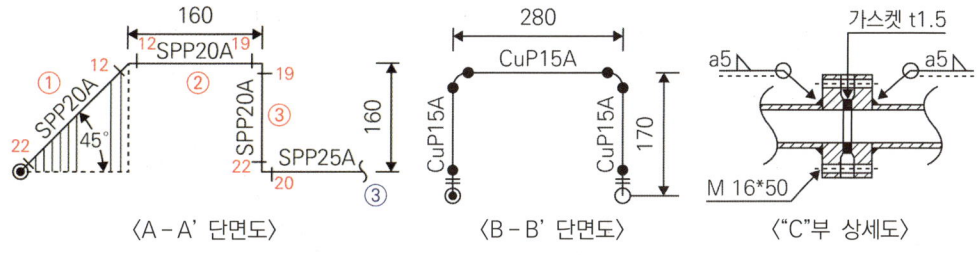

절단 치수 계산

20 [A]
① 226 – (22 + 12) = 192
② 160 – (12 + 19) = 129
③ 160 – (19 + 22) = 119
④ 160 – (8 + 19) = 133
⑤ 160 – (19 + 16) = 125
⑥ 340 – (16 + 22) = 302

25 [A]
① 350 – (20 + 2) = 328
② 280 – (2 + 19) = 259
③ 180 – (20 + 23) = 137
④ 190 – (23 + 6) = 161

05 에너지관리기능사 공개도면(※ 연습용)

1 종합응용배관작업 1

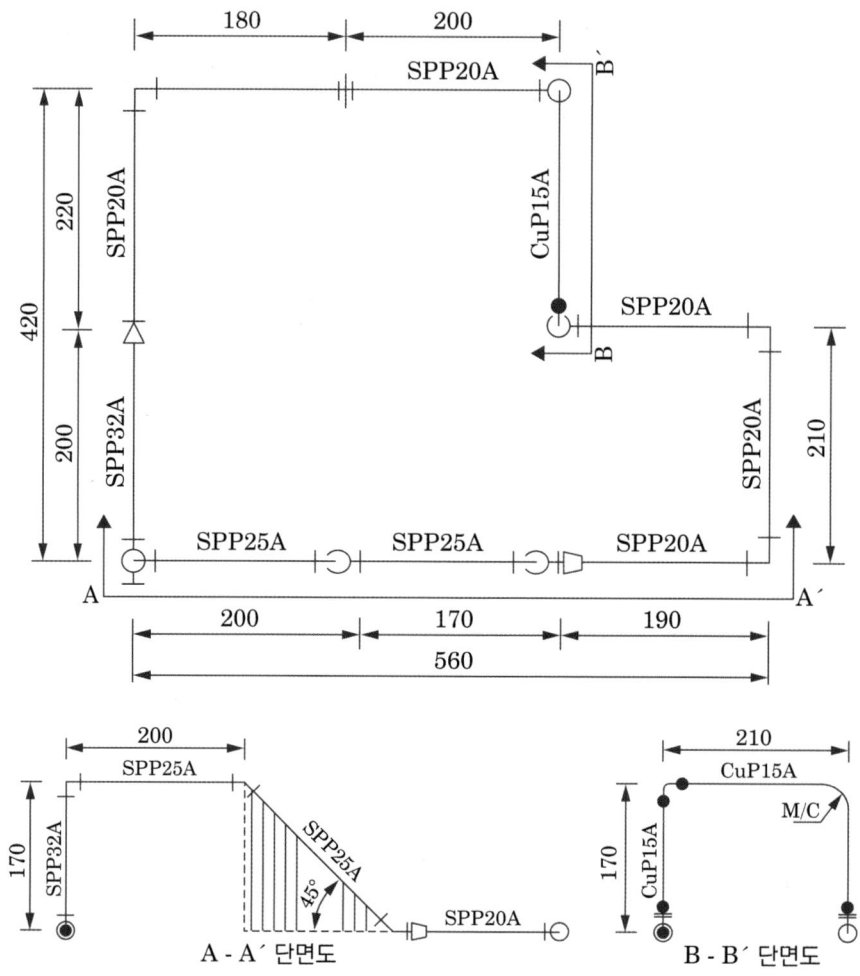

1 종합응용배관작업 1 – 해설

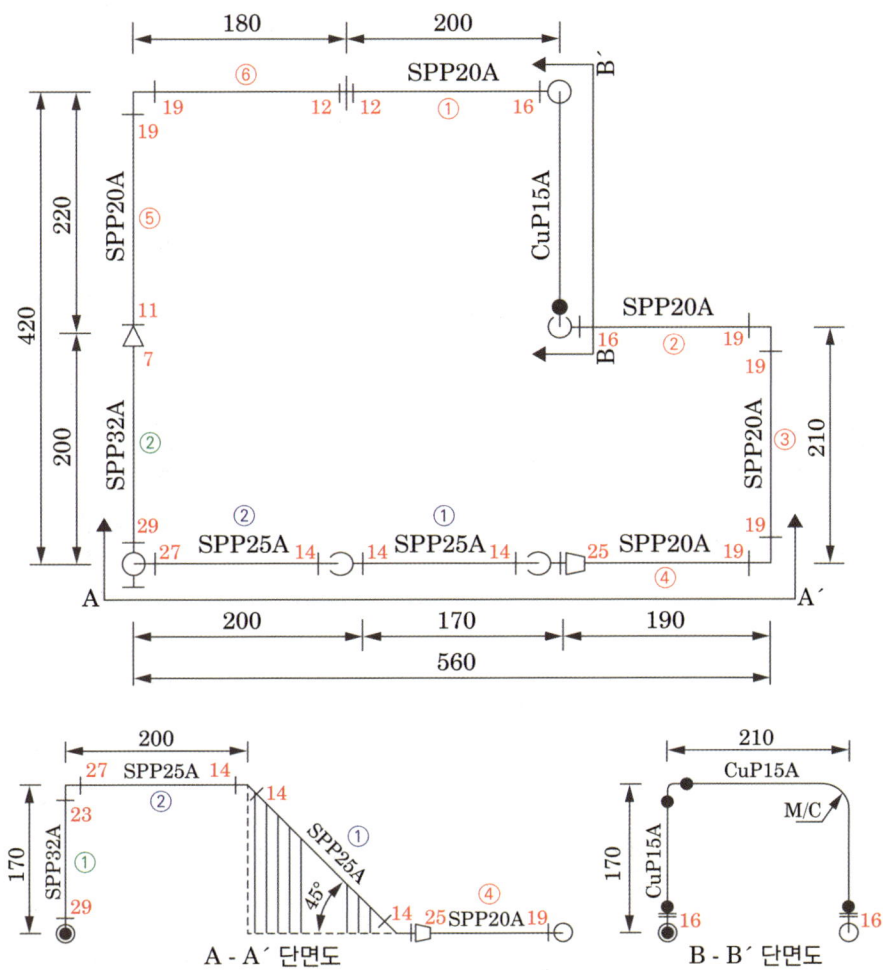

절단 치수 계산

20 [A]
① 200 − (16 + 12) = 172
② 180 − (19 + 16) = 145
③ 210 − (19 + 19) = 172
④ 190 − (25 + 19) = 146
⑤ 220 − (19 + 11) = 190
⑥ 180 − (12 + 19) = 149

25 [A]
① 240 − (14 + 14) = 212
② 200 − (27 + 14) = 159

32 [A]
① 170 − (29 + 23) = 118
② 200 − (7 + 29) = 164

2 종합응용배관작업 2

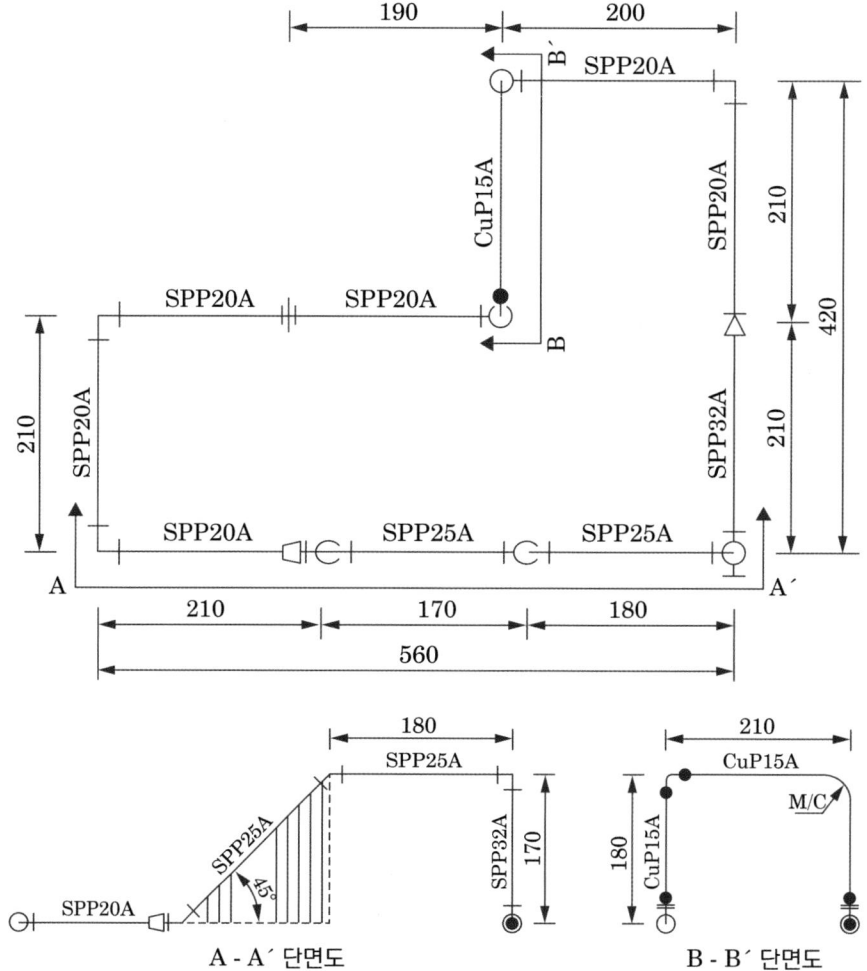

절단 치수 계산

2 종합응용배관작업 2 – 해설

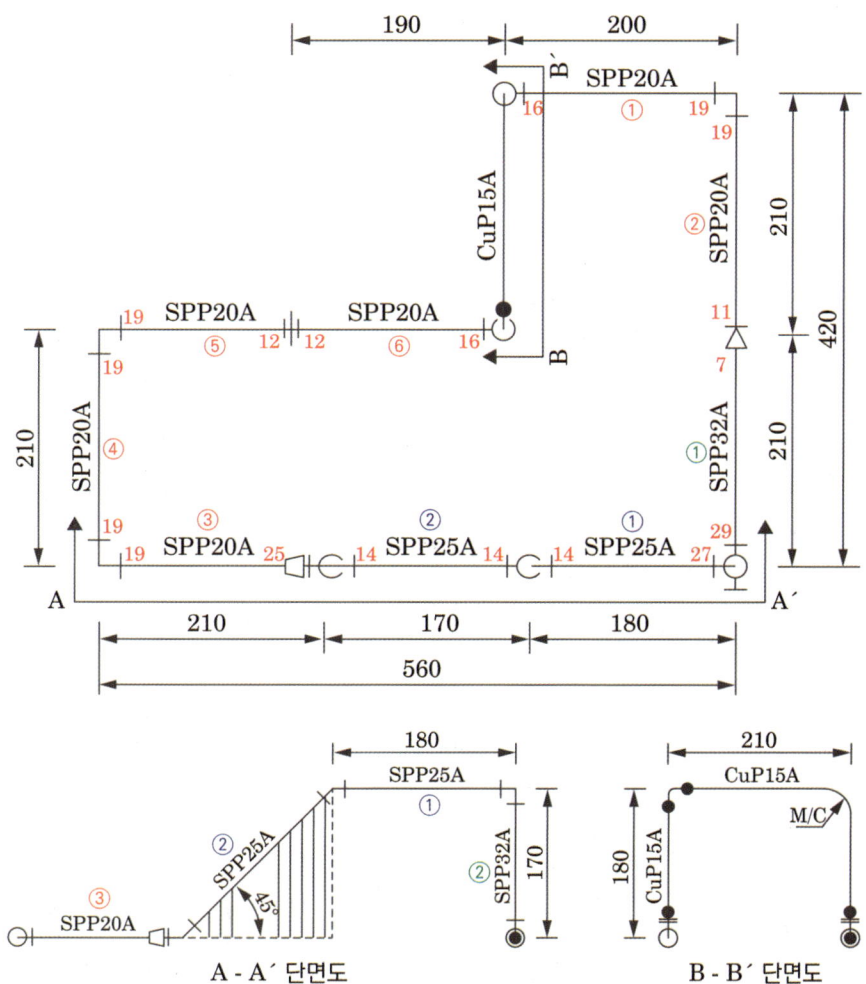

| 절단 치수 계산 |

20 [A]
① 200 − (16 + 19) = 165
② 210 − (19 + 11) = 180
③ 210 − (25 + 19) = 166
④ 210 − (19 + 19) = 172
⑤ 170 − (19 + 12) = 139
⑥ 190 − (12 + 16) = 162

25 [A]
① 180 − (27 + 14) = 139
② 240 − (14 + 14) = 212

32 [A]
① 210 − (7 + 29) = 174
② 170 − (29 + 23) = 118

3 종합응용배관작업 3

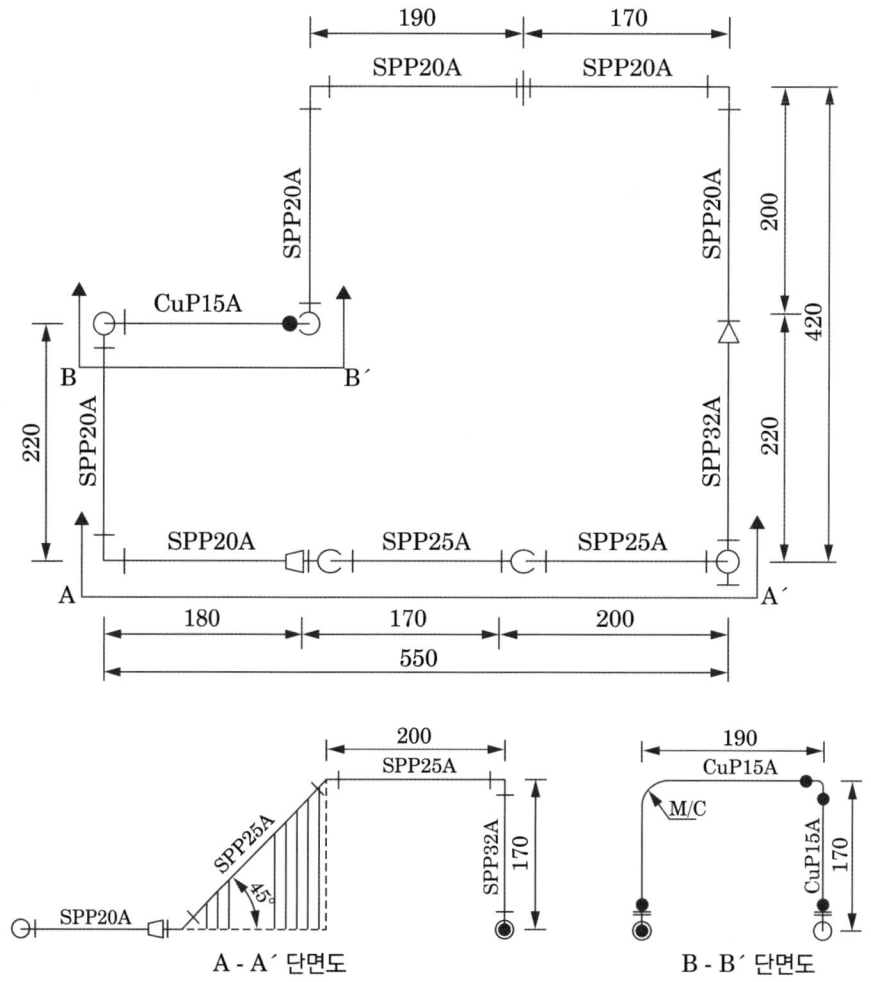

절단 치수 계산

3 종합응용배관작업 3 - 해설

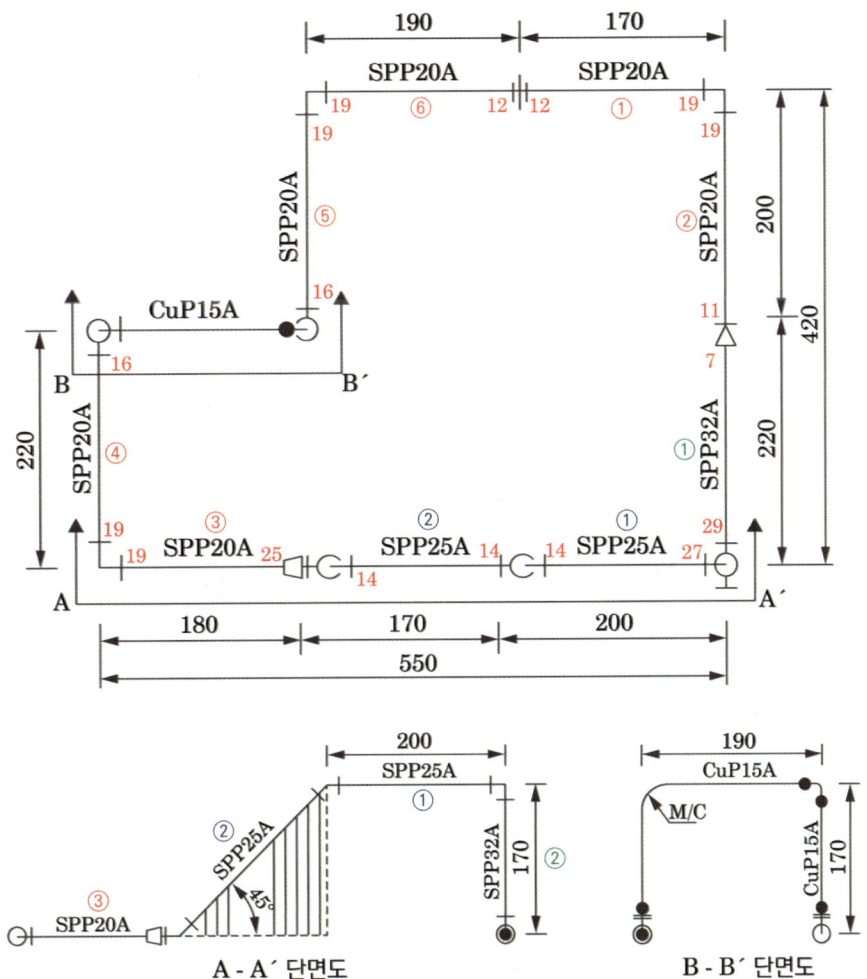

절단 치수 계산

20 [A]
① 170 − (12 + 19) = 139
② 200 − (19 + 11) = 170
③ 180 − (25 + 19) = 136
④ 220 − (19 + 16) = 185
⑤ 200 − (16 + 19) = 165
⑥ 190 − (19 + 12) = 159

25 [A]
① 200 − (27 + 14) = 159
② 240 − (14 + 14) = 212

32 [A]
① 220 − (7 + 29) = 184
② 170 − (29 + 23) = 118

4 종합응용배관작업 4

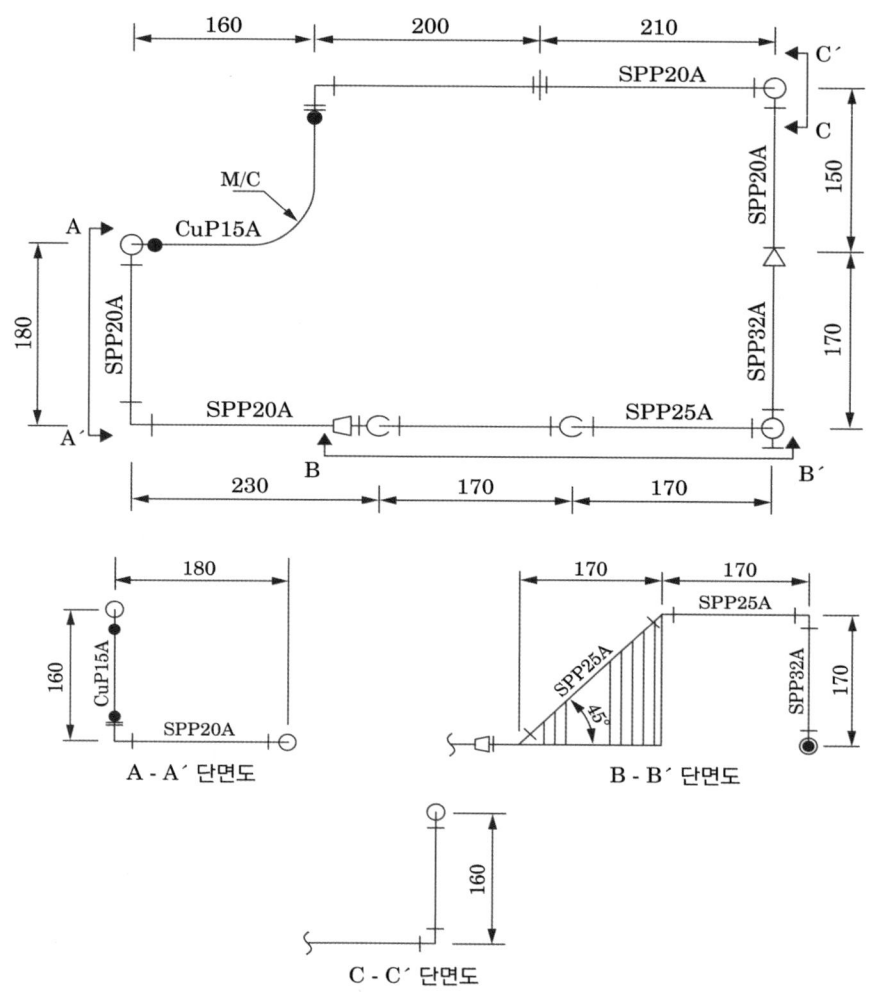

절단 치수 계산

4 종합응용배관작업 4 – 해설

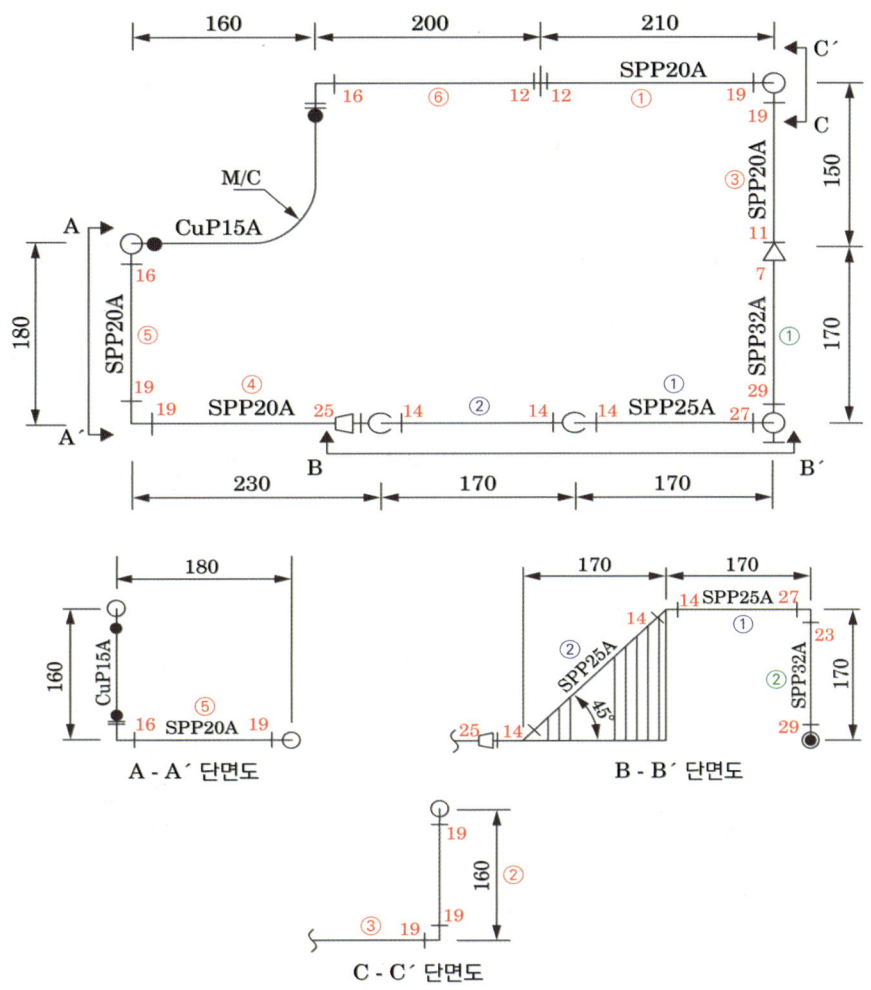

		절단 치수 계산
20 [A]	25 [A]	32 [A]
① 210 − (12 + 19) = 179	① 170 − (27 + 14) = 129	① 170 − (7 + 29) = 134
② 160 − (19 + 19) = 122	② 240 − (14 + 14) = 212	② 170 − (29 + 23) = 118
③ 150 − (19 + 11) = 120		
④ 230 − (25 + 19) = 186		
⑤ 180 − (19 + 16) = 145		
⑥ 200 − (16 + 12) = 172		

5 종합응용배관작업 5

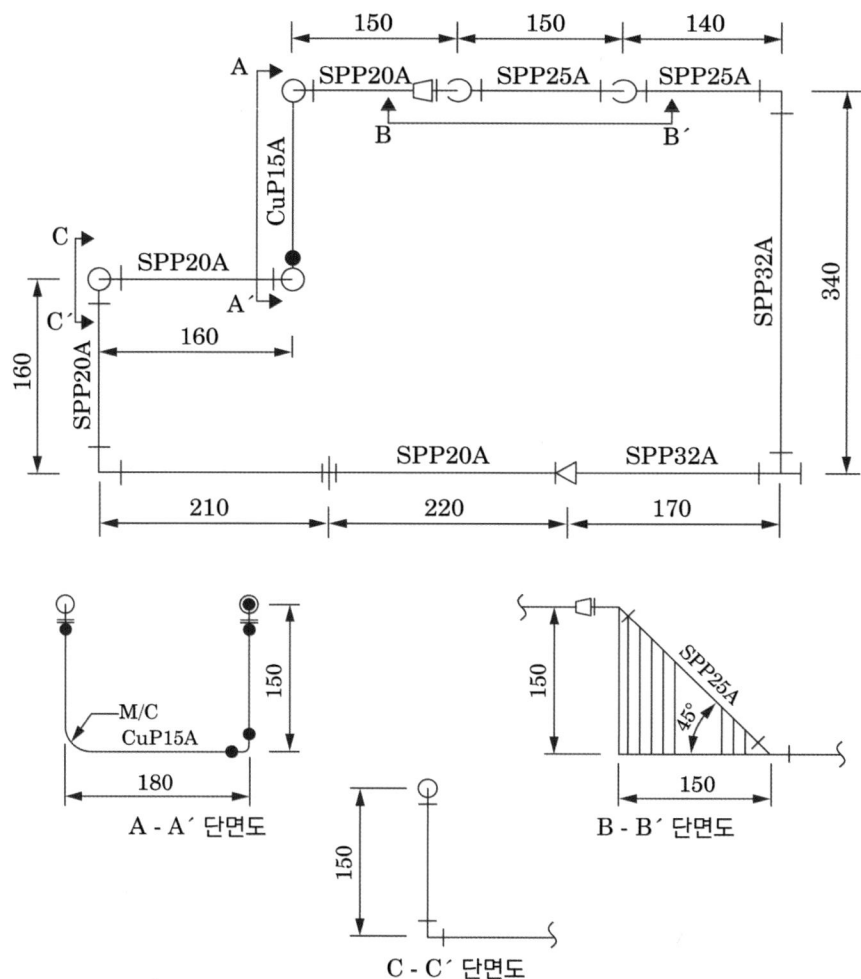

절단 치수 계산

5 종합응용배관작업 5 – 해설

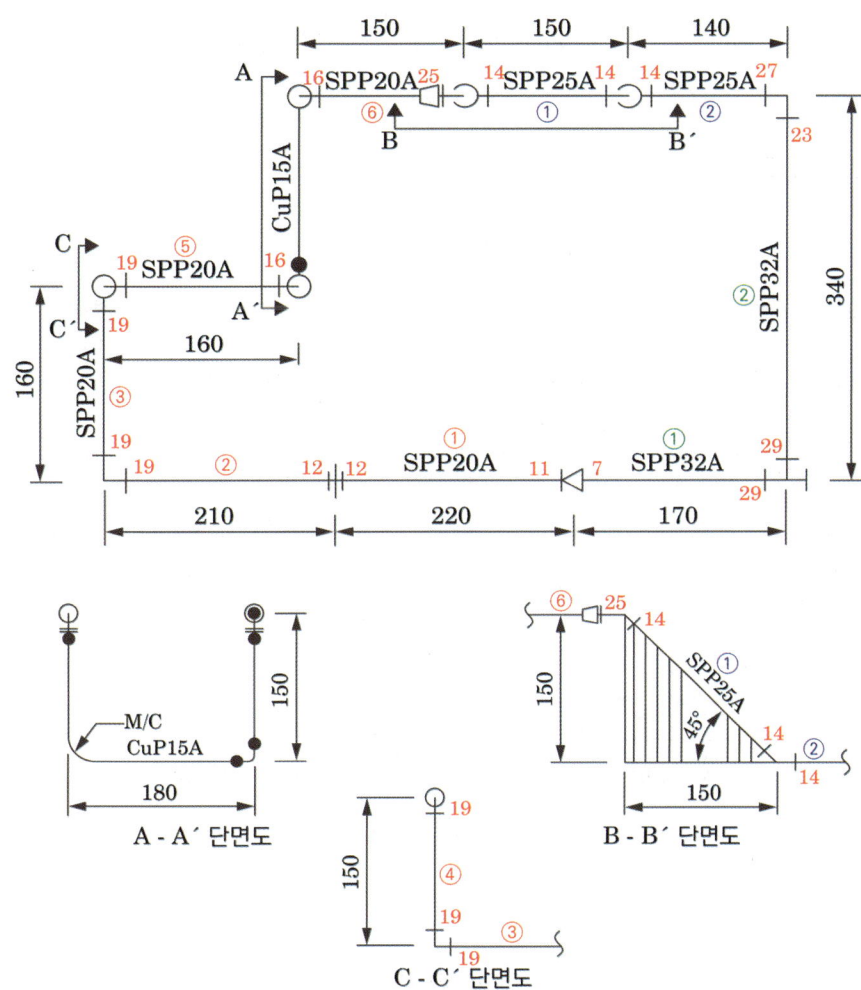

	절단 치수 계산	
20 [A]	25 [A]	32 [A]
① 220 − (12 + 11) = 197	① 212 − (14 + 14) = 184	① 170 − (7 + 29) = 134
② 210 − (19 + 12) = 179	② 140 − (27 + 14) = 99	② 340 − (29 + 23) = 288
③ 160 − (19 + 19) = 122		
④ 150 − (19 + 19) = 112		
⑤ 160 − (19 + 16) = 125		
⑥ 150 − (16 + 25) = 109		

6 종합응용배관작업 6

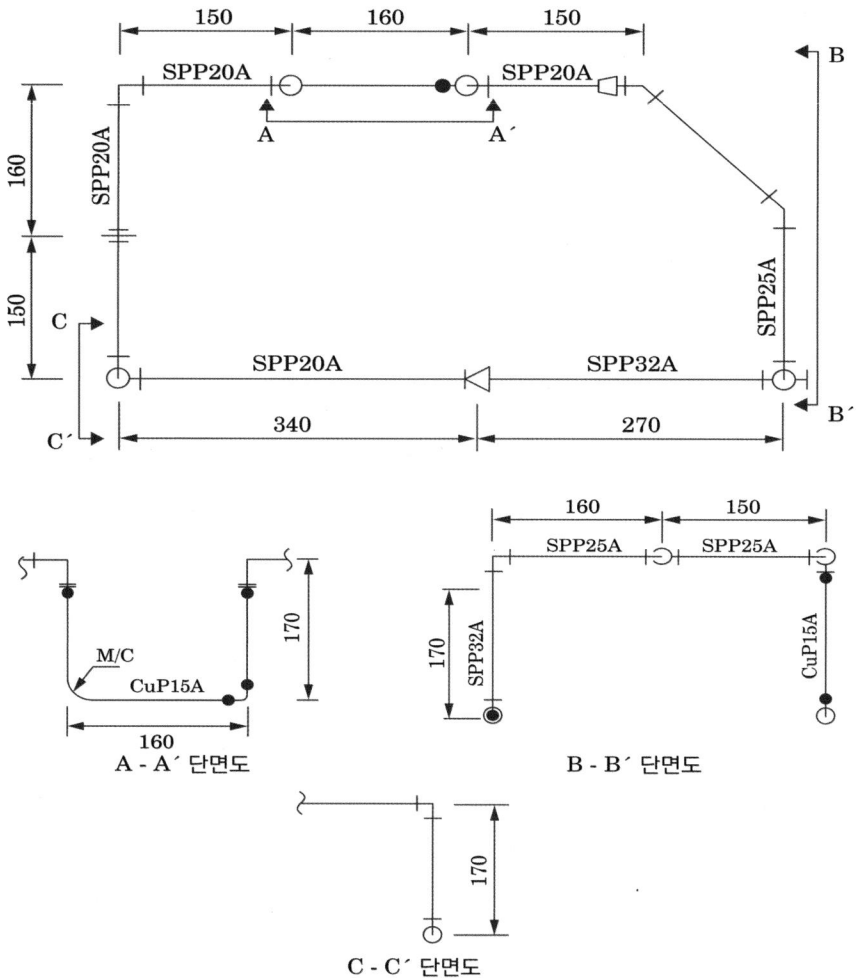

절단 치수 계산

6 종합응용배관작업 6 – 해설

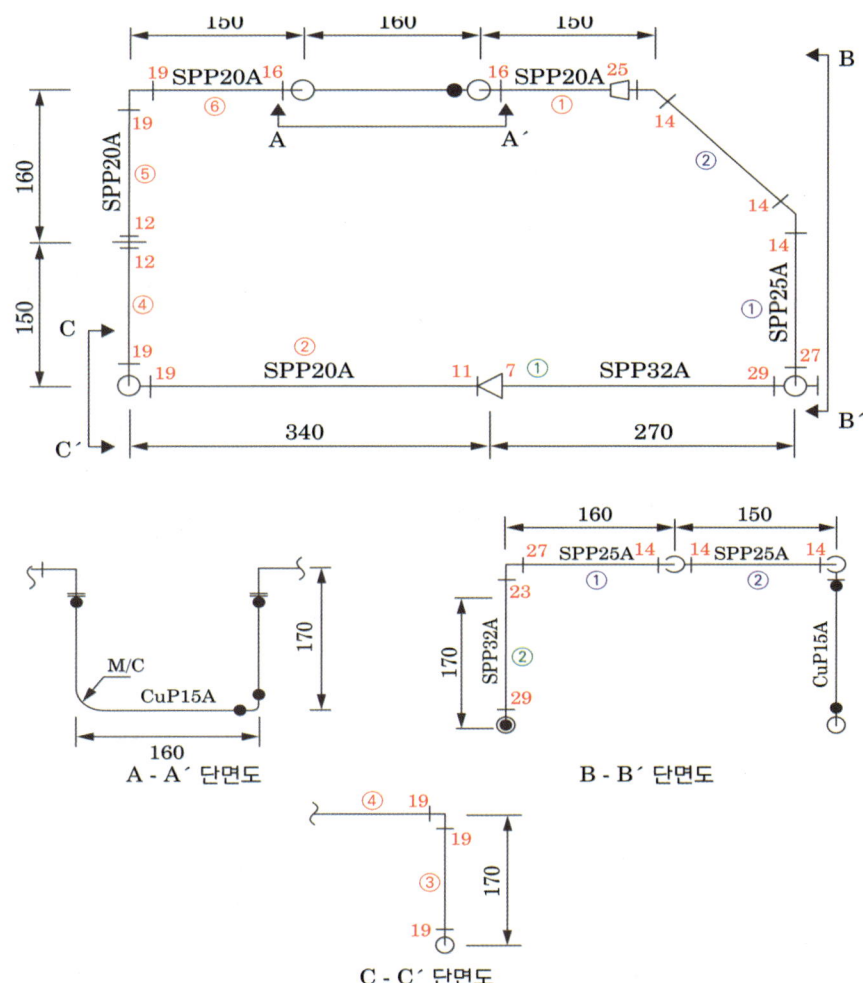

| 절단 치수 계산 |

20 [A]
① 150 − (25 + 16) = 109
② 340 − (19 + 11) = 310
③ 170 − (19 + 19) = 132
④ 150 − (12 + 19) = 119
⑤ 160 − (19 + 12) = 129
⑥ 150 − (19 + 16) = 115

25 [A]
① 160 − (27 + 14) = 119
② 212 − (14 + 14) = 184

32 [A]
① 270 − (7 + 29) = 234
② 170 − (29 + 23) = 118

7 종합응용배관작업 7

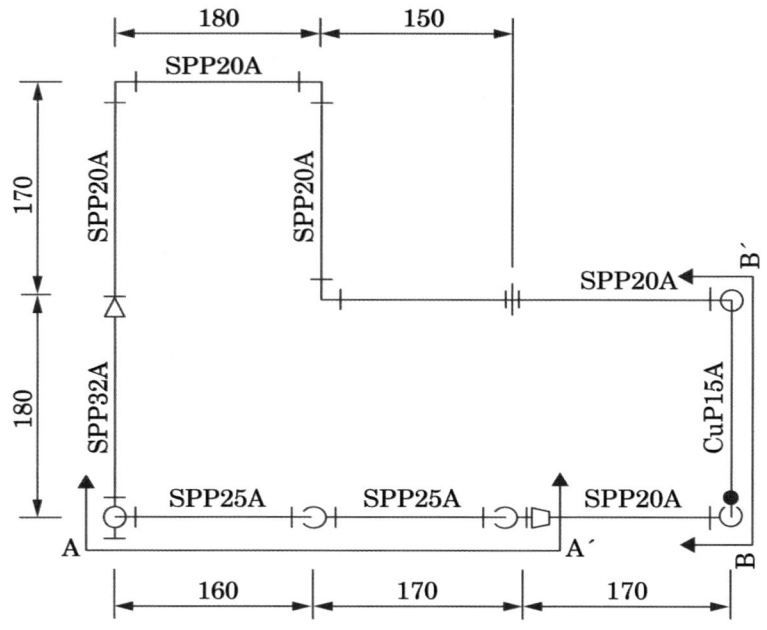

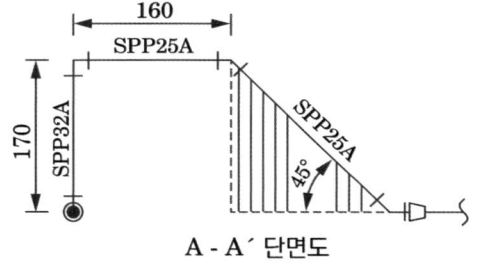

A - A´ 단면도

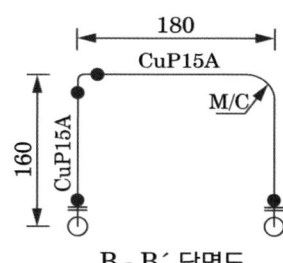

B - B´ 단면도

절단 치수 계산

7 종합응용배관작업 7 – 해설

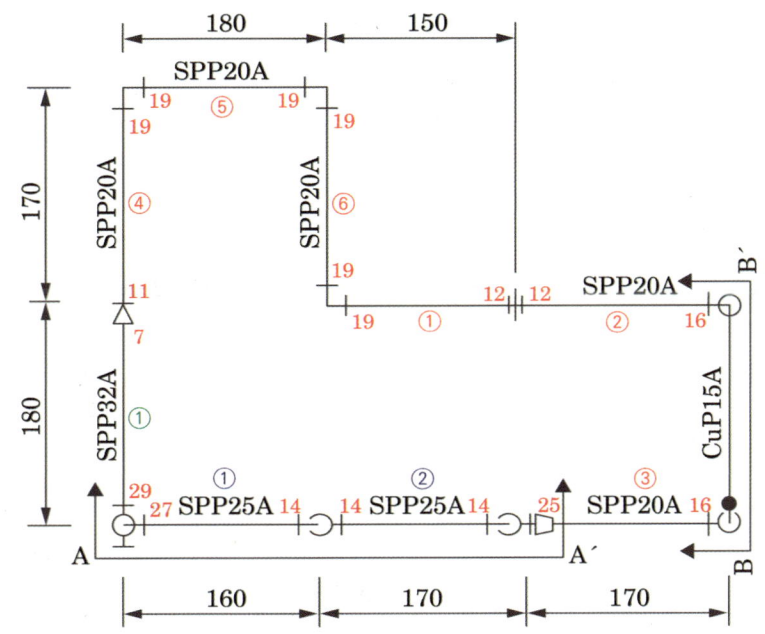

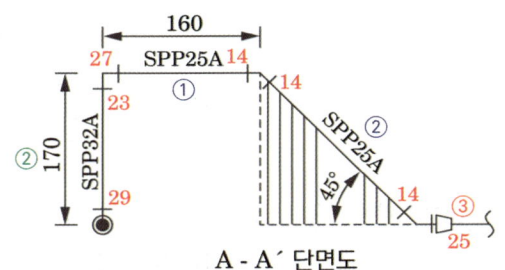

A - A´ 단면도

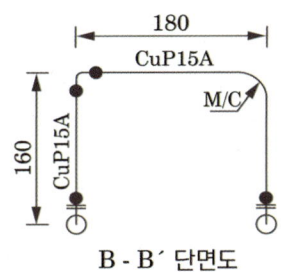

B - B´ 단면도

절단 치수 계산

20 [A]	25 [A]	32 [A]
① 150 − (12 + 19) = 119	① 160 − (27 + 14) = 119	① 180 − (7 + 29) = 144
② 170 − (16 + 12) = 142	② 240 − (14 + 14) = 212	② 170 − (29 + 23) = 118
③ 170 − (25 + 16) = 129		
④ 170 − (19 + 11) = 140		
⑤ 180 − (19 + 19) = 142		
⑥ 170 − (19 + 19) = 132		

8 종합응용배관작업 8

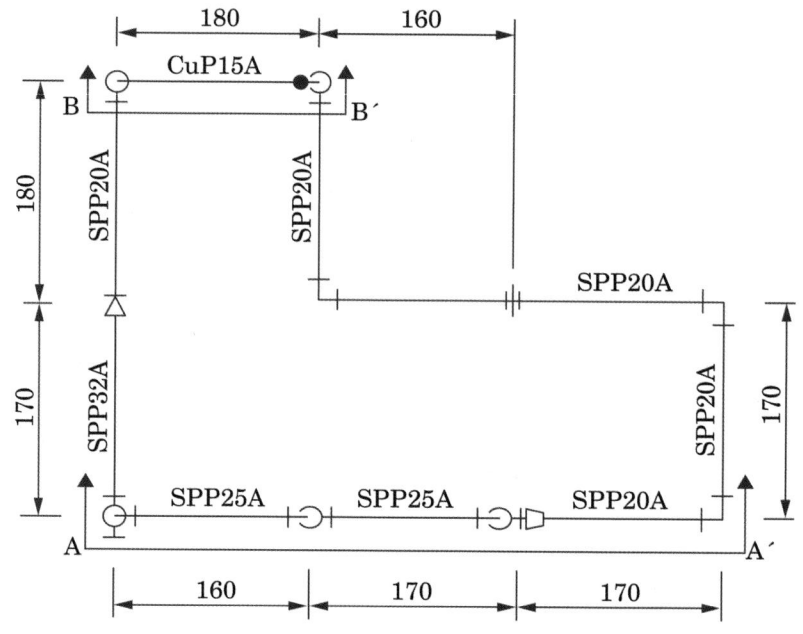

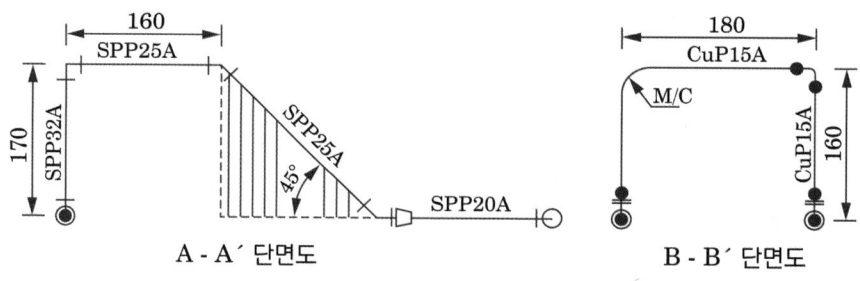

A - A´ 단면도   B - B´ 단면도

절단 치수 계산

8 종합응용배관작업 8 - 해설

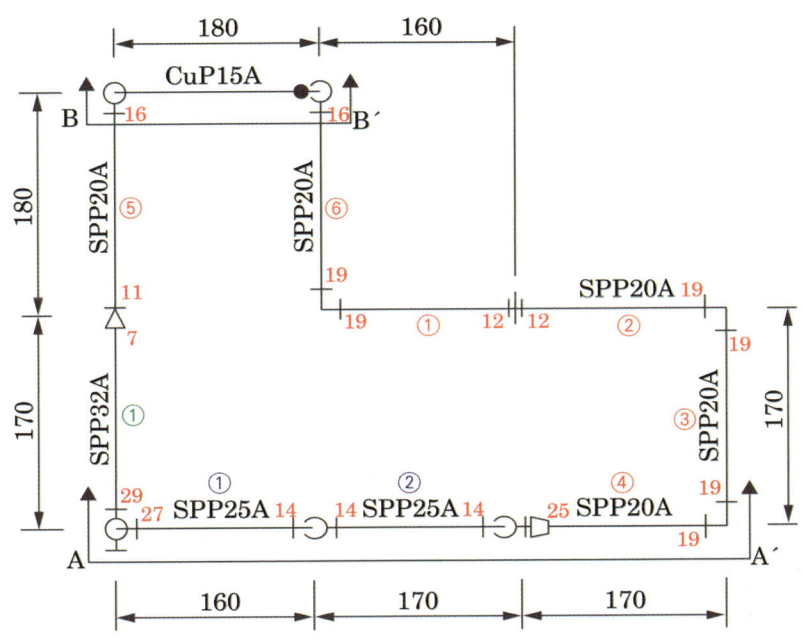

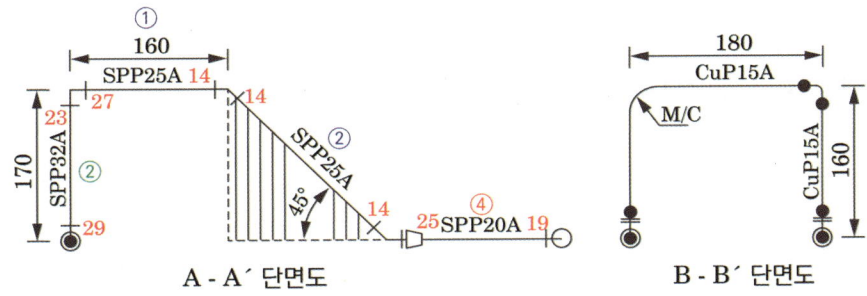

절단 치수 계산		
20 [A]	25 [A]	32 [A]
① 160 − (12 + 19) = 129	① 160 − (27 + 14) = 119	① 170 − (7 + 29) = 134
② 170 − (12 + 19) = 139	② 240 − (14 + 14) = 212	② 170 − (29 + 23) = 118
③ 170 − (19 + 19) = 132		
④ 170 − (25 + 19) = 126		
⑤ 180 − (16 + 11) = 153		
⑥ 180 − (19 + 16) = 143		

모아 에너지관리산업기사 실기(핵심이론 + 과년도 문제풀이)

발행일　2026년 1월 1일 초판 1쇄
지은이　천은지
발행인　황모아
발행처　(주)모아교육그룹
주　소　서울특별시 영등포구 영신로 32길 29 세화빌딩 2층
전　화　02-2068-2393(출판, 주문)
등　록　제2015-000006호 (2015.1.16.)
이메일　moagbooks@naver.com
ISBN　979-11-6804-496-8 (13530)

이 책의 가격은 뒤표지에 있습니다.

Copyright ⓒ (주)모아교육그룹 Co., Ltd. All Rights Reserved.

이 책은 저작권법에 의해 보호를 받는 저작물이므로 저자와 출판사의 서면 허락 없이 내용의 전부 또는 일부를 이용하는 것을 금합니다.

"합격을 넘어 실무까지, 모아가 만듭니다!"

모아소방전기학원
모아직업기술교육원

소방기술사 강의

과정평가형

국가기간전략산업직종훈련

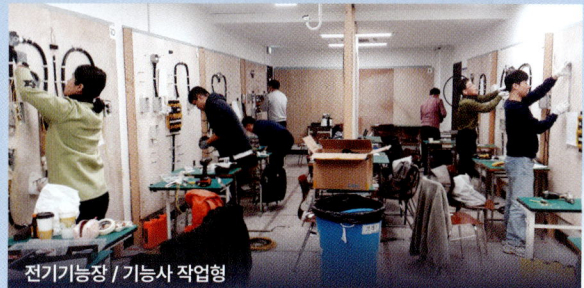
전기기능장 / 기능사 작업형

소방분야	소방기술사 / 소방시설관리사 / 소방설비기사(전기 / 기계) / 소방설비산업기사(전기 / 기계)
전기분야	전기안전기술사 / 전기응용기술사 / 발송배전기술사 / 건축전기설비기술사 / 전기기능장 / 전기기능사 / 전기기사·산업기사
안전분야	화공안전기술사 / 건축기사·산업기사 / 건축설비기사·산업기사 / 건설안전기술사 / 건설안전기사·산업기사 산업안전기사·산업기사 / 산업안전지도사 / 승강기기능사 / 공조냉동기계기사
통신분야	정보통신기술사
실무분야	소방감리실무 / 현장에서 통하는 소방설비 찐 실무
과정평가형	소방설비산업기사(전기 / 기계) / 산업안전산업기사 / 산업안전기사 / 건설안전기사 / 전기공사산업기사
국가기간전략훈련	[국기] 전기기능사 취득과정
위탁기관 위탁교육	서울시노동자복지관 / 제대군인지원센터 / 기아 AutoLand 조합원 단체 교육

모아소방전기학원

자격증 취득 & 과정상담

모아소방전기학원
02.2068.2851

모아직업기술교육원
02.2068.2854

평일 09:00~19:00 / 토·일 08:00~17:00 (공휴일 휴무)

모아소방전기학원 × 모아직업기술교육원

모아북스

"수험생의 불필요한 시간을 아끼는 것"
모아북스가 가장 중요하게 생각하는 가치입니다.

모아북스는 매년 달라지는 법령과 변화하는 출제 경향, 새롭게 제정되는 규정까지 수험생보다 먼저 학습하고, 핵심만을 빠르게 정리합니다. 합격을 위한 가장 빠르고 정확한 수험서를 만들기 위해 한 페이지 한 페이지에 진심을 담아 제작합니다.

▎모아 출판 프로세스

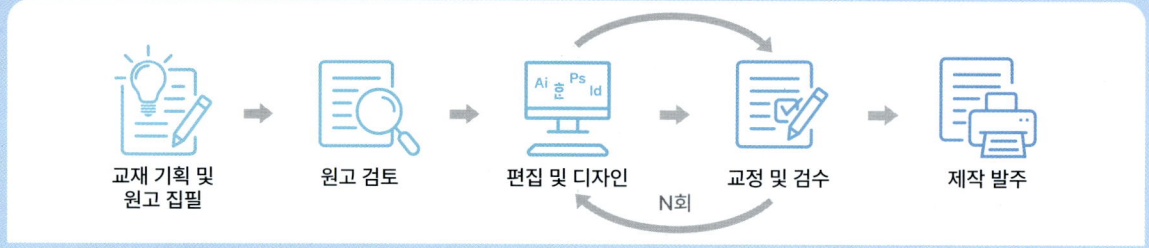

▎모아북스 블로그 소개

수험서를 구매하기 전 책을 훑어보러 서점까지 가기 힘드신가요? 모아북스 블로그에서는 수험생의 소중한 시간을 아껴드리기 위해 책의 구체적인 구성과 강점, 효과적인 학습법까지 직접 보는 것처럼 상세하게 소개해드립니다. 궁금한 교재가 있다면 모아북스 블로그에 '책 제목'을 검색해보세요!

모아북스 블로그

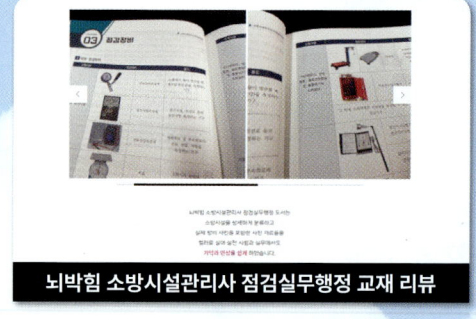
뇌박힘 소방시설관리사 점검실무행정 교재 리뷰

모아북스 블로그

▎고객의 소리

더 나은 교재 제작을 위해 여러분의 소중한 의견을 기다립니다. QR을 통해 남겨주신 피드백 중 우수 글에 선정되신 독자분께는 감사의 마음을 담아 소정의 선물을 드립니다.

고객의 소리

모아북스